《煤矿安全生产标准化管理体系基本要求及评分方法》达标指南

本书编写组　编

应急管理出版社
·北　京·

图书在版编目（CIP）数据

《煤矿安全生产标准化管理体系基本要求及评分方法》达标指南 / 本书编写组编. -- 北京：应急管理出版社，2024. -- ISBN 978-7-5237-0817-0

Ⅰ. TD7-62

中国国家版本馆 CIP 数据核字第 20246R9F32 号

《煤矿安全生产标准化管理体系基本要求及评分方法》达标指南

编　　者　本书编写组
责任编辑　成联君
责任校对　孔青青
封面设计　解雅欣

出版发行　应急管理出版社（北京市朝阳区芍药居 35 号　100029）
电　　话　010－84657898（总编室）　010－84657880（读者服务部）
网　　址　www. cciph. com. cn
印　　刷　徐州绪权印刷有限公司
经　　销　全国新华书店

开　　本　787mm×1092mm 1/16　**印张**　24　**字数**　587 千字
版　　次　2024 年 12 月第 1 版　2024 年 12 月第 1 次印刷
社内编号　20241126　　**定价**　118.00 元

本书编写组

主　编　宁尚根　郭百堂

副主编　黄翔宇　闫俊丽　陈再明　郭　玉　李迎军
朱世阳　隗茂海　刘纯文　裴文龙　尹怀民
宁昭曦　隋　杨　张宗平　张　蓉　田文兵
贾　超　王　佐　谢　俊　马志平　唐小芸

编写人员　（按姓氏笔画排序）

丁　杰　于永剑　马　赞　马乐平　马晋忠
马富富　王　云　王　鹏　王万里　王文铠
王玉国　王立新　王成帅　王红军　王宏彬
王林刚　方小勇　邓　卫　石　磊　叶　波
申　鹏　田　明　田亚飞　宁洪进　司建礼
成学社　刘玉忠　刘永鹏　刘兆平　刘晓飞
刘清龙　刘景成　孙运楼　孙荣良　纪雨良
纪晓峰　李　宁　李　永　李　政　李　鹏
李文亮　李国强　李河超　李陵胜　杨　策
杨传森　杨晶鑫　吴　强　宋冬旭　宋爱平
宋清鹏　张明辉　张宗平　张建武　陈　昆
陈　静　陈建友　陈清国　武　帅　周安黎
单建军　宝金海　孟宪江　赵世亮　郝占兵
胡海波　郜晋伟　段晋伟　姜　强　贺江伟
贾　帅　贾相荣　徐光晓　徐晓波　凌　康
高　伟　郭罡业　姬　翔　崔宏伟　崔建忠
康　超　康海宝　商永立　韩宜磊　靳建波
雷永伟　褚福辉　翟凤坤　樊红军

主　审　张晏铭　焦方杰

审　稿　田金海　袁新军　卢圣强

前　言

2024年10月16日，国家矿山安全监察局以矿安〔2024〕109号文发布了《煤矿安全生产标准化管理体系考核定级办法》和《煤矿安全生产标准化管理体系基本要求及评分方法》，自2024年11月1日起施行。

近年来全国煤矿安全生产标准化建设取得显著成效，工作机制不断完善，达标质量显著提高，动态达标持续保持，内生动力显著增强，作业环境持续改善，推动了全国煤矿安全生产形势的稳定好转，积累形成了宝贵经验启示。同时要清醒看到，当前煤矿安全生产标准化建设还存在一些问题和不足，重资料轻现场、达标创建不平衡不充分等问题仍然突出。

为帮助煤矿深入开展安全生产标准化管理体系创建工作，推动煤矿安全生产标准化由静态达标向动态达标转变、由结果达标向过程达标转变、由形式达标向内在达标转变，进一步夯实煤矿安全生产基础，促进全国煤矿安全生产标准化管理体系建设再上新台阶，我们组织有关专家编写了这本《〈煤矿安全生产标准化管理体系基本要求及评分方法〉达标指南》。

本书包括两部分内容：《煤矿安全生产标准化管理体系基本要求及评分方法》达标指南和《煤矿安全生产标准化管理体系考核定级办法》达标指南。对两部分内容进行了逐条解释说明，说明制定该条款的目的、依据，执行中应注意的问题、核查细则、准备的资料以及煤矿企业如何才能达到该条款规定的要求等。需要特别说明的是，本书所列的标准化资料清单，并不全是标准化核查验收必查的资料，而是可能会查到的资料，是多位标准化核查验收专家的经验总结。煤矿企业应该根据本矿实际，结合资料清单认真、规范准备本矿相关资料。

为了帮助煤矿准备资料，我们对一些示例资料提供了二维码链接，读者注册后扫码可看(一书一码，一本书只能供一人查阅)。更多的标准化创建资料分享，请加入煤矿标准化达标工作交流QQ群:868633775。群内有多位从事多年煤矿标准化创建和核查指导的专家，可以跟大家交流经验，分享心得(一书一码，一本书只能供一人入群)。为了方便煤矿进行标准化宣贯培训考核，我们开发了新版煤矿安全生产标准化考试题库，读者可以手机免费练题。

本书主要由煤矿安全生产标准化核查指导专家和煤矿一线负责标准化建

设的工程技术人员编写而成。在编写和审定过程中，得到了煤矿安全生产标准化工作主管部门的大力支持和煤炭院校、煤矿企业的大力支持和热情帮助，在此一并表示感谢。

本书采用双色印刷，原条文用蓝色，说明部分用黑色，层次分明，阅读方便。

由于编写时间仓促，编写组人员水平有限，书中难免会有疏漏之处，敬请广大读者给予批评指正。

本书编写组
2024年11月

视频、电子资料和网络题库使用流程：

1. 扫描本书封底的注册码，完成“众安教培服务平台”小程序的注册（可以点击右上角三个点，添加到桌面上，便于以后使用）。已经注册过的，无须重复注册。

2. 在“众安教培服务平台”中“我的”里面找“扫一扫”，扫描本书封底的验证码（一书一码，只能一人验证）。

3. 在“众安教培服务平台”中“我的”里面找“扫一扫”，扫描书中的二维码即可观看专家视频讲解或查看有关示例资料。

4. 在“众安教培服务平台”中“题库”里面找“煤矿安全生产标准化”题库，即可进行网络练题。

5. 使用中如有问题，请联系QQ414697740、微信13813483120，或者加入煤矿标准化达标工作QQ群868633775进行交流。

目　录

目　录

《煤矿安全生产标准化管理体系基本要求及评分方法》达标指南

专家解读视频

第1部分　总　　则

本部分修订的主要变化

修订后的煤矿安全生产标准化管理体系构成是将原来的8个管理要素整合为3个管理部分，分别为："安全基础管理""重大灾害防治"和"专业管理"，大幅减少资料台账类检查内容，同步对各部分专业赋分权重进行优化调整。

(1) 整合安全基础管理部分内容。将"理念目标和矿长安全承诺、组织机构、安全生产责任制及安全管理制度、从业人员素质、安全风险分级管控、事故隐患排查治理、持续改进"等7个要素，合并为"安全基础管理"，对评分表内容进行简化调整，使其更好贴合现场实际，减少资料台账类内容。调整后，此部分检查项由原来的120项减少为42项；赋分权重由原来的50%调减为15%。

(2) 新增重大灾害防治部分。从框架结构上看，本次修订最大变化就是新增"重大灾害防治"部分，目的在于突出重大灾害防治在煤矿安全生产管理中的重要作用，防范遏制煤矿重特大事故，不断提升重大灾害治理能力和水平，推动煤矿企业安全高效持续发展。该部分主要涵盖"致灾因素普查、灾害治理规划及计划和灾害防治措施"三个大项，共计34项检查内容；赋分权重为16%。

(3) 简化完善专业管理部分内容。将原"质量控制"改为"专业管理"，将原通风专业中的"防突、瓦斯抽采、防尘、防火"部分，以及原地质灾害与测量专业中的"防治水、防治冲击地压"部分纳入"重大灾害防治"；删除"职业病危害防治"部分，"地面设施"部分仅保留"三堂一舍"，并与原调度和应急管理部分合并为"调度应急和'三堂一舍'"。井工煤矿"专业管理"部分检查项由原来的737项减少为470项；赋分总权重由原来的50%调整为69%，更加注重现场检查。

(4) 鼓励采用信息化手段管理各类资料。在"总则"中专门明确"各部分涉及到的资料，鼓励采用信息化手段管理"，想方设法减少煤矿需要打印准备的大量文档资料，避免浪费人力、物力。比如，安全管理制度汇编等非记录类资料在现场考核时，可提供电子版供专家检查；安全风险过程管控、隐患排查治理记录可以通过煤矿企业建立的信息化管理平台向专家展示。

(5) 总则里的评分方法说明。

① 优化评分方法：井工煤矿现场考核评分满分为100分，依然采用各部分得分乘以权重的方式计算；井工煤矿在有采煤工作面、不存在重大事故隐患的前提下，按照评分表进行现场检查打分；各部分考核得分乘以该部分权重之和即为井工煤矿安全生产标准化管理体系现场考核总得分；但是，井工煤矿如没有采煤工作面，或现场考核时存在重大事故隐患，将不给予标准化考核定级。针对缺项考核评分方法是：缺项专业不得分，以缺项外的现场考核

总得分除以所在权重计算最终考核得分。如考核没有冲击地压的煤矿，在检查重大灾害防治部分时，则冲击地压项目内容不考核，不得分。

② 优化安全生产周期与标准化考核得分挂钩问题。将“安全生产周期”作为总则的附加得分项，对2个自然年及以上未发生生产安全事故的煤矿，在现场考核得分的基础上予以加分，2个自然年未发生生产安全事故的加0.1分，后每增加1年加0.1分，最多加2分。

③ 优化部分专业管理附加项。将“技能人员、科技攻关、技术进步”等作为附加得分项，鼓励煤矿通过安全生产标准化达标创建，推动提升从业人员素质，强化重大灾害治理技术攻关和装备升级等工作。其中：安全基础管理部分设定附加项2项（分值2分），重大灾害防治部分、地质测量、采煤、掘进、调度应急和“三堂一舍”各1项（分值均为2分），机电1项（分值1分）。

需要重点说明的是：在开展煤矿安全生产标准化管理体系现场考核时，只对各管理部分（专业）评分表中提及的检查项进行检查，不对检查资料进行外延；原则上各部分（专业）资料只核查检查之日前1个年度内的资料。

煤矿是安全生产的责任主体，必须建立健全煤矿安全生产标准化管理体系，通过制定安全生产目标，设置机构，配备人员，建立并落实安全生产责任制和安全管理制度，提升从业人员素质，开展安全风险分级管控、隐患排查治理，聚焦重大灾害防治，抓好各专业管理，不断规范、持续改进安全生产管理，实现安全生产。

一、基本原则

1. 突出目标导向

贯彻落实“安全第一、预防为主、综合治理”的安全生产方针，牢固树立安全生产红线意识，用明确的安全生产目标，指导煤矿开展安全生产工作。

【说明】 本条是对突出目标导向这一基本原则的要求。

1. 安全生产方针

煤矿作为高危行业之一，安全生产至关重要，煤矿安全生产工作应当以人为本，坚持人民至上、生命至上，把保护人民生命安全摆在首位，贯彻安全发展理念，坚持安全第一、预防为主、综合治理的安全生产方针。这一方针充分体现了煤矿企业以人为本、科学发展的理念，是安全生产工作总的要求，它不仅是安全生产工作的方向，也是实现安全生产的目标。

“安全第一”，是指在煤矿生产经营活动中，在处理保证安全与生产经营活动的关系上，要始终把安全放在首要位置，优先考虑从业人员的人身安全，实行“安全优先”的原则，坚决做到不安全不生产。

“预防为主”，是指按照系统化、科学化的管理思想，构建煤矿安全风险分级管控和事故隐患排查治理双重预防机制，把风险挺在隐患前面，把隐患挺在事故前面，按照煤矿事故发生的规律和特点，制定科学、可行的预防措施，做到防患于未然，将事故消灭在萌芽状态。因此，建立、运行安全风险分级管控和隐患排查治理双重预防机制是预防煤矿事故的重要举措。

“综合治理”，是指煤矿利用经济、技术、管理、装备等全方位的手段，对煤矿的地质、工程、技术、管理、环境等方面的问题进行整合和综合优化，坚持“管理、装备、素质、系统”四并重原则，加大对安全生产资金、物资、技术、人员的投入保障力度，改善安全生产条件，加强安全生产标准化、信息化建设，科学规范、安全高效地开展煤矿的开采和生产活动，推动煤矿实现向本质安全。

2. 安全红线

习近平总书记高度重视安全生产工作，强调“人命关天，发展决不能以牺牲人的生命为代价。这必须作为一条不可逾越的红线”。煤矿安全红线意识是指在煤矿生产过程中，必须严格遵守的安全准则和底线。在任何情况下安全都是第一位的，煤矿企业不得以任何理由或借口跨越这条安全红线。

3. 安全生产目标

煤矿安全目标是指在煤矿生产过程中，为保障员工生命和财产安全，实现安全生产所设定的目标和计划。这些目标通常包括以下几个方面：

(1) 降低事故发生率。通过实施有效的安全措施和预防策略，降低煤矿生产中的事故发生率；实现零死亡、零重伤。

(2) 提高安全意识。加强员工的安全教育和培训，提高他们的安全意识和应对突发事件的能力；安全培训合格率100%，岗位操作人员持证率100%。

(3) 加强安全管理。建立和完善安全管理体系，确保安全责任的落实，强化安全生产的管理和监督；重大风险管控方案100%落实，零重大隐患。

(4) 改善安全设施和装备。加大对安全设施和装备的投入，提高煤矿的安全生产水平；各项安全资金到位率100%，设备完好率不低于95%，特种设备定期检验率100%。

(5) 应急准备和响应。制定和实施应急预案，提高煤矿事故应急处置能力。

这些目标的实现需要煤矿企业结合自身的实际情况，研究制定年度安全目标及工作计划，并根据不同季节和节假日等阶段性工作特点，开展各种安全活动，增强安全工作的针对性和时效性。同时，健全安全生产管理机构，完善安全生产制度，保证安全投入，逐级落实各级领导干部、业务部门、群监组织和各个岗位安全生产责任制，建立安全生产长效机制。

2. 健全双控机制

建立安全风险分级管控、隐患排查治理双重预防机制，增强煤矿全体从业人员风险意识和隐患排查能力，实现安全生产源头管控，不断推动关口前移。

【说明】　本条是对健全双控机制这一基本原则的要求。

1. 安全风险分级管控

建立安全风险分级管控制度和评估结果应用机制，强化煤矿矿长、总工程师等管理人员、专业技术人员风险辨识和评估能力，按要求组织开展年度和专项辨识评估工作，制定科学、可行的管控措施和重大安全风险管控方案，落实好辨识评估结果应用，实现安全风险分级管控，督促业务科室、生产区队严格落实各项安全风险管控措施，全力防范化解系统性重大安全风险。逐步提高和增强从业人员风险意识，促使从业人员具备一定的安全风险识别能力，从源头上防范化解风险，做到风险管控精准，从根本上消除事故隐患。

2. 事故隐患排查治理

建立隐患排查治理工作制度和事故隐患举报奖励制度，矿长、矿分管负责人、安全生产管理人员、技术人员、安检员、岗位人员掌握并落实隐患排查职责，按照要求组织开展事故隐患排查工作，对生产过程中安全风险管控措施的落实情况和人的不安全行为、物的不安全状态、环境的不安全条件和管理的缺陷进行检查。对排查出的事故隐患进行分级，按照事故隐患分级标准，明确治理责任部门、人员、措施、时限等，并组织实施。建立隐患排查、定期总结分析机制，实现隐患排查、登记、治理、验收、销号闭环管理。

3. 聚焦事故预防

突出煤矿重大灾害防治，加强隐蔽致灾因素动态普查，强化灾害超前治理和源头控制，有效防范和化解系统性安全风险。

【说明】 本条是对聚焦事故预防这一基本原则的要求。

1. 隐蔽致灾因素动态普查

隐蔽致灾因素普查是矿山安全生产工作的基础。开展隐蔽致灾因素普查和病人到医院看病一样，物探是“拍 CT”，化探是“体液检验”，钻探是“穿刺检查”，三者相互验证才能找准病灶进而对症下药。隐蔽致灾因素普查不清就是“盲人摸象”，与灾害“拼刺刀”。

推进隐蔽致灾因素普查治理工作动态化、常态化，采用钻探、物探、化探等方法，全面普查含水体、地质构造、废弃老窑（井筒）、封闭不良钻孔、老空区、瓦斯富集区、井下火区（高温异常区）、冲击地压、地层应力集中区、上覆遗留煤柱、煤层顶板岩层结构与力学性能、巷道顶底板岩层分布与力学参数等分布情况，建立隐蔽致灾因素普查、治理台账，及时发现灾害隐患，采取监测预警、防范治理、效果检验、安全防护等综合性防治措施，把风险化解在源头。

2. 煤矿重大灾害防治

煤矿面临井下瓦斯、水、火、冲击地压、煤尘和露天边坡等多种重大灾害及风险，瓦斯是煤矿安全“第一杀手”，瓦斯不治，矿无宁日；水害、冲击地压隐蔽性强，事故发生速度快、破坏性大、救援难度大，极易造成群死群伤；火灾中产生的大量高温烟雾和有毒有害气体，会造成井下人员伤亡，导致矿井设备和煤炭资源严重破坏与损失；煤尘不仅影响工人的健康，还可能引发煤尘爆炸，导致人员伤亡和财产损失；露天煤矿边坡，一旦发生滑坡、崩塌等灾害，会造成严重的人员伤亡和财产损失。要坚持以防为主、防治结合的方针，努力实现从注重灾后治理向注重灾前预防转变，从应对单一灾种向综合治灾转变，从减少灾害损失向减轻灾害风险转变，强化灾害超前治理和源头控制，有效防范和化解系统性安全风险。

对灾害矿井该鉴定不鉴定、该戴帽不戴帽、不按灾害等级设防或者鉴定弄虚作假的，责令立即停止生产、排除隐患。对发生瓦斯亡人事故、瓦斯涉险事故以及瓦斯高值超限的煤矿，必须停止作业、严肃追究责任，并由地方矿山安全监管部门对企业瓦斯防治的机构、人员、装备、制度等方面进行全方位评估，经评估不具备防治能力的，不得恢复生产。对探放水造假、禁采区采掘作业、极端天气不撤人的，必须按重大事故隐患严格处罚。对露天矿山边坡角、台阶高度、平盘宽度等不符合设计要求的，或者边坡监测系统达不到相关规定要求的，责令立即制定安全措施、限期整改直至停产整顿。

4. 强化现场管理

制定并落实全员安全生产责任制，强化现场作业人员安全知识与技能的培养和应用，推动上标准岗、干标准活，提升现场管理水平。

【说明】 本条是对强化现场管理这一基本原则的要求。

1. 全员安全生产责任制

安全生产责任制是经长期的安全生产、劳动保护管理实践证明的成功制度与措施。煤矿应当按照法律法规要求，采取自下而上的形式，确保每一个员工都参与本人的安全生产责任的制定工作，了解、认可本人的安全生产责任，逐岗逐层建立本矿的安全生产责任制。明确煤矿企业的主要负责人（包括实际控制人）是本企业安全生产的第一责任人，对本企业的安全生产工作全面负责；其他负责人则对职责范围内的安全生产工作负责。

煤矿主要负责人负责建立健全安全生产责任制，建立的岗位安全生产责任制既符合《中华人民共和国安全生产法》《煤矿安全生产条例》等法律法规的基本要求，又须包含岗位的基本职责内容，其责任内容、范围、考核标准要做到简明扼要、清晰明确、便于操作、适时更新。

通过建立安全生产责任制管理考核制度，明确考核时间、人员、内容、形式等，对安全生产责任落实不到位人员问责。通过建立、完善责任制，煤矿企业能够更有效地管理和预防安全风险，确保每位员工都了解并履行自己在安全生产中的职责，从而降低事故发生的概率，保障员工生命财产安全。

2. 现场作业人员安全知识与技能

煤矿现场安全管理的重点在各个岗位，岗位是煤矿安全管理的基础单元。岗位人员分布在井下各水平、采区的作业地点，在作业过程中受环境、情绪、疲劳等影响，人成为最不稳定的因素，靠"人盯人"的安全监管模式是不现实的，只能是通过不断提升现场作业人员的安全知识与技能，让从业人员熟知岗位安全风险，增强事故预防和应急处理能力，上标准岗、干标准活，提升现场安全管理水平。为了有效提高作业人员的安全素质和能力，可以采取以下几种措施：

(1) 加强安全教育培训。通过定期组织职业技能竞赛，如安全知识竞赛、实操竞赛等，不仅可以规范平时的各项操作，还能提高员工的学习积极性。同时通过"师带徒"培训模式，让新员工快速提升技能水平。

(2) 设置岗位练兵制度。通过设置岗位练兵场地，提供日常维修、更换的设备备品备件，让员工通过实际操作提升技能水平；通过煤矿安全生产 VR 体验系统的模拟操作，作业人员可以快速、安全、熟练地掌握各种设备正确的操控方法、操作步骤及设备的安全使用规程。

(3) 开展岗位作业流程标准化。制定岗位作业流程标准，明确岗位职责、权限和岗位常见的风险、隐患，确定岗位操作前、操作中、操作后的具体操作内容、标准，通过培训学习，促使岗位人员严格按照作业流程进行作业。

(4) 落实安全生产责任制。将安全生产责任制明确落实到每位员工的实际工作中去，与员工的业绩考核相挂钩，切实提高一线作业人员参与安全管理的积极性。

通过上述措施，可以有效提升现场作业人员的安全知识与技能，推动上标准岗、干标准活，从而保障生产安全。

5. 注重过程控制

建立并落实管理制度，定期开展安全生产检查和管理行为、操作行为纠偏，实施安全生产各环节的过程控制，推动安全管理水平持续提升。

【说明】 本条是对注重过程控制这一基本原则的要求。

1. 安全生产管理制度

煤矿安全生产管理制度是指为了确保煤矿工作人员生命财产安全，预防和控制煤矿事故发生，提高煤矿生产安全水平而制定的一系列规章制度和管理措施。

依据相关法律、法规、规章、标准，结合煤矿实际，至少建立以下安全管理制度：安全生产责任制管理考核制度，安全办公会议制度，安全投入保障制度，安全监督检查制度，安全技术措施审批制度,主要设备查验制度,矿用设备、器材使用管理制度,矿井主要灾害预防管理制度,安全奖惩制度,安全操作规程管理制度,事故报告与责任追究制度,“三违”管理制度。

2. 安全生产检查

煤矿安全生产检查是指对煤矿企业的安全生产状况进行定期或不定期的检查和评估,以确保煤矿生产活动符合国家安全生产法律法规和标准规范,预防和减少生产安全事故的发生。安全生产检查通常包括以下几个方面:

(1) 安全管理制度。检查煤矿企业是否建立了完善的安全生产管理制度,包括但不限于安全生产责任制、安全操作规程、事故应急预案等。

(2) 人员资质与培训。检查煤矿从业人员是否具备必要的安全生产知识和操作技能,是否接受了规定的安全生产培训。

(3) 设备设施安全。检查煤矿生产设备、安全设施是否符合国家标准或行业标准,是否定期进行维护和检修,确保其正常运行。

(4) 作业环境安全。检查煤矿作业环境是否符合安全生产要求,如通风、防尘、防灭火、防治水、防冲击地压等措施落实情况,作业场所是否存在安全隐患。

(5) 管理行为和操作行为纠偏。检查煤矿是否定期开展事故隐患排查活动,对发现的事故隐患是否采取了有效的治理措施;检查现场作业人员是否存在不安全行为(包括“三违”行为),对不安全行为进行指正、纠偏。

(6) 应急管理。检查煤矿企业的应急预案是否完善,应急救援设备、器材是否齐全,是否定期开展应急演练。

煤矿安全生产检查旨在发现和消除安全隐患,提高煤矿企业的安全生产水平,保障矿工的生命安全和身体健康,同时也保护了企业的财产安全和经济利益。

3. 现场安全管理

煤矿现场安全管理是指在煤矿生产过程中,通过一系列的措施和手段,确保煤矿现场作业的安全,预防和控制各种安全风险和事故的发生。现场安全管理包括对作业环境、设备、人员行为、安全管理制度等多方面的管理和控制。以下是煤矿现场安全管理的主要内容:

(1) 安全培训与教育。定期对煤矿工人进行安全知识和操作技能的培训,提高他们的安全意识和自我保护能力。

(2) 安全规章制度。建立和完善煤矿现场的安全生产规章制度,包括作业规程、操作规程、安全技术措施等,并确保这些制度得到有效执行。

(3) 作业环境管理。保持煤矿作业现场的整洁和有序,及时清理障碍物和废弃物,确保通风、照明、排水等设施的正常运行,创造一个安全的工作环境。

(4) 设备安全管理。定期对煤矿生产设备进行检查和维护,确保设备处于良好状态,防止因设备故障、失爆引发事故。

(5) 安全监控与预警。在煤矿现场安装安全监控系统,实时监控作业环境中的瓦斯、一氧化碳等有害气体的浓度,以及温度、湿度等参数,及时发出预警。

(6) 隐患排查与治理。定期开展煤矿现场的安全隐患排查活动,发现隐患及时整改,防止事故的发生。

(7) 应急管理。制定煤矿现场的应急预案,包括火灾、瓦斯爆炸、水害等事故的应急措施,并定期进行应急演练,提高应对突发事件的能力。

(8) 安全监督与检查。加强对煤矿现场的安全监督和检查,确保各项安全措施得到有效执行,及时纠正违章行为;加强煤矿安全生产管理人员和技术人员履职情况的监督检查,检查跟班人员、安检人员是否落实现场职责,是否存在违纪现象,督促安全生产管理人员和技术人员依法履职,共同推动职工落实安全生产责任制和岗位作业流程标准化,提高现场安全管理水平。

通过上述过程控制措施,煤矿现场安全管理能够有效预防和控制各种安全风险,保障煤矿工人的生命安全和身体健康,同时也有助于维护煤矿企业的正常生产和经营活动。

6. 依靠科技进步

优化生产系统,推动煤矿减水平、减采区、减采掘工作面、减人员,推广先进实用技术、装备、工艺,提升煤矿机械化、自动化、信息化、智能化水平,持续提高安全保障能力。

【说明】 本条是对依靠科技进步这一基本原则的要求。

1. 煤矿"一优四减"

"一优"是指优化生产系统,通过一系列的技术、管理措施对煤矿生产环节进行改进,以提高生产效率、降低成本、确保安全生产。

"四减"是指减水平、减采区、减采掘工作面、减人员,通过减少煤矿的开采水平、采区数量、采掘工作面数量和作业人员数量,以减少作业环境的复杂性,降低事故发生的可能性。

"一优四减"是煤矿安全生产的重要措施,涵盖了系统的优化和管理上的改进,以及水平、采区、采掘工作面和人员的多维度削减。这些措施的实施,能有效提高煤矿的安全生产水平,减少安全事故的发生,保护矿工的生命安全。

2. 煤矿"四新"知识

"四新"知识是指新技术、新工艺、新设备、新材料。

应用新技术提升煤矿安全生产效率,保障矿工安全;应用新工艺解决煤矿开采过程中的难题,提高煤炭资源的回收率;应用新设备提高煤矿安全生产水平、效率,减轻工人劳动强度;应用新材料提高煤矿设备的性能和耐用性,降低维护成本。通过不断推广和应用"四新"知识,推动煤矿向更加安全、高效、环保的方向发展。

3. 煤矿"四化"

"四化"是指机械化、自动化、信息化、智能化。

通过提升采煤、掘进、运输等环节的机械化水平,减少人力劳动强度,提高工作效率;通过自动化建设实现煤矿主要固定岗位的无人操作,降低人为失误导致的安全风险;利用信息技术对煤矿生产进行远程监控和管理,提高决策效率和准确性;以实现煤炭资源的安全、高效、绿色、智能开发为主线,以建设智慧煤矿为抓手,围绕煤炭工业与物联网、大数据、人工智能等关键环节,大力推进智能系统、智能装备的技术创新和应用,实现智能化采掘。通过有效提升煤矿"四化"水平,持续提高煤矿的安全保障能力。

7. 坚持动态达标持续改进

坚持全面自查自评,加强标准化体系运行总结分析,不断提高评估体系运行的有效性,制定改进措施并落实,确保动态达标。

【说明】 本条是对坚持动态达标持续改进这一基本原则的要求。

1. 煤矿自查自评

煤矿取得安全生产标准化管理体系等级是指煤矿安全生产标准化工作主管部门在煤矿

考核定级时，对煤矿安全生产标准化管理体系运行现状的现场评审，是对当时煤矿安全生产管理水平和安全生产标准化管理能力的认可。煤矿取得安全生产标准化管理体系等级后，并不是在3年有效期内一劳永逸，《煤矿安全生产标准化管理体系考核定级办法》中明确要求各级煤矿安全生产标准化工作主管部门应按属地监管原则，每年按一定比例对达标煤矿进行抽查，对工作中发现已不具备原有安全生产标准化管理体系达标水平的煤矿，应降低或撤销其取得的安全生产标准化管理体系等级。因此煤矿在取得安全生产标准化管理体系等级后，应当通过自查自评、不断改进，确保动态达标。

煤矿应当定期开展自查自评，对内部和外部检查（含煤矿监管、监察部门及安全生产标准化工作主管部门）的问题进行总结分析，评估体系运行的有效性。

煤矿应根据内部自查自评和外部检查考核结果编制问题或隐患清单，及时下发问题或隐患整改通知书，落实整改单位、整改责任人等。煤矿企业定期对内部自查自评和外部检查考核的结果进行分析总结，重点分析归纳风险或隐患产生的根源，提出改进措施和建议，并确保改进措施落实到位。

2. 季度年度总结分析

煤矿每季度至少组织开展一次全面的自查自评，对内部和外部检查的问题进行总结分析，提出改进措施并落实。

每年底由矿长组织对标准化管理体系的运行质量进行客观分析，形成体系运行分析报告。分析工作的依据应包含但不限于以下方面：安全目标考核结果；安全生产责任制考核结果；标准化内部自查和外部检查考核情况；年度风险辨识结果及重大风险管控情况；年度重大事故隐患排查整改情况；本矿生产安全事故情况；对报告提出的改进措施，应明确责任及完成时限。

二、煤矿安全生产标准化管理体系构成

煤矿安全生产标准化管理体系包括安全基础管理、重大灾害防治、专业管理等3个部分。

1. 安全基础管理

设定安全生产目标，建立健全安全生产管理部门，健全完善安全生产责任制和管理制度，明确安全责任范围，提高从业人员素质和技能。对生产过程中发生不同等级事故、伤害的可能性进行辨识评估，预先采取规避、消除或控制安全风险的措施。对生产过程中安全风险管控措施落实情况和人的不安全行为、物的不安全状态、环境的不安全条件和管理的缺陷进行检查、登记、治理、验收、销号，实现隐患闭环管理。

【说明】 本条是对安全基础管理这一构成部分的总体要求。

1. 煤矿安全生产目标、制度及机构、人员

煤矿安全生产目标、制度及机构、人员是煤矿安全基础中的核心内容，只有确保这三项内容落实到位，才能为煤矿安全生产提供坚实的保障。

(1) 煤矿安全生产目标，明确了煤矿在安全方面要达到的具体成果和方向，是所有工作的指引和努力的方向。有了清晰的目标，各项工作才能有的放矢地开展。煤矿必须在年前制定出下一年的安全生产总体目标，由分管安全的领导作出实现该目标的安全工作计划，并组织实施。目标管理执行责、权、利相结合，对目标考核奖惩等内容作出规定，并严格考核兑现。

(2) 安全生产管理制度,是确保安全生产的重要准则和规范。它涵盖了从操作流程到责任划分等各个方面,使员工在工作中有章可循,减少违规操作带来的风险。煤矿应当依法依规建立健全各项规章制度,严格落实各项安全管理制度。为加大安全目标管理力度,煤矿对各区队、部门及个人进行划分责任区、明确责任人、层层把关,确保安全生产。

(3) 合理的机构设置和专业的人员配备,是将安全生产目标和制度付诸实践的关键。按规定设置安全生产技术管理部门,明确相应的责任范围及工作职责并严格落实。对煤(岩)与瓦斯(二氧化碳)突出、高瓦斯、冲击地压、煤层容易自燃、水文地质类型复杂和极复杂的煤矿,应当设立相应的专门防治机构,配备专职副总工程师。按规定配备"五职"矿长,分管安全、生产、机电的副矿长以及专业技术人员。

专业的安全管理机构能够有效地组织、协调和监督各项安全工作的开展,高素质的安全、技术人员具备专业知识和技能,能够准确地识别风险、落实防范措施并及时处理突发情况,是保障煤矿安全运行的核心力量。

2. 煤矿安全风险管控与隐患排查治理

煤矿安全风险管控与隐患排查治理确实是煤矿防范事故发生的两道重要屏障,能有效防范化解重大风险,遏制防范事故的发生。

(1) 安全风险管控是指在风险源辨识和风险评估的基础上,预先采取措施控制风险的过程。它关注的是危险事件发生的可能性和后果的严重性,并通过有效的管控措施来降低风险。

安全风险管控目的:通过风险管控,煤矿企业可以识别生产过程中的潜在风险,并采取相应的措施进行预防和控制,从而避免或减少事故的发生。

安全风险管控实施要点:按照要求开展各安全风险辨识;风险辨识全面、系统地识别煤矿生产过程中的各种风险源;对辨识出的风险进行评估,确定其可能性和后果的严重性;根据风险评估结果,制定相应的管控措施和重大风险管控方案,并确保措施得到有效执行。

(2) 隐患排查治理是指对事故隐患进行排查、登记、治理实施全覆盖、全过程的管理。它关注的是环境的不安全条件、设备及设施的不安全状态,人的不安全行为和管理上的缺陷,这些是引发安全事故的直接原因。

隐患排查治理目的:通过隐患排查治理,煤矿企业可以及时发现并消除生产过程中的事故隐患,防止事故的发生。

隐患排查治理实施要点:定期对煤矿生产现场进行隐患排查,确保不留死角;对排查出的隐患进行详细记录,包括隐患的类型、位置、可能的影响等;根据隐患排查结果,制定相应的治理措施,并明确责任、措施、时限等。

安全风险管控侧重于预防,通过识别和控制潜在风险来降低事故发生的可能性;隐患排查治理则侧重于治理,通过及时发现和消除事故隐患来防止事故的发生。两者共同构成了煤矿安全生产的重要保障体系。总之,煤矿企业应高度重视安全风险管控与隐患排查治理工作,建立健全相关制度和机制,确保煤矿生产的安全稳定进行。

2. 重大灾害防治

针对井工煤矿瓦斯、水、火、冲击地压、煤尘,露天煤矿边坡等重大灾害及风险,常态化制度化开展隐蔽致灾因素普查，坚持重大灾害源头治理、超前治理、区域治理、系统治理、工程治理。

【说明】 本条是对重大灾害防治这一构成部分的总体要求。

1. 煤矿重大灾害

井工煤矿重大灾害主要有瓦斯、水、火、冲击地压、煤尘等，露天煤矿重大灾害主要有边坡等。

(1) 瓦斯防治。坚持瓦斯“零超限”、煤层“零突出”目标，结合矿井实际条件和采掘接续计划，超前采用地面预抽、开采保护层、井下底抽巷或高抽巷穿层钻孔预抽等手段，有效降低煤层瓦斯含量，确保瓦斯抽采达标，做到不掘“突出头”、不采“突出面”。

(2) 水害防治。坚持“预测预报、有疑必探、先探后掘、先治后采”原则，突出先探后掘，采用物探、钻探等相结合的方式，查清采掘工作面水文地质条件。受老空水威胁矿井严格落实探放水措施，做到查全、探清、放净、验准。受底板承压水威胁的矿井要进行带压开采论证和安全评价，存在突水威胁的要采用地面区域治理、注浆加固底板或改造含水层等方法消除突水威胁。受地表水、顶板水、离层水威胁的矿井要采用留设隔离煤(岩)柱、超前疏放、注浆改造含水层、帷幕注浆等方法消除突水威胁。严格分区管理，科学合理划定防治水可采、缓采、禁采区，严禁在禁采区内违规进行采掘活动，缓采区、禁采区经过治理达到安全开采标准后方可进行采掘作业。严格落实紧急撤人制度，发现透水征兆、遇极端天气时，及时启动预警叫应响应回应机制，立即停止作业、撤出相关人员。

(3) 防灭火。鉴定煤层自然发火倾向性，确定煤层自然发火标志性气体及临界值，合理划分采空区“三带”(散热带、氧化带和窒息带)，查明自然发火情况和火区范围，制定有效的防灭火措施；对采空区、巷道高冒区和煤柱破坏区，采取有针对性的预防自然发火措施；严把入井电气设备、材料质量关，防止低质量不阻燃材料下井，采取有效措施防止高分子材料着火，严禁违规动火、违规爆破等行为，井下动火作业必须制定专门措施并按规定审批。

(4) 冲击地压防治。冲击地压矿井按照“区域先行、局部跟进、分区管理、分类防治”的原则，认真开展冲击危险性评价，划分出冲击地压危险区域，优先采用区域预防措施。合理规划开拓部署、采场巷道布置、煤层开采顺序和采掘接续，优先开采保护层。大力推广小煤柱、无煤柱或负煤柱开采方式，探索应用地面高压水力压裂、井下超长孔水力压裂等区域卸压防冲方法。严格落实“三限三强”(限采深、限强度、限定员，强支护、强监测、强卸压)等有关规定。

(5) 防尘。落实综合防尘、预防和隔绝煤尘爆炸等措施及管理制度，加强防尘降尘设备及运行的检查维护，确保喷雾降尘运行正常，防止粉尘超标和爆炸。

(6) 边坡管理。边坡管理是露天矿山安全生产的重中之重，一旦垮塌极易引发群死群伤。严格按照设计施工，自上而下分台阶开采，留设符合设计要求的平台和边坡。加强监测监控，按规定进行边坡和排土场稳定性分析和评价，加强对重点边坡的监测监控，实现在线安全监测。发现边坡地质构造发育，出现变形、滑坡征兆的，立即停止作业，落实压帮、削坡、注浆等工程治理措施。

2. 隐蔽致灾因素普查

隐蔽致灾因素普查是一个系统性的工程，建立常态化普查机制和完善的隐蔽致灾地质因素普查制度，通过保障资金投入、加强灾害信息收集与处理、进行灾害评估和排查治理、建立监测体系以及加强培训和宣传等多个方面的措施，来实现对隐蔽致灾因素的有效管理和防治。

3. 重大灾害4个治理

重大灾害4个治理是指超前治理、区域治理、系统治理、工程治理。

超前治理，是指在煤矿生产过程中，针对可能出现的煤与瓦斯突出、水害、冲击地压等重大灾害，在灾害发生之前采取前瞻性的措施进行预防和治理。

区域治理，是指利用地面多分支定向钻进技术或径向射流造孔技术等对重大灾害进行区域性治理，对于开采条件复杂、现有技术难以治理的灾害区域，实施缓采、禁采措施。

系统治理，是指从科技支持、组织保障和专业技能提升多方面着手，构建一个科学、全面、系统的重大灾害管理体系，运用隐蔽致灾因素普查成果，确定煤矿灾害等级，结合采掘接续中长期规划，确定重大灾害治理模式和方案。

工程治理，是指针对不同重大灾害类型及等级设计、施工一系列针对性的治理工程。

3. 专业管理

设定井工煤矿通风、地质测量、采煤、掘进、机电、运输、调度应急和“三堂一舍”，露天煤矿钻孔、爆破、采装、运输、排土、机电、防治水、调度应急和“三堂一舍”等专业的工作指标及管理标准，规范煤矿生产技术、设备设施、工程质量、现场管理等方面的管理工作。

【说明】 本条是对专业管理这一构成部分的总体要求。

1. 井工煤矿专业的工作指标及管理标准

通风、地质测量、采煤、掘进、机电、运输、调度应急和“三堂一舍”是井工煤矿安全生产标准化管理体系中专业管理的7个要素，通过设定7个要素的工作指标及管理标准，规范煤矿生产技术、设备设施、工程质量、现场管理等方面的管理工作。

1）通风专业

工作指标：通风系统完善可靠、阻力符合要求，主要通风机运行稳定，采掘工作面风量配备合理，通风设施设置规范；按照规定进行矿井瓦斯等级鉴定及瓦斯涌出量测定，强化甲烷、二氧化碳等有害气体检查检测，加强密闭启封管理，安全排放瓦斯；井下爆炸物品运输、贮存按规定执行，按照爆破作业说明书作业，按规定处理拒爆、残爆；监控系统运行正常、灵敏可靠，各类传感器安设齐全，断电、复电浓度及范围符合要求，按照规定对安全监控系统维护、调校。

管理标准：建立健全通风管理制度，定期测定风量、风压、风速等参数，及时调整通风系统，确保通风设施完好可靠；建立甲烷、二氧化碳和其他有害气体检查制度，定期检查瓦斯，发现瓦斯超过规定值时，按规定进行撤人处理等，启封密闭巷道时，按规定编制瓦斯排放专项措施，经矿总工程师批准后方可实施；建立健全爆炸物品管理制度，井下选用爆炸物品类型与矿井瓦斯等级匹配，编制爆破作业说明书，爆破作业执行“一炮三检”和“三人连锁爆破”制度；安全监控系统功能齐全，建立监控系统数据库，严格按照安全监控人员值班制度要求24 h有监控人员值班，按照规定对安全监控系统维护、调校。

2）地质测量专业

工作指标：准确掌握矿井地质构造、煤层赋存情况、水文地质条件等，为采掘活动提供可靠的地质资料。地质资料收集、调查、分析等工作规范，预测预报工作满足安全生产要求。执行测量工作通知单制度，测量控制系统健全，原始记录详实，测量成果真实齐全。煤矿“三量”符合规定，不符合规定的主动采取限产或停产措施。

管理标准：制定地质测量工作计划，定期开展地质勘探、测量工作，及时提交地质报告和图纸，为煤矿安全生产提供技术支持。健全管理制度，按期完成各类地质报告修编、审批等基础工作；原始记录详实，成果资料、地质测量图纸等基础资料齐全，内容、填绘、存档符合规定。

3）采煤专业

工作指标：强化工作面及安全出口的顶板管理和支护质量，支护形式、支护参数等符合作业规程要求，安全出口畅通；安全设施齐全有效。机械设备及配套系统设备完好、保护有效、运转正常；辅助运输系统符合要求，安全设施齐全有效；通信系统畅通。作业场所照明充足；图牌板齐全、清晰；物料分类码放整齐，管线吊挂规范；巷道底板平整，无杂物，无淤泥，无积水。

管理标准：按照批准的设计布置采煤工作面；编制作业规程；加强顶板管理和支护工作强化矿压监测分析，顶板离层超过临界值有加固措施；持续提升采煤机械化、智能化水平，定期检查采煤设备，确保设备完好和正常运行。

4）掘进专业

工作指标：掘进进尺、巷道成型质量、支护质量等需满足设计要求，确保掘进工作面的安全和稳定。强化工程质量管理，支护形式、支护参数、施工质量等符合设计和作业规程要求，特殊地段有加强支护措施；安全设施齐全有效。机械设备及配套系统设备完好、保护有效、运转正常；辅助运输系统符合要求，安全设施齐全有效；通信系统畅通。作业场所照明充足；图牌板齐全、清晰；物料分类码放整齐，管线吊挂规范；巷道底板平整，无杂物，无淤泥，无积水。

管理标准：按照批准的采（盘）区设计布置掘进工作面；编制作业规程，确保掘进工作有序进行；加强掘进过程中的安全管理和质量控制，强化矿压监测分析，顶板离层超过临界值有加固措施；支护材料符合设计要求；持续提升掘进机械化水平。

5）机电专业

工作指标：机电设备完好率、故障率、运行效率等需达到规定标准，确保设备安全、可靠、经济运行。煤矿矿用产品安全标志、防爆合格证等证标齐全；设备综合完好率、矿灯完好率、事故率等符合规定。机械设备完好，保护齐全可靠，系统能力满足矿井安全生产需要。供电系统可靠，电气设备选型合理，保护齐全有效。设备设置规范、标识齐全，机房硐室及设备周围卫生清洁。

管理标准：建立健全机电设备管理制度，加强设备日常维护和保养，定期进行设备检修和性能测试，确保设备处于良好状态。制定并严格执行机电管理制度，规范技术管理，设备台账、技术图纸等资料齐全，机电设备设施安全可靠。

6）运输专业

工作指标：运输能力、运输效率、运输安全等需满足生产需求，确保煤炭和物料的安全、及时运输。运输巷道与硐室满足设备安装、运行和检修的空间要求；满足人员操作、行走的安全要求。轨型、轨道铺设质量符合标准要求；无轨胶轮车行驶路面质量符合标准要求；保证车辆安全、平稳运行；改善运输方式，优化运输系统。设备完好，符合要求；制动装置、信号装置及保护装置齐全、灵敏、可靠；安装符合设计要求。安全设施、连接装置、安全警示设施齐全可靠，安装规范，使用正常；物料捆绑固定规范有效。作业场所卫生整洁；设备材料码放整齐，图牌板内容齐全、清晰准确。

管理标准：制定运输作业规程，加强运输设备的安全管理和维护，确保运输线路畅通无阻，运输过程安全有序。管理制度完善，职责明确；设备设施定期检测检验；技术资料齐全，满足运输管理需要。

7）调度应急和“三堂一舍”专业

工作指标：调度指挥准确、及时、有效，应急响应迅速、有序，确保煤矿生产安全和应急事件的妥善处理；掌握现场安全生产情况，组织协调有力，原始记录详实，通信设施完好，按规定进行信息报告和处置，配备满足需要的应急救援物资和装备，按规定编制应急救援预案并组织演练，与矿山救护队维系服务；“三堂一舍”的设施完备，满足职工工作生活需要。

管理标准：建立健全调度指挥和应急管理制度，加强调度人员的培训和演练，提高调度指挥和应急响应能力。制定“三堂一舍”管理制度，加强日常管理和维护，定期进行检查和清洁，确保设施完好、环境整洁。

2. 露天煤矿专业的工作指标及管理标准

钻孔、爆破、采装、运输、排土、机电、疏干排水、调度应急和“三堂一舍”是露天煤矿安全生产标准化管理体系中专业管理中的8个要素，通过设定8个要素的工作指标及管理标准，规范露天煤矿生产技术、设备设施、工程质量、现场管理等方面的管理工作。

1）钻孔专业

工作指标：设计符合要求，钻孔出入口设置合理，验收资料齐全。孔深、孔距、排距、坡顶距等符合设计。作业场所、设备设施整洁，各类物资摆放规整。

管理标准：钻机在采空区、自然发火区、高温火区和水淹区等危险地段作业时，制定并执行安全技术措施，加强安全技术管理和现场管理。加强生产作业过程管控，加强对生产现场的安全管理按作业规程进行护孔、调钻、预裂孔钻孔。钻机在打边排孔、调平、走行作业过程中，严格遵守《煤矿安全规程》规定，钻孔时无扬尘。

2）爆破专业

工作指标：按爆破设计作业，制定安全技术措施，有爆破技术设计评价。严格控制爆破质量，各类参数符合规定。作业人员劳动保护用品佩戴齐全，现场标识齐全完整，及时清理作业现场杂物。

管理标准：制定科学的爆破方案，加强爆破作业操作安全管理，严格按照设计和规程进行爆破作业，确保爆破效果良好，控制炸药单耗，减少爆破对周围环境的影响，确保爆破作业安全。

3）采装

工作指标：有采矿设计并按设计作业，规格参数应符合采矿设计和技术规范。采装工作面台阶高度、坡面、平盘宽度及平整度均符合设计要求。作业场所、设备设施保持整洁，各类物资摆放规整；各种标识牌齐全完整；作业面保持平整、干净、无积水。

管理标准：单设备作业时，应符合设备作业管理要求；多设备联合作业时要制定联合作业规程（措施）并执行。采装作业时执行安全管理规定；特殊作业时应制定安全技术措施并落实。

4）运输专业

工作指标:公路运输道路参数符合设计;铁路运输系统有设计和运输系统平面图;带式输送机/破碎站符合设计,各类记录详实。运输道路、线路质量符合设计。作业场所、设备设施整洁,各类物资摆放规整。

管理标准:合理规划运输路线,提高运输效率,降低运输成本,加强运输安全管理,运输设施及施工作业要符合规程规定,各类标识、标志、信号、保护装置齐全有效,确保运输过程安全无事故。

5) 排土专业

工作指标:有设计并按设计作业,排土参数及安全距离符合要求,定期对排土场进行巡视并做好记录。台阶高度、平盘宽度、反坡、安全挡墙等符合要求。作业场所、设备设施整洁,现场无散料,各类物资摆放规整。

管理标准:按设计作业,确保排土效率满足生产需求,同时保证排土场的稳定性;排土设备、设施及现场施工作业符合规程规定,各类标识标志、保护设施齐全有效。

6) 机电专业

工作指标:设备管理制度完善,档案、证标齐全;设备完好率、待修率、事故率符合规定。设备技术标准与要求符合移交验收要求;各类电气设施、动力设施、机械构造完好可靠,辅助设施完整。供配电资料齐全,内容详实;供配电设施完好、可靠。

管理标准:建立完善的设备管理制度,加强设备的日常维护和保养,提高设备完好率,降低设备故障率和维护成本。

7) 防治水专业

工作指标:地面排水沟渠等设备设施状态完好,能力满足设计要求,配电设施布置合理。因地下水位升高,威胁安全生产时制定治理措施,涌水台阶采取相应疏干排水措施,排水设备设施满足设计要求。疏干集中控制系统主机运行状态、分站通信状况良好,采集系统无异常,数据准确,远程启停指令可靠。作业场所干净整洁,物品摆放规整。

管理标准:建立并落实水害防治相关制度,有相关图纸,编制规划计划,查明水文地质条件。制定科学的疏干排水方案,确保排水量满足生产需求,提高排水效率,同时控制水质,减少对环境的污染;现场有安全防护措施,排水设备运行良好,排水沟渠、疏干巷道排水通畅,管道、闸阀等无漏水现象。

8) 调度应急和"三堂一舍"

工作指标:调度指挥准确、及时、有效,应急响应迅速、有序,确保煤矿生产安全和应急事件的妥善处理;掌握现场安全生产情况,组织协调有力,原始记录详实,通信设施完好,按规定进行信息报告和处置,配备满足需要的应急救援物资和装备,按规定编制应急救援预案并组织演练,与矿山救护队维系服务;"三堂一舍"的设施完备,满足职工工作生活需要。

管理标准:建立健全调度指挥和应急管理制度,加强调度人员的培训和演练,提高调度指挥和应急响应能力。制定"三堂一舍"管理制度,加强日常管理和维护,定期进行检查和清洁,确保设施完好、环境整洁。

3. 煤矿管理工作

煤矿管理工作主要落实于各专业规范煤矿生产技术、设备设施、工程质量、现场管理 4 个方面,以确保煤矿生产的安全和效率。以下是具体的管理要点:

(1) 生产技术管理:加强煤矿生产技术管理基础工作,实现矿井正规生产、安全生产。

生产技术管理是煤矿企业管理的重要组成部分,需要加强对生产技术管理工作的领导,制定和建立健全各级行政领导及行政机构的责任制,以及建立健全以总工程师为首的技术管理体系。

(2) 设备设施管理:确保煤矿使用的设备设施符合安全标准,定期进行维护和检查,及时更新老旧设备,引进先进的技术和装备,以提高工作效率和安全性。

(3) 工程质量管理:煤矿生产中的工程质量直接关系到安全生产和效率。通过制定和实施生产矿井质量标准化达标规划,全面质量管理,严格执行煤矿生产矿井质量标准,建立健全检查、考核、验收制度,确保工程质量符合安全要求。

(4) 现场管理:加强现场管理,包括人员管理、作业流程优化、安全措施的实施等,确保作业现场的安全和秩序,及时发现并处理安全隐患,提高作业安全和效率。

通过上述管理措施的实施,可以有效提升煤矿生产的整体安全性和效率,保障工作人员的安全,同时提高煤矿的生产效益。

三、煤矿安全生产标准化管理体系现场考核内容

1. 安全基础管理

考核内容执行本方法第 2 部分"安全基础管理"的规定。

2. 重大灾害防治

(1) 井工煤矿:考核内容执行本方法第 3 部分"重大灾害防治"中"3.1 井工煤矿重大灾害防治"的规定。

(2) 露天煤矿:考核内容执行本方法第 3 部分"重大灾害防治"中"3.2 露天煤矿重大灾害防治"的规定。

3. 专业管理

(1) 井工煤矿:考核内容执行本方法第 4 部分"专业管理"中"4.1 井工煤矿专业管理"和"4.3 调度应急和'三堂一舍'"的规定。

(2) 露天煤矿:考核内容执行本方法第 4 部分"专业管理"中"4.2 露天煤矿专业管理"和"4.3 调度应急和'三堂一舍'"的规定。

注:各部分涉及的资料,鼓励采用信息化手段管理。

四、煤矿安全生产标准化管理体系评分方法

1. 井工煤矿安全生产标准化管理体系评分方法

(1) 井工煤矿现场考核评分满分为 100 分,采用各部分得分乘以权重的方式计算,各部分的权重见表 1-1。

表 1-1　井工煤矿安全生产标准化管理体系权重表

序号	管理部分	标准分值	权重(a_i)
一	安全基础管理	100	0.15
二	重大灾害防治	100	0.16

表1-1(续)

序号	管理部分		标准分值	权重(a_i)
三	专业管理	通风	100	0.12
		地质测量	100	0.10
		采煤	100	0.10
		掘进	100	0.10
		机电	100	0.10
		运输	100	0.10
		调度应急和“三堂一舍”	100	0.07

(2) 井工煤矿在有采煤工作面、不存在重大事故隐患的前提下，按照评分表进行现场检查打分。

【说明】 本条是对重大事故隐患的要求。

没有采煤工作面的煤矿，不得进行安全生产标准化管理体系考核定级。

根据《煤矿重大事故隐患判定标准》(井工煤矿)，煤矿重大事故隐患包括下列15个方面：

(1) 超能力、超强度或者超定员组织生产。

(2) 瓦斯超限作业。

(3) 煤与瓦斯突出矿井，未依照规定实施防突出措施。

(4) 高瓦斯矿井未建立瓦斯抽采系统和监控系统，或者系统不能正常运行。

(5) 通风系统不完善、不可靠。

(6) 有严重水患，未采取有效措施。

(7) 超层越界开采。

(8) 有冲击地压危险，未采取有效措施。

(9) 自然发火严重，未采取有效措施。

(10) 使用明令禁止使用或者淘汰的设备、工艺。

(11) 煤矿没有双回路供电系统。

(12) 新建煤矿边建设边生产，煤矿改扩建期间，在改扩建的区域生产，或者在其他区域的生产超出安全设施设计规定的范围和规模。

(13) 煤矿实行整体承包生产经营后，未重新取得或者及时变更安全生产许可证而从事生产，或者承包方再次转包，以及将井下采掘工作面和井巷维修作业进行劳务承包。

(14) 煤矿改制期间，未明确安全生产责任人和安全管理机构，或者在完成改制后，未重新取得或者变更采矿许可证、安全生产许可证和营业执照。

(15) 其他重大事故隐患。“其他重大事故隐患”，是指有下列情形之一的：

① 未分别配备专职的矿长、总工程师和分管安全、生产、机电的副矿长，以及负责采煤、掘进、机电运输、通风、地测、防治水工作的专业技术人员的；

② 未按照国家规定足额提取或者未按照国家规定范围使用安全生产费用的；

③ 未按照国家规定进行瓦斯等级鉴定，或者瓦斯等级鉴定弄虚作假的；

④ 出现瓦斯动力现象，或者相邻矿井开采的同一煤层发生了突出事故，或者被鉴定、认

定为突出煤层，以及煤层瓦斯压力达到或者超过0.74 MPa的非突出矿井，未立即按照突出煤层管理并在国家规定期限内进行突出危险性鉴定的（直接认定为突出矿井的除外）；

⑤ 图纸作假、隐瞒采掘工作面，提供虚假信息、隐瞒下井人数，或者矿长、总工程师（技术负责人）履行安全生产岗位责任制及管理制度时伪造记录，弄虚作假的；

⑥ 矿井未安装安全监控系统、人员位置监测系统或者系统不能正常运行，以及对系统数据进行修改、删除及屏蔽，或者煤与瓦斯突出矿井存在第七条第二项情形的；

⑦ 提升（运送）人员的提升机未按照《煤矿安全规程》规定安装保护装置，或者保护装置失效，或者超员运行的；

⑧ 带式输送机的输送带入井前未经过第三方阻燃和抗静电性能试验，或者试验不合格入井，或者输送带防打滑、跑偏、堆煤等保护装置或者温度、烟雾监测装置失效的；

⑨ 掘进工作面后部巷道或者独头巷道维修（着火点、高温点处理）时，维修（处理）点以里继续掘进或者有人员进入，或者采掘工作面未按照国家规定安设压风、供水、通信线路及装置的；

⑩ 国家矿山安全监察机构认定的其他重大事故隐患。

（3）各部分考核得分乘以该部分权重之和即为井工煤矿安全生产标准化管理体系现场考核得分，采用式（1）计算：

$$M=\sum_{i=1}^{9}(a_i \times M_i) \tag{1}$$

式中　M——井工煤矿安全生产标准化管理体系现场考核总得分；

M_i——安全基础管理、重大灾害防治、通风、地质测量、采煤、掘进、机电、运输、调度应急和“三堂一舍”等9项现场考核得分；

a_i——安全基础管理、重大灾害防治、通风、地质测量、采煤、掘进、机电、运输、调度应急和“三堂一舍”等9项权重值。

（4）缺项考核评分方法。

“专业管理”中缺项专业不得分，考核总得分采用式（2）计算：

$$T=\frac{1}{1-a_i}\times M \tag{2}$$

式中　T——综合考核分数；

M——井工煤矿现场考核总得分；

a_i——缺项权重值。

注：对于已无掘进工程的拟关闭退出的煤矿，或无掘进工作面但“三量”（开拓、准备、回采煤量）符合规定的正常生产煤矿，可在考核定级时，对矿井掘进专业不考核。

【说明】　本条是对缺项考核评分方法的规定。

（1）井工煤矿安全生产标准化管理体系现场考核得分采用各部分考核得分乘以该部分权重之和计算。

（2）“专业管理”中缺项专业不得分，考核得分采用式（2）计算缺项考核总得分。

（3）对于已无掘进工程的拟关闭退出的煤矿，或无掘进工作面但“三量”（开拓煤量、准备煤量、回采煤量）符合规定的正常生产煤矿，可在考核定级时，对矿井掘进专业不考核。

2. 露天煤矿安全生产标准化管理体系评分方法

（1）露天煤矿现场考核评分满分为100分，采用各部分得分乘以权重的方式计算，各部分的权重见表1-2。

表1-2 露天煤矿安全生产标准化管理体系权重表

序号	管理部分		标准分值	权重(b_i)
一	安全基础管理		100	0.15
二	重大灾害防治		100	0.15
三	专业管理	钻孔	100	0.08
		爆破	100	0.10
		采装	100	0.10
		运输	100	0.10
		排土	100	0.08
		机电	100	0.10
		防治水	100	0.07
		调度应急和“三堂一舍”	100	0.07

(2)露天煤矿现场正常生产，在不存在重大事故隐患的前提下，按照评分表进行现场检查打分。

【说明】 本条对露天煤矿重大事故隐患的要求。

根据《煤矿重大事故隐患判定标准》(露天煤矿)，涉及露天煤矿重大事故隐患主要有以下7个方面：

(1) 超能力、超强度或者超定员组织生产。

(2) 超层越界开采。

(3) 使用明令禁止使用或者淘汰的设备、工艺。

(4) 新建煤矿边建设边生产，煤矿改扩建期间，在改扩建的区域生产，或者在其他区域的生产超出安全设施设计规定的范围和规模。

(5) 煤矿实行整体承包生产经营后，未重新取得或者及时变更安全生产许可证而从事生产，或者承包方再次转包。

(6) 煤矿改制期间，未明确安全生产责任人和安全管理机构，或者在完成改制后，未重新取得或者变更采矿许可证、安全生产许可证和营业执照。

(7) 其他重大事故隐患。“其他重大事故隐患”，是指有下列情形之一的：

① 未分别配备专职的矿长、总工程师和分管安全、生产、机电的副矿长，以及专业技术人员的；

② 未按照国家规定足额提取或者未按照国家规定范围使用安全生产费用的；

③ 图纸作假，提供虚假信息，或者矿长、总工程师(技术负责人)履行安全生产岗位责任制及管理制度时伪造记录，弄虚作假的；

④ 露天煤矿边坡角大于设计最大值，或者边坡发生严重变形未及时采取措施进行治理的；

⑤ 露天煤矿边坡变形量出现异常变化，未采取措施进行治理，或者出现滑坡征兆，未及时停止作业并撤离人员的；

⑥ 露天煤矿边坡角大于设计最大值，或者台阶高度严重超高、平盘宽度严重不足的；

⑦ 露天煤矿边坡监测系统不能正常运行，监测内容不全面，监测范围未做到全覆盖的，或者关闭、破坏边坡监测系统，隐瞒、篡改、销毁边坡监测数据、信息的；

⑧ 露天煤矿在高温区和自然发火区爆破时未采取措施的；

⑨ 井工转露天开采的煤矿，未探明老空区情况，或者已探明未制定安全措施的；

⑩ 将露天煤矿采煤工程作为独立工程发包给其他单位或者个人的，或者将剥离工程发包给2家以上单位或者个人的；

⑪ 将露天煤矿剥离工程转包或者违法分包的，或者未对剥离工程承包单位的安全生产工作统一协调、管理的，或者未定期进行安全检查的。

(3) 各部分考核得分乘以该部分权重之和即为露天煤矿安全生产标准化管理体系现场考核得分，采用式(3)计算：

$$N=\sum_{i=1}^{10}(b_i \times N_i) \tag{3}$$

式中 N——露天煤矿安全生产标准化管理体系现场考核总得分；

N_i——安全基础管理、重大灾害防治、钻孔、爆破、采装、运输、排土、机电、防治水、调度应急和“三堂一舍”等10部分现场考核得分；

b_i——安全基础管理、重大灾害防治、钻孔、爆破、采装、运输、排土、机电、防治水、调度应急和“三堂一舍”等10部分权重值。

(4) 缺项考核评分方法。

“专业管理”中缺项专业不得分，考核总得分采用式(4)计算：

$$T=\frac{1}{1-b_i}\times N \tag{4}$$

式中 T——综合考核分数；

N——露天煤矿现场考核总得分；

b_i——缺项权重值。

3. 附加得分项

对2个自然年及以上未发生生产安全事故的煤矿，在现场考核得分的基础上予以加分；2个自然年未发生生产安全事故的加0.1分，以后每增加1年加0.1分，最多加2分。

第2部分 安全基础管理

本部分修订的主要变化

专家解读视频

(1) 优化框架结构,突出基础管理。第2部分安全基础管理涵盖“安全目标、组织保障、安全制度、安全培训、安全风险分级管控、事故隐患排查治理、持续改进”等7个方面。修订后的“安全基础管理”部分内容相较于2020版进行了大幅删减,但原标准中涉及国家法律法规标准等规定,不妨碍其继续执行,仅仅是不作为煤矿安全生产标准化管理体系考核验收的必查项目。

(2) 突出目标引领,抓实考核奖惩。删除了“安全生产理念、矿长安全承诺”等内容。保留了“安全目标内容和目标考核奖惩”两项内容。突出了安全目标对安全生产工作的引领作用,要求煤矿制定符合本矿实际、上级要求、职工期待,具有考核性、引领性的安全目标,分解、制定完成目标的工作任务和措施。“年度安全目标”可在煤矿年度安全管理文件中体现,也可单独制定;“年度安全考核”必须由矿长组织开展,并留有记录。

(3) 加强组织保障,配齐机构人员。重点体现“机构设置和人员配备”两个方面。机构设置要求煤矿规范设置安全生产技术管理部门。人员配置要求配备“五职”矿长、专业副总工程师,以及满足工作需要的安全生产管理人员、专业技术人员、特种作业人员和其他从业人员。需要重点说明的是“满足安全生产工作需要”,是指除国家法律,国家和地方法规、规章、标准、规范性文件规定应当配备以外的,还应符合企业自身安全生产管理制度(定岗定员标准)的要求。

(4) 健全安全制度,严格贯彻落实。现场考核检查只对“安全生产责任制、安全办公会议制度、矿领导带班下井(坑)制度、安全投入保障制度”等四个相对重要的制度进行现场考核检查。其他制度只检查是否建立、合理、可行。需要重点说明的是安全办公会议制度中要求对“会议安排的具体工作实现闭环管理”,核查方式是煤矿要能够提供“督办信息表”,督办内容应包括督办事项、责任领导、责任单位、完成时限、落实情况等。

(5) 强化安全培训,提升员工素质。精简了班组安全建设和不安全行为管理等要求。重点体现了“基础保障、组织实施、人员素质”三项考核内容。

(6) 管控安全风险,排查治理隐患。

安全风险分级管控方面:删减了重大风险管控方案相关内容。删减了公告报告内容。整合了两项内容:分层级掌握并落实重大风险管控措施、矿长每年对重大风险管控措施落实和管控效果进行总结分析,一并纳入风险分级管控过程管理;将原标准保障措施中教育培训修改为在固定周期内完成宣贯,内容包括与本岗位相关的安全风险及管控措施。需要重点注意的是:因带班、培训、出差等特殊事由无法参加年度安全风险辨识评估工作的人员在会审签字表注明原因的,不扣分。“岗位人员作业前进行安全风险确认”是指岗位人员作业前评估作业过程中可能会发生的不安全问题，并对控制措施是否到位进行检查确认。“专项辨识评估”中规定“井工煤矿突出危险区过构造带等高危作业实施前，由分管负责人组织有关科室、区(队)开展 1 次专项辨识评估”，这里“突出煤层突出危险区过构造带”不包括薄煤层、中厚煤层过落差小于煤厚的断层，厚煤层过落差小于 3 m 断层。

隐患排查治理方面：删减了矿领导带班下井过程排查事故隐患，调整到矿领导下井(坑)带班制度考核中。删减了事故隐患排查治理教育培训相关内容，纳入日常安全培训中。删减了事故隐患排查治理考核管理相关内容，煤矿按本矿制度考核即可，不再作为检查项。“生产期间，每天安排管理、技术和安检人员进行巡查，对作业区域开展事故隐患排查”是指每天有入井(坑)的管理、技术或安检人员对沿途区域开展事故隐患排查。现场排查并立即完成治理的隐患可不登记台账，减少资料留痕。

(7) 持续改进提升，夯实安全根基。仅保留“季度自查自评和年度分析总结”两项内容。需重点说明的是：季度自查自评范围应覆盖煤矿安全生产标准化管理体系所有专业，即对照管理体系基本要求及评分方法开展一次全面自查，要有总得分和各专业得分；煤矿应根据存在的问题和内、外部环境变化对年度体系各专业运行的有效性客观分析总结。

一、工作要求

1. 安全目标。制定本单位安全管理纲领性文件，明确年度安全目标及任务，对目标考核奖惩等内容作出规定，并严格考核兑现。

【说明】　本条是对安全目标的工作要求。

结合煤矿实际制定本单位安全管理纲领性文件，制定可考核的年度安全生产目标，明确各级安全目标责任人的相关职责，分解制定完成目标的工作任务，定期分析完成情况，实施目标考核奖惩办法，将安全生产目标纳入年度生产经营考核指标严格进行考核兑现。

安全生产目标的制定是煤矿自上而下与自下而上地把煤矿总体安全生产目标层层展开、层层分解，最后落实到每个岗位、每个员工，形成一个完整的安全生产目标管理体系，共同保证实现煤矿安全生产总目标的过程。

煤矿安全生产目标制定应以年度为周期，制定年度安全生产目标。安全目标要具体明确，根据需要综合确定，充分体现先进性、合理性和可行性。

1. 制定依据

依据党和国家的安全方针政策，上级下达的安全指标、签订的安全或经营目标责任书，按照集团公司要求，结合矿井安全生产发展实际，制定本单位安全管理纲领性文件。

2. 制定内容

目标内容应至少包括：

(1) 煤矿安全生产“四零”目标(零死亡、零突出、零透水、零冲击)。

(2) 风险、隐患、违章、事故的量化指标。

(3) 重大风险的管控效果目标。

(4) 安全奋斗目标主要包括以下指标：

① 矿井生产百万吨死亡率；

② 千人轻伤率；

③ 杜绝非人身事故。

(5) 安全工作目标主要包括以下指标：

① 安全生产标准化建设；

② 安全投入保障；

③ 安全教育培训；

④ 安全风险控制；

⑤ 职业安全卫生；

⑥ 隐患排查治理；

⑦ 应急体系建设。

3. 制定程序

综合办公室和安全科于每年年底前牵头组织制定下一年度安全目标，起草制定本单位安全管理纲领性文件，征求有关领导、科室意见后，提出安全目标建议，提交安全办公会讨论确定。

4. 目标分解

(1)矿井年度安全目标是各基层单位分目标的依据，各单位要服从矿井总体目标，逐级细化分解责任目标，明确划分各单位、各科室及个人的目标任务。

(2)逐级签订安全目标责任书，开展安全承诺活动，职工人人写出安全保证书，形成层层分解、逐级保证的安全目标管理体系。

5. 目标考核

(1)定期分析完成情况，实施目标考核。

(2)将安全生产目标纳入年度生产经营指标考核。

2. 组织保障。按照国家有关法律法规规章标准要求，设置煤矿安全生产管理部门；配备满足实际需要的安全生产管理人员、专业技术人员和特种作业人员。

【说明】 本条是对组织保障的工作要求。

1. 设置煤矿安全生产管理部门

结合本矿实际，按照国家有关法律法规规章标准要求，设置煤矿安全生产管理部门，并明确负责煤矿安全生产各环节职责的部门，并严格履行相应职责。

(1) 安全科负责安全生产规章制度、操作规程和隐患排查治理方案拟定，安全生产教育培训，安全管理措施的督促落实，安全风险分级管控、事故隐患排查治理，应急救援演练的组织，“三违”行为的制止和纠正等安全生产管理工作职责。

(2) 技术科负责矿井采、掘(露天煤矿采、剥)工程技术方案设计，年度、月度生产计划的编制，采、掘、巷修(露天煤矿采、剥)工程技术措施、作业规程等技术文件的审批及现场落实执行的监督检查等工作职责。

(3) 调度室负责矿井生产的调度指挥、应急管理，安全监测监控及井上下(露天煤矿坑上下)通信系统管理等工作职责。

(4) 通风科负责矿井通风、防尘、防治瓦斯、防灭火、爆破、安全监控(露天煤矿采空区、火区、边坡、爆破、交通运输、安全监控)等技术方案、规划、措施及作业规程的编制、审批及现场贯彻落实监督检查等工作职责。

(5) 机电科负责矿井机电、运输、提升、自动化信息化(露天煤矿穿、采、运、排、机电、自动化信息化)管理等技术方案、规划、规程、措施的编制审批及现场落实执行的督促检查等工作职责。

(6) 地测科负责矿井防治水、水文地质、工程地质、瓦斯地质、测量工程(露天煤矿防排水、水文地质、工程地质、测量工程)管理及相关规划、技术及措施、规程的编制、审批并现场监督落实执行等工作职责。

针对煤(岩)与瓦斯(二氧化碳)突出、高瓦斯、冲击地压、煤层容易自燃、水文地质类型复杂和极复杂的煤矿,还应当按规定设立相应的专门防治机构。

2. 人员配备

(1)《煤矿安全生产条例》第二十二条规定,煤矿企业应当为煤矿分别配备专职矿长、总工程师,分管安全、生产、机电的副矿长以及专业技术人员。对煤(岩)与瓦斯(二氧化碳)突出、高瓦斯、冲击地压、煤层容易自燃、水文地质类型复杂和极复杂的煤矿,还应当设立相应的专门防治机构,配备专职副总工程师。

(2) 国务院安全生产委员会印发《关于防范遏制矿山领域重特大生产安全事故的硬措施》要求,矿山企业必须配备安全生产管理机构和人员("五职"矿长必须有主体专业大专以上学历且有10年以上矿山一线从业经历,"五科"专业技术人员必须为主体专业毕业且有5年以上矿山一线从业经历)。

① "五职"矿长是指在矿山企业中担任特定管理职位的五位主要负责人,具体包括:

矿长:负责矿区的全面管理和运营。

安全矿长:负责矿区的安全生产工作。

生产矿长:负责矿区的生产计划和组织。

总工程师:负责矿区的技术管理和工程实施。

机电矿长:负责矿区的机电设备的维护和管理。

② "五科"专业技术人员是指在矿山企业中担任专业技术岗位的人员,这些岗位包括:

技术科:负责煤炭开采巷道掘进技术工作。

机电科:负责煤矿机电设备的运输和管理。

通风科:负责煤矿通风系统设计和维护管理。

地测科:负责煤矿地质勘探和测量、煤矿防治水等工作。

安全科:负责煤矿安全监督管理工作。

这些专业人员的职责和能力对于矿区的生产效率、安全性和管理质量具有重要影响。

(3)《煤矿安全规程》规定:

① 煤矿企业必须设置专门机构负责煤矿安全生产与职业病危害防治管理工作,配备满足工作需要的人员及装备。

② 煤矿建设、施工单位必须设置项目管理机构,配备满足工程需要的安全人员、技术人员和特种作业人员。

③ 水文地质条件复杂、极复杂的煤矿,应当设立专门的防治水机构。

④ 矿井防治冲击地压工作应当设专门的机构与人员。

(4)《煤矿防治水细则》规定:煤矿应当根据本单位的水害情况,配备满足工作需要的防治水专业技术人员,配齐专用的探放水设备,建立专门的探放水作业队伍,储备必要的水害抢险救灾设备和物资。

水文地质类型复杂、极复杂的煤矿,还应当设立专门的防治水机构、配备防治水副总工程师。

(5)《防治煤与瓦斯突出细则》规定:突出矿井的矿长、总工程师、防突机构和安全管理机构负责人、防突工应当满足下列要求:

① 矿长、总工程师应当具备煤矿相关专业大专及以上学历,具有3年以上煤矿相关工作经历;

② 防突机构和安全管理机构负责人应当具备煤矿相关中专及以上学历,具有2年以上煤矿相关工作经历;

③ 防突机构应当配备不少于2名专业技术人员,具备煤矿相关专业中专及以上学历;

④ 防突工应当具备初中及以上文化程度(新上岗的煤矿特种作业人员应当具备高中及以上文化程度),具有煤矿相关工作经历,或者具备职业高中、技工学校及中专以上相关专业学历。

(6)《防治煤矿冲击地压细则》规定:有冲击地压矿井的煤矿企业必须明确分管冲击地压防治工作的负责人及业务主管部门,配备相关的业务管理人员。冲击地压矿井必须明确分管冲击地压防治工作的负责人,设立专门的防冲机构,并配备专业防冲技术人员与施工队伍,防冲队伍人数必须满足矿井防冲工作的需要,建立防冲监测系统,配备防冲装备,完善安全设施和管理制度,加强现场管理。

(7)《煤矿防灭火细则》规定:煤矿企业、煤矿应当明确防灭火工作负责部门,建立健全防灭火管理制度和各级岗位责任制度。开采容易自燃和自燃煤层的矿井应当配备满足需要的防灭火专业技术人员。

(8)《煤矿地质工作细则》规定:煤矿企业、煤矿应配备地质副总工程师,设立地测部门并配齐所需的地质及相关专业技术人员和仪器设备,建立健全煤矿地质工作规章制度。

地质副总工程师、地测部门负责人应由地质及相关专业技术人员担任。

3. 安全制度。依据国家安全生产法律法规规章标准,健全完善各项安全生产管理制度,并严格贯彻落实。

【说明】 本条是对安全制度的工作要求。

煤矿应对各项制度的制定、宣贯、执行、考核、修订废止等环节进行规范,按规定建立健全安全生产投入制度、安全奖惩制度、技术管理制度、安全培训制度、办公会议制度、安全检查制度、事故报告与责任追究制度等安全生产规章制度,并严格贯彻落实。

煤矿安全生产管理制度主要是指煤矿制订的作业规程和安全管理规定,包括各种涉及安全的规程、规定、标准、程序、规范、制度等。煤矿安全生产管理制度是指管理者根据安全管理的规章制度,主要根据其职权所进行的程序性安全管理工作。行为安全是煤矿生产顺利进行的根本保证。在煤矿员工不安全行为的众多管理手段中,安全制度管理无疑是最具基础意义的管理手段,也是使用最为广泛的管理手段。

一个完整的安全制度管控过程至少应该包括制定安全制度、执行安全制度、健全安全制度这三个基本环节。首先,需要制定安全制度,即将准备实施安全制度管理的工作或内容制定出具体的安全管理制度文件,作为实施安全制度管控的依据。其次,需要执行安全制度,即将制定出来的安全管理制度文件付诸实施,用于指导各级管理人员和职工的具体工作行为。最后,需要健全安全制度,即定期对整个安全制度管控系统进行审查,以理顺各个安全制度之间的关系,健全整个安全制度管控体系。

一般来说,制定制度环节的主要任务是保证制度管理的有效性,执行制度环节的主要任务是保证制度管理的依从性,而健全制度环节的主要任务是保证制度管理的系统性。其中任何一个环节出现问题,制度管理的功效都很难充分发挥出来。上述各阶段的管理内容彼此关联、相互衔接,共同构成了一个完整的安全制度管理过程。

4. 安全培训。制定并落实培训计划;按照规定足额提取和使用安全培训经费;从业人员经培训考核合格后方可上岗。

【说明】 本条是对安全培训的工作要求。

1. 制定并落实培训计划

(1) 煤矿企业负责人组织制定安全生产教育和培训计划,培训对象覆盖所有从业人员,安全培训学时符合规定。

(2) 煤矿企业是安全培训的责任主体,应当依法对从业人员进行安全生产教育和培训,提高从业人员的安全生产意识和能力。煤矿企业主要负责人对本企业从业人员安全培训工作全面负责。

(3) 煤矿应有负责安全生产培训工作的专门机构,该机构隶属于安监部门或人力资源部门,并配备满足培训管理和教学工作要求的人员。依据《煤矿安全培训规定》的规定,制定并严格落实各种安全培训管理制度,按年、季、月制订安全培训计划,并按计划进行培训。

(4) 煤矿企业应当明确负责安全培训工作的机构,配备专职或者兼职安全培训管理人员,建立完善安全培训管理制度,制定年度安全培训计划,按照国家规定的比例提取教育培训经费。其中,用于安全培训的资金不得低于教育培训经费总额的百分之四十。

2. 煤矿主要负责人和安全生产管理人员培训

(1) 煤矿主要负责人和安全生产管理人员必须具备与生产经营活动相应的安全生产知识和管理能力,并考核合格。

(2) 煤矿企业主要负责人考试应当包括下列内容:① 国家安全生产方针、政策和有关安全生产的法律、法规、规章及标准;② 安全生产管理、安全生产技术和职业健康基本知识;③ 重大危险源管理、重大事故防范、应急管理和事故调查处理的有关规定;④ 国内外先进的安全生产管理经验;⑤ 典型事故和应急救援案例分析;⑥ 其他需要考试的内容。

(3) 煤矿企业安全生产管理人员考试应当包括下列内容:① 国家安全生产方针、政策和有关安全生产的法律、法规、规章及标准;② 安全生产管理、安全生产技术、职业健康等知识;③ 伤亡事故报告、统计及职业危害的调查处理方法;④ 应急管理的内容及其要求;⑤ 国内外先进的安全生产管理经验;⑥ 典型事故和应急救援案例分析;⑦ 其他需要考试的内容。

(4) 煤矿企业主要负责人和安全生产管理人员应当自任职之日起6个月内通过考核部门组织的安全生产知识和管理能力考核,并持续保持相应水平和能力。煤矿企业主要负责人和安全生产管理人员应当自任职之日起30日内,按照《煤矿安全培训规定》第十六条的规定向考核部门提出考核申请,并提交其任职文件、学历、工作经历等相关材料。考核部门接到煤矿企业主要负责人和安全生产管理人员申请及其材料后,经审核符合条件的,应当及时组织相应的考试;发现申请人不符合《煤矿安全培训规定》第十一条规定的,不得对申请人进行安全生产知识和管理能力考试,并书面告知申请人及其所在煤矿企业或其任免机关调整其工作岗位。

(5) 煤矿企业主要负责人和安全生产管理人员的考试应当在规定的考点采用计算机方

式进行。考试试题从国家级考试题库和省级考试题库随机抽取，其中抽取国家级考试题库试题比例占80%以上。考试满分为100分，80分以上为合格。考核部门应当自考试结束之日起5个工作日内公布考试成绩。

(6) 煤矿企业主要负责人和安全生产管理人员考试合格后，考核部门应当在公布考试成绩之日起10个工作日内颁发安全生产知识和管理能力考核合格证明。考核合格证明在全国范围内有效。煤矿企业主要负责人和安全生产管理人员考试不合格的，可以补考一次；经补考仍不合格的，一年内不得再次申请考核。考核部门应当告知其所在煤矿企业或其任免机关调整其工作岗位。

3. 特种作业人员培训

(1) 特种作业人员取得相应的特种作业操作证；其他从业人员具备必要的安全生产知识和安全操作技能，并经培训合格后方可上岗。

(2) 煤矿特种作业人员，是指从事煤矿井下电气作业、煤矿井下爆破作业、煤矿安全监测监控作业、煤矿瓦斯检查作业、煤矿安全检查作业、煤矿提升机操作作业、煤矿采煤机操作作业、煤矿掘进机操作作业、煤矿瓦斯抽采作业、煤矿防突作业和煤矿探防水作业的人员。

煤矿特种作业人员应当具备从事本岗位必要的安全知识及安全操作技能，熟悉有关安全生产规章制度和安全操作规程，具备相关紧急情况处置和自救互救能力。

煤矿特种作业人员经专门的安全技术培训和考核合格，由省级煤矿安全培训主管部门颁发《中华人民共和国特种作业操作证》后，方可上岗作业。

煤矿特种作业人员在参加资格考试前应当按照规定的培训大纲进行安全生产知识和实际操作能力的专门培训。其中，初次培训的时间不得少于90学时，已经取得高中、技工学校及中专学历以上的毕业生从事与其所学专业相应的特种专业，持学历证明经考核发证部门审核属实的，免于初次培训，直接参加资格考试。

煤矿特种作业操作资格考试包括安全生产知识考试和实际操作能力考试。安全生产知识考试合格后，进行实际操作能力考试。煤矿特种作业操作资格考试应当在规定的考点进行，安全生产知识考试应当使用统一的考试题库，使用计算机考试，实际操作能力考试采用国家统一考试标准进行考试。考试满分均为100分，80分以上为合格。离开特种作业岗位6个月以上但特种作业操作证仍在有效期内的特种作业人员，需要重新从事原特种作业的，应当重新进行实际操作能力考试，经考试合格后方可上岗作业。

4. 其他从业人员培训

(1) 煤矿要对其他从业人员进行培训，培训合格后方可上岗。

(2) 煤矿在对新工人进行入井培训，培训合格后方可下井工作。

5. 风险分级管控。建立安全风险分级管控工作制度，按要求组织开展风险辨识评估工作，建立重大安全风险管控清单和评估结果应用机制，组织开展年度辨识评估和专项辨识评估宣贯工作，实现信息化管理。

【说明】 本条是对风险分级管控的工作要求。

1. 煤矿矿长是第一责任人

建立矿长为第一责任人的安全风险分级管控责任体系和工作制度，明确安全风险分级管控工作职责和流程。煤矿应明确负责安全风险分级管控工作的管理部门及其职责，并制定相关文件，也可以单独建立责任文件，也可以在安全风险分级管控相关制度中规定，也可以在安全生产责任制中补充完善。

2. 煤矿要明确管理部门

煤矿要明确安全风险分级管控工作的管理部门。煤矿可根据职责分工，指定部门负责安全风险分级管控工作，具体负责矿井安全风险分级管控工作的组织开展，并指导协调各职能部室和区队、班组完成分管范围内的工作。

3. 煤矿要完善风险管控工作制度

煤矿要建立安全风险分级管控工作制度，明确安全风险的辨识范围、方法，安全风险的辨识、评估、管控工作流程。煤矿可根据本单位实际建立一个或多个制度，但必须包含本部分中安全风险辨识评估的全部内容。

1)划分风险点

辨识的范围(科学合理地划分风险点)，包括煤矿所有系统及生产经营活动的区域和地点。煤矿应遵循大小适中、便于分类、功能独立、易于管理、范围清晰的原则，组织对生产全过程按照风险点划分原则，排查风险点，形成风险点台账，风险点台账内容应包括：风险点名称、风险类型、管控单位、排查日期、解除日期等信息。风险点台账应根据现场实际及时更新。风险点的等级按风险点内风险的最高级别确定。

2)危险源辨识

辨识的方法：全员全面全过程进行危险源辨识。企业应采用适用的辨识方法，对风险点内存在的危险源进行辨识，辨识应覆盖风险点内全部的设备设施和作业活动，并充分考虑不同状态和不同环境带来的影响。设备设施危险源辨识应采用安全检查表分析法(SCL)等方法，作业活动危险源辨识应采用作业危害分析法(JHA)等方法。

3)风险评估

根据风险辨识数据库，对风险进行评估分级。由专家或评估人员根据风险的危害程度和管控的难度进行风险分级。一般选择风险矩阵分析法(LS)或作业条件危险性分析法(LEC)的评价方法对危险源所伴随的风险进行定性、定量评价，并根据评价结果划分等级。安全风险等级从高到低划分为重大风险、较大风险、一般风险和低风险，对应是一级、二级、三级和四级风险，分别用红、橙、黄、蓝四种颜色标示。

4)编制风险管控清单

年度/专项风险辨识评估后，应建立安全风险管控清单，列出重大安全风险清单。专项和岗位风险评估后，要完善更新安全风险分级管控清单。安全风险管控清单内容主要包括：风险点、风险类型、风险描述、风险等级、危害因素、管控措施、管控单位和责任人、最高管控层级和责任人、评估日期、解除日期、信息来源。

5)风险的管控

(1)对安全风险进行分级管控，逐一分解落实管控责任。根据风险的分级，风险越大，管控级别越高；上一级负责管控的风险，下一级必须同时负责管控：

① 重大风险由煤矿(企业)主要负责人管控；

② 较大风险由分管负责人和科室(部门)管控；

③ 一般风险由区队(车间)负责人管控；

④ 低风险由班组长和岗位人员管控。

(2)对安全风险进行分区域、分系统、分专业管控：

① 区域管控：矿井各生产（服务）区域（场所）的风险由该区域风险点的责任单位管控；

② 系统管控：矿井各系统的风险由该系统分管负责人和分管科室（部门）管控；

③ 专业管控：矿井各专业风险由该专业分管负责人和专业科室（部门）管控。

6）风险控制措施

辨识确定的风险，应考虑工程技术、安全管理、培训教育、个体防护和现场应急处置等方面，按照安全、可行、可靠的要求制定风险管控措施，对风险进行有效管控。

重大风险应编制风险管控方案。管控方案应当包括：风险描述、管控措施、经费和物资、负责管控单位和管控责任人、管控时限等。

4. 辨识应用

辨识后，如果不用，束之高阁，就起不到任何作用。每项辨识都要列出重大安全风险清单，出台安全风险管控措施，以指导后续工作。

矿长每年组织对重大安全风险管控措施落实情况和管控效果进行一次检查分析，针对管控过程中出现的问题调整完善管控措施，并结合年度和专项安全风险辨识评估结果，布置年度安全风险管控重点，明确责任分工。

安全风险辨识评估结果可用于指导下列技术文件的编制和完善：① 设计方案；② 作业规程；③ 操作规程；④ 灾害预防与处理计划；⑤ 安全技术措施。

6. 隐患排查治理。建立隐患排查治理工作制度，组织开展事故隐患排查工作，按照事故隐患分级标准，明确治理责任部门、人员、措施、时限等，并组织实施。建立事故隐患举报奖励制度，定期总结分析隐患排查治理的情况。

【说明】 本条是对隐患排查治理的工作要求。

1. 工作制度

煤矿通过建立健全责任体系、明确细化职责的方式，确立事故隐患排查治理全员参与的工作模式，要求煤矿安全管理部门和其他业务职能部门、生产组织单位共同参与，管理人员与岗位人员共同参与，职责清晰。

煤矿应当建立健全从主要负责人（包括一些煤矿企业的实际控制人，下同）到每位作业人员，覆盖各部门、各单位、各岗位的事故隐患排查治理责任体系，明确主要负责人为本煤矿隐患排查治理工作的第一责任人，统一组织领导和协调指挥本煤矿事故隐患排查治理工作；明确本煤矿负责事故隐患排查、治理、记录、上报和督办、验收等工作的责任部门。

将所属煤矿整体对外承包或托管的煤矿企业，应当在签订的安全生产管理协议或承包（托管）合同中约定本企业和承包（承托）单位在煤矿事故隐患排查治理工作方面的责任，督促承包（承托）单位按规定定期组织开展事故隐患排查治理工作。

（1）煤矿建立以矿长为组长、其他班子成员为副组长、各副职及各部门科室负责人为成员的隐患排查治理领导小组，负责矿年度隐患排查，并制定年度隐患治理措施。

（2）成立以分管副总工程师为组长、本部门负责人为副组长、本部门科室其他人员为成员的分管隐患排查治理工作小组，负责分管部门每月、每旬、每日的隐患排查，并制定每月、每旬、每日隐患治理措施。

（3）安全科负责煤矿年度隐患及各分管部门每月、每旬、每日隐患汇总、整理、公告，并督查隐患治理措施的落实情况。

（4）确立事故隐患排查治理全员参与的工作模式，各单位、各部门、各岗位人员共同参与，职责清晰。

2. 隐患分级

煤矿企业应当建立事故隐患分级管控机制，根据事故隐患的影响范围、危害程度和治理难度等制定本企业（煤矿）的事故隐患分级标准，明确负责不同等级事故隐患的治理、督办和验收等工作的责任单位和责任人员。

根据隐患整改、治理和排除的难度及其可能导致事故后果和影响范围，分为重大隐患和一般隐患。

1）重大隐患

重大隐患是指危害和整改难度大，应全部或局部停产，并经过一定时间治理方能排除的隐患，或因外部因素影响致使本队组（单位）自身难以排除的隐患。煤矿重大事故隐患的判定，依据《煤矿重大事故隐患判定标准》（应急管理部令第4号）执行。

2）一般隐患

一般隐患是指危害和整改难度小，发现后能够立即通过整改排除的隐患。一般隐患按照危害程度、解决难易、工程量大小等划分为A、B、C三级。

A级：有可能造成人员伤亡或严重经济损失，治理工程量大，需由煤矿（企业）或上级企业、部门协调、煤矿（企业）主要负责人组织治理的隐患。

B级：有可能导致人身伤害或较大经济损失，治理工程量较大，需由煤矿（企业）分管负责人组织治理的隐患。

C级：治理难度和工程量较小，由煤矿（企业）基层区队（车间）主要负责人组织治理的隐患。

对排查出的事故隐患，按事故隐患等级，由安全科进行督办，矿组织相关单位进行验收。

3. 分级治理

事故隐患实施分级治理，不同等级的事故隐患由相应层级的单位（部门）和人员负责。隐患应根据煤矿（企业）管理层级，实行分级治理、分级督办、分级验收。验收合格的予以销号，实现闭环管理。未按规定完成治理的隐患，应提高督办层级。

煤矿应当建立依据事故隐患的等级实施分级治理的工作机制。对于有条件立即治理的事故隐患，在采取措施确保安全的前提下，事故隐患治理责任单位应当及时治理；对于难以采取有效措施立即治理的事故隐患，事故隐患治理责任单位应当及时制定治理方案，限期完成治理；对于重大事故隐患，应当由煤矿企业主要负责人负责组织制定治理方案。

隐患治理应遵循分级治理、分类实施的原则，主要包括岗位纠正、班组治理、区队治理、矿级治理、集团公司治理等。

事故隐患治理流程包括通报隐患信息、下发隐患整改通知、实施隐患治理、治理情况反馈和验收等环节。

(1) 一般隐患的整改。隐患排查人员向存在隐患的部门、区队、班组下发隐患排查治理通知单，由隐患整改责任单位负责人或班组立即组织整改，明确整改责任人、整改要求、整改时限等内容。

(2) 重大事故隐患的整改。重大隐患治理，由煤矿（企业）主要负责人组织实施。对于重大事故隐患或难以整改的隐患，隐患整改责任部门、煤矿应组织制定事故隐患治理方案，经论证后实施。

7. 持续改进。每季度对管理体系运行情况开展1次自查自评；每年对管理体系运行质量进行1次全面客观分析总结，提出改进措施并落实，完善相关制度措施，提高体系运行质量。

【说明】 本条是对持续改进的工作要求。

(1) 煤矿每季度至少组织1次标准化管理体系运行情况的全面自查自评。煤矿应根据内部自查自评和外部(含煤矿安全生产标准化工作主管部门，下同)检查考核结果，评估体系运行的有效性；定期归纳分析问题和隐患产生的根源，制定改进措施并落实。

煤矿企业应根据内部自查自评和外部检查考核结果编制问题或隐患清单，并及时下发问题或隐患整改通知书，落实整改单位、整改责任人等。

煤矿企业定期对内部自查自评和外部检查考核的结果要进行分析总结，重点分析归纳问题或隐患产生的根源，提出改进措施和建议，并确保改进措施的落实到位。

(2) 煤矿企业每年年底由煤矿矿长组织召开专题会议对标准化管理体系的运行机制、运行质量进行客观全面分析，并形成标准化管理体系运行分析报告；对报告提出的问题，制定改进工作方案，并相应的修改完善相关制度，调整和完善体系的运行机制，进一步提高安全生产标准化管理体系的运行质量。

二、评分方法

1. 存在重大事故隐患的，本部分不得分。

2. 按表2评分，总分为100分。按照所检查存在的问题进行扣分，各小项分数扣完为止。

安全责任制汇编(示例)　安全1号文(示例)　安全管理制度汇编(示例)

重大安全风险管控清单(示例)　年度安全风险辨识评估报告(示例)　专项风险辨识纪要(示例)

重大隐患治理方案(示例)　安全培训管理制度(示例)　年度运行分析报告(示例)

表2　煤矿安全基础管理标准化评分表

项目	项目内容	基本要求	标准分值	评分方法	执行指南	核查细则	资料清单	得分
一、安全目标(10分)	目标内容	结合煤矿实际明确年度安全目标，包括但不限于工伤事故、标准化达标创建等量化考核指标，分解、制定完成目标的工作任务和措施，并对考核奖惩等内容作出规定	5	查现场和资料。未制定安全目标不得分；目标内容脱离实际1项扣1分；目标任务未量化1项扣1分；未明确工作任务、措施及考核奖惩等内容缺1项扣0.5分	1. 煤矿要制定符合实际的安全目标，并行文公布 2. 年度安全目标包括但不限于工伤事故、标准化达标创建等量化考核指标，分解、制定完成目标的工作任务和措施，考核办法 3. 年度安全目标在煤矿年度安全管理文件中体现或者单独规定	1. 查是否制定文件并行文 2. 查安全目标是否符合煤矿实际 3. 查目标是否量化，是否分解，是否制定完成目标的工作任务和措施 4. 查安全目标是否体现保持往年水平，是否比往年有所提升 5. 查是否进行考核奖惩	1. 煤矿安全1号文(红头) 2. 年度安全目标量化分解表 3. 安全目标考核奖惩细则(办法)	
	考核奖惩	每季度统计安全目标任务完成情况；未按时完成的分析原因，提出改进措施；每年对安全目标任务完成情况进行考核，并严格兑现奖惩	5	查现场和资料。未统计目标任务完成情况扣2分，缺1次扣1分；未分析原因，提出改进措施扣2分；未进行年度考核不得分；未兑现奖惩扣3分	1. 煤矿每季度汇总统计安全目标完成情况 2. 每年度进行一次考核奖惩，由矿长组织开展，并留有记录	1. 查季度安全目标任务完成情况 2. 查当年或上一年度考核记录 3. 查当年或上一年度考核奖惩兑现情况 4. 查分析报告和改进措施 5. 查矿长是否组织考核	1. 季度安全目标完成情况统计表 2. 年度安全目标完成情况考核记录 3. 年度安全目标完成情况考核奖惩记录	

表2(续)

项目	项目内容	基本要求	标准分值	评分方法	执行指南	核查细则	资料清单	得分
二、组织保障(10分)	机构设置	按规定设置安全生产技术管理部门,明确相应的责任范围及工作职责并严格落实。对煤(岩)与瓦斯(二氧化碳)突出、高瓦斯、冲击地压、煤层容易自燃、水文地质类型复杂和极复杂的煤矿,还应当按规定设立相应的专门防治机构	4	查现场和资料。部门应设未设不得分;部门责任范围不明确1项扣0.2分;有关职责未明确到具体负责部门缺1项扣1分	1. 安全生产技术管理部门包括:负责安全风险分级管控、事故隐患排查治理工作职责的部门,负责采掘(露天煤矿钻孔、爆破、采装、运输、排土)生产技术管理、安全生产调度管理、“一通三防”管理、机电运输管理、水文地质管理和安全培训管理等专业管理的部门 2. 专门防治机构设置执行《煤矿安全生产条例》第二十二条	1. 查煤矿是否按规定设置安全生产技术管理部门,是否按规定根据实际情况设置专门防治机构 2. 查制定的部门、专门防治机构职责是否全面、是否明确、是否符合煤矿实际情况及其落实执行考核	1. 部门、专门防治机构设置文件 2. 部门、专门防治机构职责 3. 部门、专门防治机构履行职责考核记录	
	人员配备	按规定配备“五职”矿长(矿长、总工程师,负责安全、生产、机电的副矿长)和副总工程师,不得在其他煤矿兼职;学历、经历等条件符合相关规定	2	查现场和资料。检查任命文件和上岗情况,未按国家规定配备“五职”矿长和副总工程师或在其他煤矿兼职的不得分;人员学历或经历不符合规定1人扣0.5分	1.“五职”矿长必须具有采矿、地质、测量、机电、通风、矿建等矿山主体专业大专以上学历,有10年以上矿山一线从业经历 2.“五职”矿长每年必须接受矿山安全监察机构会同监管部门组织的专门安全教育培训 3. 煤(岩)与瓦斯(二氧化碳)突出、冲击地压、水文地质类型复杂和极复杂的煤矿应设置防治专职副总工程师,其他副总工程师应根据有关规定和煤矿实际设定 4.“五职”矿长和副总工程师必须专职,既不能在本集团以外兼职,也不能在本集团内部兼职	1. 查煤矿是否按规定配备“五职”矿长 2. 查煤矿是否根据煤矿实际情况配备副总工程师 3. 查煤矿“五职”矿长和副总工程师任职条件是否符合要求 4. 查“五职”矿长在有关措施、文件等的审批记录 5. 查“五职”矿长和副总工程师是否在其他煤矿兼职	1.“五职”矿长和副总工程师任命或聘任文件 2.“五职”矿长和副总工程师业务工作档案 3.“五职”矿长和副总工程师的学历证书、职称证书等证书原件 4.“五职”矿长和副总工程师未兼职承诺证明	

表2(续)

项目	项目内容	基本要求	标准分值	评分方法	执行指南	核查细则	资料清单	得分
二、组织保障(10分)	人员配备	根据煤矿不同的灾害类型(指突出、冲击地压、水文地质类型复杂和极复杂、开采容易自燃和自燃煤层)配备满足工作需要的安全生产管理人员、专业技术人员;人员学历、经历等条件符合相关规定	2	查现场和资料。未按国家规定配备专业技术人员不得分;其他安全生产管理人员和专业技术人员配备少1人扣0.5分;人员学历或经历不符合规定1人扣0.2分	1. 安全管理人员准入条件及取证执行《煤矿安全培训规定》中2018年3月1日起新任职人员要求 2. 突出矿井防突机构专业技术人员不少于2人;严重冲击地压矿井防冲科室专职人员不少于10人,其他冲击地压矿井防冲科室专职人员不少于6人(技术人员不少于50%且为大专以上学历)	1. 查煤矿是否按规定根据实际情况配备满足工作需要的安全生产管理人员、专业技术人员 2. 查人员学历或经历是否符合规定	1. 安全生产管理人员、专业技术人员任命或聘任文件 2. 安全生产管理人员、专业技术人员业务工作档案 3. 安全生产管理人员、专业技术人员学历证书、职称证书等证书原件	
		配备满足安全生产工作需要的特种作业人员和其他从业人员,并持证上岗。井下工作岗位不得使用劳务派遣工	2	查现场和资料。特种作业人员配备少1人扣0.5分;人员学历或经历不符合规定1人扣0.2分;未持证上岗或证件超期1人次扣0.5分;井下工作岗位使用劳务派遣工不得分	1.《煤矿安全培训规定》第二十二条,2018年6月1日前上岗的特种作业人员可具备初中及以上文化程度 2. 其他从业人员包含班组长等 3. 煤矿井下工作岗位不得使用劳务派遣工	1. 查煤矿是否按实际情况配备满足安全生产工作需要的特种作业人员和其他从业人员 2. 查煤矿井下工作岗位是否使用劳务派遣工 3. 查持证台账及证件,持证变化台账 4. 地面、井下实地抽查几位特种作业人员持证情况,查是否存在未取证上岗作业 5. 随机抽查保存的资质证件:至少3类特种作业人员;每一类至少抽查3人;是否存在证件失效;与管理台账信息比对是否一致	1. 两类人员花名册和个人档案 2. 特种作业人员的管理制度规定 3. 特种作业人员管理台账(新培训上岗的按92号令要求学历) 4. 特种作业人员有效证件原件 5. 爆破工的涉爆有效证件原件 6. 其他从业人员(含班组长)有效证件原件 7. 从业人员各类保险	

表2(续)

项目	项目内容	基本要求	标准分值	评分方法	执行指南	核查细则	资料清单	得分
三、安全制度(10分)	制度建立	依据相关法律、法规、规章、规范、标准，结合煤矿实际，至少建立以下安全管理制度：安全生产责任制管理考核制度；安全办公会议制度；安全投入保障制度；安全监督检查制度；安全技术措施审批制度；矿用设备、器材使用管理制度；主要灾害预防管理制度；安全奖惩制度；安全操作规程管理制度；事故报告与责任追究制度；“三违”管理制度	2	查现场和资料。制度缺1项扣0.5分；制度不符合煤矿实际1处扣0.3分	1. 煤矿在建立基本要求规定的制度的基础上，根据实际情况增加其他制度 2. 制度以正式文件下发，并符合煤矿实际 3. 各项制度可单独建立，也可合并建立	1. 查煤矿是否按规定要求建立制度 2. 查煤矿是否结合实际情况制定完善制度 3. 查煤矿制度是否行文下发 4. 查制度的合规性、全面性和可操作性	1. 制度发布文件 2. 制度制定修订完善资料 3. 制度汇编或单行本	
	安全生产责任制	建立健全覆盖各层级负责人、各部门(区队)、各岗位的安全生产责任制，明确安全责任范围，并对安全生产责任落实不到位人员按照本矿规定问责	2	查现场和资料。责任制缺1岗位扣0.5分；部门责任制缺1个扣1分；其他不符合要求1处扣0.3分；抽考抽问1名管理人员、1名职工本岗位安全生产责任制，未掌握1人扣0.2分	通过查阅煤矿机关部门的各类检查通报、基层区队的工分考核表等，查证安全生产责任制落实不到位问题和问责落实情况	1. 查煤矿是否建立健全各级负责人、各部门、各岗位的安全生产责任制 2. 查煤矿是否对安全生产责任不到位人员进行问责 3. 查制定的安全生产责任制要素是否齐全 4. 查制定的安全生产责任制是否漏岗、漏人、漏部门	1. 各级负责人的安全生产责任制 2. 各部门的安全生产责任制 3. 各岗位的安全生产责任制 4. 责任制问责办法 5. 煤矿机关部门的各类检查通报、基层区队的工分考核表 6. 责任制问责记录	

表2(续)

项目	项目内容	基本要求	标准分值	评分方法	执行指南	核查细则	资料清单	得分
三、安全制度(10分)	安全办公会议	定期召开安全办公会议由矿长主持,总工程师、副矿长、副总工程师、职能科室和基层区队等负责人参加,总结分析管理周期内安全工作情况,安排部署下一管理周期的安全工作,形成会议纪要	2	查现场和资料。没有按规定召开会议的不得分;会议未对相关工作进行总结、分析、安排的缺1项扣0.5分;议定的具体工作未闭环管理的1项扣0.5分	1. 安全办公会议由矿长牵头、分管负责人及有关部门参加 2. 安全办公会议主要总结分析管理周期内安全工作情况,安排部署下一管理周期的安全工作,形成会议纪要	1. 查煤矿是否建立安全办公会议制度 2. 查有无安全办公会议纪要 3. 查议定工作落实情况 4. 查有无安全办公会议召开资料(视频、录像、照片,会议记录等)	1. 安全办公会议制度 2. 安全办公会议纪要 3. 议定工作落实记录 4. 安全办公会议召开的视频、录像、照片,会议记录等资料	
	矿领导带班下井(坑)	煤矿每班有矿领导带班下井(坑),并建立实名登记档案;带班信息在井工煤矿井口、露天煤矿调度室或交接班室等显著位置公示	2	查现场和资料。矿领导带班空班1个班次扣1分;通过人员定位、视频等方式核查带班质量,存在睡岗或不在当班作业区域巡查现象的1次扣0.5分;其他不符合要求1次扣0.2分	1. 依据《煤矿领导带班下井及安全监督检查规定》,有关记录与人员定位信息至少保存1年 2. 抽查半年以内的矿领导带班记录	1. 查煤矿是否建立矿领导带班下井(坑)制度 2. 查矿领导带班下井(坑)档案 3. 查矿领导带班下井制度执行情况 4. 查矿领导带班下井(坑)记录和交接班记录与实际是否相符 5. 查人员定位、视频等核查带班质量 6. 查矿领导带班下井(坑)带班信息公示情况	1. 矿领导带班下井(坑)制度 2. 矿领导带班下井(坑)安排表和调班记录 3. 矿领导带班下井(坑)带班记录和交接班记录 4. 矿领导带班下井(坑)人员定位、视频 5. 矿领导带班下井(坑)公示 6. 矿领导带班下井(坑)档案	

表2(续)

项目	项目内容	基本要求	标准分值	评分方法	执行指南	核查细则	资料清单	得分
三、安全制度(10分)	安全投入保障	编制年度安全生产费用提取和使用计划，严格按照国家规定的标准足额提取，并在规定的范围内使用；建立台账，规范管理	2	查现场和资料。未制定提取和使用计划、未按规定标准提取或使用不得分；未建立台账扣1分；其他不符合要求1处扣0.5分	“安全生产费用提取标准和使用范围”执行《企业安全生产费用提取和使用管理办法》(财资〔2022〕136号)规定	1. 查煤矿是否建立安全投入保障制度 2. 查煤矿是否编制年度安全生产费用提取和使用计划 3. 查是否足额按月提取 4. 查使用台账和凭证是否按规定使用	1. 安全投入保障制度 2. 年度安全生产费用提取和使用计划 3. 提取、使用台账 4. 产量报表台账 5. 财务支出凭证	
四、安全教育培训(15分)	基础保障	建立并执行安全培训管理制度；严格按照规定的比例提取和使用教育培训经费，做到专款专用。具备安全生产培训条件的煤矿企业自主开展安全技术培训，不具备培训条件的煤矿，应委托具备安全生产培训条件的机构进行安全培训	3	查现场和资料。制度执行不到位1处扣0.5分。未提取教育培训经费不得分；提取比例不符合规定扣1分；未做到专款专用扣1分。安全生产培训条件不符合要求、委托的培训机构不具备条件的不得分	1. “安全教育培训经费提取和使用”符合《关于大力推进职业教育改革与发展的决定》(一般企业按照职工工资总额的1.5%足额提取教育培训经费，从业人员技术素质要求高、培训任务重、经济效益较好的企业可按2.5%提取，列入成本开支。要保证经费专项用于职工特别是一线职工的教育和培训，严禁挪作他用。企业技术改造和项目引进，都应按规定比例安排资金用于职工技术培训)、《煤矿安全培训规定》有关规定 2. “安全培训条件”执行《煤矿安全培训机构基本条件》(AQ 8011—2023)规定	1. 查是否满足教育培训经费计提规定(上年度工资总额的1.5%～2.5%)的比例足额提取了教育培训经费 2. 查安全培训费用是否专款专用，查收支票据凭证 3. 查煤矿是否建立并执行安全培训管理制度 4. 实地查看培训机构场所、设施、装备情况 5. 查自行培训能力及外委培训情况。如无能力自行培训，需外委培训的，有无外委培训协议书	1. 煤矿安全教育培训经费提取文件(或制度的相关规定) 2. 煤矿财务部门的费用提取证据性资料 3. 全矿上年度工资总额；本年度全矿培训经费提取台账 4. 煤矿费用支出证据性资料(财务凭证) 5. 教学场所、教学设备、设施、装备等台账 6. 外委培训协议书或培训记录等资料 7. 外委培训机构的资质资料 8. 教师(包括专兼职)档案、花名册、安全师资培训证书	

表2(续)

项目	项目内容	基本要求	标准分值	评分方法	执行指南	核查细则	资料清单	得分
四、安全教育培训(15分)	组织实施	矿长组织制定并实施安全生产教育和培训计划。培训对象覆盖所有从业人员,安全培训学时符合规定	4	查现场和资料。无培训计划不得分;培训计划不符合实际或未落实缺1项扣1分;培训对象未覆盖全员,缺1类人员扣0.5分;培训学时不符合要求1处扣0.5分;其他不符合要求1项扣0.3分	1. 煤矿应将全员安全生产责任制、应急救援预案和自救互救应急知识等培训工作纳入年度培训计划 2. “安全培训学时”执行《煤矿安全培训规定》有关要求	1. 查矿长是否组织制定并实施安全生产教育和培训计划,查实施情况 2. 查培训对象是否覆盖所有从业人员 3. 查安全培训学时是否符合规定 4. 查全员培训是否有针对性	1. 安全生产教育和培训计划 2. 计划实施资料 3. 全员培训资料:培训计划、培训通知、培训对象、培训课程表、培训内容、培训教案(课件)、考勤表、培训考试、培训小结等	
		组织开展生产安全事故案例警示教育	3	现场抽查(含音视频影像资料)。上级煤矿监察监管部门发布的安全生产事故通报等未宣贯的1例扣0.5分;本矿生产安全事故未宣贯1例扣1分	安全生产事故案例警示教育可采用班前宣贯、观看视频、专项培训、年度培训和亲情教育等多种形式	1. 查煤矿是否组织开展安全生产事故案例警示教育 2. 查煤矿是否有安全生产事故案例警示教育资料、视频、动画等	1. 组织开展警示教育的计划 2. 事故案例警示教育资料、视频、动画等	

表2(续)

项目	项目内容	基本要求	标准分值	评分方法	执行指南	核查细则	资料清单	得分
四、安全教育培训(15分)	人员素质	煤矿主要负责人、安全生产管理人员安全生产知识和管理能力经考核合格;“五职”矿长每年接受矿山安全监察机构会同监管部门组织的专门安全教育培训。特种作业人员经专门的安全技术培训和考核,取得特种作业操作证。其他从业人员经培训考核合格后持证上岗;新上岗的从业人员岗前安全培训时间符合规定,并经培训考核合格后方可上岗	5	查现场和资料。“三项岗位人员”未取得考核合格证明、特种作业操作证1人扣1分;“五职”矿长每年未接受培训1人扣1分;其他从业人员未经安全培训1人扣1分。持过期证件1人扣0.5分;新上岗人员岗前未培训的不得分,培训不符合要求1人扣0.2分	煤矿从业人员培训取证执行《煤矿安全培训规定》	1. 查“三项岗位人员”、班组长等其他从业人员安全培训合格证明、证件等 2. 查“五职”矿长是否每年进行专门安全教育培训 3. 查新上岗从业人员是否进行培训 4. 随机抽考各专业安全管理人员和特种作业人员	1. “三项岗位人员”考核合格证明、特种作业操作证 2. “五职”矿长每年接受培训证明资料 3. 新上岗的从业人员岗前安全培训资料 4. 其他从业人员培训合格证(含班组长)	
五、安全风险分级管控(25分)	工作制度	建立安全风险分级管控工作制度,矿长全面负责,分管负责人负责分管范围内安全风险分级管控工作,副总工程师、科室、区(队)安全风险分级管控职责明确;明确安全风险辨识评估范围、方法和安全风险的辨识、评估、管控、公告等工作要求	3	查现场和资料。未建立制度不得分,职责内容不明确1项扣0.2分;辨识评估范围、方法或工作要求不明确1处扣0.2分,制度不执行1项扣0.5分	1. 建立矿长为第一责任人的安全风险分级管控工作制度:分管负责人、副总工程师、科室、区(队)分级负责风险管控 2. 矿成立领导机构、工作机构、工作部门,明确职责和工作要求 3. 工作制度可单独行文建立,也可在其他安全管理文件中体现	1. 查是否建立风险分级管控工作制度,是否切合实际要求,是否执行 2. 查是否明确矿长全面负责,分管负责人、副总、科室区队(班组)的职责是否制定,是否全面可行 3. 查是否按要求明确了风险辨识和评估的工作流程、范围和方法,流程是否包括工作要求的所有内容	1. 煤矿安全风险分级管控工作制度,并行文发布 2. 安全风险分级管控职责 3. 风险辨识评估工作流程	

表2(续)

项目	项目内容		基本要求	标准分值	评分方法	执行指南	核查细则	资料清单	得分
五、安全风险分级管控(25分)	风险辨识评估	年度辨识评估	1. 每年矿长组织各分管负责人、副总工程师和相关科室、区(队)进行年度安全风险辨识评估;重点对井工煤矿瓦斯、水、火、煤尘、顶板、冲击地压、爆破及提升运输系统,露天煤矿边坡、爆破、机电运输等容易导致群死群伤事故的危险因素开展 2. 风险辨识评估范围应覆盖煤矿井(坑)下所有系统、场所、区域及变电所、通风机房、压风机房、抽采泵房等地面场所 3. 年底前完成下一年度安全风险辨识评估报告的编制,制定重大安全风险管控清单,清单内容至少包括风险点、风险描述、管控期限、管控措施、管控责任 4. 年度辨识评估结果应用于指导编制下一年度灾害预防和处理计划等	5	查现场和资料。未开展辨识不得分,辨识组织者不符合要求扣1分,参加人员缺1人扣0.2分,风险辨识评估不符合工作制度要求1处扣0.2分;辨识内容(危险因素不存在的除外)缺1项扣0.5分,辨识评估范围缺1处扣0.5分;未编制辨识评估报告扣2分,重大风险清单内容缺1项扣0.5分,重大风险管控措施不完善、操作性不强1项扣0.5分;辨识评估结果未体现应用缺1处扣0.5分	1. 因带班、培训、出差等特殊事由无法参加年度安全风险辨识评估工作的人员应注明原因 2. 年度辨识评估报告内容至少包括组织者及参加人员、分工安排、辨识评估范围及过程、风险清单 3. 年度安全风险辨识要有原始记录,参加人员签字;内容明确,针对性强;并随机抽查相关人员询问 4. 管控措施是评估和控制风险的措施,包含技术措施、工作措施和管理措施,措施应能确保风险得到有效控制	1. 查阅年度辨识评估报告,确认是否切实开展辨识评估,辨识组织者是否为矿长,有无辨识评估报告 2. 查阅采掘工程平面图、井上下对照图、年度生产计划,确认安全风险辨识有无漏项,辨识范围是否有盲区 3. 查阅年度辨识评估报告中安全风险评估,确认重大安全风险有无低定级,4类重大灾害矿井是否将相应影响区域的安全风险评估为重大风险 4. 查有无重大安全风险清单,清单要素是否全面,是否制定相应的管控措施,管控措施是否具有针对性。评估报告、风险清单、管控措施是否与辨识内容一致,是否齐全 5. 查辨识评估结果应用情况	1. 年度辨识评估的工作方案、原始记录、报告 2. 重大安全风险管控清单和其他风险清单 3. 组织会议记录、辨识过程原始记录等 4. 辨识人员名单、辨识报告编审人员名单 5. 灾害预防和处理计划	

表2(续)

项目	项目内容		基本要求	标准分值	评分方法	执行指南	核查细则	资料清单	得分
五、安全风险分级管控(25分)	风险辨识评估	专项辨识评估	1. 新采(盘)区、新工作面设计前,由总工程师组织有关科室开展1次专项辨识评估,重点辨识评估地质条件、重大灾害因素等方面存在的安全风险,形成专项辨识评估纪要;如有新增重大风险,应补充完善重大安全风险管控清单 2. 辨识评估结果应用于完善设计方案,指导生产工艺选择、生产系统布置、设备选型、劳动组织确定	2	查现场和资料。辨识缺1次扣1分;辨识组织者不符合要求扣0.5分,科室缺1个扣0.2分,辨识内容缺1项扣0.5分;新增重大风险未补充清单扣0.5分,重大风险管控措施不完善、操作性不强1项扣0.2分;辨识评估结果未体现应用缺1项扣0.5分	1. 专项辨识评估应涉及新水平、新采(盘)区、新工作面设计前的地质和水文地质条件,采(盘)区和工作面位置和布局,重大灾害因素以及生产系统有关的风险等 2. 参加设计的部门和设计人员要参加设计前的专项辨识评估 3. 专项辨识评估抽查1年以内的资料	1. 与矿有关人员进行面对面的交流,并下井检查,了解该矿本年度是否存在有关新水平、新采(盘)区、新的工作面的设计,若存在,查是否进行专项辨识评估 2. 查阅年度生产计划及采掘接续衔接图表,确认矿井当年新水平、新采(盘)区、新工作面是否开展专项辨识评估 3. 查阅专项辨识评估纪要,确认辨识组织者是否为总工程师,设计人员是否参加 4. 查阅相应的地质说明书及图纸,以及专项辨识评估纪要,确认安全风险辨识有无漏项或重大安全风险评估低定级 5. 查阅重大安全风险清单,是否把新增重大风险补充完善到重大安全风险清单中 6. 查辨识评估结果应用情况	1. 年度生产计划、采掘接替计划图表、井上下对照图 2. 新水平、新采(盘)区、新的工作面设计方案及设计资料、批复的设计说明书 3. 专项辨识评估的工作方案、原始记录 4. 专项辨识评估纪要(或报告) 5. 重大风险管控清单及其分级管控措施 6. 其他管控清单及其分级管控措施 7. 应用指导完善的设计方案	

表2(续)

项目	项目内容		基本要求	标准分值	评分方法	执行指南	核查细则	资料清单	得分
五、安全风险分级管控(25分)	风险辨识评估	专项辨识评估	1. 生产系统，生产工艺，主要设施设备，井工煤矿水、火、瓦斯、冲击地压灾害等级，露天煤矿边坡参数等发生重大变化时，新技术、新工艺、新设备、新材料试验或推广应用前，由分管负责人组织有关科室开展1次专项辨识评估，重点辨识评估作业环境、生产过程、重大灾害因素和设施设备运行等方面存在的安全风险，形成专项辨识评估纪要；如有新增重大风险，应补充完善重大安全风险清单 2. 辨识评估结果应用于指导编制或修订完善作业规程、操作规程	3	查现场和资料。辨识缺1次扣1分；辨识组织者不符合要求扣0.5分，科室缺1个扣0.2分；辨识内容缺1项扣0.5分；新增重大风险未补充清单扣0.5分，重大风险管控措施不完善、操作性不强1项扣0.2分；辨识评估结果未体现应用缺1项扣0.5分	1. 主要设备是指主要通风机、固定压风机、主副井提升机、采掘工作面支护设备、主供电和主排水设备等 2. 重大灾害因素发生重大变化是指煤矿井下工作范围内水(过小窑、过富水区、过断层导水、陷落柱导水、密闭不良钻孔导水、底板水、老塘积水)、火(过火区、过破碎区、采煤工作面留顶底煤等)、瓦斯(高瓦斯区域、导通瓦斯断层、破碎带、陷落柱等)、煤尘(煤尘爆炸指数、产生量等)、顶板(过断层、破碎区、空巷等)、冲击地压等发生重大变化 3. 专项辨识评估抽查1年以内的资料	1. 与矿有关人员进行面对面的交流，并下井检查，了解该矿本年度是否存在重大变化的情况和"四新"推广应用。若存在，查是否进行专项辨识评估 2. 查阅年度作业计划、安全费用提取与使用计划、年度科研计划、地质瓦斯水害预报，确认生产系统、生产工艺、主要设施设备、重大灾害因素等发生重大变化和"四新"推广应用前是否开展专项辨识 3. 查阅专项辨识评估纪要，确认辨识组织者、参加人员是否符合要求 4. 查阅专项辨识评估纪要、地质瓦斯水害预报、设备使用说明书、年度科研计划，确认安全风险辨识有无漏项或重大安全风险评估低定级 5. 查阅重大安全风险清单，确认新增重大风险是否补充到重大安全风险清单中 6. 查辨识评估结果应用情况	1. 矿井技术改造设计、改造方案 2. 生产系统、生产工艺、主要设施设备、重大灾害因素(露天煤矿爆破参数、边坡参数)等发生重大变化情况说明资料 3. 新技术、新工艺、新设备、新材料试验或推广应用资料 4. 专项辨识评估的工作方案、原始记录 5. 专项辨识评估纪要 6. 风险清单及其分级管控措施 7. 作业规程、操作规程	

表2(续)

项目	项目内容		基本要求	标准分值	评分方法	执行指南	核查细则	资料清单	得分
五、安全风险分级管控(25分)	风险辨识评估	专项辨识评估	1. 连续停工停产1个月以上的煤矿复工复产前,由矿长组织有关科室、区(队)开展1次专项辨识评估;井工煤矿井下动火作业,清理煤仓,启封密闭,排放瓦斯,反风演习,工作面通过空巷(采空区),采煤工作面初采和收尾,综采(放)工作面安装和回撤,掘进工作面贯通前,突出矿井石门揭煤、突出危险区过构造带等高危作业实施前,由分管负责人组织有关科室、区(队)开展1次专项辨识评估,重点辨识评估作业环境、工程技术、设备设施、现场操作等方面存在的安全风险,形成专项辨识评估纪要。如有新增重大风险,应补充完善重大安全风险清单 2. 辨识评估结果应用于对安全技术措施编制提出指导意见	3	查现场和资料。辨识缺1次扣1分;辨识组织者不符合要求扣0.5分,参加人员缺1人扣0.2分,辨识内容缺1项扣0.5分;新增重大风险未补充清单扣0.5分,重大风险管控措施不完善、操作性不强1项扣0.2分;辨识评估结果未体现应用缺1项扣0.5分	1. 掘进工作面贯通不包括双巷同时掘进之间的联络巷贯通 2. 突出煤层突出危险区过构造带不包括薄煤层、中厚煤层过落差小于煤厚的断层,厚煤层过落差小于3 m的断层 3. 专项辨识评估抽查1年以内的资料	1. 与矿有关人员进行面对面的交流,并下井检查,了解该矿本年度是否存在高危作业或连续停工停产1个月以上等情况。若存在,查是否进行专项辨识评估 2. 查阅年度作业计划、安全费用提取与使用计划、采掘接续衔接图、矿井安全专篇、停产复产文件,确认高危作业前或连续停工停产1个月以上是否开展专项辨识 3. 查阅年度作业计划、统计手册、产量报表,确认矿井连续停工停产1个月以上复工复产前否开展专项辨识 4. 查阅专项辨识评估纪要、采掘生产进度,确认安全风险辨识有无漏项或重大安全风险评估低定级 5. 查阅重大安全风险清单,确认新增重大风险是否补充到重大安全风险清单中 6. 查辨识评估结果应用情况	1. 启封火区、排放瓦斯、探放水、过空巷、更换大型设备、采煤工作面初采和收尾、搬家倒面、掘进工作面贯通前,突出矿井过构造带及石门揭煤等高危作业安全技术措施 2. 停工通知、复工验收报告和复工批复文件 3. 专项辨识评估的工作方案、原始记录 4. 专项辨识评估纪要 5. 风险清单及管控措施	

表2(续)

项目	项目内容		基本要求	标准分值	评分方法	执行指南	核查细则	资料清单	得分
五、安全风险分级管控(25分)	风险辨识评估	专项辨识评估	1. 本矿发生死亡事故或涉险事故,所在省份、隶属集团煤矿发生较大事故,全国煤矿发生重特大事故后,由矿长组织分管负责人、科室开展1次针对性的专项辨识评估,重点识别安全风险辨识评估结果及管控措施是否存在漏洞、盲区,形成专项辨识评估纪要;如有新增重大风险,应补充完善重大安全风险清单 2. 辨识评估结果应用于指导修订完善设计方案、作业规程、操作规程、安全技术措施	2	查现场和资料。辨识缺1次扣1分;辨识组织者不符合要求扣0.5分,参加人员缺1人扣0.2分,新增重大风险未补充清单扣0.5分,重大风险管控措施不完善、操作性不强1项扣0.2分;辨识评估结果未体现应用缺1项扣0.5分	全国煤矿发生重特大事故应以国家(省级)矿山安全监察局传真或网站发布的事故经过、原因等为依据	1. 查阅煤矿发生死亡事故或涉险事故,所在省份、所属集团煤矿发生较大事故,全国煤矿发生重特大事故后是否进行专项辨识评估 2. 查阅专项辨识评估纪要,确认辨识组织者是否为矿长 3. 查阅专项辨识评估纪要,确认是否识别安全风险辨识结果及管控措施是否存在漏洞、盲区 4. 查阅重大安全风险清单,确认新增重大风险是否补充到重大安全风险清单中 5. 查辨识评估结果应用情况	1. 本年度全国、本省份、本矿发生事故的有关信息统计台账 2. 专项辨识评估的工作方案、原始记录 3. 专项辨识评估纪要 4. 风险清单及管控措施	

表2(续)

项目	项目内容		基本要求	标准分值	评分方法	执行指南	核查细则	资料清单	得分
五、安全风险分级管控(25分)	风险管控	分级管控	1. 矿长掌握并落实本矿重大安全风险及主要管控措施，分管负责人、副总工程师、科室负责人、专业技术人员掌握相关范围的重大安全风险及管控措施 2. 在重大安全风险区域作业的区(队)长、班组长掌握并落实该区域重大安全风险及相应的管控措施，区(队)长、班组长组织作业时对管控措施落实情况进行现场确认，班前会通报本工作区域风险点 3. 岗位人员作业前进行安全风险确认 4. 矿长每年组织对重大安全风险管控措施落实情况和管控效果进行总结分析，指导下一年度安全风险管控工作(纳入全矿标准化管理体系运行分析报告)	5	查现场和资料。抽考不少于4人，矿长完全不掌握不得分，掌握不全面1项扣0.5分，其他完全不掌握1人扣0.5分，掌握不全面扣0.2分；发现措施未落实1项扣0.5分；未进行确认现场1处扣0.5分；随机抽查现场2名岗位人员未确认或不全面1人扣0.2分；未总结分析扣2分；其他不符合要求1项扣0.2分	1. 矿长掌握并落实本矿重大安全风险及主要管控措施 2. 分管负责人、副总工程师、科室负责人、专业技术人员掌握相关范围的重大安全风险及管控措施 3. 煤矿要根据划分的重大风险区域，要求区域内的区(队)长、班组长掌握重大安全风险的管控措施，熟悉本岗位职责并严格落实 4. 每年至少1次，由矿长组织，总工程师和相关副职矿长、副总工程师等技术人员参加，对重大安全风险管控措施落实情况和管控效果进行总结分析 5. 抽考方式应灵活，可采取问卷、问答等方式 6. “作业前进行安全风险确认”是指岗位作业人员作业前评估作业过程中可能会发生的不安全问题，并对控制措施是否到位进行检查确认	1. 查矿长是否掌握并落实本矿重大安全风险及主要管控措施 2. 查分管负责人、副总工程师、科室负责人、专业技术人员是否掌握相关范围的重大安全风险及管控措施 3. 查重大安全风险区域作业人员名单 4. 现场核查区(队)长、班组长并抽查询问或抽考 5. 查班前会是否通报本工作区域风险点 6. 查矿长每年是否组织对重大安全风险管控措施落实情况和管控效果进行总结分析 7. 查是否指导下一年度安全风险管控工作	1. 重大安全风险管控方案 2. 重大安全风险主要管控措施 3. 管控记录 4. 重大安全风险区域作业人员名单 5. 重大安全风险区域作业人员岗位职责 6. 重大安全风险区域区(队)长、班组长管控措施落实情况考核记录 7. 管控措施落实情况和管控效果的总结分析报告	

表2(续)

项目	项目内容		基本要求	标准分值	评分方法	执行指南	核查细则	资料清单	得分
五、安全风险分级管控(25分)	保障措施	组织宣贯	1. 年度辨识评估完成后1个月内，对入井(坑)、地面相关人员进行宣贯，内容包括与本岗位相关的重大安全风险及管控措施 2. 专项辨识评估完成后1周内，对相关人员进行宣贯，内容包括与本岗位相关的安全风险及管控措施	1	查资料和现场。现场抽问3人，不掌握本岗位相关的风险及管控措施1人扣0.2分	可在班前会宣贯，或与规程措施一并宣贯	1. 查是否对入井(坑)人员和地面关键岗位人员在规定时间内进行宣贯 2. 确认内容是否包含年度和专项安全风险辨识评估结果、与本岗位相关的重大安全风险管控措施 3. 确认参加人员是否符合要求、有无补学记录 4. 现场抽问	1. 宣贯培训内容 2. 宣贯培训签到表 3. 宣贯培训现场照片或视频录像	
		信息管理	采用信息化管理手段，实现对安全风险记录、跟踪、统计、分析等全过程的信息化闭合管理	1	查现场。未实现信息化管理不得分，功能缺1项扣0.5分；应用不到位1次扣0.2分	可采用计算机、手机、网络和人工操作等信息化管理手段，能够实现各项功能即可	1. 查有无相应的应用系统或者在其他应用系统中有无相应模块 2. 查信息化平台或系统，是否实现安全风险记录、跟踪、统计、分析等全过程的管理功能	安全风险记录、跟踪、统计、分析等全过程的信息化管理查验资料	

表2(续)

项目	项目内容	基本要求	标准分值	评分方法	执行指南	核查细则	资料清单	得分
六、隐患排查治理(25分)	工作制度	建立隐患排查治理工作制度,明确矿长全面负责、分管负责人负责分管范围内隐患排查治理工作,副总工程师、科室、区(队)、班组、岗位人员的隐患排查治理职责;规定并落实事故隐患分级标准,以及事故隐患排查、登记、治理、验收、销号、分析总结等工作要求	2	查现场和资料。未建立制度不得分,职责内容不明确1项扣0.2分;工作要求内容不完善1处扣0.2分,制度不执行1项扣0.5分	1. 建立以矿长为组长、其他班子成员为副组长、各副总及各部门科室负责人为成员的隐患排查治理小组 2. 设置事故隐患排查治理管理工作的部门,并以文件形式公布 3. 行文发布煤矿事故隐患排查治理相关制度:有文件、有牌板、有电子和纸质资料 4. 工作制度可单独行文建立,也可在其他安全管理文件中体现	1. 查工作责任体系是否有成立文件和制度发布文件 2. 查事故隐患排查治理管理工作制度、工作要求和职责内容 3. 抽查各岗位人员,是否清楚自己在隐患排查中的职责和工作要求内容 4. 查矿长全面负责、分管负责人、副总工程师、科室、区(队)、班组、岗位人员的隐患排查治理工作记录和职责履行、制度执行考核记录 5. 查事故隐患分级标准和事故隐患排查治理档案	1. 事故隐患排查治理有关制度及发布文件 2. 职责和制度的执行考核资料	
	事故隐患排查 周期范围	矿长每月组织分管负责人及相关科室、区(队)对重大安全风险管控措施落实情况、管控效果及覆盖生产各系统、各岗位的事故隐患至少开展1次排查;排查前制定工作方案,明确排查时间、方式、范围、内容和参加人员	2	查现场和资料。未组织排查重大安全风险管控措施落实情况、管控效果及各类隐患的1次扣1分;组织人员、范围不符合要求1项扣0.5分,未制定工作方案1次扣0.2分,方案内容缺1项扣0.2分	1. 矿长组织:月检 2. 月检频次:每月至少一次;可多专业、多部门、多单位统一集中进行,也可以分专业、分部门、分单位、分时段进行 3. 月检部门:分管负责人及相关科室和区队 4. 月检对象:覆盖生产各系统和各岗位的事故隐患排查(包含重大风险管控措施落实情况、管控效果) 5. 月检方案:排查前制订工作方案,明确时间、方式、范围、内容和参加人员	1. 查工作方案是否符合要求 2. 查事故隐患排查台账所填内容与方案是否一致 3. 查矿井实际隐患排查记录(包含重大风险管控措施落实情况检查)是否为矿长组织,时间间隔是否符合至少每月一次 4. 查是否覆盖生产各系统和各岗位的隐患排查(包含重大风险管控措施落实情况检查) 5. 查月检人员分工及人员定位,行走轨迹 6. 现场检查是否存在隐患	1. 月检工作方案 2. 矿长安排月检工作召开的会议记录、提出的要求、签发的通知、月检分工安排表等 3. 月检记录 4. 月检隐患清单 5. 月检报告 6. 事故隐患排查治理台账(包含重大风险管控措施落实情况检查)	

表2(续)

项目	项目内容		基本要求	标准分值	评分方法	执行指南	核查细则	资料清单	得分
六、隐患排查治理(25分)	事故隐患排查	周期范围	矿分管负责人每半月组织相关人员对覆盖分管范围的重大安全风险管控措施落实情况、管控效果和事故隐患至少开展1次排查	2	查现场和资料。未组织排查重大安全风险管控措施落实情况、管控效果及各类隐患的1次扣1分;组织人员、范围不符合要求1项扣0.2分	1. 半月检组织:矿分管负责人 2. 半月检部门:分管部门和人员 3. 半月检对象:覆盖分管领域的事故隐患排查(包含分管范围重大风险管控措施落实情况、管控效果检查) 4. 半月检分工安排表及人员行走轨迹	1. 查半月检是否由分管负责人组织,时间间隔是否符合至少每半月一次,是否全部覆盖分管领域 2. 查月检人员分工及人员定位,行走轨迹 3. 现场检查是否存在隐患	1. 半月检安排表:排查前制定工作安排表,明确排查时间、方式、范围、内容和参加人员 2. 半月检记录 3. 半月检隐患清单 4. 半月检报告 5. 隐患排查治理台账(包含重大风险管控措施落实情况检查)	
			生产期间,每天安排管理、技术和安检人员进行巡查,对作业区域开展事故隐患排查	2	查现场。未安排1次扣1分,人员、范围、周期不符合要求1项扣0.2分	1. 日检人:管理、技术和安检人员进行巡查 2. 日检对象:对作业区域生产作业"时段、区域、岗位"全覆盖开展事故隐患排查 3. 区队当日、班组当班对事故隐患进行排查 4. "巡查"是指入井(坑)的管理、技术和安检人员对沿途区域开展的隐患排查	1. 查安检人员的排查记录与所查现场是否相符合 2. 查巡查人员的巡查记录 3. 查区队每天的碰头会记录和值班记录 4. 下井抽查询问有关人员	1. 安检人员的下井记录 2. 职能科室负责人、区队长下井带班记录 3. 煤矿下发的信息单和隐患通知单 4. 区队当日、班组当班对排查的安排情况、会议记录 5. 区队每天的碰头会记录和值班记录 6. 日检记录和日检隐患清单	

表2(续)

项目	项目内容	基本要求		标准分值	评分方法	执行指南	核查细则	资料清单	得分
六、隐患排查治理(25分)	事故隐患排查	周期范围	岗位作业人员作业过程中随时排查事故隐患	2	查现场。现场检查发现隐患,作业人员未发现、未处理1处扣0.2分	煤矿要编制岗位作业流程隐患排查治理标准,确保岗位作业过程中的隐患排查治理到位	1. 查有无排查记录 2. 下井抽查询问岗位人员:随机抽查1～2名岗位作业人员进行口头提问,看是否按照随时要求排查隐患 3. 现场核查是否有隐患	1. 岗位排查记录 2. 岗位作业流程图 3. 岗位作业流程隐患排查治理标准	
		登记上报	建立隐患排查治理台账,登记内部排查和外部检查的事故隐患;排查发现重大事故隐患后,及时向当地煤矿安全监管监察部门书面报告,并建立重大事故隐患信息档案	2	查资料。未建立台账不得分;登记不全缺1条扣0.2分。重大事故隐患未按要求上报、建立信息档案1次扣0.5分	台账信息至少包含排查时间和人员、隐患描述、治理措施、等级认定、治理期限及责任人、验收时间及验收人、完成情况	1. 查是否建立事故隐患排查台账(是否包含内外部检查) 2. 查台账记录与矿长或分管副矿长组织的月度或半月排查内容是否一致 3. 查事故隐患排查是否逐项登记 4. 查有重大事故隐患的矿井是否落实上报,是否有上报文件等 5. 查是否有重大事故隐患信息档案 6. 现场检查是否有重大事故隐患	1. 矿长月度事故隐患排查记录 2. 分管领导半月事故隐患记录 3. 事故隐患排查月台账(清单) 4. 事故隐患排查旬台账(清单) 5. 重大事故隐患排查档案及上报上级告知书 6. 重大事故隐患报告记录 7. 重大事故隐患报告材料 8. 重大事故隐患台账(清单)	

表2(续)

项目	项目内容		基本要求	标准分值	评分方法	执行指南	核查细则	资料清单	得分
六、隐患排查治理(25分)	事故隐患治理	分级治理	对排查出的事故隐患进行分级,能立即治理完成的事故隐患,当班采取措施及时治理消除,当班未完成整改的隐患,要告知下一班治理消除;不能立即治理完成的事故隐患,采取临时管控措施,按照事故隐患等级明确相应层级的单位(部门)、人员负责治理、验收	2	查现场和资料。未对事故隐患进行分级扣0.5分;事故隐患分级不准确的扣0.1分;责任单位和人员不明确1项扣0.1分;未按要求组织实施1处扣0.2分	1. 编制能够立即治理完成的事故隐患清单 2. 区队、班组当班及时治理并作记录;可以当班或交接班时在井下现场登记,也可升井后在区队、班组进行补登记 3. 不能立即治理完成的事故隐患要编制清单及治理方案 4. 治理责任单位(部门)主要责任人按照治理方案组织实施治理并验收	1. 查有无现场隐患排查记录 2. 查不能立即治理完成的事故隐患,是否由治理责任单位(部门)主要责任人按照治理方案组织实施 3. 现场选取2～3条不能立即治理完成的隐患,根据治理方案,验证隐患治理是否符合要求 4. 现场核查是否存在隐患	1. 能够立即治理完成的事故隐患清单 2. 区队、班组的隐患排查记录 3. 当班未完成治理的告知记录 4. 当班及时消除治理工作记录 5. 不能立即治理完成的事故隐患清单、隐患治理措施 6. 治理责任单位(部门)主要责任人按照治理方案组织实施治理记录	
			重大事故隐患由矿长按照责任、措施、资金、时限、预案"五落实"的原则,组织制定专项治理方案并组织实施;治理方案按规定及时上报	2	查现场和资料。组织者不符合要求或未按方案组织实施不得分,治理方案未及时上报1次扣0.5分	专项治理方案包括:治理的目标和任务、方法和措施、经费和物资、责任单位和责任人、时限和进度安排、停产区域、安全防护措施和应急预案	1. 从隐患排查台账选取2～3条隐患,通过逐一查阅"五落实"相关资料,质询相关人员,验证是否符合要求 2. 现场核查2～3条正在整改的隐患是否存在"五落实"不到位而影响隐患治理的情况	1. 事故隐患排查治理台账和专项事故隐患排查治理措施 2. 事故隐患治理"五落实"记录 3. 重大事故隐患排查台账(清单) 4. 重大事故隐患专项治理方案 5. 重大事故隐患专项治理方案上报记录和实施记录	

表2(续)

项目	项目内容		基本要求	标准分值	评分方法	执行指南	核查细则	资料清单	得分
六、隐患排查治理(25分)	事故隐患治理	安全措施	对治理过程危险性较大、可能危及治理人员及接近治理区人员安全的事故隐患(如爆炸、人员坠落、坠物、冒顶、电击、机械伤人等),应制定并落实安全技术措施,现场设置警示标识	2	查现场和资料。无安全技术措施1次扣1分,未设置警示标识扣0.5分,措施落实不到位1处扣0.2分	1. 煤矿对治理过程危险性较大的事故隐患(指可能危及治理人员及接近治理区人员安全,如爆炸、人员坠落、坠物、冒顶、电击、机械伤人等),应制定现场处置方案,治理过程中现场有专人指挥,并设置警示标识 2. 现场有现场班组长及安全生产管理人员等专人指挥和安检员监督	1. 查台账和现场,看对治理过程危险性较大的事故隐患,治理过程中现场是否有专人指挥,并设置警示标识;安检员是否现场监督 2. 从隐患排查治理台账中选取2~3条治理过程危险性较大的隐患,质询相关人员,调阅人员定位,验证现场指挥和监督、警示标识设置是否符合要求 3. 治理该项隐患过程中,因安全技术措施没有严格落实或落实不到位而造成事故,该项不得分	1. 治理过程危险性较大的事故隐患清单 2. 治理安全技术措施 3. 治理记录:有现场专人指挥和安检员监督 4. 现场处置方案	
		验收销号	煤矿自行排查发现的事故隐患完成治理后,由验收责任单位(部门)或人员负责验收,合格后予以销号;煤矿安全监管监察机构和上级公司检查发现的事故隐患,完成治理后,按要求报告发现部门或其委托部门(单位)	2	查现场和资料。未进行验收、验收不合格即销号不得分,验收单位或人员不符合要求1次扣0.2分,治理完成验收滞后超过3天1次扣0.2分,未按规定报告不得分	现场排查并立即完成治理的隐患可不再安排人员进行验收	1. 查事故隐患完成治理后,是否有验收责任单位(部门)负责验收,验收合格后是否销号 2. 查上级检查的事故隐患告知书及上报完成治理材料 3. 现场核查2~3条	1. 煤矿自行排查发现的事故隐患清单 2. 治理记录和验收记录、验收合格销号记录 3. 煤矿安全监管监察机构和上级公司检查发现的事故隐患清单、事故隐患治理报告和记录 4. 上级检查记录、执法文书、矿井整改报告	

表2(续)

项目	项目内容		基本要求	标准分值	评分方法	执行指南	核查细则	资料清单	得分
六、隐患排查治理(25分)	保障措施	信息管理	采用信息化管理手段,实现对事故隐患登记录入、过程跟踪、逾期报警、验收销号、信息上报等信息化闭合管理	1	查现场。未实现信息化管理不得分,功能缺1项扣0.5分;应用不到位1次扣0.2分	可采用计算机、手机、网络和人工操作等信息化管理手段,能够实现各项功能即可	查看所使用的信息化手段,是否能实现对事故隐患排查治理记录统计、过程跟踪、逾期报警、信息上报的信息化管理	1. 计算机及煤矿事故隐患信息化管理系统(程序软件、平台) 2. 信息化管理功能:记录统计、过程跟踪、逾期报警、信息上报等	
		公示公告	井工煤矿在行人井口和存在重大事故隐患的区域,露天煤矿在显著位置公示重大事故隐患的地点、主要内容、治理时限、责任人	1	查现场。未公示不得分,公示位置不符合要求扣0.5分,公示内容缺1项扣0.2分	1. 可采用牌板等方式公告重大事故隐患并及时更新相关内容 2. 月公示:每月向从业人员通报事故隐患分布、治理进展情况 3. 重大事故隐患公示:及时在井口(露天煤矿交接班室)或其他显著位置公示重大事故隐患的地点、主要内容、治理时限、责任人、停产停工范围	1. 查会议记录和现场公示 2. 查看有关通报资料,抽查从业人员,看其是否清楚通报情况 3. 现场核查公示内容是否全面、重大是否突出、公示时间是否及时、公示位置是否显著	1. 相关会议记录 2. 定期通报和公告资料 3. 公示照片等	
		举报监督	公布事故隐患举报联系方式,接受从业人员和社会监督	1	查现场。未公布举报联系方式扣0.2分,接到举报未核查或核实后未奖励扣0.5分	依据《矿山安全生产举报奖励实施细则》,必须在矿山办公场所、井口(坑口)等醒目位置设置举报奖励公告牌,公布地方监管监察部门举报电话和应急管理部安全生产举报微信小程序码。对核查属实的举报,按照规定要及时兑现奖励,最高可奖励30万元	1. 查是否建立事故隐患举报奖励制度 2. 查看举报电话、电子信箱、QQ、微信等公示情况,随机抽问煤矿职工是否知道事故隐患举报电话 3. 查是否曾有举报事故隐患但未核查和奖励的情况	1. 事故隐患举报奖励制度 2. 隐患举报电话、电子信箱、QQ、微信等公示照片 3. 举报记录、奖励记录	

表2(续)

项目	项目内容		基本要求	标准分值	评分方法	执行指南	核查细则	资料清单	得分
六、隐患排查治理(25分)	保障措施	总结分析	矿长每月组织召开事故隐患治理会议,对事故隐患的治理情况进行通报,分析重大安全风险管控情况、归纳事故隐患产生的原因,布置月度安全风险管控重点,提出预防事故隐患的改进措施,并形成月度统计分析报告	2	查资料。未召开会议定期通报或未形成报告不得分,报告内容不符合要求或措施不落实1处扣0.5分	1. 矿长每月组织召开事故隐患治理会议,有事故隐患治理会议记录或纪要 2. 一般事故隐患、重大事故隐患的治理情况通报;分析事故隐患产生的原因,提出加强事故隐患排查治理的措施 3. 编制月度事故隐患统计分析报告,明确下月及今后隐患排查治理重点	1. 查有无月度事故隐患排查治理分析会议纪要,有无统计分析报告 2. 查是否深入分析隐患出现的原因,提出改进措施;是否有相同的隐患重复出现	1. 事故隐患治理会议记录或纪要 2. 一般事故隐患、重大事故隐患的治理情况通报 3. 月度事故隐患统计分析报告	
七、持续改进(5分)	自查自评		每季度至少组织开展一次全面的自查自评,对内部和外部检查的问题进行总结分析,提出改进措施并落实	2	查现场和资料。未开展季度自查自评不得分;总结分析缺1次扣1分;自查自评未覆盖所有部分和专业管理缺1项扣1分,未制定或落实改进措施1次扣0.5分	1. 煤矿应将内部自评和外部检查的结果编制问题或隐患清单,明确责任部门落实整改 2. 自查自评范围应覆盖煤矿安全生产标准化管理体系所有专业。针对本季度发现的问题从管理制度、生产环境、设备和人员等方面归纳分析其产生的根源,制定改进措施并落实	1. 查煤矿是否进行自查自评 2. 查煤矿是否有外部检查考核 3. 查煤矿每季度是否进行总结 4. 查总结报告是否真实,内容是否全面 5. 查是否对考核结果进行分析归纳,是否制定改进措施 6. 现场查改进措施是否落实到位	1. 自查自评资料 2. 外部检查考核资料 3. 季度检查考核的结果总结 4. 改进措施落实记录	

表2(续)

项目	项目内容	基本要求	标准分值	评分方法	执行指南	核查细则	资料清单	得分
七、持续改进(5分)	改进提升	根据安全目标完成情况、安全生产责任制落实情况、标准化内部自查和外部检查考核情况、年度风险辨识结果及重大风险管控情况、年度重大事故隐患排查整改情况、本矿生产安全事故情况，每年底由矿长组织对标准化管理体系的运行质量进行分析，形成分析报告，对报告提出的改进措施，明确责任人及完成时限	3	查现场和资料。矿长未组织分析或未形成报告不得分；报告内容缺1项扣1分；内容与实际不符1项扣0.5分；其他不符合要求1项扣0.2分	1．"体系运行分析报告"是对煤矿安全生产标准化管理体系运行情况的全面回顾。煤矿应根据存在的问题和内、外部环境变化对上一年度体系各要素运行的有效性进行评价 2．"本矿生产安全事故情况"应包含重伤及以上事故的逐个分析和其他事故的统计分析 3．分析报告撰写工作应在年度风险辨识之前进行，以指导年度风险辨识工作	1．查矿长是否每年年底对标准化管理体系的运行质量进行分析 2．查分析工作内容是否全面，有无遗漏 3．现场随机抽查分析依据是否真实有效	1．标准化管理体系运行质量分析专题会议记录 2．标准化管理体系运行分析报告	
附加项(2分)	技能人才和机构设置	1．考核期内，从业人员获得省部级及以上技能大师称号 2．设置专门的安全生产标准化管理机构	2	查现场和资料。每人次加1分，设置专门机构加1分，最高加2分	煤矿积极申报技能大师，成立安全生产标准管理机构（领导小组、办公室）	1．查有无省部级及以上技能大师 2．查是否设置专门的安全生产标准化管理机构	1．技能大师称号文件、证书 2．设置专门的安全标准化管理机构的文件	

第3部分　重大灾害防治

3.1　井工煤矿重大灾害防治

本部分修订的主要变化

专家解读视频

"重大灾害防治"是新增加的部分，意在突出重大灾害防治在安全生产管理中的重要作用，防范遏制煤矿重特大事故，不断提升重大灾害治理能力和水平，推动煤矿企业安全高效持续发展。将"通风专业"部分中的"防治煤与瓦斯突出、瓦斯抽采、防治煤尘爆炸、防治火灾"和"地质灾害防治与测量"中的"防治水害事故、防治冲击地压"共6方面内容整合至本部分中，集中体现在"灾害防治措施"章节，同时融入"致灾因素普查、灾害治理规划及计划"两大项内容，共同构成"重大灾害防治"，共计34项检查内容。

具有如下新的特点：

(1) 构建防治体系。建立"三位一体"重大灾害防治体系，从源头防范化解重大风险，强化重大灾害有效治理，避免与灾害"拼刺刀"。

(2) 开展精准探查。通过全面普查、查清各类隐蔽致灾因素，提出治理方案，指导采掘地质等相关预报编制，提高治理措施的针对性。

(3) 坚持规划先行。依据矿井中长期采掘规划、灾害治理中长期规划，明确灾害治理方案、确定工程开竣工时间，并组织实施。

(4) 强化措施保障。一是建立灾害治理关键制度，常态化监督检查措施落实；二是抓好基础参数测定，为治理措施制定提供依据；三是突出专业重点，严格抽采工程管理和达标评判，突出冲击地压"源头防治"和"分类防治"。

(5) 突出科技攻关。鼓励矿井积极开展重大灾害治理科技攻关，提升治理效果和效率。考核周期内，重大灾害治理科技成果获得省部级以上奖励给予加分，其中国家级奖项，独立完成1项加2分，合作完成加1分；获省部级奖项，独立完成1项加1分，合作完成1项加0.5分，最多加2分。

(6) 重点说明。重大灾害防治的中长期规划是指：所有煤矿都应编制防治水中长期规划；高瓦斯、突出矿井要编制瓦斯治理中长期规划；冲击地压矿井要编制冲击地压治理中长期规划；对于灾害类型较多的矿井可合并编制。

一、工作要求

1. 致灾因素普查

通过全面普查、补充探查，查清各类隐蔽致灾因素，提出治理方案，指导灾害治理规划编制；通过月度动态排查，指导采掘地质等相关预报编制，提高治理措施的针对性。

【说明】　本条是井工煤矿对重大灾害防治专业致灾因素普查的工作要求。

1. 隐蔽致灾因素普查

《煤矿地质工作细则》第二十条规定：建设煤矿、生产煤矿、资源整合煤矿等应结合未来3～5年采掘接续规划，开展隐蔽致灾地质因素普查。

隐蔽致灾地质因素普查执行《矿山隐蔽致灾因素普查规范 第1部分：总则》(KA/T 22.1—2024)和《矿山隐蔽致灾因素普查规范 第2部分：煤矿》(KA/T 22.2—2024)要求。

煤矿隐蔽致灾地质因素主要包括：井(矿)田内及周边采空区，废弃老窑(井筒)、封闭不良钻孔，断层、裂隙、褶曲，陷落柱，瓦斯富集区，导水裂隙带、离层空间，地下含水体，地表水体，井下火区，油气及油气井、煤层气井，冲击地压危险性，古河床冲刷带、岩浆岩侵入体、煤(岩)层风氧化带、火烧区、古隆起、天窗、暗河、溶洞等不良地质体，边坡稳定性等。

煤矿隐蔽致灾地质因素普查每3年开展1次。因地质条件发生变化导致较大以上事故发生的煤矿，应加大普查频次。

煤矿应当根据隐蔽致灾地质因素普查情况编写报告，报告由煤矿企业总工程师组织审批，无上级公司的煤矿应聘请专家评审。

围绕年度采掘接续，细化探查治理方案，分头面查明灾害治理盲区和不充分区，编制年度普查报告并上报煤矿企业审查。

2. 采掘地质预报编制

《煤矿地质工作细则》第六十三条规定，地质预报应符合下列基本要求：

(1) 地测部门与采掘、通防、防冲等部门应密切配合，及时研究被揭露的各种地质现象，分析地质规律。

(2) 地质预报应按年报、月报、临时性预报等形式进行，且应根据采掘(剥)工程的进展及时发出。

(3) 地质预报应做到期前预报、期末总结，预报与实际出入较大时，应分析原因，总结经验，提高地质预报质量。

(4) 地质预报经煤矿总工程师审查签字后生效。

煤矿总工程师或专业副总工程师每月根据月度采掘生产计划开展一次隐蔽致灾因素动态排查，建立排查清单，排查出的隐蔽致灾因素作为编制月度地质等相关预报的依据。

2. 灾害治理规划及计划

依据矿井中长期采掘规划、隐蔽致灾因素普查报告和矿井灾害严重程度编制相应的灾害治理中长期规划，明确灾害治理模式、治理方案、工程开竣工时间，并组织实施。年度针对重点采掘工作面编制灾害治理方案及措施并严格执行。

【说明】　本条是井工煤矿对重大灾害防治专业灾害治理规划及计划的工作要求。

1. 灾害治理中长期规划

煤矿应当编制本单位防治水中长期规划，高瓦斯、突出矿井应当编制瓦斯治理中长期规划，冲击地压矿井应当编制冲击地压治理中长期规划，每3～5年编制1次；执行期内有较大变化时，应当在年度计划中补充说明，并组织实施；中长期规划与年度计划由煤矿组织编制，经煤矿企业审批后实施。

2. 年度灾害治理规划

(1)《煤矿防治水细则》第七条规定：煤炭企业、煤矿应当编制本单位防治水年度计划，煤矿防治水应当做到"一矿一策、一面一策",确保安全技术措施的科学性、针对性和有效性。

(2)《防治煤矿冲击地压细则》第二十条规定:年度防冲计划主要包括上年度冲击地压防治总结及本年度采掘工作面接续、冲击地压危险区域排查、冲击地压监测与治理措施的实施方案、科研项目、安全费用、防冲安全技术措施、年度培训计划等。

(3)《防治煤与瓦斯突出细则》第三十七条规定:有突出煤层的煤矿企业、煤矿在编制年度、季度、月度生产建设计划时,必须同时编制年度、季度、月度防突措施计划,保证抽、掘、采平衡。

(4)矿长年度组织对"一矿一策""一面一策"进行实施、总结、分析;总工程师季度组织对"一面一策"落实情况、治理效果进行检查分析。

3. 灾害防治措施

(1)防治煤与瓦斯突出。建立健全突出防治相关制度并严格落实,规范开展瓦斯基础参数测定,科学指导防突措施制定,严格执行两个"四位一体"综合防突措施,不发生煤与瓦斯突出事故。

【说明】 本条是井工煤矿对重大灾害防治专业煤与瓦斯突出防治措施的工作要求。

1. 突出防治相关制度

《防治煤与瓦斯突出细则》第四条规定:有突出矿井的煤矿企业、突出矿井应当设置防突机构,建立健全防突管理制度和各级岗位责任制。

突出矿井应建立通风瓦斯日分析制度,综合防突措施审批、实施、检查、验收制度,预抽钻孔核查分析等制度,保障防突工作能够顺利开展。

2. 瓦斯基础参数测定

瓦斯压力、含量测定符合《防治煤与瓦斯突出细则》第十一条、第二十六条、第五十九条规定;瓦斯压力测定执行《煤矿井下煤层瓦斯压力的直接测定方法》的要求;瓦斯含量测定执行《煤层瓦斯含量井下直接测定方法》的要求。

《防治煤与瓦斯突出细则》第十一条规定:突出煤层鉴定应当首先根据实际发生的瓦斯动力现象进行,瓦斯动力现象特征基本符合煤与瓦斯突出特征或者抛出煤的吨煤瓦斯涌出量大于或者等于 30 m^3(或者为本区域煤层瓦斯含量 2 倍以上)的,应当确定为煤与瓦斯突出,该煤层为突出煤层。

当根据瓦斯动力现象特征不能确定为突出,或者没有发生瓦斯动力现象时,应当根据实际测定的原始煤层瓦斯压力(相对压力)P、煤的坚固性系数 f、煤的破坏类型、煤的瓦斯放散初速度 Δp 等突出危险性指标进行鉴定。

当全部指标均符合表 1 所列条件,或者钻孔施工过程中发生喷孔、顶钻等明显突出预兆的,应当鉴定为突出煤层。否则,煤层突出危险性应当由鉴定机构结合直接法测定的原始瓦斯含量等实际情况综合分析确定,但当 $f \leqslant 0.3$、$P \geqslant 0.74$ MPa,或者 $0.3 < f \leqslant 0.5$、$P \geqslant 1.0$ MPa,或者 $0.5 < f \leqslant 0.8$、$P \geqslant 1.50$ MPa,或者 $P \geqslant 2.0$ MPa 的,一般鉴定为突出煤层。

表 1 煤层突出危险性鉴定指标

判定指标	原始煤层瓦斯压力(相对)P/MPa	煤的坚固性系数 f	煤的破坏类型	煤的瓦斯放散初速度 Δp
有突出危险的临界值及范围	≥0.74	≤0.5	Ⅲ、Ⅳ、Ⅴ	≥10

确定为非突出煤层时，应当在鉴定报告中明确划定鉴定范围。当采掘工程超出鉴定范围的，应当测定瓦斯压力、瓦斯含量及其他与突出危险性相关的参数，掌握煤层瓦斯赋存变化情况。但若是根据《防治煤与瓦斯突出细则》第十三条要求进行的突出煤层鉴定确定为非突出煤层的，在开拓新水平、新采区或者采深增加超过 50 m，或者进入新的地质单元时，应当重新进行突出煤层危险性鉴定。

《防治煤与瓦斯突出细则》第二十六条规定：突出矿井开采的非突出煤层和高瓦斯矿井的开采煤层，在延深达到或者超过 50 m 或者开拓新采区时，必须测定煤层瓦斯压力、瓦斯含量及其他与突出危险性相关的参数。突出矿井的非突出煤层和高瓦斯矿井各煤层在新水平、新采区开拓工程的所有煤巷掘进过程中，应当密切观察突出预兆，并在开拓工程揭穿这些煤层时执行揭煤工作面的局部综合防突措施。

有突出危险煤层的新建矿井或者突出矿井，开拓新水平的井巷第一次揭穿（开）厚度为 0.3 m 及以上煤层时，必须超前探测煤层厚度及地质构造、测定煤层瓦斯压力及瓦斯含量等与突出危险性相关的参数。

《防治煤与瓦斯突出细则》第五十九条规定，区域预测所依据的主要瓦斯参数测定应当符合下列要求：

（1）煤层瓦斯压力、瓦斯含量等参数应当为井下实测数据，用直接法测定瓦斯含量时应当定点取样。

（2）测定煤层瓦斯压力、瓦斯含量等参数的测试点在不同地质单元内根据其范围、地质复杂程度等实际情况和条件分别布置；同一地质单元内沿煤层走向布置测试点不少于 2 个，沿倾向不少于 3 个，并确保在预测范围内埋深最大及标高最低的部位有测试点。

3. 综合防突措施

《防治煤与瓦斯突出细则》第四十四条规定：突出矿井应当对两个“四位一体”综合防突措施的实施进行全过程管理，建立完善综合防突措施实施、检查、验收、审批等管理制度，预抽钻孔核查分析制度，通风瓦斯日分析制度。

突出矿井应当详细记录突出预测、防突措施实施、措施效果检验、区域验证等关键环节的主要信息，并与视频监控、仪器测量、抽采计量等数据统一归档管理，并至少保存至相关区域采掘作业结束。鼓励突出矿井建立防突信息系统，实施信息化管理。

（2）实施抽采达标。建立健全抽采瓦斯管理及验收相关制度并严格落实，高瓦斯、煤与瓦斯突出矿井按规定建立抽采瓦斯系统，抽采瓦斯安全装置及设施齐全完好；编制抽采瓦斯工程设计并严格执行，实现抽采达标。

【说明】 本条是井工煤矿对重大灾害防治专业实施抽采达标的工作要求。

1. 抽采瓦斯制度

煤矿应当按照《煤矿瓦斯抽采达标暂行规定》《煤矿瓦斯抽放规范》的规定建立健全抽采瓦斯管理和考核奖惩制度、抽采工程检查验收制度、先抽后采例会制度、技术档案管理制度、瓦斯抽采达标评判等制度，并严格执行。

2. 抽采瓦斯系统

抽采瓦斯系统及安全装置和设施符合《煤矿安全规程》第一百八十一条～第一百八十四条的规定，突出矿井必须建立地面永久抽采瓦斯系统。

《煤矿安全规程》第一百八十二条规定，抽采瓦斯设施应当符合下列要求：

(1) 地面泵房必须用不燃性材料建筑，并必须有防雷电装置，其距进风井口和主要建筑物不得小于 50 m，并用栅栏或者围墙保护。

(2) 地面泵房和泵房周围 20 m 范围内，禁止堆积易燃物和有明火。

(3) 抽采瓦斯泵及其附属设备，至少应当有 1 套备用，备用泵能力不得小于运行泵中最大一台单泵的能力。

(4) 地面泵房内电气设备、照明和其他电气仪表都应当采用矿用防爆型；否则必须采取安全措施。

(5) 泵房必须有直通矿调度室的电话和检测管道瓦斯浓度、流量、压力等参数的仪表或者自动监测系统。

(6) 干式抽采瓦斯泵吸气侧管路系统中，必须装设有防回火、防回流和防爆炸作用的安全装置，并定期检查。抽采瓦斯泵站放空管的高度应当超过泵房房顶 3 m。

(7) 抽采钻场及钻孔设置管理牌板；预抽瓦斯穿层钻孔封孔段长度不小于 5 m，顺层钻孔封孔长度不小于 8 m，孔口抽采负压不小于 13 kPa。

(8) 井上下敷设的瓦斯管路，不得与带电物体接触并有防止砸坏管路的措施。

泵房必须有专人值班，经常检测各参数，做好记录。当抽采瓦斯泵停止运转时，必须立即向矿调度室报告。如果利用瓦斯，在瓦斯泵停止运转后和恢复运转前，必须通知使用瓦斯的单位，取得同意后，方可供应瓦斯。

3. 瓦斯抽采工程设计

矿井瓦斯抽采工程设计应当与矿井开采设计同步进行；分期建设、分期投产的矿井，其瓦斯抽采工程必须一次设计，并满足分期建设过程中瓦斯抽采达标的要求。

抽采达标工艺方案设计应当包括为抽采达标服务的各项工程（井巷工程、抽采钻场和钻孔工程、管网工程、监测计量工程、放水除尘排渣等管路管理工程）的布局、工程量、施工设备、主要器材、进度计划、资金计划、接续关系、有效服务时间、组织管理、安全技术措施及预期抽瓦斯量和效果等。

采掘工作面进行瓦斯抽采前，必须进行施工设计。施工设计包括抽采钻孔布置图、钻孔参数表（钻孔直径、间距、开孔位置、钻孔方位、倾角、深度等）、施工要求、钻孔（钻场）工程量、施工设备与进度计划、有效抽瓦斯时间、预期效果以及组织管理、安全技术措施等。施工设计相关文件应当由煤矿技术负责人批准。

(3) 防治煤尘爆炸。建立健全防治煤尘爆炸制度，制定安全技术措施并落实。规范设置隔爆设施，加强日常检查维护，不发生煤尘爆炸事故。

【说明】 本条是井工煤矿对重大灾害防治专业防治煤尘爆炸的工作要求。

1. 防治煤尘爆炸制度

《煤矿安全规程》第一百八十七条规定：矿井应当每年制定综合防尘措施、预防和隔绝煤尘爆炸措施及管理制度，并组织实施。矿井应当每周至少检查 1 次隔爆设施的安装地点、数量、水量或者岩粉量及安装质量是否符合要求。

2. 制定并落实安全技术措施

矿井必须建立消防防尘供水系统，井工煤矿采煤工作面应当采取煤层注水防尘措施，炮采工作面应当采用湿式钻眼、冲洗煤壁、水炮泥、出煤洒水等综合防尘措施。采煤机必须安装内、外喷雾装置，割煤时必须喷雾降尘，无水或者喷雾装置不能正常使用时必须停机；液压支架和放顶煤工作面的放煤口，必须安装喷雾装置，降柱、移架或者放煤时同步喷雾。破碎机必须安装防尘罩和喷雾装置或者除尘器。

3. 隔爆设施

开采有煤尘爆炸危险煤层的矿井，必须有预防和隔绝煤尘爆炸的措施。矿井的两翼、相邻的采区、相邻的煤层、相邻的采煤工作面间，掘进煤巷同与其相连的巷道间，煤仓同与其相连的巷道间，采用独立通风并有煤尘爆炸危险的其他地点同与其相连的巷道间，必须用水棚或者岩粉棚隔开。

必须及时清除巷道中的浮煤，清扫、冲洗沉积煤尘或者定期撒布岩粉；应当定期对主要大巷刷浆。

高瓦斯矿井、突出矿井和有煤尘爆炸危险的矿井，煤巷和半煤岩巷掘进工作面应当安设隔爆设施。

(4) 防治火灾事故。建立健全防灭火管理制度，编制矿井防灭火专项设计并严格执行，按规定开展相关参数及指标考察，加强防火监测监控，规范高分子材料使用，严格落实井下动火作业规定，不发生火灾事故。

【说明】 本条是井工煤矿对重大灾害防治专业防治火灾事故的工作要求。

1. 防灭火管理制度

《煤矿防灭火细则》第三条规定：煤矿企业、煤矿应当明确防灭火工作负责部门，建立健全防灭火管理制度和各级岗位责任制度。开采容易自燃和自燃煤层的矿井应当配备满足需要的防灭火专业技术人员。

2. 矿井防灭火专项设计

《煤矿防灭火细则》第七条规定：开采容易自燃和自燃煤层的矿井，必须编制矿井防灭火专项设计，采取综合预防煤层自然发火的措施。根据矿井具体条件采取注浆、注惰性气体、喷洒阻化剂等两种及以上防灭火技术手段，实施主动预防，并根据煤层氧化早期的一氧化碳或者采空区温度确定发火预兆的预警值，实现早期监测预警和措施优化改进，满足本工作面安全开采需要，并综合考虑采后采空区管理、相邻工作面和相邻煤层的防灭火需求。

3. 防火监测监控

《煤矿防灭火细则》第五十一条规定：开采容易自燃和自燃煤层的矿井，必须建立自然发火监测系统，采用连续自动或者人工采样方式，监测甲烷、一氧化碳、二氧化碳、氧气、乙烯、乙炔等气体成分变化，宜根据实际条件增加温度监测。

《煤矿防灭火细则》第五十三条规定：开采容易自燃和自燃煤层的矿井，应当设置一氧化碳传感器和温度传感器。传感器的设置应当符合下列规定：

(1) 采煤工作面必须至少设置1个一氧化碳传感器，地点可设置在回风隅角、工作面或者工作面回风巷。采煤工作面或者工作面回风巷应当设置温度传感器。

(2) 采区回风巷、一翼回风巷和总回风巷，应当设置一氧化碳传感器，宜设置温度传感器。

(3) 封闭火区防火墙外应当设置一氧化碳传感器。

(4) 施工长度大于20 m的煤层钻孔，且采用干式排渣工艺施工时，应当在钻机回风侧10 m范围内同一帮设置一氧化碳传感器或者悬挂一氧化碳报警仪。

(5) 一氧化碳传感器和温度传感器应当垂直悬挂,距顶板(顶梁)不得大于 300 mm,距巷壁不得小于 200 mm,并安装维护方便,不影响行人和行车。

《煤矿防灭火细则》第五十四条规定:在容易自燃和自燃煤层中掘进的半煤岩巷、煤巷,宜在回风流中装设一氧化碳传感器,沿空掘进时应当在回风流中装设一氧化碳传感器。

4. 高分子材料使用

《煤矿安全规程》第二百五十九条规定:矿井防灭火使用的凝胶、阻化剂及进行充填、堵漏、加固用的高分子材料,应当对其安全性和环保性进行评估,并制定安全监测制度和防范措施。使用时,井巷空气成分必须符合本规程第一百三十五条要求。

《煤矿防灭火细则》第四十条规定,煤矿在井下煤岩体加固、充填密闭、喷涂堵漏风等施工中,应当优先选用无机材料,确需选用反应型高分子材料时,应当遵守下列规定:

(1) 选用的反应型高分子材料必须取得煤矿矿用产品安全标志。

(2) 严格按照产品说明书规定的用途和使用场所使用高分子材料,不得随意变更用途或者扩大使用范围;严禁两种不同用途的高分子材料同时或者混合使用;严禁不同生产厂家的高分子材料混用;严禁使用过期变质的高分子材料;严禁井下储存高分子材料。

(3) 严禁使用由强腐蚀性、强挥发性组分反应生成的高分子材料。

(4) 严禁使用聚氨酯发泡材料充填密闭;严禁化学反应剧烈、反应温度高的高分子材料用于与煤直接接触的地点;严禁使用高分子发泡材料处理自然发火隐患区。

(5) 严禁向煤层高冒区、空洞区、明火防治重点区等较大空间内直接灌注大量高分子材料,必须使用时应当实施可控灌注。

(6) 每次使用应当制定施工方案和专项安全措施,并经矿总工程师审核、报矿长批准。

(5)防治水害事故。建立健全水害防治管理制度,实行“三区”管理,根据矿井实际水害类型开展有针对性的防治措施,制定防治水方案和施工安全技术措施并严格执行,加强施工过程管控,严格效果评价,建立水害监测预警系统,不发生透水事故。

【说明】 本条是井工煤矿对重大灾害防治专业防治水害事故的工作要求。

1. 水害防治管理制度

《煤矿防治水细则》第六条规定:煤炭企业、煤矿应当结合本单位实际情况建立健全水害防治岗位责任制、水害防治技术管理制度、水害预测预报制度、水害隐患排查治理制度、探放水制度、重大水患停产撤人制度以及应急处置制度等制度。

2. “三区”管理

《煤矿防治水“三区”管理办法》第三条规定:煤矿防治水“三区”管理报告应当由煤矿上级公司总工程师组织审批,无上级公司的煤矿应当聘请专家会审。

当煤矿水文地质条件发生变化时,应当及时修订煤矿防治水“三区”管理报告。当发生较大以上水害事故或者因突水(透水、溃水)造成采掘区域或者煤矿被淹时,应当在恢复生产前重新编制煤矿防治水“三区”管理报告。

《煤矿防治水“三区”管理办法》第四条规定:缓采区经勘查治理后达到本办法规定的可采区划定标准的,由煤矿组织编制“三区”转换报告,报煤矿上级公司总工程师组织审批,无上级公司的煤矿应当聘请专家会审,经批准或者会审通过后方可转为可采区。

禁采区经勘查治理后达到相应标准的,由煤矿组织编制“三区”转换报告,报煤矿上级公司总工程师组织审批,无上级公司的煤矿应当聘请专家会审,经批准或者会审通过后方可转为可采区或者缓采区。

严禁在禁采区内进行采掘作业，严禁在缓采区内进行回采作业和与水害探查、治理无关的掘进作业。

3. 补充勘探

《煤矿防治水细则》第二十二条规定：矿井水文地质补充勘探应当根据相关规范编制补充勘探设计，经煤炭企业总工程师组织审批后实施。补充勘探分为地面水文地质补充勘探和井下水文地质补充勘探。补充勘探工作完成后，应当及时提交矿井水文地质补充勘探报告和相关成果，由煤炭企业总工程师组织评审。

4. 防治水方案和施工安全技术措施

防治水工程实施前应编制设计方案和施工安全技术措施，按程序审批，工程施工现场管理规范，并建立施工原始记录，工程结束后提交验收报告及总结报告。

《煤矿防治水细则》第四十二条规定：采掘工作面探水前，应当编制探放水设计和施工安全技术措施，确定探水线和警戒线，并绘制在采掘工程平面图和矿井充水性图上。探放水钻孔的布置和超前距、帮距，应当根据水头值高低、煤（岩）层厚度、强度及安全技术措施等确定，明确测斜钻孔及要求。探放水设计由地测部门提出，探放水设计和施工安全技术措施经煤矿总工程师组织审批，按设计和措施进行探放水。

5. 水害监测预警系统

《煤矿防治水细则》第九条规定：矿井应当建立地下水动态监测系统，对井田范围内主要充水含水层的水位、水温、水质等进行长期动态观测，对矿井涌水量进行动态监测。受底板承压水威胁的水文地质类型复杂、极复杂矿井，应当采用微震、微震与电法耦合等科学有效的监测技术，建立突水监测预警系统，探测水体及导水通道，评估注浆等工程治理效果，监测导水通道受采动影响变化情况。实现水位突增突降、水量突增突减、水温突变时发出预警，并应与矿井应急广播、人员定位联动及时停产撤人。

(6)防治冲击地压。建立健全防治冲击地压管理制度，采取冲击危险性预测、区域防范、监测预警、局部治理、效果检验、安全防护综合措施，措施在现场有效落实，不发生冲击地压事故。

【说明】　本条是井工煤矿对重大灾害防治专业防治冲击地压的工作要求。

1. 防治冲击地压管理制度

《防治煤矿冲击地压细则》第六条规定：冲击地压矿井必须建立冲击地压防治安全技术管理制度、防冲岗位安全责任制度、防冲培训制度、事故报告制度等工作规范。冲击地压防治安全技术管理、监测数据分析、预警处置、防冲培训、事故报告、危险区域人员准入、预测预报等制度，防冲例会会议纪要、防冲工程设计施工验收与归档制度等制度，受地表水、暴雨、滑坡、泥石流等威胁的煤矿应进行预警制度。

2. 防治冲击地压措施

《防治煤矿冲击地压细则》第二十一条规定：有冲击地压危险的采掘工作面作业规程中必须包括防冲专项措施，应当确定回采工作面初次来压、周期来压、采空区“见方”等可能的影响范围，并制定防冲专项措施。

必须采取冲击地压危险性预测、监测预警、防范治理、效果检验、安全防护等综合性防治措施。冲击地压煤层采掘工作面临近大型地质构造(幅度在30 m以上、长度在1 km以上的褶曲，落差大于 20 m 的断层）、采空区、煤柱及其他应力集中区附近时，必须制定防冲专项措施。

在无冲击地压煤层中的三面或者四面被采空区所包围的区域开采或回收煤柱时，必须进行冲击危险性评价、制定防冲专项措施，并组织专家论证通过后方可开采。

冲击地压煤层内掘进巷道贯通或错层交叉时，应当在距离贯通或交叉点 50 m 之前开始采取防冲专项措施。

具有冲击地压危险的高瓦斯、煤与瓦斯突出矿井，应当根据本矿井条件，综合考虑制定防治冲击地压、煤与瓦斯突出、瓦斯异常涌出等复合灾害的综合技术措施，强化瓦斯抽采和卸压措施。

二、评分方法

1. 存在重大事故隐患的，本部分不得分。

2. 按表 3.1 评分，总分为 100 分。按照所检查存在的问题进行扣分，各小项分数扣完为止；“评分表”中“项目内容”缺项不得分，采用式(1) 计算：

$$A=\frac{100}{100-B}\times C \tag{1}$$

式中 A——重大灾害防治部分实得分数；

B——缺项标准分值；

C——项目内容检查得分数。

3. 附加项评分

符合要求的得分，不符合要求的不得分也不扣分。附加项得分计入本部分总得分，最多加 2 分。

致灾因素普查报告(示例)

灾害治理规划及计划(示例)

《矿山隐蔽致灾因素普查规范 第 1 部分 总则》

《矿山隐蔽致灾因素普查规范 第 2 部分 煤矿》

《煤矿井下瓦斯压力的直接测定方法》

《煤矿防治水三区管理办法》

表 3.1　井工煤矿重大灾害防治标准化评分表

项目	项目内容	基本要求	标准分值	评分方法	执行指南	核查细则	资料清单	得分
一、隐蔽致灾因素普查（15分）	隐蔽致灾因素普查	全面普查：煤矿围绕未来3～5年采掘接续规划，每3年开展1次隐蔽致灾因素普查，查明各类灾害类型、影响范围及程度，编制普查报告，提出治理方案，建立管理台账	6	查资料。未编制普查报告不得分；普查内容、要求不符合规定1项扣0.5分；治理方案未落实1项扣2分；其他不符合要求1项扣0.5分	本条应按照《煤矿地质工作细则》第二十条～第三十四条、第三十六条、《矿山隐蔽致灾因素普查规范 第1部分：总则》（KA/T 22.1—2024）和《矿山隐蔽致灾因素普查规范 第2部分：煤矿》（KA/T 22.2—2024）的规定执行	1. 查是否编制隐蔽致灾因素普查报告及审批文件 2. 查隐蔽致灾地质因素普查是否每3年开展1次 3. 查是否编制隐蔽致灾因素治理方案并严格落实 4. 查是否编制年度隐蔽致灾因素普查报告 5. 查是否建立管理台账	1. 3～5年采掘接续规划、年度采掘接续规划 2. 3～5年煤矿隐蔽致灾因素普查报告、审批文件、回执 3. 隐蔽致灾因素普查治理方案、台账 4. 年度隐蔽致灾因素普查报告、审批文件	
		补充探查：隐蔽致灾因素未查明，应进行补充地质勘探	4	查资料。未按规定采取补充探查措施1处扣1分	本条应按照《煤矿地质工作细则》第三十七条～第四十三条、《矿山隐蔽致灾因素普查规范第1部分：总则》（KA/T 22.1—2024）和《矿山隐蔽致灾因素普查规范 第2部分：煤矿》（KA/T 22.2—2024）的规定执行	1. 查是否存在隐蔽致灾因素未查明区域 2. 查是否编制隐蔽致灾因素未查明区域补充勘探措施 3. 现场查是否如实进行补充探查	1. 隐蔽致灾因素未查明区域的图纸、资料 2. 隐蔽致灾因素未查明区域补充勘探措施、报告	
		动态排查：煤矿总工程师每月根据月度采掘生产计划开展1次隐蔽致灾因素动态排查，建立排查清单，排查出的隐蔽致灾因素作为编制月度地质等预报的依据	5	查资料。未开展动态排查1次扣1分；其他不符合要求1项扣0.5分	隐蔽致灾因素动态排查由煤矿总工程师组织，每月开展1次，参与排查人员应建立排查清单，排查清单要求全面准确	1. 查是否每月进行一次隐蔽致灾因素动态排查 2. 查是否建立排查出的隐蔽致灾因素清单 3. 查是否由总工程师组织	1. 隐蔽致灾因素动态排查会议纪要、影像资料 2. 月度地质预报、水害地质预报等相关预报 3. 月度采掘生产计划 4. 排查清单	

表3.1(续)

项目	项目内容	基本要求	标准分值	评分方法	执行指南	核查细则	资料清单	得分
二、灾害治理规划及计划(10分)	灾害治理中长期规划和年度计划	治理规划编制与实施:煤矿根据矿井中长期采掘接续计划和查明的隐蔽致灾因素情况,按规定编制灾害治理3～5年中长期规划,明确重大灾害治理时间节点、灾害治理工程量、开工及竣工时间;因安全生产条件变化确需调整规划的按原规定审批	4	查现场和资料。未编制灾害治理规划不得分;缺1项扣2分。灾害治理工程未组织实施1项扣1分;其他不符合要求1处扣0.3分	1. 煤矿都应编制防治水中长期规划;高瓦斯、突出矿井应编制瓦斯治理中长期规划;冲击地压矿井应编制冲击地压治理中长期规划 2. 三年规划重点围绕采掘工作面接续,明确各工作面灾害治理方案;编制回采工作面接续计划,分年度岩巷、煤巷、巷修、灾害治理等工程施工计划。3～5年中长期规划重点围绕水平、采区接续,安排以井下区域超前治理为主的灾害治理工程,确定新采区开拓准备工程和主要安全生产系统建设工程,编制年度井巷工程和系统建设施工计划 3. 灾害类型较多的可合并编制	1. 查是否编制灾害治理3～5年中长期规划 2. 查是否明确重大灾害治理时间节点、灾害治理工程量、开工及竣工时间 3. 查因安全生产条件变化确需调整规划的是否按原规定审批 4. 查灾害治理工程是否组织实施	1. 水害治理、瓦斯治理、冲击地压治理灾害治理中长期规划 2. 矿井3年采掘接续中采掘工作面灾害治理计划、方案、措施;3～5年规划中井下区域超前治理的灾害治理工程计划、方案、措施 3. 重大灾害治理时间节点、灾害治理工程量、开工及竣工时间 4. 因安全生产条件变化确需调整规划的审批文件 5. 灾害治理记录等资料	

表3.1(续)

项目	项目内容	基本要求	标准分值	评分方法	执行指南	核查细则	资料清单	得分
二、灾害治理规划及计划(10分)	灾害治理中长期规划和年度计划	年度计划编制与执行： 1. 矿长每年底根据灾害治理中长期规划和年度采掘计划，按规定组织编制下一年灾害治理年度计划，内容包括矿井重大灾害治理及采掘工作面灾害治理方案，明确灾害治理范围、措施、工程量、起止时间、序时进度和预期效果 2. 煤矿总工程师每季度组织对灾害治理方案及措施落实情况、治理效果进行检查分析，动态补充完善治理措施；矿长每年底组织对灾害治理方案及措施执行情况进行总结，分析落实过程中存在问题和影响因素，提出改进措施，为下一年度灾害治理提供依据	6	查现场和资料。未编制年度灾害治理计划不得分；内容缺项1处扣0.3分；治理措施未落实1处扣1分；未总结分析扣1分；其他不符合要求1项扣0.2分	1. 本条应按照《煤矿防治水细则》第七条、《防治煤矿冲击地压细则》第二十条、《防治煤与瓦斯突出细则》第三十七条等相关规定执行 2. 年度计划针对重点采掘工作面编制灾害治理方案及措施，并严格执行 3. 灾害治理工程按月分解，序时进度按季度编制	1. 查矿长是否每年底组织编制年度灾害治理计划 2. 查编制的灾害治理年度计划的内容是否全面 3. 查煤矿总工程师每季度是否组织对灾害治理方案及措施落实情况、治理效果进行检查分析，是否动态补充完善治理措施 4. 查矿长是否每年底对灾害治理方案及措施执行情况进行总结、分析	1. 灾害治理中长期规划和年度采掘计划 2. 下一年灾害治理年度计划 3. 总工程师季度灾害治理效果检查分析报告、会议纪要 4. 矿长年度灾害治理总结报告、分析会议纪要	

表3.1(续)

项目	项目内容	基本要求	标准分值	评分方法	执行指南	核查细则	资料清单	得分
三、灾害防治措施(75分)	防治煤与瓦斯突出	制度保障：突出矿井建立通风瓦斯日分析制度，综合防突措施审批、实施、检查、验收制度，预抽钻孔核查分析制度	2	查资料。未建立制度1项扣1分；内容不符合要求1处扣0.2分，制度未落实1处扣0.3分	1. 建立通风瓦斯日分析制度符合《防治煤与瓦斯突出细则》第四十九条规定 2. 综合防突措施审批、实施、检查、验收制度，预抽钻孔核查分析制度符合《防治煤与瓦斯突出细则》第四十四条～第四十七条规定	1. 查是否建立通风瓦斯日分析制度 2. 查是否建立综合防突措施审批、实施、检查、验收制度 3. 查是否制定预抽钻孔核查分析制度	1. 通风瓦斯日分析制度 2. 通风瓦斯日分析会议纪要 3. 综合防突措施审批、实施、检查、验收制度 4. 预抽钻孔核查分析制度 5. 制度执行记录	
		基础管理： 1. 按规定测定煤层瓦斯压力及含量等基础参数 2. 对保护层开采效果及有效保护范围、预抽钻孔有效抽采半径等进行实际考察确定 3. 突出煤层采掘工作面及井巷揭煤编制防突预测图	2	查资料。基础参数未按规定测定1项扣1分，技术参数未实际考察1处扣0.5分；其他不符合要求1处扣0.3分	1. 瓦斯压力、含量测定符合《防治煤与瓦斯突出细则》第十一条、第二十六条、第五十九条规定 2. 瓦斯压力测定执行《煤矿井下煤层瓦斯压力的直接测定方法》的要求 3. 瓦斯含量测定执行《煤层瓦斯含量井下直接测定方法》的要求 4. 防突预测图编制符合《防治煤与瓦斯突出细则》第四十九条要求	1. 查是否按规定测定煤层瓦斯压力及含量等基础参数 2. 查是否开采保护层，查预抽钻孔有效抽采半径是否符合要求 3. 查是否编制防突预测图	1. 测定煤层瓦斯压力及含量报告 2. 保护层开采设计、批复 3. 突出煤层采掘工作面防突预测图 4. 井巷揭煤防突预测图	
		防突预测： 1. 按规定开展区域预测、工作面预测(区域验证)，预测钻孔数量、控制范围符合规定 2. 现场标记锁定防突预测实施点，确定允许最小超前距，悬挂防突预测牌板	2	查现场。未按要求进行防突预测不得分；其他不符合要求1处扣0.5分	1. 区域预测符合《防治煤与瓦斯突出细则》第五十七条～第五十九条规定 2. 区域验证符合《防治煤与瓦斯突出细则》第七十三条～第七十四条规定 3. 工作面预测符合《防治煤与瓦斯突出细则》第八十五条～第九十三条规定 4. 沿空掘进和分层开采的中底区可不施工前探钻孔	1. 查是否编制区域预测、工作面预测报告，按规定审批 2. 查预测钻孔数量、控制范围是否符合规定 3. 查现场标记锁定防突预测实施点 4. 查允许最小超前距是否符合要求，是否悬挂防突预测牌板	1. 区域预测报告，工作面预测报告及审批 2. 现场防突预测牌板、预测实施点标记 3. 区域验证施工记录、井下视频录像等	

表3.1(续)

项目	项目内容	基本要求	标准分值	评分方法	执行指南	核查细则	资料清单	得分
三、灾害防治措施(75分)	防治煤与瓦斯突出	防突措施： 1. 突出煤层采掘工作面、井巷揭煤按规定编制防突专项设计措施，并严格执行 2. 近突出煤层岩巷掘进按规定采取超前探煤措施，并绘制巷道剖面图 3. 地质探查和防突措施超前距符合要求	5	查现场和资料。设计措施未编制或未执行不得分；编制不符合规定或内容缺项1处扣0.3分；执行不严格1处扣0.5分。未按规定超前探煤1处扣1分；其他不符合规定1项扣0.2分	1. 防突专项设计措施编制符合《防治煤与瓦斯突出细则》第七十八条、第八十三条、第九十五条～第一百一十一条规定 2. 近突出煤层超前探煤执行《防治煤与瓦斯突出细则》第二十五条、第二十九条规定 3. 防突措施超前距符合《防治煤与瓦斯突出细则》第七十六条规定	1. 查突出煤层采掘工作面、井巷揭煤是否编制防突专项设计措施，内容是否符合规定，是否严格执行 2. 查近突出煤层岩巷掘进是否采取超前探煤措施，是否绘制巷道剖面图 3. 查地质探查和防突措施超前距是否符合要求	1. 突出煤层采掘工作面、井巷揭煤专项设计措施、审批 2. 突出煤层岩巷掘进超前探煤措施 3. 巷道剖面图 4. 地质探查记录	
		效果检验： 1. 区域防突措施效果检验首选实测最大残余瓦斯含量作为检验指标，检验钻孔设计施工符合要求 2. 工作面防突措施效果检验钻孔数量、位置、间距、深度符合规定，在地质构造复杂地带适当增加检验钻孔	2	查现场和资料。未实测指标不得分；其他不符合要求1处扣0.5分	1. 区域效果检验符合《防治煤与瓦斯突出细则》第六十八条～第七十二条规定 2. 工作面防突效果检验符合《防治煤与瓦斯突出细则》第一百一十二条～第一百一十五条规定	1. 查区域防突措施效果检验选取是否符合要求 2. 查检验钻孔施工是否符合要求 3. 查钻孔数量、位置、间距、深度是否符合要求 4. 查地质构造复杂地带是否适当增加检验钻孔	1. 钻孔施工资料及台账 2. 施工工程设计和施工验证的原始资料	

表3.1(续)

项目	项目内容	基本要求	标准分值	评分方法	执行指南	核查细则	资料清单	得分
三、灾害防治措施(75分)	防治煤与瓦斯突出	安全防护:突出煤层中进行采掘作业时,避难硐室、反向风门、压风自救装置、隔离式自救器、远距离爆破符合规定	2	查现场。不符合规定1处扣0.5分	1. 符合《防治煤与瓦斯突出细则》第一百一十六条~第一百二十一条规定 2. 现场必须采取避难硐室、反向风门、压风自救装置、隔离式自救器、远距离爆破等安全防护措施	1. 查现场安全防护是否符合要求 2. 查避难硐室、反向风门、压风自救装置、隔离式自救器、远距离爆破等安全防护措施是否符合《防治煤与瓦斯突出细则》要求 3. 查该区域可能最大同时工作人数、自救器补给点(或临时避难硐室装备)安全设施数量,是否留有余量	1. 避难硐室、反向风门、压风自救装置、远距离爆破等安全防护措施相关设计 2. 避难硐室、反向风门、压风自救装置、隔离式自救器、远距离爆破等安全防护措施管理制度 3. 避难硐室、反向风门、压风自救装置、隔离式自救器等安全防护措施日常检查维护记录	
	瓦斯抽采	制度保障:建立抽采瓦斯管理制度、抽采工程检查验收制度,并严格执行	2	查现场和资料。未建立制度1项扣1分;内容不符合要求1项扣0.2分;制度未落实1处扣0.3分	符合《煤矿瓦斯抽采达标暂行规定》《煤矿瓦斯抽放规范》的要求	1. 查是否建立瓦斯抽采管理制度、抽采工程检查验收制度 2. 查制度内容是否完整并符合要求 3. 查制度是否严格执行	1. 瓦斯抽采管理和考核奖惩制度、抽采工程检查验收制度、先抽后采例会制度、技术档案管理制度等 2. 瓦斯抽采达标评判细则 3. 制度执行落实资料	

表3.1(续)

项目	项目内容	基本要求	标准分值	评分方法	执行指南	核查细则	资料清单	得分
三、灾害防治措施(75分)	瓦斯抽采	基础管理： 1. 高瓦斯、突出矿井按规定建立抽采瓦斯系统，抽采瓦斯安全设施及装置符合规定 2. 高瓦斯矿井按规定测定煤层瓦斯含量、瓦斯压力和抽采半径等参数	2	查现场。未按规定建立抽采瓦斯系统不得分；其他不符合要求1处扣0.3分	抽采瓦斯系统及安全装置和设施符合《煤矿安全规程》第一百八十一条～第一百八十四条规定	1. 查是否建立瓦斯抽采系统，系统是否正常运行 2. 查抽采设施及装置是否符合要求 3. 现场查验测定的抽采参数	1. 瓦斯抽采设计、报告 2. 瓦斯抽采系统图 3. 瓦斯抽采设备台账 4. 瓦斯抽采参数测定记录	
		抽采工程： 1. 高瓦斯、突出矿井按规定编制瓦斯抽采工程(瓦斯治理巷道、抽采钻场和钻孔工程、管网工程等)设计方案并实施 2. 抽采钻场及钻孔设置管理牌板；预抽瓦斯穿层钻孔封孔段长度不小于5 m，顺层钻孔封孔长度不小于8 m 3. 井上下敷设的瓦斯管路，不得与带电物体接触并有防止砸坏管路的措施	3	查现场和资料。未编制抽采工程设计不得分，未按设计执行1处扣0.5分；瓦斯管路与带电物体接触1处扣1分；其他不符合要求1处扣0.2分	符合《煤矿瓦斯抽放规范》(AQ 1027—2006)第七条、第八条和《煤矿瓦斯抽采达标暂行规定》的要求	1. 查是否按规定编制瓦斯抽采工程设计并实施 2. 查现场钻孔施工是否符合设计方案 3. 查抽采钻场及钻孔是否设置管理牌板，数据填写是否及时、准确，是否有记录和台账，查验钻孔质量是否符合要求 4. 查井上下敷设的瓦斯管路，是否与带电物体接触，是否有防止砸坏管路的措施	1. 瓦斯抽采工程设计，批复、验收报告 2. 钻孔设置管理牌板、避灾路线、风险管控图表 3. 井上下敷设的瓦斯管路的安全技术措施 4. 抽采钻场及钻孔检查记录	

表3.1(续)

项目	项目内容	基本要求	标准分值	评分方法	执行指南	核查细则	资料清单	得分
三、灾害防治措施(75分)	瓦斯抽采	抽采达标:工作面采掘作业前按规定编制瓦斯抽采达标评判报告,抽采达标后方可进行采掘作业	3	查资料。未达标仍进行采掘作业不得分,未编制评判报告1处扣1分,内容不符合规定1处扣0.2分	抽采达标符合《煤矿瓦斯抽采达标暂行规定》的要求	1. 查工作面采掘作业前是否编制瓦斯抽采达标评判报告,内容是否符合规定 2. 查高瓦斯、突出矿井计划开采的煤量是否超出瓦斯抽采的达标煤量 3. 查生产、准备及回采煤量和抽采达标煤量(四量)是否保持平衡 4. 查矿井瓦斯抽采率是否符合《煤矿瓦斯抽采达标暂行规定》要求	1. 采掘工作面瓦斯抽采达标评判报告、审批 2. 年度、季度、月度生产计划 3. 矿井瓦斯抽采规划、计划、安全技术措施;瓦斯抽放月度工作总结 4. "四量"管理台账及其平衡调整资料	
	防治煤尘爆炸	制度保障:建立防治煤尘爆炸制度,制定综合防尘措施、预防和隔绝煤尘爆炸措施,并组织实施	2	查现场和资料。未建立制度和措施1项扣1分;内容不符合要求1项扣0.2分;未落实1处扣0.3分	符合《煤矿安全规程》第一百八十七条、第六百四十七条的规定	1. 查是否制定综合防尘措施、预防和隔绝煤尘爆炸措施及防治煤尘爆炸制度,制度内容是否符合要求 2. 查措施、管理制度是否在现场落实	1. 综合防尘措施、预防和隔绝煤尘爆炸措施及防治煤尘爆炸制度 2. 防尘、隔爆设施安装设计,巡查台账	
		基础管理:生产矿井每延深一个新水平,进行1次煤尘爆炸性鉴定工作;杜绝煤尘积聚(厚度超过2 mm,连续长度超过5 m)	1	查资料。未按要求进行鉴定或煤尘积聚不得分	符合《煤矿安全规程》第一百八十五条的规定	1. 查新水平是否进行1次煤尘爆炸性鉴定工作 2. 现场查验煤尘是否积聚	1. 煤尘爆炸性鉴定报告 2. 综合防尘措施	

表3.1(续)

项目	项目内容	基本要求	标准分值	评分方法	执行指南	核查细则	资料清单	得分
三、灾害防治措施(75分)	防治煤尘爆炸	安全防护:按规定设置隔爆设施,安装质量、数量等符合相关规定,并每周至少检查1次	2	查现场。未按要求安装隔爆设施1处扣0.5分;其他不符合要求1处扣0.2分	符合《煤矿安全规程》第一百八十六条、第一百八十八条的规定	1. 查是否编制隔爆设施安装技术措施 2. 查现场隔爆设施安装是否符合要求 3. 查检查记录	1. 隔爆设施安装技术措施 2. 隔爆设施台账 3. 隔爆设施检查记录	
		制度保障:建立防灭火管理制度,开采容易自燃和自燃煤层的矿井,编制矿井防灭火专项设计并严格执行	3	查现场和资料。未建立制度和措施1项扣1分;内容不符合要求1处扣0.2分;未落实1处扣0.3分	符合《煤矿防灭火细则》第四条、第七条、第十四条的规定	1. 查是否建立防灭火管理制度,开采容易自燃和自燃煤层的矿井是否编制矿井防灭火专项设计 2. 查制度和设计内容是否符合要求 3. 查制度和防灭火专项设计是否严格执行	1. 防灭火管理制度 2. 防灭火专项设计 3. 自然发火监测系统、安全监控系统和人工检查结果记录台账 4. 制度、设计执行记录	
	防治火灾事故	基础管理: 1. 按规定进行煤层自燃倾向性鉴定,确定煤层最短自然发火期、自然发火标志气体及临界值 2. 开采容易自燃和自燃煤层,同一煤层至少测定1次采煤工作面采空区自然发火"三带"分布范围,当采煤工作面采煤方法、通风方式等发生重大变化时,应当重新测定 3. 按规定配备消防器材,井上下设置消防材料库	2	查现场和资料。未进行鉴定、未测定分布范围不得分;无消防材料库不得分,其他不符合要求1处扣0.5分	1. 第1项符合《煤矿防灭火细则》第五十二条的规定 2. 第2项符合《煤矿防灭火细则》第十二条~第十四条的规定 3. 消防材料库符合《煤矿防灭火细则》第四十三条、第四十五条和《煤矿安全规程》第二百五十六条、第二百五十八条的规定 4. 消防材料库内消防器材配备符合《煤炭矿井设计防火规范》(GB 51078—2015)附录A的规定	1. 查是否进行煤层自燃倾向性鉴定 2. 查是否测定采煤工作面采空区自然发火"三带"分布范围 3. 查工作面发生重大变化后是否重新测定 4. 查井上下消防材料库、消防器材是否按规定设置和配备	1. 煤层自燃倾向性鉴定报告 2. 采煤工作面采空区自然发火"三带"分布范围图纸资料 3. 井上下消防材料库设计、验收报告,消防器材配置清单	

表3.1(续)

项目	项目内容	基本要求	标准分值	评分方法	执行指南	核查细则	资料清单	得分
三、灾害防治措施(75分)	防治火灾事故	监测监控：开采容易自燃和自燃煤层的矿井，必须建立自然发火监测系统，采用连续自动或者人工采样方式，监测甲烷、一氧化碳、二氧化碳、氧气气体成分变化，按规定设置一氧化碳和温度传感器	3	查现场。未建立监测系统不得分，未按规定设置传感器1处扣1分；其他不符合要求1处扣0.5分	传感器设置符合《煤矿防灭火细则》第五十一条、第五十三条～第五十八条规定	1. 查是否建立自然发火监测系统 2. 查是否按规定安装一氧化碳和温度传感器 3. 现场查验监测系统是否正常运行	1. 自然发火监测系统、人工采样记录、台账 2. 一氧化碳和温度传感器安装布置图 3. 监测监控日报表	
		内因火灾防治： 1. 开采自燃、容易自燃的煤层，按规定编制防止自然发火的技术措施，并严格执行 2. 开采容易自燃和自燃煤层矿井，封闭采空区构筑不少于2道永久封闭墙，墙体中间采用不燃性材料进行充填。编制密闭施工设计及专项技术措施，封闭采空区每周1次抽取气样进行分析，并监测温度及采空区内外压差	3	查现场和资料。未编制防止自然发火的技术措施1处扣1分；措施未落实1处扣0.5分；封闭采空区构筑永久密闭墙不足2道不得分；其他不符合要求1处扣0.3分	1. 第1项符合《煤矿安全规程》第二百七十四条和《煤矿防灭火细则》第五十九条等的相关规定，开采自燃、容易自燃的煤层时，必须制定防治采空区、巷道高冒区、煤柱自然破坏区自然发火的技术措施 2. 第2项符合《煤矿防灭火细则》第七十六条～第七十九条的规定	1. 查开采自燃、容易自燃的煤层是否有防止自然发火的技术措施，是否严格执行 2. 查容易自燃和自燃煤层矿井，封闭采空区封闭墙设计是否符合要求 3. 查采空区气样是否进行分析 4. 现场查验永久密闭的质量、道数，现场测试温度及压差等是否符合要求	1. 采掘工作面作业规程（防止自然发火的技术措施） 2. 采空区封闭墙设计、施工、验收报告 3. 采空区气样台账、分析报告 4. 密闭施工设计及专项技术措施	

表3.1(续)

项目	项目内容	基本要求	标准分值	评分方法	执行指南	核查细则	资料清单	得分
三、灾害防治措施(75分)	防治火灾事故	外因火灾防治： 1. 井下反应型高分子材料使用前对其安全性进行评估，并制定专项安全措施 2. 井下和井口房内不得进行电焊、气焊和喷灯焊接等动火作业。如果必须在井下主要硐室、主要进风井巷和井口房内进行电焊、气焊和喷灯焊接等动火作业，每次要制定安全措施，经矿长批准	4	查现场和资料。安全性未评估不得分；使用反应型高分子材料未编制措施或违规动火不得分；措施未落实1处扣1分；其他不符合要求1处扣0.5分	符合《煤矿安全规程》第二百五十四条、第二百五十九条和《煤矿防灭火细则》第三十九条、第四十条规定	1. 查使用反应型高分子材料是否进行安全性评估，是否制定专项安全措施 2. 查井下和井口是否有违规动火作业 3. 查井下动火作业是否制定安全措施，是否经矿长批准 4. 现场查验动火作业地点	1. 高分子材料安全性评估报告、专项安全措施 2. 电焊、气焊和喷灯焊接等动火作业安全措施、矿长审批记录	
	防治水害事故	制度保障：建立水害防治技术管理、水害预测预报、水害隐患排查治理、探放水、重大水患停产撤人及应急处置等制度	2	查资料。缺1项制度扣0.5分；制度不完善1处扣0.2分	符合《煤矿防治水细则》第六条规定	1. 查是否建立水害防治技术管理、水害预测预报等管理制度 2. 查各项制度内容是否齐全、完善 3. 查制度的执行情况	1. 各项制度，并行文发布 2. 各项制度执行记录	

表3.1(续)

项目	项目内容	基本要求	标准分值	评分方法	执行指南	核查细则	资料清单	得分
三、灾害防治措施(75分)	防治水害事故	基础管理： 1. 按规定编制水文地质类型报告、煤矿防治水“三区”管理报告,防治水“三区”转换符合规定 2. 按规定开展水文地质补充勘探 3. 矿井、采区、工作面防排水系统健全完善,能力满足相关规定要求 4. 防治水工程实施前编制设计方案和施工安全技术措施,按程序审批,工程施工现场管理规范,并建立施工原始记录,工程结束后提交验收报告及总结报告 5. 井下探放水严禁使用锚杆机、煤电钻等非专用钻机	3	查现场和资料。未按规定编制水文地质类型报告、“三区”管理报告、补充勘探设计、补勘报告和相关成果,矿井、采区防排水系统达不到要求的不得分;工程施工前未编制方案或措施、施工中缺少原始记录、结束后未提交验收报告及总结报告的扣2分;工作面防排水能力不足、现场施工不符合设计要求的1处扣0.5分;其他不符合要求1处扣0.1分;井下探放水使用非专用钻机的不得分	1. 水文地质类型划分报告编制符合《煤矿防治水细则》第十二条～第十四条、第十六条～第十九条的规定;“三区”管理符合《煤矿防治水“三区”管理办法》要求 2. 第2项符合《煤矿防治水细则》第三章的规定 3. 第3项符合《煤矿防治水细则》第九十六条、第一百零六条～第一百一十三条规定的规定 4. 第4项符合《煤矿防治水细则》第四章、第五章的规定,“建立施工原始记录”包括纸质记录和视频记录 5. 第5项符合《煤矿水害防治监管监察执法要点(2022年版)》的规定	1. 查是否编制水文地质类型划分报告、煤矿防治水“三区”管理报告,防治水“三区”转换是否符合规定 2. 查是否按规定开展水文地质补充勘探 3. 查矿井、采区、工作面防排水系统是否完善,能力是否满足要求 4. 查防治水工程是否编制设计、施工安全技术措施,设计和措施是否审批,施工是否有原始记录,是否有验收报告及总结报告 5. 现场查验井下探放水钻机是否符合要求	1. 水文地质类型划分报告、煤矿防治水“三区”管理报告,批文 2. 水文地质补充勘探设计、安全技术措施,批文 3. 排水系统设计、验收报告 4. 防治水工程设计方案、安全技术措施,批复 5. 施工原始记录(纸质记录或视频记录) 6. 验收报告及总结报告 7. 探放水设备管理台账、使用记录	

表3.1(续)

项目	项目内容	基本要求	标准分值	评分方法	执行指南	核查细则	资料清单	得分
三、灾害防治措施(75分)	防治水害事故	水害探查治理： 1. 地表水：开采范围内存在影响安全生产的地表水体，应当建立地面防排水系统；井口和工业场地内建筑物的地面标高低于当地历史最高洪水位的，应当采取可靠的防御措施；雨季前必须对防治水工作进行全面检查，制定雨季防治水措施，建立雨季巡视制度 2. 顶板水：煤层顶板导水裂隙带范围内的含水层或者其他水体影响安全生产时，应当实测垮落带、导水裂隙带发育高度，进行专项设计，制定治理方案并实施；受离层水威胁的矿井，应当采取地面抽泄或井下反向疏放等措施消除威胁 3. 底板水：底板承压含水层与开采煤层之间的隔水层能够承受的水头值大于实际水头值的区域，应当制定专项措施报企业技术负责人审批；隔水层能够承受的水头值小于实际水头值时，根据矿井实际情况选择性采取超前区域治理、注浆加固底板改造含水层、疏水降压、充填开采等措施进行治理；煤层底板存在高承压岩溶含水层采用区域治理方法的，应当制定区域治理设计方案，报企业技术负责人审批 4. 老空水：矿井应查明采掘影响区域内老空分布范围及积水情况，情况不明的区域应当采取综合技术手段进行探查，探查后应当制定矿井老空水害评价报告和老空水防治方案	7	查现场和资料。 1. 地表水：未建立地面防排水系统、井口等地面标高低于历史最高洪水位未采取可靠防御措施的扣1分；雨季前未开展全面检查或缺雨季防治水措施和雨季巡查制度的扣0.5分；其他不符合要求1处扣0.1分 2. 顶板水：未实测垮落带、导水裂隙带发育高度的扣2分；未制定专项设计、治理方案或措施的1项扣1分，设计方案、措施内容不全或执行不到位1处扣0.1分 3. 底板水：未制定专项措施或治理方案的扣2分，措施或方案未按规定审批或执行不到位1次扣0.2分，其他不符合要求1处扣0.1分 4. 老空水：老空分布范围及积水情况不明的区域未采取手段进行探查的扣2分，探查后未编制矿井老空水害评价报告和老空水防治方案的扣1分，其他不符合要求1处扣0.1分	1. 地表水符合《煤矿防治水细则》第五十二条～第六十一条的规定 2. 顶板水符合《煤矿防治水细则》第六十二条～第六十九条的规定 3. 底板水符合《煤矿防治水细则》第七十条～第七十四条的规定。"企业技术负责人审批"是指煤矿上级企业技术负责人组织审批，无上级企业的，应当聘请专家会审 4. 老空水符合《煤矿防治水细则》第七十六条～第八十三条的规定 5. 根据矿井水害类型开展相应水害探查治理工作	1. 地表水：查是否建立地面防排水系统，查井口等地面标高低于历史最高洪水位是否采取可靠防御措施，查雨季前是否开展全面检查、是否制定雨季防治水措施、是否制定雨季巡查制度 2. 顶板水：查是否实测垮落带、导水裂隙带发育高度，查是否制定专项设计、治理方案或措施，查设计方案、措施内容是否全面、是否执行到位 3. 底板水：查是否制定专项措施或治理方案，措施或方案是否按规定审批、是否执行到位 4. 老空水：查是否查明老空分布范围及积水情况，情况不明的区域是否采取手段进行探查，探查后是否编制矿井老空水害评价报告和老空水防治方案	1. 矿井地面、井下防排水系统图 2. 雨季巡视制度及巡视记录 3. 井口洪水防御措施、雨季防治水措施 4. 煤层顶板水防治专项设计、治理方案 5. 底板水防治专项措施、区域治理设计方案及技术措施、审批记录（纸质记录或视频记录） 6. 矿井老空水害评价报告和老空水防治方案 7. 井下探放水钻孔视频监控、探放水施工记录、验收记录、验收报告 8. 采掘工作面物探设计、批复、钻探验证报告及总结	

表3.1(续)

项目	项目内容	基本要求	标准分值	评分方法	执行指南	核查细则	资料清单	得分
三、灾害防治措施(75分)	防治水害事故	效果评价： 1. 底板承压水注浆加固底板、改造含水层或者区域治理工程结束后，对工程效果做出结论性评价，提交竣工报告，由企业技术负责人组织验收，采掘施工前采用物探、钻探等方法进行效果验证 2. 老空水探放结束后，对比放水量与预计积水量，采用钻探、物探方法对放水效果进行验证，下达允许掘进通知书，严禁超掘超采	2	查现场和资料。底板承压水治理结束后未提交竣工报告或效果评价报告、未按规定对底板承压水治理效果进行验证、未对老空水探放效果进行验证的扣1分，未下发允许掘进通知书1次扣1分；巷道超掘不得分；其他不符合要求1处扣0.1分	符合《煤矿防治水细则》第七十三条、第七十四条、第八十条的规定	1. 查老空水探放结束后是否编制效果评价报告、下发允许掘进(回采)通知书 2. 查底板水、构造水区域治理工程结束后是否做评价、是否提交竣工报告 3. 查工作面回采前是否根据物探、钻探验证结果，编制区域治理效果验证报告	1. 底板水治理工程效果评价报告、竣工报告、验证报告 2. 老空水探放水验证报告 3. 允许掘进通知书 4. 区域治理效果验证报告	
		监测预警：建立地下水动态监测系统，受底板承压水威胁的水文地质类型复杂、极复杂的矿井，还应建立突水监测预警系统	1	查现场。未按规定建立监测系统的不得分，系统运行不正常或预警后未分析处置的1次扣0.5分	符合《煤矿防治水细则》第九条的规定	1. 查是否建立地下水动态监测系统 2. 查是否建立突水监测预警系统 3. 现场查验监测预警数据、记录	1. 地下水动态监测系统数据、记录、台账 2. 突水监测系统数据、记录、台账 3. 监测预警数据、记录、台账	

表3.1(续)

项目	项目内容	基本要求	标准分值	评分方法	执行指南	核查细则	资料清单	得分
三、灾害防治措施(75分)	防治冲击地压	制度保障： 1. 建立并落实冲击地压防治安全技术管理、监测数据分析、预警处置、防冲培训、事故报告、危险区域人员准入等制度 2. 建立专业例会、防冲工程验收等制度	2	查现场和资料。未建立制度不得分;缺1项制度扣0.3分;落实不到位、其他不符合1处扣0.2分	防冲制度建设应满足《煤矿安全规程》第二百二十八条和《防治煤矿冲击地压细则》第六条、第十八条、第二十三条、第四十六条、第五十一条、第七十六条的规定	1. 查是否健全并落实各项制度,制度是否行文下发 2. 查各项制度内容是否缺项 3. 查看制度是否执行,有无考核记录	1. 行文下发的制度或制度汇编 2. 制度落实记录 3. 制度考核记录	
		基础管理： 1. 开展煤层(岩层)冲击倾向性鉴定、冲击危险性评价,编制防冲设计,按规定审批,鉴定及评价结果报有关部门;冲击煤层开采应开展矿井、水平、采(盘)区、采掘工作面(含动压影响区域煤巷)冲击危险性评价、论证,编制防冲设计,审批后执行;巷道扩修(指卧底、挑顶、扩帮等)制定专门防冲措施 2. 根据矿井地质、开采技术条件因素,结合监测预警分析等进行冲击地压类型划分	4	查现场和资料。未开展鉴定评价、未编制防冲设计不得分;未开展冲击地压类型划分、论证、审批缺1项扣1分;危险区域漏评价、设计不落实1处扣0.3分;其他不符合1处扣0.2分	1. 符合《防治煤矿冲击地压细则》第十条、第十三条、第十四条、第二十四条、第二十五条、第二十八条、第三十一条、第三十二条、第三十七条、第四十四条和《冲击地压矿井鉴定暂行办法》(矿安〔2023〕58号)第十条、第十九条的规定 2. "冲击地压类型划分"可编制专门报告,也可在冲击危险性评价或防冲设计中体现,冲击类型划分报告可由矿井自己编制,也可委托技术服务单位编制,不做强制要求	1. 查是否进行倾向性鉴定、是否进行冲击危险性评价,是否编制防冲设计 2. 查鉴定报告、评价结果、防冲设计是否审批,是否上报 3. 查巷道扩修是否制定专门防冲措施 4. 查是否进行冲击地压类型划分	1. 矿井分煤层冲击倾向性鉴定报告 2. 矿井、水平、采区、工作面危险性评价、防冲设计,论证和审批记录 3. 巷道扩修专门防冲措施 4. 矿井地质资料、开采设计、监测预警分析报告、冲击地压类型划分报告	

表3.1(续)

项目	项目内容	基本要求	标准分值	评分方法	执行指南	核查细则	资料清单	得分
三、灾害防治措施(75分)	防治冲击地压	监测预警: 1. 建立区域、局部监测系统,传感器布置合理、运行正常 2. 冲击危险区应至少采用2种局部监测方法,强冲击区应至少再增加一种局部监测(具备条件的优先采用钻屑监测),监测有效落实 3. 冲击危险性预警临界指标经煤矿企业审批后执行;指标与实际动力显现不一致时,应重新修订、审批 4. 每天结合地质、开采技术条件对监测数据进行综合分析,判定危险程度,编制日报,经防冲负责人和总工程师审签后告知相关单位和人员 5. 监测达到或超过预警临界指标时,应按规定实施解危,经效果检验无危险后方可作业	4	查现场和资料。未建立监测系统、预警未处置或处置后未检验不得分;局部监测方法不全、无临界指标扣1.5分;布置不合理、未审批1项扣1分;临界指标不符合实际、未修订扣0.5分;故障处理不及时、其他不符合规定1处扣0.2分	1. 第1项至第3项符合《防治煤矿冲击地压细则》第四十六条至第五十一条的规定 2. "强冲击区应至少再增加一种局部监测"是指强冲击危险区域必须使用至少3种防冲监测方法;"具备条件的优先采用钻屑监测"是指应将钻屑监测作为首选监测手段,受煤层潮湿、地质赋存异常等影响无法使用的除外 3. 第4项符合《防治煤矿冲击地压细则》第五十二条的规定 4. 第5项符合《防治煤矿冲击地压细则》第五十三条、第五十四条的规定	1. 查是否建立区域、局部监测系统,传感器布置是否合理、运行是否正常 2. 查冲击危险区是否采用2种局部监测方法,强冲击区是否采用3种局部监测 3. 查是否对监测数据进行综合分析,判定危险程度,编制日报,是否经审签后告知 4. 查监测达到或超过预警临界指标时,是否进行解危,是否经效果检验	1. 区域监测设计、图纸、施工安全技术措施 2. 区域监测原始记录、监测日报 3. 冲击危险性预警临界指标、审批文件;修订审批文件 4. 超过预警临界指标制定的解危安全技术措施,效果检验报告,允许施工通知单 5. 防冲负责人和总工程师审签、告知记录	

表3.1(续)

项目	项目内容	基本要求	标准分值	评分方法	执行指南	核查细则	资料清单	得分
三、灾害防治措施(75分)	防治冲击地压	防治措施: 1. 选择合理的开拓方式、采掘部署、巷道布置、开采顺序、煤柱留设、采煤方法、采煤工艺及开采保护层等区域措施 2. 具备开采保护层条件的应优先开采保护层,强冲击煤层及冲击煤层强冲击采区、工作面具备开采保护层条件的必须先开采保护层 3. 大巷(开拓、准备),永久硐室(永久硐室指井底硐室、采区硐室等)布置符合规定,大巷在严重冲击地压煤层中,永久硐室在冲击地压煤层中应进行安全性论证 4. 冲击地压煤层应当严格按顺序开采,不得留孤岛煤柱;采空区内不得留有煤柱,如果特殊情况必须在采空区留有煤柱时,应当进行安全性论证,报企业技术负责人审批并上图 5. 工作面区段煤柱应优先选择无煤柱、小煤柱,采用大煤柱时应避开应力峰值区,煤柱大小应分析、明确 6. 冲击地压采掘工作面(扩修作业)采动时空关系符合规定 7. 工作面防冲设计应根据危险等级明确监测和治理(解危卸压)技术方法、推进速度、支护、停采线位置等要求,措施落实到位,解危处置符合规定 8. 作业规程设防冲专章(篇),临近大型地质构造、采空区、应力集中区、掘进巷道贯通或错层交叉、解危卸压等应编制防冲专项措施,并落实到位 9. 依据防冲要求及分析研判结果编制生产组织通知单,按程序审批后执行 10. 建立防冲工程措施实施与验收等记录台账,保证防冲过程可追溯	4	查现场和资料。具备开采保护层未开采的、采掘时空关系不符合规定不得分;其他不符合要求1处扣0.2分	本条执行《防治煤矿冲击地压细则》《国家矿山安全监察局关于深化矿山重大事故隐患专项排查整治2023行动的通知》(矿安〔2023〕130号)和《国家煤矿安监局关于加强煤矿冲击地压防治工作的通知》(煤安监技装〔2019〕21号)的相关规定 1. 第1项符合《防治煤矿冲击地压细则》第五十七条的规定 2. 第2项符合《防治煤矿冲击地压细则》第六十二条至第六十五条的规定 3. 第3项符合《防治煤矿冲击地压细则》第二十八条的规定 4. 第4项符合《防治煤矿冲击地压细则》第二十九条至第三十二条的规定 5. 第5项符合《防治煤矿冲击地压细则》第三十三条至第三十八条、第五十九条的规定 6. 第6项冲击地压采掘工作面(扩修作业)采动时空关系符合《防治煤矿冲击地压细则》第二十七条、第八十二条规定 7. 第7项符合《防治煤矿冲击地压细则》第二十四条的规定 8. 第8项符合《防治煤矿冲击地压细则》第二十一条、第四十一条、第四十二条、第五十四条的规定 9. 第9项符合《国家煤矿安监局关于加强煤矿冲击地压防治工作的通知》(煤安监技装〔2019〕21号)第10条的规定	1. 查矿井开拓方式采掘部署等是否符合防冲要求 2. 查开采保护层设计是否符合要求 3. 查大巷(开拓、准备)、永久硐室布置是否符合防冲要求 4. 查采空区内遗留煤柱或留孤岛煤柱是否按规定审批、管理 5. 查是否采用无煤柱、小煤柱开采,采用大煤柱时是否避开应力峰值区 6. 查冲击地压采掘工作面(扩修作业)采动时空关系是否符合规定 7. 查工作面防冲措施是否落实到位 8. 查临近大型地质构造、采空区、应力集中区、解危卸压等是否编制防冲专项措施,是否在作业规程设专篇(章) 9. 查是否依据防冲要求及分析研判结果编制生产组织通知单 10. 查是否建立防冲工程措施实施与验收等记录台账	1. 矿井开拓方式、巷道布置、开采顺序图表,煤柱留设设计、采煤方法、年、月度生产作业计划 2. 保护层开采设计 3. 大巷(开拓、准备)、永久硐室布置的安全论证报告 4. 采空区内遗留煤柱或留孤岛煤柱安全论证、审批、图纸 5. 工作面区段煤柱开采安全技术措施 6. 采掘工作面(扩修作业)安全技术措施 7. 采掘工作面冲击地压防治设计、安全技术措施、验收报告 8. 作业规程防冲专篇(章)、防冲专项措施 9. 生产组织通知单 10. 防冲工程措施实施与验收等记录台账	

表3.1(续)

项目	项目内容	基本要求	标准分值	评分方法	执行指南	核查细则	资料清单	得分
三、灾害防治措施(75分)	防治冲击地压	安全防护： 1. 冲击危险区支护范围、形式和强度符合规定；巷道断面缩小1/3或局部锚杆(索)崩断失效应及时扩修或补强支护 2. 冲击危险区必须严格执行人员准入制度，明确规定人员进入的时间、区域和人数，井下现场设立管理站 3. 设备布置(存放)、管线吊挂、个体防护、压风自救系统符合规定	1	查现场和资料。未限员管理不得分；支护不符合要求1处扣0.2分；其他不符合要求1处扣0.1分	1. 冲击危险区支护范围、形式和强度符合《防治煤矿冲击地压细则》第八十条、《关于加强煤矿冲击地压防治工作的通知》第4条和第5条规定 2. 冲击危险区人员准入、设备布置及安全防护等符合《防治煤矿冲击地压细则》第七十六条～第八十四条要求	1. 查冲击危险区支护设计是否符合防冲设计要求 2. 查是否制定限员管理规定 3. 查设备布置(存放)、管线吊挂、个体防护情况 4. 查现场压风自救装置安设是否符合要求	1. 冲击危险区防冲设计、支护设计 2. 人员准入制度文件 3. 采掘作业规程及安全技术措施 4. 井下现场管理站工作记录 5. 压风自救装置图	
附加项(2分)	科技攻关	考核周期内，重大灾害治理科技成果获得省部级以上奖励	2	查资料。获国家级奖项，独立完成1项加2分，合作完成加1分；获省部级奖项，独立完成1项加1分，合作完成1项加0.5分，最多加2分	为鼓励矿井积极开展重大灾害治理科技攻关，提升治理效果和效率。煤矿在考核周期内，重大灾害治理科技成果获得国家级或者省部级奖励的给予加分，独立完成和合作完成加分不同	1. 查是否有国家级奖项，核验证书完成人 2. 查是否有省部级奖项，核验证书完成人	1. 国家级奖项证书 2. 省部级奖项证书	

3.2　露天煤矿重大灾害防治

本部分修订的主要变化

露天煤矿重大灾害防治部分是新增的部分，意在突出重大灾害防治在安全生产管理的重要作用，防范遏制露天煤矿重特大事故，不断提升重大灾害治理能力和水平，推动煤矿企业安全高效持续发展。本部分将原露天煤矿边坡等重大灾害及风险，常态化制度化开展隐蔽致灾因素普查纳入新增加的内容，坚持重大灾害源头治理、超前治理、区域治理、系统治理、工程治理。

一、工作要求

1. 制度建设。建立健全隐蔽致灾因素普查、灾害预防、边坡管理制度并落实。

【说明】　本条是露天煤矿对重大灾害防治专业制度建设的工作要求。

(1) 煤矿应建立隐蔽致灾普查制度，规定普查内容、普查周期、普查手段、普查结果通报等。隐蔽致灾普查应结合未来5年采剥接续计划，提前开展普查工作，其中地质因素普查内容应按照《煤矿地质工作细则》第二十一条要求开展普查。采空区普查应采用调查访问、物探、化探和钻探等方法进行，查明井(矿)田内及周边采空区分布、形成时间、范围、积水情况及补给来源、自然发火情况和有害气体，塌陷及大面积悬顶分布范围等；边坡普查应查明露天矿边坡各岩层的岩性、厚度、物理力学性质、水理性质，软弱夹层的层位、厚度、分布及其物理力学特征，软弱结构面与边坡结构面的组合关系等，另外还要对边(护)坡、排(矸)土场及其基底稳定性开展评价工作；露天煤矿还应普查清楚地表水、地下水、大气降水对采场及边坡的影响。

(2) 露天矿煤矿应结合隐蔽致灾普查和年度风险辨识评估结果，编制煤矿年度灾害预防与处理计划，针对不同灾害制定科学有效的预防措施，规定每项措施费用及责任人。

(3) 露天煤矿应编制边坡管理制度，明确组织机构、分工和职责，从边坡工程地质勘察、岩土实验、边坡设计、边坡稳定性评价、到界边坡管理、边坡监测与分析、边坡预警、边坡人工巡视、边坡专项安全技术措施等几个方面去编制管理制度。

2. 地质管理。地质相关报告齐全，按规定开展补充调查与勘探；查明采空区、火区情况；鉴定煤层自燃倾向性和煤尘爆炸性，确定最短自然发火期。

【说明】　本条是露天煤矿对重大灾害防治专业地质管理的工作要求。

(1) 煤矿地质补充调查与勘探是煤矿地质工作主要任务之一。在煤矿设计、建设和生产过程中，当地质资料不能满足需要时，煤矿应开展相应的补充调查与勘探工作，如遇井(矿)田内及周边采空区、老窑等隐蔽致灾地质因素不清，工程地质、水文地质等条件未查清楚，资源整合或煤矿范围扩大，需要提高资源储量级别或新增资源储量，其他专项安全工程需要等都要按规定开展补充调查与勘探。

(2) 采空区应查明井(矿)田内及周边采空区分布、形成时间、范围、积水情况及补给来源、自然发火情况和有害气体，塌陷及大面积悬顶分布范围等。

(3) 煤矿应对煤层自燃倾向性和煤尘爆炸性进行专业鉴定，确定最短自然发火期，根据自然发火期合理规划工作帮及端帮原煤暴露时间，必要时采取有效措施，避免边坡由于煤层氧化或自然导致强度降低引发边坡事故。

3. 灾害预防。查明隐蔽致灾因素，编制并落实年度灾害预防与处理计划。开采容易自燃和自燃煤层时，制定并落实防灭火措施。

【说明】 本条是露天煤矿对重大灾害防治专业灾害预防的工作要求。

(1) 露天煤矿应结合隐蔽致灾普查和年度风险辨识评估的结果，编制煤矿年度灾害预防与处理计划，针对不同灾害制定科学有效的预防措施，规定每项措施费用及责任人。

(2) 开采容易自燃和自燃煤层，或开采范围内存在火区时，必须制定并落实有效的防灭火措施。开采范围内存在火区时，应对爆破作业、设备采掘作业、有毒有害气体泄漏等制定相应的措施。

(3) 采场存在采空区时应计算采空区顶板安全厚度，并结合采剥作业进行动态圈定危险范围。采空区要有科学的治理方案，方案要组织审批。

4. 边坡防治。采场、排土场边坡角符合设计；边坡监测系统运行正常、数据真实；开展边坡稳定性验算、分析与评价；对不稳定边坡采取安全技术措施，重点监管，加强巡视。

【说明】 本条是露天煤矿对重大灾害防治专业边坡防治的工作要求。

(1) 煤矿年度边坡设计要进行边坡稳定性验算与评价，不能满足安全需求的要重新修改设计。

(2) 应根据年度边坡稳定性评价结果编制年度边坡监测方案，监测手段及设备数量能够满足《煤矿安全规程》要求和边坡安全需要。

(3) 要定期对边坡监测数据进行总结分析，对不稳定边坡要制定专项安全技术措施，组织评审后落实。

(4) 不稳定边坡在治理过程中要采取安全措施，确保安全作业。

(5) 不稳定边坡应评估清楚存在的滑坡模式，确保监测及治理方案科学有效。

二、评分方法

1. 存在重大事故隐患的，本部分不得分。

2. 按表 3.2 评分，总分为 100 分。按照所检查存在的问题进行扣分，各小项分数扣完为止。

3. 附加项评分

符合要求的得分，不符合要求的不得分也不扣分。附加项得分计入本部分总得分，最多加 2 分。

表3.2　露天煤矿重大灾害防治标准化评分表

项目	项目内容	基本要求	标准分值	评分方法	执行说明	核查细则	资料清单	得分
一、制度建设(8分)	管理制度	建立以下制度并落实： 1. 隐蔽致灾因素普查管理制度 2. 边坡管理制度	8	查资料。制度缺1项扣3分;内容不符合规定1处扣0.5分;未落实1处扣0.5分	煤矿应编制隐蔽致灾因素普查管理制度与边坡管理制度，并审批下发执行	1. 查制度是否经审批行文下发 2. 查制度要素和内容是否完善、是否合规 3. 查制度是否落实或执行	1. 制度审批后正式下发文件 2. 管理制度汇编	
二、地质管理(16分)	地质基础	按规定编制地质报告及地质类型划分报告并审批	4	查资料。无报告不得分;未按规定审批1项扣2分;内容不符合规定1处扣0.5分	煤矿应按照《煤矿地质工作细则》第十三条、第十五条、第八十三条规定要求，编制地质报告及地质类型划分报告并审批	1. 查煤矿生产地质报告及地质类型划分报告是否审查并审批，由煤矿企业总工程师组织审批，无上级公司的煤矿应聘请专家评审 2. 当遇到地质条件变化较大、资源储量变化超前期25%、煤矿改扩建工程设计之前是否及时修编生产地质报告 3. 查2个报告内容是否完善	1. 2个报告的审批意见 2. 生产地质类型划分报告 3. 地质报告	

表3.2(续)

项目	项目内容	基本要求	标准分值	评分方法	执行说明	核查细则	资料清单	得分
二、地质管理(16分)	地质基础	按规定开展煤矿地质补充调查与勘探	2	查资料。未按规定开展不得分;不符合规定1处扣0.5分	煤矿应按照《煤矿地质工作细则》第三十七条、第三十八条规定,开展煤矿地质补充调查与勘探。煤矿地质补充调查与勘探工作应由企业组织实施,由具备相应地质勘察能力的单位承担,现场工程结束后6个月内提交地质勘探报告,由煤矿企业总工程师组织审批	1. 查当煤矿地质资料不能满足设计、建设和生产需要时,是否针对存在的问题进行补充调查和勘探,是否查清煤矿工程地质、水文地质等条件 2. 查补充地质勘探报告是否经审批	1. 补充地质勘探报告 2. 报告的审批意见	
		应有下列图纸:地层综合柱状图、地形地质图、可采煤层底板等高线图、地质剖面图、井工采空区与露天矿平面对照图、总平面布置图、采剥工程平(断)面图、边坡监测系统平面图	5	查资料。图纸缺1种扣1分;不符合规定1处扣0.5分	煤矿应按照《煤矿地质工作细则》要求绘制并及时更新相关图纸	1. 查地质相关图纸是否及时更新并审批 2. 查图件中内容是否准确,是否与现场实际情况一致	各类图纸	
	煤层鉴定	鉴定开采煤层自燃倾向性,确定最短自然发火期	3	查资料。未开展1项扣1分;不符合要求1处扣1分	煤矿按照《煤矿防灭火细则》第十二条、第十三条规定鉴定开采煤层自燃倾向性、煤尘爆炸性,确定最短自然发火期	1. 查露天煤矿是否对开采煤层自然倾向性、煤尘爆炸性进行鉴定 2. 开采容易自燃和自燃煤层或者开采范围内存在火区,是否制定防灭火措施	1. 煤矿应编制开采煤层自燃倾向性和煤尘爆炸性鉴定报告 2. 煤层防灭火措施	

表3.2(续)

项目	项目内容	基本要求	标准分值	评分方法	执行说明	核查细则	资料清单	得分
二、地质管理(16分)	测量管理	测量控制系统健全,精度符合要求	2	查现场和资料。控制点数量及精度不符合要求1处扣0.5分	煤矿测量精度应满足《煤矿测量规程》等具体要求	1. 煤矿测量人员是否经过专业技术培训,业务熟练,满足岗位需要 2. 查测量基站设置及设备精度是否满足煤矿安全生产需要	测量控制系统	
三、灾害预防(18分)	隐蔽致灾因素普查	编制3～5年生产规划	2	查资料。未编制不得分;不符合要求一处扣0.5分	1. 煤矿应按照规定编制中长期计划,并组织审批。 2. 3～5年生产规划中应包含地质部分,对3～5年开采范围内的地质构造赋存情况应进行描述 3. 3～5年生产规划中应对边坡、采空区等情况进行描述,其中边坡角要根据生产计划提前进行稳定性分析	1. 检查煤矿是否编制3～5年生产规划 2. 编制内容是否符合要求,相关图纸是否齐全,是否经过审批	3～5年生产规划	
		每3年开展1次隐蔽致灾因素普查,编制隐蔽致灾普查报告;未查明的应进行补充探查	4	查资料。无报告或未审批不得分;未按要求补充探查不得分;内容不符合要求1处扣1分	煤矿应按照《矿山隐蔽致灾因素普查规范第2部分:煤矿》(KA/T 22.2—2024)和《煤矿地质工作细则》第二十条至第二十二条、第三十四条、第三十六条规定,开展隐蔽致灾因素普查工作	1. 隐蔽致灾排查内容是否全面,普查手段是否满足安全生产需求 2. 未来3年采掘范围内的隐蔽致灾因素是否探明,未查明的是否进行补充探查	1. 隐蔽致灾普查报告及审批文件 2. 补充探查报告	

表3.2(续)

项目	项目内容	基本要求	标准分值	评分方法	执行说明	核查细则	资料清单	得分
三、灾害预防(18分)	隐蔽致灾因素普查	查清生产区域和3～5年规划期内的采空区、火区等隐蔽致灾因素	2	查现场和资料。未查清不得分;未进行实物普查不得分	煤矿应通过物探、钻探、化探等手段超前对采场范围内的采空区及火区情况进行排查及风险研判	1. 查是否超前排查出生产区域和规划期内的采空区分布情况,采空区顶板、水火情况等 2. 查是否根据采空区赋存及围岩情况计算采空区顶板安全厚度 3. 查是否制定合理的采空区治理方案;现场是否落实方案及措施	1. 采空区及火区安全技术措施 2. 探查报告	
	预防与处理	根据年度风险辨识报告及隐蔽致灾因素普查报告,编制灾害预防和处理计划并实施	6	查现场和资料。无计划不得分;未将年度风险辨识报告及隐蔽致灾因素普查报告结果应用到计划编制中1处扣3分;内容不符合规定1处扣0.5分;未严格实施1处扣1分	煤矿应根据年度风险辨识报告及隐蔽致灾因素普查报告,编制灾害预防和处理计划并实施	1. 查有无计划,是否依据2个报告编制计划 2. 查现场是否实施灾害预防与处理计划 3. 查计划的内容是否完善	1. 煤矿年度灾害预防与处理计划 2. 年度风险辨识报告 3. 隐蔽致灾因素普查报告	
		开采容易自燃和自燃煤层时,应制定防灭火措施并落实	4	查现场和资料。无措施不得分;内容不符合规定1处扣1分;落实不到位1处扣1分	煤矿应根据《煤矿防灭火细则》第一百一十条、第一百一十三条规定要求制定专项防灭火措施并落实	1. 查是否制定措施,措施内容是否完善 2. 现场是否落实防灭火安全技术措施或方案	1. 防灭火安全技术措施或方案 2. 审批意见 3. 落实记录	

表3.2(续)

项目	项目内容	基本要求	标准分值	评分方法	执行说明	核查细则	资料清单	得分
四、边坡防治(56分)	边坡设计	年度采矿设计中有边坡设计内容	5	查资料。无设计不得分，设计不符合要求1处扣1分	1. 年度边坡设计应进行安全稳定性评价 2. 边坡周边水文地质情况应排查清楚 3. 应开展边坡工程地质勘察与测绘 4. 应开展有效的边坡岩土物理及力学参数实验	1. 查边坡是否开展了现状及计划稳定性评价工作 2. 查是否研判了重点边坡位置 3. 查年度边坡设计中是否对边坡水文地质条件、构造及软弱层赋存情况进行了描述	年度采矿设计及审批文件	
	采场边坡	边坡角、台阶坡面角符合设计，无局部垮塌、片帮	4	查现场和资料。边坡角不符合设计不得分；台阶坡面角不符合要求1处扣1分	煤矿应定期对边坡角和台阶坡面角与设计进行比较	1. 查现场台阶坡面角及整体边坡坡面角是否符合设计 2. 查现场有无局部垮塌、片帮	边坡、台阶及整体边坡设计	
		最终边坡到界后，稳定性达不到要求时，修改设计，并采取治理措施	3	查现场和资料。未修改设计或未采取治理措施不得分	最终边坡到界前应提前进行稳定性计算	1. 现场是否落实了到界边坡安全技术措施 2. 稳定性达不到要求的边坡是否修改设计，是否采取进行开展治理	1. 最终边坡到界前稳定性计算 2. 到界稳定性治理安全技术措施 3. 修改的设计	

表3.2(续)

项目	项目内容	基本要求	标准分值	评分方法	执行说明	核查细则	资料清单	得分
四、边坡防治(58分)	排土场边坡	边坡角、台阶坡面角符合设计	4	查现场和资料。边坡角不符合设计不得分;台阶坡面角不符合要求1处扣1分	煤矿应定期对排土场边坡角和台阶坡面角与设计进行比较	现场查边坡角、台阶坡面角是否符合设计	边坡角、台阶坡面角设计	
		最终边界到界前100 m,采取措施提高边坡稳定性	3	查现场。未采取措施不得分	排土场台阶到界前应提前进行稳定性计算	1. 查是否有措施 2. 现场查是否落实了到界边坡安全技术措施	1. 到界稳定性的安全技术措施 2. 到界边坡稳定性验算	
		内排土场基底有不利于边坡稳定的松软土岩时,按照设计要求进行处理	3	查现场和资料。未按要求进行处理不得分	1. 煤矿应对排土场基地做专项工程地质勘察,并对基底承载力进行计算 2. “设计”是指内排土场基地处理的专项设计	1. 查是否开展了排土场基底工程地质勘察 2. 查现场是否按照设计的范围、高度等进行排土	1. 排土场基地承载稳定性计算 2. 排土场基地处理的专项设计	
	边坡监测	有边坡监测系统设计并评审	4	查资料。无设计不得分;未评审不得分;设计不全面、不符合实际1处扣1分	露天矿山企业要委托原设计单位,或具备相应设计资质的单位进行边坡监测系统设计,并组织专家评审通过;不符合要求的,要补充设计或重新设计	1. 查边坡监测系统设计是否实现全覆盖监测 2. 查边坡监测手段是否满足安全需求 3. 查边坡监测系统设计是否经过评审	1. 边坡监测系统设计 2. 边坡监测系统设计评审报告	

表3.2(续)

项目	项目内容	基本要求	标准分值	评分方法	执行说明	核查细则	资料清单	得分
四、边坡防治(58分)	边坡监测	按设计建立边坡监测系统,按要求开展数据联网	4	查现场。未建立边坡监测系统或未开展数据联网不得分;其他不符合要求1处扣1分	根据边坡稳定性评价结果合理编制边坡监测方案,建立科学可靠的边坡监测系统,并能够实现数据联网上传	1. 查是否按设计建立 2. 查边坡监测系统是否实现24小时在线监测并联网上传		
		边坡监测系统运行正常、数据真实,年度综合在线率不低于90%,预警值至少每半年核定一次	3	查现场。系统故障且未采取措施、在线率不符合要求、预警值未按规定核定不得分;其他不符合要求1处扣1分	煤矿边坡监测设备年度综合在线率不低于90%,预警值至少每半年核定一次	1. 查煤矿调度室是否能够实现指挥预警响应 2. 查看以往预警处置过程是否闭环 3. 查年度综合在线率是否低于90%,预警值是否至少每半年核定一次	1. 边坡监测数据及分析报告 2. 边坡监测系统设备台账 3. 边坡预警记录 4. 边坡监测设备故障记录	
		定期开展边坡巡视,有巡视记录	3	查现场和资料。未巡视或无巡视记录不得分;记录不符合规定1处扣0.5分	1. 边坡巡视工作符合煤矿制定的《边坡管理制度》 2. 边坡巡视监测记录应包括:时间、地点、参加人员、巡视目的和内容以及巡视中发现的问题	1. 查边坡巡视范围是否进行分组分工,日常边坡巡视记录是否完整,次数是否符合《边坡管理制度》相关要求 2. 对边坡巡视发现的问题是否进行闭环处理	1. 边坡管理制度 2. 边坡巡视记录	
		监测数据报警或边坡巡视异常,应分析原因并采取相应措施。	4	查现场和资料。不符合要求1处扣1分	监测数据报警或边坡巡视异常,应分析原因并采取相应措施	1. 查是否建立报警台账,是否进行闭环处置 2. 查边坡异常是否制定专项安全措施	1. 边坡报警台账 2. 边坡巡视记录 3. 报警和异常分析处理记录 4. 边坡异常专项安全措施	

表3.2(续)

项目	项目内容	基本要求	标准分值	评分方法	执行说明	核查细则	资料清单	得分
四、边坡防治(58分)	稳定性验算、分析与评价	定期对采场、排土场开展边坡稳定性验算、分析与评价	6	查资料。无报告不得分;内容不符合规定1处扣1分	符合《煤矿安全规程》规定;验算、分析与评价内容符合《露天煤矿边坡稳定性年度评价技术规范》要求	1. 查有无报告 2. 查报告内容,边坡稳定性评价范围是否实现全覆盖 3. 查验算、分析与评价是否符合实际	1. 采场及排土场边坡稳定性验算与评价报告 2. 稳定性评价报告评审意见	
	不稳定边坡	制定并落实防边坡失稳的安全技术措施	4	查现场和资料。未制定安全技术措施不得分;安全技术措施未落实1处扣1分	煤矿应对影响生产安全的不稳定边坡,必须采取安全措施	1. 查边坡不稳定区域的专项安全技术措施是否科学有效 2. 查现场是否落实边坡不稳定区域的专项安全技术措施	1. 防边坡失稳的安全技术措施 2. 措施落实记录	
		对不稳定边坡重点监测,加强现场巡视,有巡视记录	4	查现场和资料。未重点监测、未加强现场巡视不得分;巡视记录不符合要求1处扣1分	煤矿应对不稳定边坡监测网络重点监管,加强现场巡视,如系统存在故障应采取补救监测手段	1. 查不稳定区域边坡监测是否进行重点监测 2. 查是否落实专项边坡监测方案 3. 查是否加强现场巡视,是否增加不稳定边坡的巡视频次	1. 边坡不稳定区域专项监测方案 2. 不稳定边坡巡视记录 3. 雨中、雨后边坡监测数据及通报	

表3.2(续)

项目	项目内容	基本要求	标准分值	评分方法	执行说明	核查细则	资料清单	得分
四、边坡防治(58分)	不稳定边坡	制定滑坡征兆撤出作业人员制度并严格执行	4	查现场和资料。无制度不得分,发现已出现滑坡征兆但未撤出作业人员情况不得分	边坡出现明显沉降、变形加速、裂缝增大或贯通、大面积滚石滑落等滑坡征兆等情况要紧急撤人	1. 查现场是否设置明显的紧急避灾逃生路线标识 2. 查现场是否有滑坡征兆区域,是否撤人、隔离、拉警戒 3. 查危险边坡两侧是否设置醒目的警示标识 4. 查紧急撤人制度及其执行情况	1. 煤矿紧急撤人制度 2. 紧急撤人演练方案、报告 3. 紧急撤人记录	
附加项(2分)	技术进步	利用数字孪生等信息化、智能化技术,实现地质透明化(地质资料实时综合处理、数字化自动成图、三维立体化仿真展示)	1	查现场。符合要求得1分		查煤矿是否具有能够实现地质资料综合处理、测量数据自动更新成图并可实现三维展示的应用系统	相关技术资料、台账	
		建有矿山多灾种和灾害链综合预警监测系统、天一空一地协同边坡智能监测技术	1	查现场。符合要求加1分		查煤矿调度室是否具有多灾预警系统,实现多灾预警;是否利用卫星、无人机、雷达及GNSS等手段实现边坡智能监测及无人机自动巡检	相关技术资料、台账	

第4部分　专业管理

4.1　井工煤矿专业管理

专家解读视频

4.1.1　通　　风

本部分修订的主要变化

(1) 调整结构内容。将原标准通风专业中“防治煤与瓦斯突出、瓦斯抽采、防治煤尘爆炸、防治火灾”四项内容纳入重大灾害防治部分。调整合并后分为“通风、瓦斯、爆破、安全监控”四个大项、10个小项，比原标准减少了6个大项、22个小项；检查项由原来的87项减少为25项。

(2) 修订重点说明：

① 评分表第四项“安全监控”→“调校测试”中，“安全监控设备中断运行时，应查明原因、采取措施并及时处理，其间应采用人工监测等安全措施，并填写故障记录”，这里的“记录”包括故障记录和人工监测数据记录。

② 原标准通风专业分为10个大项，每大项标准分为100分，按照所检查存在的问题进行扣分，最终以10个大项的最低分作为通风部分得分。新标准总分100分，最终得分以总分减去检查存在问题扣分为准，评分方法更加简单明了。

一、工作要求

1. 通风。通风系统完善可靠、阻力符合要求，主要通风机运行稳定，采掘工作面风量配备合理，通风设施设置规范。

【说明】 本条是对通风专业通风的总要求。

1. 通风系统

矿井通风系统是矿井通风方式、通风网络和通风构筑物的总称。通风方法是指通风机的工作方法；通风方式是指进风井筒与回风井筒的布置方式；通风网路是指矿井各风路间的连接形式；通风设施是在通风网络中的适当位置安设隔断，引导和控制风流的设施和装置，以保证风流按生产需要流动。这些设施和装置，统称为通风构筑物。

(1) 矿井通风方式可分为中央式、对角式、混合式和区域式四种。

(2) 矿井通风方法，可分为抽出式、压入式和压入抽出混合式三种。

(3) 采煤工作面通风方式由采区瓦斯、粉尘、气温及自然发火倾向等因素决定。根据采煤工作面进、回风道的数量与位置，将采煤工作面通风方式分为U形、W形、Y形和Z形等。

(4) 采煤工作面必须采用矿井全风压通风，禁止采用局部通风机稀释瓦斯。

2. 通风阻力

《煤矿安全规程》规定，新井投产前必须进行1次矿井通风阻力测定，以后每3年至少测定1次。生产矿井转入新水平生产、改变一翼或者全矿井通风系统后，必须重新进行矿井通风阻力测定。

《煤矿井工开采通风技术条件》(AQ 1028)规定了矿井通风系统风量与矿井通风阻力的合理配比，见表2。

表2　矿井通风系统风量与矿井通风阻力的合理配比表

矿井通风系统风量/($m^3 \cdot min^{-1}$)	矿井通风系统阻力/Pa
<3000	<1500
3000～5000	<2000
5000～10000	<2500
10000～20000	<2940
>20000	<3940

3. 主要通风机

矿井应安装2套同等能力的主要通风机装置，1用1备。

《煤矿安全规程》第一百五十八条规定：矿井必须采用机械通风。主要通风机的安装和使用应当符合下列要求：

(1)主要通风机必须安装在地面；装有通风机的井口必须封闭严密，其外部漏风率在无提升设备时不得超过5%，有提升设备时不得超过15%。

(2) 必须保证主要通风机连续运转。

(3) 必须安装2套同等能力的主要通风机装置，其中1套作备用，备用通风机必须能在10 min内开动。

(4) 严禁采用局部通风机或者风机群作为主要通风机使用。

(5) 装有主要通风机的出风井口应当安装防爆门，防爆门每6个月检查维修1次。

(6) 至少每月检查1次主要通风机。改变主要通风机转数、叶片角度或者对旋式主要通风机运转级数时，必须经矿总工程师批准。

(7) 新安装的主要通风机投入使用前，必须进行试运转和通风机性能测定，以后每5年至少进行1次性能测定。

(8) 主要通风机技术改造及更换叶片后必须进行性能测试。

(9) 井下严禁安设辅助通风机。

4. 采掘工作面风量配备

矿井风量是矿井通风的主要参数之一，能否满足安全生产需要是衡量矿井通风是否成功的主要标志，也是能否实现矿井通风安全的关键。因此，准确计算，合理分配，按需供风是矿井通风最为重要的一环。加大矿井通风系统优化调整力度，降低矿井通风阻力，确保矿井通风阻力在合理范围内，提高和稳定矿井风量，确保各用风地点有足够的风量，做到通风可靠。为做好采掘工作面分量配备，应遵守如下规定：

(1) 矿井需要的风量应当按下列要求分别计算，并选取其中的最大值：

① 按井下同时工作的最多人数计算，每人每分钟供给风量不得少于 4 m^3。

② 按采掘工作面、硐室及其他地点实际需要风量的总和进行计算。各地点的实际需要风量，必须使该地点风流中的甲烷、二氧化碳和其他有害气体的浓度，风速、温度及每人供风量符合《煤矿安全规程》的有关规定。

使用煤矿用防爆型柴油动力装置机车运输的矿井，行驶车辆巷道的供风量还应当按同时运行的最多车辆数增加巷道配风量，配风量不小于 4 m^3/min・kW。

按实际需要计算风量时，应当避免备用风量过大或者过小。煤矿企业应当根据具体条件制定风量计算方法，至少每 5 年修订 1 次。

(2) 矿井每年安排采掘作业计划时必须核定矿井生产和通风能力，必须按实际供风量核定矿井产量，严禁超通风能力生产。

(3) 矿井必须建立测风制度，每 10 天至少进行 1 次全面测风。对采掘工作面和其他用风地点，应当根据实际需要随时测风，每次测风结果应当记录并写在测风地点的记录牌上。应当根据测风结果采取措施，进行风量调节。

5. 通风设施

通风设施是进行矿井风量调节的工具和手段，通风设施构筑的位置、质量等直接影响矿井通风系统的稳定。矿井必须按规定及时构筑通风设施，保证设施可靠，按相关规定进行管理。

(1)《煤矿安全规程》规定：控制风流的风门、风桥、风墙、风窗等设施必须可靠。不应在倾斜运输巷中设置风门；如果必须设置风门，应当安设自动风门或者设专人管理，并有防止矿车或者风门碰撞人员以及矿车碰坏风门的安全措施。开采突出煤层时，工作面回风侧不得设置调节风量的设施。

(2)《煤矿井工开采通风技术条件》(AQ 1028)规定：

① 进、回风井之间和主要进、回风巷之间的每个联络巷中，必须砌筑永久性风墙；需要使用的联络巷必须安设 2 道连锁的正向风门和 2 道反向风门；风门间距不小于常用运输工具长度。

② 不应在倾斜巷道中设置风门；如果必须设置风门，应安设自动风门或设专人管理，并有防止矿车或风门碰撞人员以及矿车破坏风门的安全措施。

③ 凡报废的采区通向运输大巷和总回风巷的所有联络巷，所有结束回采的工作面、平巷间的联络巷、岩石集中巷连通煤层的巷道都应设置永久性密闭。

④ 凡是进风、回风风流平面交叉的地点均应设置风桥，风桥应用不燃性材料建筑，风桥不应设风门。

⑤ 开采突出煤层时，在其进风侧巷道中，必须设置 2 道坚固的反向风门，工作面回风侧不应设置风窗。

⑥ 矿井的总进风巷、矿井一翼的总进风巷、总回风巷应设置永久测风站，采掘工作面及其他用风地点应设置临时测风站。

(3)《防治煤与瓦斯突出细则》规定：在突出煤层的石门揭煤和煤巷掘进工作面进风侧，必须设置至少 2 道牢固可靠的反向风门。风门之间的距离不得小于 5 m。

① 反向风门距工作面的距离和反向风门的组数，应当根据掘进工作面的通风系统和预计的突出强度确定，但反向风门距工作面回风巷不得小于 10 m。

② 反向风门墙垛：可用砖、料石或混凝土砌筑，嵌入巷道周边岩石的深度可根据岩石的性质确定，但不得小于 0.2 m；墙垛厚度不得小于 0.8 m。在煤巷构筑反向风门时，风门墙体四周必须掏槽，掏槽深度见硬帮硬底后再进入实体煤不小于 0.5 m。通过反向风门墙垛的风筒、水沟、刮板输送机道等，必须设有逆向隔断装置。

③ 人员进入工作面时必须把反向风门打开、顶牢。工作面爆破和无人时，反向风门必须关闭。

2. 瓦斯。按照规定进行矿井瓦斯等级鉴定及瓦斯涌出量测定，强化甲烷、二氧化碳等有害气体检查检测，加强密闭启封管理，安全排放瓦斯。

【说明】 本条是对通风专业瓦斯的工作要求。

1. 矿井瓦斯等级鉴定

(1) 根据矿井相对瓦斯涌出量、矿井绝对瓦斯涌出量、工作面绝对瓦斯涌出量和瓦斯涌出形式，矿井瓦斯等级划分为：

① 低瓦斯矿井。同时满足下列条件的为低瓦斯矿井：

a. 矿井相对瓦斯涌出量不大于 10 m^3/t；

b. 矿井绝对瓦斯涌出量不大于 40 m^3/min；

c. 矿井任一掘进工作面绝对瓦斯涌出量不大于 3 m^3/min；

d. 矿井任一采煤工作面绝对瓦斯涌出量不大于 5 m^3/mn。

② 高瓦斯矿井。具备下列条件之一的为高瓦斯矿井：

a. 矿井相对瓦斯涌出量大于 10 m^3/t；

b. 矿井绝对瓦斯涌出量大于 40 m^3/min；

c. 矿井任一掘进工作面绝对瓦斯涌出量大于 3 m^3/min；

d. 矿井任一采煤工作面绝对瓦斯涌出量大于 5 m^3/min。

③ 突出矿井。

(2)《煤矿安全规程》第一百六十九条规定：一个矿井中只要有一个煤(岩)层发现瓦斯，该矿井即为瓦斯矿井。瓦斯矿井必须依照矿井瓦斯等级进行管理。

(3)《煤矿安全规程》第一百七十条规定：每 2 年必须对低瓦斯矿井进行瓦斯等级和二氧化碳涌出量的鉴定工作，鉴定结果报省级煤炭行业管理部门和省级煤矿安全监察机构。上报时应当包括开采煤层最短发火期和自燃倾向性、煤尘爆炸性的鉴定结果。高瓦斯、突出矿井不再进行周期性瓦斯等级鉴定工作，但应当每年测定和计算矿井、采区、工作面瓦斯和二氧化碳涌出量，并报省级煤炭行业管理部门和煤矿安全监察机构。

(4) 煤矿瓦斯等级鉴定严格执行《煤矿瓦斯等级鉴定规范》(GB 40880—2021)。

① 矿井瓦斯等级鉴定应当以独立生产系统的自然井为单位。

② 低瓦斯矿井每 2 年应当进行一次高瓦斯矿井等级鉴定，高瓦斯、突出矿井应当每年测定和计算矿井、采区、工作面瓦斯(二氧化碳)涌出量，并报省级煤炭行业管理部门和煤矿安全监察机构。

经鉴定或者认定为突出矿井的，不得改定为非突出矿井。

③ 低瓦斯矿井应当在以下时间前进行并完成高瓦斯矿井等级鉴定工作：

a. 新建矿井投产验收；

b. 矿井生产能力核定完成；

c. 改扩建矿井改扩建工程竣工；

d. 新水平、新采区或开采新煤层的首采面回采满半年；

e. 资源整合矿井整合完成。

(5) 突出矿井(或突出煤层)鉴定工作由具备煤与瓦斯突出鉴定资质的机构承担。

高瓦斯矿井等级鉴定工作，由具备鉴定能力的煤矿企业或者委托具备相应资质的鉴定机构承担。

2. 有害气体检查检测

矿井空气中常见有毒有害气体：CO、NO_2、SO_2、H_2S、CH_4、NH_3、H_2。在一般情况下，矿井空气的成分和性质见表3，由于各矿的条件不一样，所以矿井空气中有毒有害气体的种类和数量也不完全一样。

表3　矿井空气的成分和性质

气体名称	主要来源	相对密度	色和味	危害性	最高容许浓度/%
一氧化碳(CO)	爆破作业、火灾、煤尘和瓦斯爆炸、煤自燃	0.97	无色、无味、无臭	极毒。一氧化碳与血红素的亲和力比氧和血红素的亲和力大250～300倍，阻碍了氧与血红素的结合而使人体缺氧，引起窒息和死亡	0.0024
二氧化碳(CO_2)	煤岩中涌出，有机物氧化，人员呼吸，爆破作业	1.52	无色、无味、无臭	微毒。对呼吸系统有刺激作用，在肺中的含量增加时使血液酸度变大，刺激呼吸中枢	
二氧化硫(SO_2)	含硫矿物氧化，在含硫矿物中爆破作业	2.2	有刺激臭及酸味	与眼、呼吸道的湿表面接触后能形成亚硫酸，因而对眼、呼吸器官有强烈腐蚀作用，严重时会引起肺水肿氢气	0.0005
二氧化氮(NO_2)	爆破作业	1.57	棕红色、有刺激臭	强烈毒性。能和水结合成硝酸，对肺组织起破坏作用，造成肺水肿；对眼睛、鼻腔、呼吸道等有强烈刺激作用	0.00025
硫化氢(H_2S)	有机物腐烂，硫化矿物水解，煤岩中放出	1.19	无色、微甜、臭鸡蛋味、0.0001%时即可嗅到	强烈毒性。能使血液中毒，对眼睛黏膜及呼吸道系统有强烈刺激作用	0.00066
氨气(NH_3)	爆破作业	0.6	无色、有恶臭	刺激皮肤、呼吸道，使人流泪、咳嗽、头晕，严重中毒者会发生肺水肿	0.004

表3(续)

气体名称	主要来源	相对密度	色和味	危害性	最高容许浓度/%
氢气(H_2)	蓄电池充电时放出	0.07	无色、无味、无臭	浓度达4%～7%时有爆炸性	
甲烷(CH_4)	煤岩涌出	0.554	无色、无味、无臭、无毒	具有爆炸性	不同地点允许浓度不同

注：1. 甲烷、二氧化碳和氢气的允许浓度按《煤矿安全规程》的有关规定执行。

2. 矿井中所有气体的浓度均按体积的百分比计算。

3. 二氧化氮浓度为氮氧化物换算成二氧化氮。

检测矿井空气中的有毒有害气体的目的是为了确认其是否符合《煤矿安全规程》的规定。井下空气成分及各种有毒有害气体浓度在《煤矿安全规程》都作了明确的规定：采掘工作面的进风流中，氧气浓度不低于20%，二氧化碳浓度不超过0.5%。

矿井必须建立瓦斯、二氧化碳和其他有害气体检查制度，并遵守下列规定：

(1) 矿长、总工程师、爆破工、采掘区队长、通风区队长、工程技术人员、班长、流动电(钳)工、安全监测工下井时，必须携带便携式甲烷检测报警仪。瓦斯检查工下井时必须携带光干涉或激光甲烷、二氧化碳监测仪，采用光干涉监测仪时必须携带甲烷检测报警仪。

(2) 所有采掘工作面、硐室、使用中的机电设备的设置地点、有人员作业的地点都应纳入检查范围。

(3) 采掘工作面的瓦斯浓度检查次数如下：

① 低瓦斯矿井中每班至少2次；

② 高瓦斯矿井中每班至少3次；

③ 有煤(岩)与瓦斯突出危险的采掘工作面，有瓦斯喷出危险的采掘工作面和瓦斯涌出较大、变化异常的采掘工作面，必须有专人经常检查，并安设甲烷断电仪。

(4) 采掘工作面二氧化碳浓度应每班至少检查2次；有煤(岩)与二氧化碳突出危险的采掘工作面，二氧化碳涌出量较大、变化异常的采掘工作面，必须有专人经常检查二氧化碳浓度。本班未进行工作的采掘工作面，瓦斯和二氧化碳应每班至少检查1次；可能涌出或积聚瓦斯或二氧化碳的硐室和巷道的瓦斯或二氧化碳应每班至少检查1次。

(5) 井下停风地点栅栏外风流中的瓦斯浓度每天至少检查1次，挡风墙外的瓦斯浓度每周至少检查1次。

3. 密闭启封

火区封闭的技术要求：

(1) 封闭时，应遵循下列原则：

① 在保证安全的情况下，尽量缩小封闭范围。

② 火区临时封闭后，人员应立即撤出危险区。

③ 密闭的火区中发生爆炸密闭墙被破坏时，严禁派救护队恢复密闭墙或探险，应在较远的安全地点重新建造密闭。

④ 当回风中一氧化碳传感器检测到CO浓度呈逐渐上升趋势时立即组织进行封闭，封闭时必须密切监视CO浓度，当CO浓度达到480 ppm时立即停止作业，撤出封闭人员。

⑤ 当安全出口出现严重的垮塌后，回风通道严重阻塞，作业点 CH_4 浓度达到 2%时，应立即停止作业，撤出封闭人员。

⑥ 当巷道壁上形成水珠、松节油味、煤油味、温度逐渐升高空气的湿度增大，形成雾气，一氧化碳/二氧化碳比率持续增加时，应立即停止作业，撤出封闭人员。

⑦ 封闭要求以最快的速度，尽可能短的时间封闭完成。完成后将所有封闭人员迅速撤离出井。

(2) 密闭的质量要求：

① 密闭的施工必须符合质量标准化的要求。

② 密闭的掏槽必须见硬底、硬帮、实顶，不得有裂缝贯穿密闭内外，否则必须掏槽掏掉。

③ 料石密闭施工必须灰浆饱满，不得出现重缝、干缝、裂缝，料石墙的空间要填好，用锤压实，灰缝用砖刀捣固，灰缝要求不超过 30 m。

④ 密闭墙要进行满抹，粉抹必须仔细，不得有裂缝出现，确保气密性。

⑤ 密闭要安设检查管和措施管，有水的巷道，密闭墙要施工反水池。

⑥ 密闭周边要施工裙边，裙边不小于 200 mm。

4. 排放瓦斯

排放瓦斯是瓦斯安全管理的重要环节，排放瓦斯风流从排放地点到地面需流经许多巷道，人员是否进入、排放风量流经巷道是否断电、是否畅通、瓦斯是否积聚或超限等都是安全管理的重点，排放瓦斯稍有疏忽，就可能出现瓦斯事故，必须按规定制定专项措施，做到安全排放，无“一风吹”。

(1)《煤矿安全规程》第一百七十五条规定：矿井必须从设计和采掘生产管理上采取措施，防止瓦斯积聚；当发生瓦斯积聚时，必须及时处理。当瓦斯超限达到断电浓度时，班组长、瓦斯检查工、矿调度员有权责令现场作业人员停止作业，停电撤人。

① 矿井必须有因停电和检修主要通风机停止运转或者通风系统遭到破坏以后恢复通风、排除瓦斯和送电的安全措施。恢复正常通风后，所有受到停风影响的地点，都必须经过通风、瓦斯检查人员检查，证实无危险后，方可恢复工作。所有安装电动机及其开关的地点附近 20 m 的巷道内，都必须检查瓦斯，只有甲烷浓度符合《煤矿安全规程》规定时，方可开启。

② 临时停工的地点，不得停风；否则必须切断电源，设置栅栏、警标，禁止人员进入，并向矿调度室报告。停工区内甲烷或者二氧化碳浓度达到 3.0%或者其他有害气体浓度超过本规程第一百三十五条的规定不能立即处理时，必须在 24 h 内封闭完毕。

③ 恢复已封闭的停工区或者采掘工作接近这些地点时，必须事先排除其中积聚的瓦斯。排除瓦斯工作必须制定安全技术措施。

④ 严禁在停风或者瓦斯超限的区域内作业。

(2)《煤矿安全规程》第一百七十六条规定：局部通风机因故停止运转，在恢复通风前，必须首先检查瓦斯，只有停风区中最高甲烷浓度不超过 1.0%和最高二氧化碳浓度不超过 1.5%，且局部通风机及其开关附近 10 m 以内风流中的甲烷浓度都不超过 0.5%时，方可人工开启局部通风机，恢复正常通风。

停风区中甲烷浓度超过 1.0%或者二氧化碳浓度超过 1.5%，最高甲烷浓度和二氧化碳浓度不超过 3.0%时，必须采取安全措施，控制风流排放瓦斯。

停风区中甲烷浓度或者二氧化碳浓度超过 3.0%时，必须制定安全排放瓦斯措施，报矿总工程师批准。

在排放瓦斯过程中，排出的瓦斯与全风压风流混合处的甲烷和二氧化碳浓度均不得超过 1.5%，且混合风流经过的所有巷道内必须停电撤人，其他地点的停电撤人范围应当在措施中明确规定。只有恢复通风的巷道风流中甲烷浓度不超过 1.0%和二氧化碳浓度不超过 1.5 时，方可人工恢复局部通风机供风巷道内电气设备的供电和采区回风系统内的供电。

(3) 排放瓦斯是矿井瓦斯管理工作的重要内容。在排放瓦斯时，尤其是在排放浓度超过 3%、接近爆炸下限浓度的积存瓦斯时，必须慎之又慎。必须制定针对该地点的专门的安全排放措施，并严格执行。严禁“一风吹”。否则，必将导致重大瓦斯事故。为防止排放瓦斯引发瓦斯燃爆事故，在排放瓦斯过程中，风流混合处的瓦斯浓度不得超过 1.5%并且回风系统内必须停电撤人，其他地点的停电撤人范围应在措施中明确规定。

遇到下列情况，必须进行排放瓦斯工作：

① 矿井因停电和检修，主要通风机停止运转或通风系统遭到破坏后，在恢复通风前必须排放瓦斯，并且必须有排除瓦斯的安全措施。

② 恢复已封闭的停工区或采掘工作接近这些地点时，必须事先排除其中积聚的瓦斯。排除瓦斯工作必须制定专门的安全技术措施。

③ 所有排放瓦斯工作必须有救护队参加。

3. 爆破。井下爆炸物品运输、贮存按规定执行，按照爆破作业说明书作业，按规定处理拒爆、残爆。

【说明】 本条是对通风专业爆破的工作要求。

1. 爆炸物品贮存、运输、领退

井下爆炸物品库是存放和管理爆炸材料的地点，包括库房、辅助硐室和通向库房的巷道，是爆破安全管理的重中之重，必须严格执行爆炸材料入库、保管、发放、运输、清退等安全管理制度，严禁违规管理和发放爆炸材料。

(1)《煤矿安全规程》第三百二十六条规定：爆炸物品的贮存，永久性地面爆炸物品库建筑结构(包括永久性埋入式库房)及各种防护措施，总库区的内、外部安全距离等，必须遵守国家有关规定。

(2)《煤矿安全规程》第三百二十九条规定：各种爆炸物品的每一品种都应当专库贮存；当条件限制时，按国家有关同库贮存的规定贮存。

存放爆炸物品的木架每格只准放 1 层爆炸物品箱。

(3)《煤矿安全规程》第三百三十一条规定：井下爆炸物品库应当采用硐室式、壁槽式或者含壁槽的硐室式。

① 爆炸物品必须贮存在硐室或者壁槽内，硐室之间或者壁槽之间的距离，必须符合爆炸物品安全距离的规定。

② 井下爆炸物品库应当包括库房、辅助硐室和通向库房的巷道。辅助硐室中，应当有检查电雷管全电阻、发放炸药以及保存爆破工空爆炸物品箱等的专用硐室。

(4)《煤矿安全规程》第三百三十二条规定：井下爆炸物品库的布置必须符合下列要求：

① 库房距井筒、井底车场、主要运输巷道、主要硐室以及影响全矿井或者一翼通风的风门的法线距离：硐室式不得小于 100 m，壁槽式不得小于 60 m。

② 库房距行人巷道的法线距离：硐室式不得小于 35 m，壁槽式不得小于 20 m。

③ 库房距地面或者上下巷道的法线距离：硐室式不得小于 30 m，壁槽式不得小于 15 m。

④ 库房与外部巷道之间，必须用 3 条相互垂直的连通巷道相连。连通巷道的相交处必须延长 2 m，断面积不得小于 4 m^2，在连通巷道尽头还必须设置缓冲砂箱隔墙，不得将连通巷道的延长段兼作辅助硐室使用。库房两端的通道与库房连接处必须设置齿形阻波墙。

⑤ 每个爆炸物品库房必须有 2 个出口，一个出口供发放爆炸物品及行人，出口的一端必须装有能自动关闭的抗冲击波活门；另一出口布置在爆炸物品库回风侧，可以铺设轨道运送爆炸物品，该出口与库房连接处必须装有 1 道常闭的抗冲击波密闭门。

⑥ 库房地面必须高于外部巷道的地面，库房和通道应当设置水沟。

⑦ 贮存爆炸物品的各硐室、壁槽的间距应当大于殉爆安全距离。

(5)《煤矿安全规程》第三百三十三条规定：井下爆炸物品库必须采用砌碹或者用非金属不燃性材料支护，不得渗漏水，并采取防潮措施。爆炸物品库出口两侧的巷道，必须采用砌碹或者用不燃性材料支护，支护长度不得小于 5 m。库房必须备有足够数量的消防器材。

(6)《煤矿安全规程》第三百三十四条规定：井下爆炸物品库的最大贮存量，不得超过矿井 3 天的炸药需要量和 10 天的电雷管需要量。

① 井下爆炸物品库的炸药和电雷管必须分开贮存。

② 每个硐室贮存的炸药量不得超过 2 t，电雷管不得超过 10 天的需要量；每个壁槽贮存的炸药量不得超过 400 kg，电雷管不得超过 2 天的需要量。

③ 库房的发放爆炸物品硐室允许存放当班待发的炸药，最大存放量不得超过 3 箱。

(7)《煤矿安全规程》第三百三十五条规定：在多水平生产的矿井、井下爆炸物品库距爆破工作地点超过 2.5 km 的矿井以及井下不设置爆炸物品库的矿井内，可以设爆炸物品发放硐室，并必须遵守下列规定：

① 发放硐室必须设在独立通风的专用巷道内，距使用的巷道法线距离不得小于 25 m。

② 发放硐室爆炸物品的贮存量不得超过 1 天的需要量，其中炸药量不得超过 400 kg。

③ 炸药和电雷管必须分开贮存，并用不小于 240 mm 厚的砖墙或者混凝土墙隔开。

④ 发放硐室应当有单独的发放间，发放硐室出口处必须设 1 道能自动关闭的抗冲击波活门。

⑤ 建井期间的爆炸物品发放硐室必须有独立通风系统。必须制定预防爆炸物品爆炸的安全措施。

⑥ 管理制度必须与井下爆炸物品库相同。

(8)《煤矿安全规程》第三百三十六条规定：井下爆炸物品库必须采用矿用防爆型(矿用增安型除外)照明设备，照明线必须使用阻燃电缆，电压不得超过 127 V。严禁在贮存爆炸物品的硐室或者壁槽内安设照明设备。

① 不设固定式照明设备的爆炸物品库，可使用带绝缘套的矿灯。

② 任何人员不得携带矿灯进入井下爆炸物品库房内。库内照明设备或者线路发生故障时，检修人员可以在库房管理人员的监护下使用带绝缘套的矿灯进入库内工作。

(9)《煤矿安全规程》第三百三十七条规定：煤矿企业必须建立爆炸物品领退制度和爆炸物品丢失处理办法。

① 电雷管(包括清退入库的电雷管)在发给爆破工前,必须用电雷管检测仪逐个测试电阻值,并将脚线扭结成短路。

② 发放的爆炸物品必须是有效期内的合格产品,并且雷管应当严格按同一厂家和同一品种进行发放。

③ 爆炸物品的销毁,必须遵守《民用爆炸物品安全管理条例》。

(10)《煤矿安全规程》第三百七十三条规定:爆炸物品库和爆炸物品发放硐室附近30 m范围内,严禁爆破。

2. "一炮三检"和"三人连锁爆破"制度

煤矿井下爆破作业必须严格执行煤矿安全规程、作业规程和爆破说明书,落实"一炮三检"和"三人连锁爆破"制度,严禁违章指挥、违章爆破作业;认真执行报告和连锁制度;制定专项安全措施并严格落实。

(1)《煤矿安全规程》第三百四十三条规定:煤矿必须指定部门对爆破工作专门管理,配备专业管理人员。所有爆破人员,包括爆破、送药、装药人员,必须熟悉爆炸物品性能和本规程规定。

(2)《煤矿安全规程》第三百四十七条规定:井下爆破工作必须由专职爆破工担任。突出煤层采掘工作面爆破工作必须由固定的专职爆破工担任。爆破作业必须执行"一炮三检"和"三人连锁爆破"制度,并在起爆前检查起爆地点的甲烷浓度。

"一炮三检"制度是指装药前、起爆前和爆破后,必须由瓦检工检查爆破地点附近20 m以内的瓦斯浓度。

① 装药前、起爆前,必须检查爆破地点附近20 m以内风流中的瓦斯浓度,若瓦斯浓度达到或超过1%,不准装药、爆破。

② 爆破后,爆破地点附近20 m以内风流中的瓦斯浓度达到或超过1%,必须立即处理,若经过处理瓦斯浓度不能降到1%以下,不准继续作业。

(3)"三人连锁爆破"制度是爆破工、班组长、瓦斯检查工三人必须同时自始至终参加爆破工作过程,并执行换牌制。

① 入井前:爆破工持警戒牌,班组长持爆破命令牌,瓦斯检查工持爆破牌。

② 爆破前:

a. 爆破工做好爆破准备后,将自己所持的红色警戒牌交给班组长。

b. 班组长拿到警戒牌后,派人在规定地点警戒,并检查顶板与支架情况,确认支护完好后,将自己所持的爆破命令牌交给瓦斯检查工,下达爆破命令。

c. 瓦斯检查工接到爆破命令牌后,检查爆破地点附近20 m处和起爆地点的瓦斯和煤尘情况,确认合格后,将自己所持的爆破牌交给爆破工,爆破工发出爆破信号5 s后进行起爆。起爆地点指爆破工准备起爆的藏身地点。

③ 爆破后:"三牌"各归原主,即班组长持爆破命令牌、爆破工持警戒牌、瓦斯检查工持爆破牌。

(4)《煤矿安全规程》第三百四十八条规定:爆破作业必须编制爆破作业说明书,并符合下列要求:

① 炮眼布置图必须标明采煤工作面的高度和打眼范围或者掘进工作面的巷道断面尺寸,炮眼的位置、个数、深度、角度及炮眼编号,并用正面图、平面图和剖面图表示。

② 炮眼说明表必须说明炮眼的名称、深度、角度，使用炸药、雷管的品种，装药量，封泥长度，连线方法和起爆顺序。

③ 必须编入采掘作业规程，并及时修改补充。钻眼、爆破人员必须依照说明书进行作业。

3. 处理拒爆、残爆

通电起爆后工作面的雷管全部或少数不爆称为拒爆；残爆是指雷管爆后而没有引爆炸药或炸药爆轰不完全的现象。爆破作业时，拒爆、残爆的产生主要受爆破器材、爆破网路及操作工艺等因素的影响，出现这种现象必须严格执行《煤矿安全规程》有关规定。

《煤矿安全规程》第三百七十一条规定：通电以后拒爆时，爆破工必须先取下把手或者钥匙，并将爆破母线从电源上摘下，扭结成短路；再等待一定时间（使用瞬发电雷管，至少等待5 min；使用延期电雷管，至少等待15 min），才可沿线路检查，找出拒爆的原因。

《煤矿安全规程》第三百七十二条规定：处理拒爆、残爆时，应当在班组长指导下进行，并在当班处理完毕。如果当班未能完成处理工作，当班爆破工必须在现场向下一班爆破工交接清楚。

处理拒爆时，必须遵守下列规定：

① 由于连线不良造成的拒爆，可重新连线起爆。

② 在距拒爆炮眼0.3 m以外，另打与拒爆炮眼平行的新炮眼，重新装药起爆。

③ 严禁用镐刨或者从炮眼中取出原放置的起爆药卷，或者从起爆药卷中拉出电雷管。不论有无残余炸药，严禁将炮眼残底继续加深；严禁使用打孔的方法往外掏药；严禁使用压风吹拒爆、残爆炮眼。

④ 处理拒爆的炮眼爆炸后，爆破工必须详细检查炸落的煤、矸，收集未爆的电雷管。

⑤ 在拒爆处理完毕以前，严禁在该地点进行与处理拒爆无关的工作。

4. 安全监控。监控系统运行正常、灵敏可靠，各类传感器安设齐全，断电、复电浓度及范围符合要求，按照规定对安全监控系统维护、调校。

【说明】 本条是对通风专业安全监控的总要求。

安全监控系统满足《煤矿安全监控系统通用技术要求》（AQ 6201）、《煤矿安全监控系统及检测仪器使用管理规范》（AQ 1029）和《煤矿安全规程》的要求，维护、调校到位，系统运行稳定可靠。

（1）《煤矿安全规程》第四百八十七条规定：所有矿井必须装备安全监控系统、人员位置监测系统、有线调度通信系统。

（2）《煤矿安全规程》第四百八十八条规定：编制采区设计、采掘作业规程时，必须对安全监控、人员位置监测、有线调度通信设备的种类、数量和位置，信号、通信、电源线缆的敷设，安全监控系统的断电区域等做出明确规定，绘制安全监控布置图和断电控制图、人员位置监测系统图、井下通信系统图，并及时更新。每3个月对安全监控、人员位置监测等数据进行备份，备份的数据介质保存时间应当不少于2年。图纸、技术资料的保存时间应当不少于2年。录音应当保存3个月以上。

（3）《煤矿安全规程》第四百八十九条规定：矿用有线调度通信电缆必须专用。严禁安全监控系统与图像监视系统共用同一芯光纤。矿井安全监控系统主干线缆应当分设两条，从不同的井筒或者一个井筒保持一定间距的不同位置进入井下。

① 设备应当满足电磁兼容要求。系统必须具有防雷电保护，入井线缆的入井口处必须具有防雷措施。

② 系统必须连续运行。电网停电后，备用电源应当能保持系统连续工作时间不小于 2 h。

③ 监控网络应当通过网络安全设备与其他网络互通互联。

④ 安全监控和人员位置监测系统主机及联网主机应当双机热备份，连续运行。当工作主机发生故障时，备份主机应当在 5 min 内自动投入工作。

⑤ 当系统显示井下某一区域瓦斯超限并有可能波及其他区域时，矿井有关人员应当按瓦斯事故应急救援预案切断瓦斯可能波及区域的电源。

安全监控和人员位置监测系统显示和控制终端、有线调度通信系统调度台必须设置在矿调度室，全面反映监控信息。矿调度室必须 24 h 有监控人员值班。

(4)《煤矿安全规程》第四百九十条规定：安全监控设备必须具有故障闭锁功能。当与闭锁控制有关的设备未投入正常运行或者故障时，必须切断该监控设备所监控区域的全部非本质安全型电气设备的电源并闭锁；当与闭锁控制有关的设备工作正常并稳定运行后，自动解锁。

安全监控系统必须具备甲烷电闭锁和风电闭锁功能。当主机或者系统线缆发生故障时，必须保证实现甲烷电闭锁和风电闭锁的全部功能。系统必须具有断电、馈电状态监测和报警功能。

(5)《煤矿安全规程》第四百九十一条规定：安全监控设备的供电电源必须取自被控开关的电源侧或者专用电源，严禁接在被控开关的负荷侧。

安装断电控制系统时，必须根据断电范围提供断电条件，并接通井下电源及控制线。

改接或者拆除与安全监控设备关联的电气设备、电源线和控制线时，必须与安全监控管理部门共同处理。检修与安全监控设备关联的电气设备，需要监控设备停止运行时，必须制定安全措施，并报矿总工程师审批。

(6)《煤矿安全规程》第四百九十二条规定：安全监控设备必须定期调校、测试，每月至少 1 次。

采用载体催化元件的甲烷传感器必须使用校准气样和空气气样在设备设置地点调校，便携式甲烷检测报警仪在仪器维修室调校，每 15 天至少 1 次。甲烷电闭锁和风电闭锁功能每 15 天至少测试 1 次。可能造成局部通风机停电的，每半年测试 1 次。

安全监控设备发生故障时，必须及时处理，在故障处理期间必须采用人工监测等安全措施，并填写故障记录。

(7)《煤矿安全规程》第四百九十三条规定：必须每天检查安全监控设备及线缆是否正常，使用便携式光学甲烷检测仪或者便携式甲烷检测报警仪与甲烷传感器进行对照，并将记录和检查结果报矿值班员；当两者读数差大于允许误差时，应当以读数较大者为依据，采取安全措施并在 8 h 内对 2 种设备调校完毕。

(8)《煤矿安全规程》第四百九十四条规定：矿调度室值班人员应当监视监控信息，填写运行日志，打印安全监控日报表，并报矿总工程师和矿长审阅。系统发出报警、断电、馈电异常等信息时，应当采取措施，及时处理，并立即向值班矿领导汇报；处理过程和结果应当记录备案。

(9)《煤矿安全规程》第四百九十五条规定：安全监控系统必须具备实时上传监控数据

的功能。

(10)《煤矿安全规程》第四百九十六条规定：便携式甲烷检测仪的调校、维护及收发必须由专职人员负责，不符合要求的严禁发放使用。

(11) 甲烷传感器(便携仪)的设置地点，报警、断电、复电浓度和断电范围必须符合《煤矿安全规程》第四百九十八条的规定。

二、评分方法

1. 存在重大事故隐患的，本部分不得分。

2. 按表 4.1.1 评分，总分为 100 分。按照所检查存在的问题进行扣分，各小项分数扣完为止；"评分表"中"项目内容"缺项不得分，采用式(1)计算专业得分：

$$A=\frac{100}{100-B}\times C \tag{1}$$

式中 A——通风部分实得分数；

B——缺项标准分值；

C——项目内容检查得分数。

《井工煤矿开采通风技术条件》

《矿井防灭火技术规范》

《煤矿安全监控系统及检测仪器使用管理规范》

表4.1.1 井工煤矿通风标准化评分表

项目	项目内容	基本要求	标准分值	评分方法	执行指南	核查细则	资料清单	得分
一、通风(35分)	系统管理	矿井通风方式符合规定，通风系统完善可靠，按规定绘制通风系统图；全矿井、一翼或者一个水平通风系统改变时，编制通风设计及安全措施，经企业技术负责人审批后落实；巷道贯通前应当制定贯通专项措施，经煤矿总工程师审批后落实	5	查现场和资料。通风方式不符合规定或无设计及措施不得分；未履行审批程序的1处扣1分；其他不符合1处扣0.2分	1.“企业技术负责人审批”是指煤矿上级企业负责人组织审批；没有上级企业的应当聘请专家会审 2. 巷道贯通专项措施： (1) 贯通前的准备工作(所需材料)； (2) 如何实现安全贯通； (3) 贯通后的调风方案； (4) 贯通时区、科负责人现场跟班 3. 巷道贯通措施应符合《煤矿安全规程》第一百四十三条的规定	1. 查通风系统，生产水平、生产布局、采掘头面的布置、采掘头面个数 2. 近期是否有改变全矿井、一翼或者一个水平通风系统，有无编制的相应的通风设计及安全措施；是否经煤矿企业技术负责人审批 3. 贯通措施： (1) 技术科下发的巷道贯通通知单； (2) 施工单位贯通通风系统调整安全技术措施； (3) 通风部门制定的贯通应急措施； (4) 是否经煤矿总工程师审批 4. 所有措施审批是否符合要求 5. 考核贯通措施计划配风量、实际风量 6. 查贯通后受影响区域是否全面测风 7. 查矿井通风系统图、网络图、采掘工程平面图与现场实际是否一致 8. 现场检查进回风巷道、采区、一翼、矿井总回风巷、回风井筒等 9. 查是否按规定绘制矿井通风系统图	1. 通风系统调整方案及贯通措施的审批单 2. 贯通措施 (1) 贯通通知单； (2) 贯通调风措施； (3) 巷道贯通后通风系统调整情况说明； (4) 贯通措施计划配风量、实际风量数据； (5) 贯通后受影响区域测风记录 3. 贯通记录(计划风量、实际风量；贯通前后瓦斯含量) 4. 测风记录(贯通前、后；受贯通影响地点) 5. 矿井通风系统图、网络图、采掘工程平面图、通风设计	

表4.1.1(续)

项目	项目内容	基本要求	标准分值	评分方法	执行指南	核查细则	资料清单	得分
一、通风(35分)	系统管理	井下爆炸物品库、采区变电所、实现采区变电所功能的中央变电所有独立的通风系统;井下充电室通风管理符合规定;井下无采空区通风和利用局部通风机通风的采煤工作面	4	查现场和资料。不符合要求1处扣1分	1. 符合《煤矿安全规程》第一百五十三条、第一百六十六条、第一百六十七条、第一百六十八条的规定 2. 所有硐室实现全风压独立通风,高温有害气体直接排到回风系统 3. 采空区通风是指采掘工作面的进风或者回风经过采空区的通风。采煤工作面必须采用全风压通风系统,严禁利用局部通风机通风	1. 查通风系统图、采掘工程平面图 2. 查井下爆炸物品库、采区变电所、实现采区变电所功能的中央变电所是否有独立的通风系统 3. 查井下充电室通风管理是否符合规定 4. 查井下所有采煤工作面有无采空区通风和利用局部通风机通风的采煤工作面	1. 通风系统图、通风网络图 2. 采掘工程平面图 3. 井下硐室台账	
		对于允许布置的串联通风,制定安全措施,按规定审批后落实	3	查现场和资料。无安全措施或违规串联通风不得分;未按层级审批1处扣1分;措施不符合要求或未落实1处扣0.5分	1. 符合《煤矿安全规程》第一百四十八条、一百五十条的规定 2. 允许串联通风的,一是措施制定,二是措施审批,三是措施现场落实 3. 审批:矿井新水平和准备新采区的开掘巷道的回风引入生产水平的进风中的安全技术措施,经企业技术负责人审批;其他串联通风的安全技术措施,经矿总工程师审批	1. 允许串联通风的查有没有措施 2. 查措施内容是否齐全 3. 矿井是否有新水平和准备开拓的巷道回风引入生产水平时的安全措施,是否经企业技术负责人审批 4. 其他串联通措施是否经矿总工的审批 5. 查其他地方有无串联、不合理的通风,措施审批是否合理 6. 查串联安全技术措施是否存在重大缺陷,是否违反《煤矿安全规程》	1. 井下串联通风措施 2. 矿井通风系统图 3. 矿井通风月报	

表4.1.1(续)

项目	项目内容	基本要求	标准分值	评分方法	执行指南	核查细则	资料清单	得分
一、通风(35分)	风量配备	主要通风机安设监测系统,能够实时准确监测风机运行状态、风量、风压等参数;生产矿井主要通风机装有反风设施,按规定进行反风演习,有总结报告	4	查现场和资料。未安设监测系统、未按规定进行反风演习不得分;其他不符合要求1处扣1分	1.《煤矿安全规程》第一百五十九条、《煤矿井工开采通风技术条件》(AQ 1028—2006)中的10 2. 主要通风机必须有在线监测系统,实时准确监测风机运行状态主要指电流、电压、转速、轴承温度,一定要直接显示风量,而不是显示风速参数 3. 反风设施包括地面(风机与反风相关闸门)、井下(含安全出口反向风门)、防爆门稳固设施等 4. 主要通风机房:(1)主要风机运转情况及记录;(2)主要风机在线监控齐全有效;(3)反风演习操作步骤图;(4)各种制度;(5)防爆门情况;(6)绞车及钢丝绳情况;(7)漏风情况;(8)风阻(负压)	1. 查主要风机房监测系统是否能够实时准确监测风机风压、风量、运行状态,是否有现场显示,是否上传安全监控系统主机 2. 查主要风机房安装的正压计、负压计、全压计显示是否正确,是否反映矿井通风情况 3. 现场查主要通风机房:(1)主要风机运转情况及记录;(2)主要风机在线监控是否齐全有效;(3)反风演习操作步骤图;(4)各种制度;(5)防爆门情况;(6)绞车及钢丝绳情况;(7)漏风情况;(8)主要通风机房反风现场记录;(9)通风系统图、通风网络图、通风立体示意图 5. 查主要风机、反风设施检查、维修记录情况,查防爆门检查记录 6. 查反风演习计划及总结报告:(1)风机是否实施反风;(2)风机反风时间是否大于2 h;(3)反风后的矿井风量是否符合规定要求。反风效果是否达到《煤矿安全规程》第一百五十九条的规定 7. 现场检查反风设施设置情况: (1)是否每季度至少组织1次检查维修,是否有记录 (2)反风设施包括地面(包括风机与反风相关闸门)、井下(含安全出口反向风门)、防爆门稳固设施等 8. 查矿井反风专项辨识报告	1. 主通风机房监测系统运行状况 2. 风机运行状态、风量、风压等参数报表 3. 主要风机房的正压计、负压计、全压计读数记录表 4. 矿井主通风机防爆门设计及检查维修记录 5. 矿井反风设施检查记录 6. 矿井反风技术方案、安全措施、反风报告及总结、反风专项风险辨识报告 7. 通风系统图及反风程序图 8. 近1年度矿井反风演习资料: (1)年度全矿性反风技术方案 (2)反风演习计划 (3)反风演习总结报告	

表4.1.1(续)

项目	项目内容	基本要求	标准分值	评分方法	执行指南	核查细则	资料清单	得分
一、通风(35分)	风量配备	通风阻力测定符合要求;阻力分布及系统阻力与风量匹配符合规定;每年安排采掘作业计划时核定矿井生产能力和通风能力	4	查现场和资料。未按要求测定通风阻力或核定通风能力不得分;其他不符合要求1处扣1分	1.《煤矿安全规程》第一百三十九条、第一百五十六条、《煤矿井工开采通风技术条件》(AQ1028—2006)中的5.1.9 2. 矿井通风阻力测定:新井投产前必须进行1次矿井通风阻力测定,以后每3年至少测定1次。生产矿井转入新水平生产、改变一翼或者全矿井通风系统后,必须重新进行矿井通风阻力测定	1. 查矿井通风阻力测定报告是否符合《煤矿安全规程》的要求 2. 查改变系统以后是否重新进行阻力测定 3. 查矿井通风阻力测定报告,验证阻力分布及系统阻力与风量匹配符合规定 4. 查每年安排采掘专业计划时是否核定矿井生产能力和通风能力	1. 通风机矿井通风阻力测定报告 2. 矿井通风系统图、网络图 3. 矿井生产能力和通风能力报告	
		建立矿井测风制度,每旬至少进行1次全面测风,实际风量、风速等参数符合规定	4	查现场和资料。未建立测风制度不得分;其他不符合规定1处扣0.5分	1.《煤矿安全规程》第一百三十六条、第一百三十八条、第一百四十条 2. 井下测风站(点)布置齐全、合理,并有测风记录牌板,填写所需风量等参数 3. 每旬至少进行1次井下全面测风,井下各硐室和巷道的供风量满足计算所需风量	1. 查是否制定测风制度 2. 查矿井测风记录,是否满足周期要求 3. 查井下测风站测风记录牌板 4. 查井下测风站(点)的测风记录,通风旬报表、月报表 5. 现场实测风量;现场选点测风并计算是否符合计算风量要求 6. 从监测监控系统调取风速参数核对	1. 矿井测风制度、通风情况、旬报表、月报表 2. 矿井月度配风计划 3. 矿井全面测风图表资料 4. 矿井通风系统图 5. 测风记录、测风手册 6. 硐室和巷道需风量计算细表	

表4.1.1(续)

项目	项目内容	基本要求	标准分值	评分方法	执行指南	核查细则	资料清单	得分
一、通风(35分)	局部通风	局部通风机和风筒的安装、使用符合规定，无循环风；不出现无计划停风，有计划停风前制定专项安全技术措施；风筒吊挂平、直、稳，逢环必挂并拉紧，风筒接头严密，无反接头，压边到位	4	查现场。发生循环风不得分；无计划停风1次扣2分；其他不符合规定1处扣0.5分	1.《煤矿安全规程》第一百六十二条、第一百六十三条、第一百六十四条 2. 安装局部通风机必须进行局部通风设计，按设计进行安装并进行验收，验收合格后方可使用	1. 查局部通风机设计、安装申请卡 2. 查是否安装两台同等能力的风机，并能自动切换，查切换记录，现场实操一次 3. 查是否有循环风 4. 查是否有无计划停风 5. 查是否挂牌管理、管理牌板内容是否符合要求，每班是否有司机上岗 6. 查是否能够实现“三专两闭锁” 7. 查计划停风的专项安全技术措施 8. 查风机现场安装情况、风筒吊挂情况 9. 现场查是否是双风机双电源	1. 掘进工作面通风设计 2. 局部通风机安装申请 3. 有计划停风专项安全技术措施 4. 通风系统图 5. 风机切换记录	

表4.1.1(续)

项目	项目内容	基本要求	标准分值	评分方法	执行指南	核查细则	资料清单	得分
一、通风(35分)	设施管理	1. 密闭、风门、风桥及风窗墙(桥)体采用不燃性材料构筑,其厚度不小于0.5 m(防突风门、风窗墙体不小于0.8 m),墙体周边按规定掏槽,周边及围岩不漏风,墙(桥)面平整无破裂 2. 通向采空区的巷道、不用或报废的巷道、盲巷等应及时设置永久性密闭;采空区密闭位置距全风压巷道口4～5 m,密闭墙前设有栅栏及警告标志牌 3. 需控风巷道每处安装不少于2道联锁风门,按规定安装反向风门(具备正、反向控制功能的风门除外),风门能自动关闭,任意2道风门之间距离不小于4 m,通车风门能自动打开并有声光信号,且2道风门之间距离不得小于运输工具长度 4. 风桥上、下变坡度小于30°,不设风门及风窗 5. 设置调节风窗位置距全风压巷道口均不超过6 m,风窗有可靠调控装置	7	查现场。不符合规定1处扣1分	1.《煤矿安全规程》第一百五十五条 2. 有构筑通风设施(指永久密闭、风门、风窗和风桥)设计方案及安全措施,设施墙(桥)体采用不燃性材料构筑,其厚度不小于0.5 m(防突风门、风窗墙体不小于0.8 m),严密不漏风 3. 密闭、风门、风窗墙体周边的掏槽应符合《矿井防灭火技术规范》(AQ 1044)和《防治煤与瓦斯突出细则》第一百一十八条的规定	1. 查通风设施管理台账、检查及维修记录 2. 查通风系统图是否标注通风设施 3. 离构筑物10 cm左右用耳听、手摸,感觉有无漏风情况 4. 查是否采用不燃性材料构筑,其质量是否符合要求 5. 查通向采空区的巷道、不用或报废的巷道、盲巷等是否设置永久性密闭;采空区密闭位置距全风压巷道口是否为4～5 m,密闭墙前是否设有栅栏及警告标志牌 6. 查需控风巷道每处是否安装不少于2道联锁风门,是否按规定安装反向风门(具备正、反向控制功能的风门除外),风门是否自动关闭,任意2道风门之间距离是否小于4 m,通车风门是否自动打开并有声光信号,且2道风门之间距离是否小于运输工具长度 7. 查风桥上、下变坡度是否小于30°,是否设风门及风窗 8. 查设置调节风窗位置距全风压巷道口是否超过6 m,风窗是否有可靠调控装置	1. 通风系统图(通风设施标注) 2. 通风设施施工图及施工安全技术措施、施工质量验收资料 3. 通风设施管理台账 4. 通风设施检查维修记录	

表4.1.1(续)

项目	项目内容	基本要求	标准分值	评分方法	执行指南	核查细则	资料清单	得分
二、瓦斯(30分)	鉴定管理	低瓦斯矿井每2年进行1次瓦斯等级和二氧化碳涌出量鉴定工作;高瓦斯、突出矿井每年按规定测定和计算1次瓦斯和二氧化碳涌出量	5	查资料。未进行鉴定或测定计算不得分;其他不符合要求1处扣1分	1. 鉴定依据:《煤矿安全规程》第一百七十条、第一百八十九条和《煤矿瓦斯等级鉴定规范》 2. 每2年必须对低瓦斯矿井进行瓦斯等级和二氧化碳涌出量的鉴定工作 3. 高瓦斯、突出矿井不再进行周期性瓦斯等级鉴定工作,但应当每年测定和计算1次瓦斯和二氧化碳涌出量	1. 查低瓦斯矿井瓦斯等级鉴定和二氧化碳涌出量鉴定工作是否符合规定要求 2. 查高瓦斯、突出矿井是否每年按规定测定和计算1次瓦斯和二氧化碳涌出量	1. 低瓦斯矿井瓦斯等级鉴定和二氧化碳涌出量鉴定报告 2. 高瓦斯、突出矿井瓦斯和二氧化碳涌出量测定记录	
	瓦斯检查	建立甲烷、二氧化碳和其他有害气体检查制度,内容符合规定要求,并认真执行	5	查现场和资料。未建立制度、未按规定进行瓦斯检查不得分;不符合规定或不执行1处扣0.5分	《煤矿安全规程》第一百八十条	1. 查是否建立甲烷、二氧化碳和其他有害气体检查制度 2. 查瓦斯检查手册与台账、报表 3. 查矿井瓦斯检查设点是否符合规定 4. 现场查看检查牌板 5. 现场实测	1. 甲烷、二氧化碳和其他有害气体检查制度 2. 瓦斯检查手册与台账、报表 3. 矿井瓦斯检查设点计划	

表4.1.1(续)

项目	项目内容	基本要求	标准分值	评分方法	执行指南	核查细则	资料清单	得分
二、瓦斯(30分)	瓦斯检查	矿长、总工程师、爆破工、采掘区队长、通风区队长、工程技术人员、班长、流动电(钳)工、安全监测工等下井时,携带便携式甲烷检测报警仪;瓦斯检查工下井时必须携带便携式光干涉或激光甲烷、二氧化碳检测仪,采用光干涉检测仪时必须携带甲烷检测报警仪	5	查现场。不符合要求1处扣0.5分	1.《煤矿安全规程》第一百八十条 2. 九类人员下井时,携带便携式甲烷检测报警仪。班(组)长携带的报警仪要悬挂在现场使用,回采工作面悬挂在回风隅角,掘进工作面悬挂在工作面5 m范围内 3. 瓦斯检查工携带便携式光干涉或激光甲烷、二氧化碳检测仪,采用光干涉检测仪时必须携带甲烷检测报警仪,此项要求应特别注意 4. 所有人员所携带的仪器必须完好,开机使用	1. 查九类人员等下井时,是否携带便携式甲烷检测报警仪 2. 现场提问瓦斯检查工是否知道应知应会 3. 现场查携带的便携式甲烷检测报警仪是否开机 4. 查瓦斯检查工是否按要求携带仪器,仪器是否完好、是否符合要求 5. 现场实测	1. 仪器发放使用管理制度 2. 便携式甲烷检测报警仪发放记录 3. 便携式光学甲烷检测仪、便携式甲烷检测报警仪调校、检修记录	
		瓦斯检查工填写的瓦斯检查班报(台账)、手册及井下牌板数据相一致;通风瓦斯日报需煤矿矿长、总工程师审阅	5	查现场和资料。不符合要求1处扣0.5分	《煤矿安全规程》第一百八十条	1. 查瓦斯检查是否做到井下记录牌板、瓦斯检查手册、瓦斯检查班报(台账)数据一致,并与瓦斯监控数据比对 2. 查瓦斯检查日报是否及时上报矿长、总工程师签字,并有记录 3. 核查瓦斯检查人员定位行动轨迹 4. 现场实测瓦斯	1. 瓦斯检查手册 2. 瓦斯检查班报(台账) 3. 瓦斯检查日报及签字审核记录 4. 井下瓦斯检查牌板 5. 瓦斯监测监控日报	

表4.1.1(续)

项目	项目内容	基本要求	标准分值	评分方法	执行指南	核查细则	资料清单	得分
二、瓦斯(30分)	现场管理	总回风巷、一翼回风巷、采区回风巷、采掘工作面风流中甲烷或二氧化碳浓度符合规定；超过规定值时，按规定进行撤人处理等	5	查现场和资料。未按规定撤人等不得分；年度内发生甲烷或二氧化碳浓度超过规定1起扣2分；未查明原因1处扣1分，其他不符合要求1处扣0.5分	1.《煤矿安全规程》第一百七十一条、第一百七十二条、第一百七十四条 2. 煤矿采掘工作面及其他地点的甲烷或二氧化碳浓度要符合《煤矿安全规程》的规定 3. 甲烷或二氧化碳浓度超限，根据超限情况和超限地点等，进行撤人处理等	1. 查瓦斯日报表 2. 查监测监控系统运行 3. 查监测监控报警处置记录 4. 查调度值班记录(同时查监控记录) 5. 查瓦斯超限后是否按规定采取措施 6. 查验超限报警区域的人员行动轨迹	1. 瓦斯日报表 2. 监测监控系统运行记录 3. 监测监控报警处置记录 4. 调度值班记录(同时查监控记录) 5. 瓦斯超限报警及其处理记录	
		临时停风地点必须切断电源，设置栅栏、警标，禁止人员进入，并向矿调度室报告；停工区内甲烷或者二氧化碳浓度达到3.0%或其他有害气体浓度超过规程规定不能立即处理时，应在24 h内封闭完毕，启封密闭巷道，按规定编制瓦斯排放专项措施，经煤矿总工程师批准	5	查现场和资料。停风地点有人员进入、未按规定封闭或无措施排放瓦斯不得分；其他不符合要求1处扣1分	1.《煤矿安全规程》第一百七十五、第一百七十六条 2. 其他有害气体是指《煤矿安全规程》规定的一氧化碳、氧化氮、二氧化硫、硫化氢和氨气等	1. 查监测监控运行，临时停风地点是否停止作业，切断电源、设置栅栏及警标，查调度记录 2. 查停风区内甲烷或二氧化碳浓度达到3.0%，其他有害气体浓度超过规程规定不立即处理时，是否在24 h内予以封闭，封闭是否符合要求 3. 查停风区内甲烷或二氧化碳浓度超过3.0%以及启封密闭巷道恢复通风，是否制定瓦斯排放专项措施，并经矿总工程师批准 4. 查是否有长期停风区，是否在24 h内封闭完毕，是否切断通往封闭区的管路、轨道和电缆等导电物体 5. 现场抽查有无临时停风地点，是否按要求采取措施	1. 1年度停风记录及处置 2. 监测监控运行记录 3. 恢复通风瓦斯排放记录 4. 临时停风记录 5. 停风地点封闭记录 6. 停风区域瓦斯排放记录 7. 瓦斯排放专项措施 8. 调度记录	

表4.1.1(续)

项目	项目内容	基本要求	标准分值	评分方法	执行指南	核查细则	资料清单	得分
三、爆破(10分)	爆炸物品管理	井下爆炸物品库、爆炸物品运输、贮存符合《煤矿安全规程》规定	2	查现场。不符合要求1处扣1分	1.《煤矿安全规程》第三百三十四条、第三百三十九条、第三百四十条、第三百四十一条、第三百四十二条 2. 煤矿要建立健全井下爆炸物品材料库管理规章制度 3. 井下爆炸物品库、爆炸物品贮存及运输符合《煤矿安全规程》规定 4. 井下爆炸物品库的设施、设备、消防等符合规定要求	1. 查各种规章制度是否健全 2. 查井下爆炸物品材料库台账 3. 查爆炸物品贮存及运输记录 4. 查炸药、数码电子雷管存储数量是否超过规定 5. 查炸药、数码电子雷管领取发放及退回记录 6. 查井下爆炸物品库的设施、设备、消防等是否符合规定要求	1. 爆炸物品领退、电雷管编号、储存制度 2. 爆炸物品台账 3. 爆炸物品领取单手续 4. 炸药、数码电子雷管领取发放及退回记录	
	爆破管理	井下选用爆炸物品类型与矿井瓦斯等级匹配;爆炸物品由专人领取、保管、使用,严禁交予他人使用	2	查现场。不符合要求不得分	《煤矿安全规程》第三百五十条	1. 查井下选用爆炸物品类型是否符合瓦斯等级要求 2. 查爆炸物品领取单手续是否齐全 3. 查爆炸物品领取、保管、使用是否设专人	1. 炸药、数码电子雷管使用说明书 2. 瓦斯等级鉴定报告 3. 爆炸物品领退记录	

表4.1.1(续)

项目	项目内容	基本要求	标准分值	评分方法	执行指南	核查细则	资料清单	得分
三、爆破(10分)	爆破管理	编制爆破作业说明书,并严格执行;现场设置爆破图牌板	2	查现场和资料。无爆破作业说明书的该项不得分;其他不符合要求1处扣0.5分	《煤矿安全规程》第三百四十八条	1. 查作业规程、爆破作业的专项措施 2. 查是否有爆破作业说明书 3. 查现场作业是否严格执行爆破作业说明书 4. 查现场是否设置爆破图牌板	1. 采掘作业规程 2. 爆破作业说明书 3. 现场爆破图牌版	
		爆破作业执行“一炮三检”和“三人连锁爆破”制度,并在起爆前检查起爆地点的甲烷浓度;停送电、撤人、设岗警戒距离、起爆点至爆破点的距离、范围及程序应在作业规程中明确	2	查现场和资料。未执行“三人连锁爆破”,或警戒距离、起爆点至爆破地点的距离不符合规定不得分;其他不符合要求1处扣0.5分	1.《煤矿安全规程》第三百四十七条、第三百六十七条 2. 掘进工作面和采煤工作面爆破安全距离符合相关规定	1. 查作业规程、爆破作业的专项措施 2. 查爆破作业(爆破员手册)是否执行“一炮三检”、“三人连锁爆破”制度 3. 查爆破作业是否采取停送电、撤人、设岗警戒措施	1. 采掘作业规程 2. 瓦斯检查手册和爆破手册 3. “一炮三检”和“三人连锁爆破”制度 4. 停送电、撤人、设岗警戒措施	

表4.1.1(续)

项目	项目内容	基本要求	标准分值	评分方法	执行指南	核查细则	资料清单	得分
三、爆破(10分)	爆破管理	装配起爆药卷、装药，使用水炮泥、封泥，残爆、拒爆处理符合规定	2	查现场和资料。不符合要求不得分	1.《煤矿安全规程》第三百七十二条 2. 爆破工必须把炸药、电雷管分开存放在专用的爆炸物品箱内，并加锁，严禁乱扔、乱放。爆炸物品箱必须放在顶板完好、支护完整，避开有机械、电气设备的地点。爆破时必须把爆炸物品箱放置在警戒线以外的安全地点	1. 查爆炸物品现场存放、引药制作是否符合《煤矿安全规程》规定 2. 查爆炸物品现场存放管理制度 3. 查引药制作程序与方法及安全是否符合《煤矿安全规程》规定 4. 查残爆、拒爆处理程序及措施是否符合《煤矿安全规程》规定	1. 爆破管理制度 2. 爆炸物品领退记录 3. 残爆、拒爆处理程序及安全措施 4. 残爆、拒爆处理记录	
四、安全监控(25分)	装备设置	安全监控系统具备“风电、甲烷电、故障”闭锁及手动控制断电闭锁功能和实时上传监控数据的功能	4	查现场。系统功能不全不得分；其他不符合要求1处扣1分	1.《煤矿安全规程》第四百九十条 2. 矿井安全监控系统具备“风电、甲烷电、故障”闭锁及手动控制断电闭锁功能和实时上传监控数据的功能，不可人为甩掉这些功能不用	1. 查安全监控系统图、断电控制图、监控台账、闭锁记录 2. 查矿安全监控系统中心站是否在矿调度室 3. 查监控系统运行记录和异常情况分析记录 4. 查矿井安全监控系统是否具备“风电、甲烷电、故障”闭锁及手动控制断电闭锁功能和实时上传监控数据的功能 5. 查故障闭锁现场操作，升井后到监控中心查时间能否对应	1. 矿井安全监测监控系统图、断电控制图 2. 监测监控设备台账 3. 监测监控系统运行日志、记录 4. 上级集团公司联网上传运行记录 5. 监控系统运行异常情况处置记录、分析记录 6. 检查维修记录 7. 故障处理记录	

表4.1.1(续)

项目	项目内容	基本要求	标准分值	评分方法	执行指南	核查细则	资料清单	得分
四、安全监控(25分)	装备设置	瓦斯超限、断电等需紧急撤人时，安全监控系统有自动与应急广播、通信、人员位置监测等系统应急联动的功能	4	查现场。不具备功能1处扣2分；其他不符合要求1处扣1分	《煤矿安全监控系统及检测仪器使用管理规范》(AQ 1029—2019)中的4.10	1. 查监测监控运行设置，是否有应急联动功能 2. 现场测试	1. 监测监控运行日志 2. 监控系统运行异常情况分析处置记录	
		安全监控系统的主机双机热备，连续运行；中心站设双回路供电，并配备不小于4 h在线式不间断电源，井下分站有备用电源，能保证断电时监测设备可以连续运行2 h；中心站设备设有可靠的接地装置和防雷电装置；安全监控系统显示和控制终端设置在矿调度室，严格按照安全监控人员值班制度要求24 h有监控人员值班，建立监控系统数据库，系统数据有备份并保存2年以上	5	查现场和资料。不符合要求1处扣1分	1.《煤矿安全规程》第四百八十八条、第四百八十九条；《煤矿安全监控系统及检测仪器使用管理规范》(AQ 1029—2019)中的8.4.8、9.1.1、9.1.2 2. 安全监控系统的主备机必须设置在安全监控中心室内，主备机同时投入运行，当工作主机发生故障时，备用主机应在60 s内自动投入工作 3. 中心站要有双回路供电系统图，不间断电源每个季度至少进行一次放电试验，要确保不间断电源不小于4 h的备用量 4. 煤矿要建立监控系统数据库，系统数据备份并保存2年以上，系统数据备份在监测监控运行主机以外的电脑上或移动硬盘上	1. 查现场或监控系统年度记录、防雷实验报告 2. 查安全监控系统的主机是否为双机热备，连续运行 3. 查中心站是否设双回路供电，是否配备不小于4 h在线式不间断电源 4. 查井下分站是否有备用电源，是否能保证断电时监测设备可以连续运行2 h 5. 查双回路供电图、查不间断电源测试记录，看不间断电源是否符合要求 6. 查中心站设备是否设有可靠的接地装置和防雷装置 7. 查安全监控系统显示和控制终端是否设置在矿调度室 8. 查24 h是否有监控人员值班 9. 查是否建立监控系统数据库，系统数据有无备份并保存2年以上 10. 查报表是否有异常情况、领导是否签署意见	1. 安全监控系统图 2. 安全监控主机房布置图 3. 安全监控主机房供电图 4. 主机故障记录 5. 录音电话 6. 不间断电源 7. 双回路供电图、不间断电源测试记录 8. 主备机切换记录 9. 防雷装置测试记录 10. 值班安排表 11. 值班记录、交接班记录 12. 监控系统运行状态记录或监控系统运行日志 13. 监控系统数据库及其备份 14. 值班人员上岗证	

表4.1.1(续)

项目	项目内容	基本要求	标准分值	评分方法	执行指南	核查细则	资料清单	得分
四、安全监控(25分)	装备设置	甲烷传感器的安装类型、数量、位置、报警浓度、断电浓度、复电浓度、断电范围等符合规定;一氧化碳、风速、风向、温度、风筒状态、烟雾、设备开停等传感器安装位置符合要求,运行正常	4	查现场。甲烷传感器1处未安装不得分;报警、断电、复电不符合要求1处扣1分;其他不符合要求1处扣0.5分	1.《煤矿安全规程》第四百九十八条、第四百九十九条、第五百零二条、第五百零三条 2.《防治煤与瓦斯突出细则》第三十二条,《煤矿防灭火细则》第五十四条、第五十五条 3.《煤矿安全监控系统及检测仪器使用管理规范》(AQ 1029—2019)中的6、7	1. 查甲烷传感器的安装类型、数量、位置、报警浓度、断电浓度、复电浓度、断电范围等符合《煤矿安全规程》规定 2. 现场检查一氧化碳、风速、风向、温度、风筒状态、烟雾、设备开停等传感器安装位置是否符合要求,运行是否正常 3. 查系统装备是否实行挂牌管理 4. 查安全监控后台设置,看各传感器的报警值、断电值是否符合规定 5. 查测点删除、增加有无批准 6. 查系统运行是否正常	1. 安全监控设备台账 2. 安全监控设备挂牌管理资料 3. 安全监控设备布置图 4. 安全监控设备运行记录 5. 安全监控设备检查维护记录	

表4.1.1(续)

项目	项目内容	基本要求	标准分值	评分方法	执行指南	核查细则	资料清单	得分
四、安全监控(25分)	调校测试	载体催化甲烷传感器和便携式载体催化甲烷检测报警仪每半个月至少调校1次;激光甲烷传感器和便携式激光甲烷检测报警仪每半年至少调校1次;其他传感器和便携式检测报警仪应按有关标准定期调校;甲烷电闭锁和风电闭锁功能每半个月至少测试1次;其他安全监控设备每月至少调校或测试1次	4	查现场和资料。不符合要求1处扣1分	1.《煤矿安全规程》第四百九十二条 2.《煤矿安全监控系统及检测仪器使用管理规范》(AQ 1029—2019)中的8.3 3. 在线调校:安装使用的甲烷、一氧化碳、风速、温度传感器在设置地点在线调校 4. 现场调校:采用载体催化原理的甲烷传感器每15天至少调校一次、采用激光原理的甲烷传感器每6个月使用空气样和标准气样至少调校1次,其他传感器每月至少调校1次,有现场调校记录 5. 现场测试:甲烷电闭锁和风电闭锁功能每15天测试1次	1. 查载体催化甲烷传感器和便携式载体催化甲烷检测报警仪是否每半个月至少调校1次 2. 查激光甲烷传感器和便携式激光甲烷检测报警仪是否每半年至少调校1次 3. 查其他传感器和便携式检测报警仪是否按有关标准定期调校 4. 查甲烷电闭锁和风电闭锁功能是否每半个月至少测试1次 5. 查其他安全监控设备是否每月至少调校或测试1次 6. 查是否有调校、测试记录 7. 现场测试调校	1. 监测监控运行日志或运行记录 2. 安全监控设备月度调校、测试记录 3. 甲烷传感器调校记录 4. 甲烷电闭锁和风电闭锁功能测试记录	
		安全监控设备中断运行时,应查明原因、采取措施并及时处理,其间应采用人工监测补救安全措施,并做好记录	4	查现场和资料。不符合要求1处扣0.5分	“记录”包括故障记录和人工监测数据记录	1. 查安全监控设备是否有中断运行情况 2. 查监控系统中断运行采取的措施、分析的原因、处理的记录 3. 查人工补救监测记录 4. 查故障记录	1. 安全监控系统运行日志 2. 运行中断处理措施、原因分析、处理记录 3. 人工补救监测记录 4. 故障记录	

4.1.2 地质测量

本部分修订的主要变化

专家解读视频

(1) 调整结构内容。将专业名称由“地质灾害防治与测量”改为“地质测量”;把将原标准中的“防治水和防治冲击地压”两项内容纳入“重大灾害防治”;将原标准中的5张评分表,4种评分方法,合并为一张评分表、一种评分方法,使得检查及评分更加简单明了。

(2) 明确检查资料。新标准明确考核14类图纸资料、3项制度、两项报告,被考核煤矿不再需要提前准备大量图纸资料,仅准备日常必备图纸、制度及报告即可。

(3) 倡导科技创新。新增附加加分项,鼓励煤矿积极推进透明地质新理论、新技术、新方法、新装备等建设应用。考核期内,创新应用新理论、新技术、新方法、新装备并获得省部级以上奖项每1项加1分,最多加2分。

(4) 重点说明。评分表第一项“基础管理”→“装备管理”评分方法中,“为本矿服务的物探装备”,是指至少各有一种地质和水文地质物探装备,可自购装备,也可以是为本矿服务的有资质单位的装备。评分表第四项“资源储量管理”→“三量”管理中,对“三量”的考核检查,主要抽查一年内的“三量”报表、分析报告等资料。

(5) 重要条款调整。

① 装备管理新增地质信息数据库,每季度至少更新1次。

② 地质勘探及井下地质探测新增探测煤层的要求:有突出危险煤层的矿井,开拓新水平的井巷第一次揭穿(开)厚度为0.3 m及以上煤层时,必须超前探测煤层厚度及地质构造;石门、立井、斜井和平硐等井巷揭煤前,应采用物探、钻探等手段综合探测煤层厚度、地质构造、瓦斯、水文地质及顶底板等地质条件并编制揭煤地质说明书;在突出煤层顶、底板掘进岩巷时,必须超前探测煤层及地质构造。当巷道距离突出煤层的最小法向距离小于10 m时(在地质构造破坏带小于20 m时),执行先探后掘;当巷道不能揭露煤层全厚时,按规定的间距探测煤层全厚)。

③ 地质说明书及采后总结新增揭煤地质说明书及工作面和采取回采总结报告的编制时间要求。

④ 控制系统新增导线控制要求:基本控制导线应每隔300～500 m延长一次,采区控制导线应随巷道掘进30～100 m延长一次。

⑤ 贯通测量新增精度评定资料:贯通设计、贯通总结及贯通后联测资料齐全,有精度评定资料。

⑥ “三量”管理新增:季度末形成“三量”动态报表;最短“三量”可采期;“三量”可采期未达到规定要求采取的措施及上报要求。

⑦ 删除职工素质及岗位规范内容;删除地面沉陷观测项中建立地表塌陷裂缝治理台账、村庄搬迁台账内容。

一、工作要求

1. 基础管理。健全管理制度,按期完成各类地质报告修编、审批等基础工作;原始记录详实,成果资料、地质测量图纸等基础资料齐全,内容、填绘、存档符合规定。

【说明】　本条是对地质测量专业基础管理的工作要求。

1. 健全管理制度

煤矿企业、煤矿应配备地质副总工程师，设立地测部门并配齐所需的地质及相关专业技术人员和仪器设备，建立健全煤矿地质、测量工作规章制度；应当结合本单位实际情况建立健全预测预报制度、地质测量管理制度、测量通知单制度、地测资料档案管理制度等，建立地质资料档案室，并由专人负责管理。

2. 各类地质报告修编

(1)《煤矿地质工作细则》第十五条规定：煤矿地质类型每3年应重新确定。当煤矿发生突水(透水、溃水溃砂)、煤与瓦斯突出、冲击地压等较大以上事故或影响煤矿地质类型划分的地质条件发生较大变化时，煤矿应在1年内重新进行地质类型划分。

(2)《煤矿地质工作细则》第七十九条规定：基建煤矿移交生产前6个月，煤矿建设单位应组织编写建矿地质报告，由煤矿企业总工程师组织审批。第八十三条规定：基建煤矿移交生产后，应在3年内编写生产地质报告，之后每3年修编1次。

(3)《煤矿防治水细则》第十四条规定，矿井水文地质类型应当每3年修订1次。当发生较大以上水害事故或者因突水造成采掘区域或矿井被淹的，应当在恢复生产前重新确定矿井水文地质类型。

矿井地质报告、地质类型划分报告、水文地质类型划分报告由煤炭企业总工程师组织审批，无上级公司的煤矿应聘请专家评审。

3. 原始记录

(1) 各种地质、水文地质、测量原始记录薄应符合下列规定：封面有名称、编号、单位、日期，目录有标题及其所在页数，记录必须清楚、工整、禁止涂改，绘出草图或工作过程中所需的略图。

(2)《煤矿地质工作细则》第四十四条规定：煤矿地质观测应做到及时、准确、完整、统一。观测资料应及时整理并转绘在素描卡片、成果台账及相关图件上，由观测人员进行校对。

(3)《煤矿防治水细则》第二十七条规定，井下水文地质观测应当包括：对新开凿的井筒、主要穿层石门及开拓巷道，应当及时进行水文地质观测和编录，并绘制井筒、石门、巷道的实测水文地质剖面图或者展开图；各主要突水点应当作为动态观测点进行系统观测，并编制卡片，绘制平面图、素描图和水害影响范围预测图。

4. 成果资料、地质测量图纸

(1) 煤矿必须备齐区域地质资料和图件：矿区内各类地质报告；矿区构造纲要图；矿区地形地质图；矿区地层综合柱状图；矿区主要地质剖面图。

(2)《煤矿地质工作细则》第十七条规定，煤矿必须备齐下列地质资料及图件：地质勘探报告、建矿地质报告、煤矿地质类型划分报告、煤矿隐蔽致灾地质因素普查报告、生产地质报告等；煤矿地层综合柱状图、煤矿地形地质图或基岩地质图、煤矿煤岩层对比图、煤矿可采煤层底板等高线及资源储量估算图(急倾斜煤层加绘立面投影图和立面投影资源储量估算图)、煤矿地质剖面图；煤矿水平地质切面图(煤层倾角大于25°的多煤层煤矿)、勘探钻孔柱状图、矿井瓦斯地质图、矿井综合水文地质图、井上下对照图、巷道布置图；采掘(剥)工程平面图(急倾斜煤层要绘采掘工程立面图)、井巷、石门地质编录、工程地质图件、其他图件。

(3)《煤矿地质工作细则》第十八条规定,煤矿必须备齐下列地质资料台账:钻孔成果台账、地质构造台账、矿井瓦斯(煤层气)资料台账、煤矿水文地质资料台账、煤质资料台账、井筒、石门见煤点台账、工程地质资料台账、资源储量台账、井(矿)田及周边采空区、老窑地质资料台账、井下火区地质资料台账、封闭不良钻孔台账、其他资料台账。

(4)《煤矿测量规程》第238条规定:矿井测量原始资料包括地面三角测量、导线测量、高程测量、光电测距和地形测量记录簿;近井点及井上下联系测量(包括陀螺定向测量)记录簿;井筒十字中线及提升设备等的标定和检查记录簿;井下经纬仪导线及水准测量记录簿;井下采区测量和井巷工程标定记录簿;重要贯通工程测量记录簿;回采和井巷填图测量记录簿;地面各项工程施工测量记录簿;地表与岩层移动及建筑物变形观测记录簿。

矿井测量成果计算资料包括矿区首级控制和加密点的计算资料和成果台账,地形测量图根点及水准点的计算资料和成果台账;近井点和井上下联系测量的计算资料和成果台账,井下经纬仪导线和水准测量计算资料和成果台账,重要贯通测量的设计书及贯通测量的总结等。

(5)《煤矿测量规程》第230条规定:矿井必须具备的基本矿图有井田区域地形图、工业广场平面图、井底车场平面图、采掘工程平面图、井上下对照图、井筒(包括立井和主斜井)断面图、主要保护煤柱图。

(6)矿井应当建立水文地质信息管理系统,实现矿井水文地质文字资料收集、数据采集、台账编制、图件绘制、计算评价和水害预测预报一体化。

2. 地质管理。地质资料收集、调查、分析等工作规范,预测预报工作满足安全生产要求。

【说明】 本条是对地质测量专业地质管理的工作要求。

1. 地质资料收集、调查、分析等工作

(1)煤层、断层、褶曲、陷落柱、沉积岩、岩浆岩等地质观测及资料编录符合《煤矿地质工作细则》要求第四十六条至第五十二条规定;井下(现场)观测、记录、描述的地质现象,必须于升井后2天内整理完毕,并反映在相关图件、台账、素描等地质文档中。

(2)《煤矿地质工作细则》第五十九条规定:综合分析应包括含煤地层层序、沉积特征及其演化规律,煤层结构、煤体结构、煤层厚度、煤质等变化的原因和规律、构造及其组合特征、形成机制、展布规律和预测方法,含煤地层中岩浆岩侵入体的特征、分布规律及其对煤层和煤质的影响,瓦斯(或二氧化碳)赋存规律,水文地质特征,冲击地压特征,煤层顶底板、陷落柱、老空区、地热等地质问题,隐蔽致灾地质因素,采探对比,影响边(护)坡、排(矸)土场稳定性的因素,煤矿建设和生产中新出现的地质问题。

综合分析成果应及时反映在煤矿相关地质报告、地质说明书、地质预报及各类地质图件上。

2. 地质勘探及井下地质探测

(1)《煤矿地质工作细则》第三十九条规定:煤矿地质补充勘探工程应遵循物探、钻探和化探等手段相结合的原则,井上下钻探、物探、化探工程应有设计、有成果和总结报告,

(2)《煤矿地质工作细则》第四十条规定:井工煤矿补充勘探工程布置应坚持井上下结合,且与井巷设计工程结合。勘探线原则上应垂直于煤层走向布设。沿走向推进的露天煤矿应平行于煤层走向布设,勘探线之间应尽量保持平行等距,并和地质剖面线一致。补充勘探钻孔应穿过最下部可采煤层底板至少30 m。

(3)《煤矿安全规程》第一百九十七条规定，有突出危险煤层的新建矿井或者突出矿井，开拓新水平的井巷第一次揭穿(开)厚度为0.3 m及以上煤层时，必须超前探测煤层厚度及地质构造、测定煤层瓦斯压力及瓦斯含量等与突出危险性相关的参数。

(4)《煤矿地质工作细则》第七十二条规定：石门、立井、斜井和平硐等井巷揭煤前，应采用物探和钻探等手段综合探测煤层厚度、地质构造、瓦斯、水文地质及顶底板等地质条件，根据探查情况，编写揭煤地质说明书，提出防范措施及建议，揭煤地质说明书由煤矿总工程师审批。

(5)《防治煤与瓦斯突出细则》第二十九条规定：在突出煤层顶、底板及邻近煤层中掘进巷道(包括钻场等)时，必须超前探测煤层及地质构造情况，分析勘测验证地质资料，编制巷道剖面图，及时掌握施工动态和围岩变化情况，防止误穿突出煤层。当巷道距离突出煤层的最小法向距离小于10 m时(在地质构造破坏带小于20 m时)，必须先探后掘。

在距突出煤层突出危险区法向距离小于5 m的邻近煤、岩层内进行采掘作业前，必须对突出煤层相应区域采取区域防突措施并经区域效果检验有效。

(6)《煤矿地质工作细则》第八十八条规定：回采工作面形成后，应开展相关物探、钻探等补充地质探查工作，查明工作面内部地质构造及其导(含)水性、顶底板富水异常区、瓦斯异常区、上覆坚硬岩层和遗留煤柱等情况。探查治理工作结束后10日内，由地测部门提出回采工作面地质说明书，由煤矿总工程师审批。

(7)《煤矿地质工作细则》第四十七条规定：煤层观测应观测煤层厚度、煤分层厚度、宏观煤岩成分和类型，夹矸(层)厚度、岩性和坚硬程度，煤体结构及其空间展布，裂隙发育特征；当巷道不能揭露煤层全厚时，按表4规定的间距探测煤层全厚。

表4　煤层观测点间距

煤层稳定性	稳定	较稳定	不稳定	极不稳定
观测点间距 l/m	$50<l\leqslant100$	$25<l\leqslant50$	$10<l\leqslant25$	$l\leqslant10$

(8)《煤矿防治水细则》第三十八条规定：在地面无法查明水文地质条件时，应当在采掘前采用物探、钻探或者化探等方法查清采掘工作面及其周围的水文地质条件。

3. 地质预报

(1)《煤矿地质工作细则》第六十三条规定，地质预报应符合下列基本要求：地测部门与采掘、通防、防冲等部门应密切配合，及时研究被揭露的各种地质现象，分析地质规律；地质预报应按年报、月报、临时性预报等形式进行，且应根据采掘(剥)工程的进展及时发出；地质预报应做到期前预报、期末总结，预报与实际出入较大时，应分析原因，总结经验，提高地质预报质量；地质预报经煤矿总工程师审查签字后生效。

(2)《防治煤与瓦斯突出细则》第二十五条规定，突出矿井地质测量工作必须遵守下列规定：① 地质测量部门与防突机构、通风部门共同编制矿井瓦斯地质图。图中应当标明采掘进度、被保护范围、煤层赋存条件、地质构造、突出点的位置、突出强度、瓦斯基本参数及绝对瓦斯涌出量和相对瓦斯涌出量等资料，作为区域突出危险性预测和制定防突措施的依据。矿井瓦斯地质图更新周期不得超过1年、工作面瓦斯地质图更新周期不得超过3个月。② 地质测量部门在采掘工作面距离未保护区边缘50 m前，编制临近未保护区通知单，并报煤矿总工程师审批后交有关采掘区(队)。③ 在突出煤层顶、底板掘进岩巷时,地质测量部门必须提前进行地质预测,编制巷道剖面图,及时掌握施工动态和围岩变化情况,验证提供的地质资料,并定期通报给煤矿防突机构和采掘区(队);遇有较大变化时,随时通报。

(3)《煤矿防治水细则》第四十条规定:矿井受水害威胁的区域,巷道掘进前,地测部门应当提出水文地质情况分析报告和水害防治措施,由煤矿总工程师组织生产、安检、地测等有关单位审批。

(4)《煤矿防治水细则》第四十一条规定:工作面回采前,应当查清采煤工作面及周边老空水、含水层富水性和断层、陷落柱含(导)水性等情况。地测部门应当提出专门水文地质情况评价报告和水害隐患治理情况分析报告,经煤矿总工程师组织生产、安检、地测等有关单位审批后,方可回采。发现断层、裂隙或者陷落柱等构造充水的,应当采取注浆加固或者留设防隔水煤(岩)柱等安全措施;否则,不得回采。

3. 测量管理。执行测量工作通知单制度,测量控制系统健全,原始记录详实,测量成果真实齐全。

【说明】 本条是对地质测量专业测量管理的工作要求。

1. 控制系统

(1)《煤矿测量规程》第75条规定:井下平面控制分为基本控制和采区控制两类。两类控制导线都应敷设成闭(附)合导线或复测支导线。

基本控制导线按测角精度分为±7″、±15″两级,采区控制导线亦按测角精度分为±15″、±30″两级。

(2)《煤矿测量规程》第90条规定:基本控制导线一般应每隔300～500 m延长一次。采区控制导线应随巷道掘进30～100 m延长一次。

当掘进工作面接近各种采矿安全边界(水、火、瓦斯、老空区及重要采矿技术边界)时,除应及时延长经纬仪导线外,还必须以书面手续报告矿(井)技术负责人,并通知安全检查和施工区、队等有关部门。

2. 贯通测量

(1)《煤矿测量规程》第208条规定:进行重要贯通测量前,须编制贯通测量设计书,按设计要求制定测设方案,选择测量仪器和工具,确定观测方法及限差要求;绘制贯通测量导线设计图,比例尺应不小于1∶2000。

重要贯通测量设计书应报煤矿企业总工程师审批。

(2)《煤矿测量规程》第215条规定:井巷贯通后,应在贯通点处测量贯通实际偏差值,并将两端导线、高程连接起来,计算各项闭合差。

重要贯通测量完成后,还应进行精度分析,并做出总结。总结要连同设计书和全部内、外业资料一起保存。

3. 测量通知单

贯通、开掘、放线变更、停掘、停采、过空间距离小于巷高或巷宽4倍的相邻巷道等重点测量工作,及时发送通知单。

4. 原始记录详实,测量成果真实齐全

(1)《煤矿测量规程》第244条规定:各种测量原始记录簿应符合下列规定:封面有名称、编号、单位、日期,目录有标题及其所在页数,记录必须清楚、工整,禁止涂改,绘出草图或工作过程中所需的略图。

(2)《煤矿测量规程》第 245 条规定：各种内业计算簿及成果(台账)簿应符合下列规定：封面有名称、编号、单位、日期，目录有标题及其所在页数，用蓝黑墨水和铅笔工整书写计算数字，取消和重新计算部分要加以说明，在备注栏内应绘出必要的略图，写明引用资料或起算数据的由来，列出计算结果的各项闭合差等。

(3)《煤矿测量规程》第 246 条规定：所有的测量记录簿、计算簿和成果台账等均应有测量、记录、计算、检查者签字，并注明各项工作开始和完成的日期。

4. 资源储量管理。煤矿“三量”符合规定，不符合规定的主动采取限产或停采措施。

【说明】 本条是关于地质测量专业资源储量管理的工作要求。

1. 煤矿“三量”

(1)《煤矿测量规程》第 2 条规定：应定期进行矿井“三量”(开拓煤量、准备煤量和回采煤量)、露天矿“二量”(开拓煤量、回采煤量)和露天矿采剥量的统计分析。

(2)《防范煤矿采掘接续紧张暂行办法》第三条规定，矿井开拓煤量可采期应当符合下列规定：① 煤与瓦斯突出矿井、水文地质类型极复杂矿井、冲击地压矿井不得少于 5 年；② 高瓦斯矿井、水文地质类型复杂矿井不得少于 4 年；③ 其他矿井不得少于 3 年。

矿井准备煤量可采期应当符合下列规定：① 水文地质条件复杂和极复杂矿井、煤与瓦斯突出矿井、冲击地压矿井、煤巷掘进机械化程度与综合机械化采煤程度的比值小于 0.7 的矿井不得少于 14 个月；② 其他矿井不得少于 12 个月。

矿井回采煤量可采期应当符合下列规定：① 2 个及以上采煤工作面同时生产的矿井不得少于 5 个月；② 其他矿井不得少于 4 个月。

2. 主动采取限产或停采措施

《防范煤矿采掘接续紧张暂行办法》第五条规定：矿井发现“三量”可采期未达到规定要求的，应当及时报告上级公司，并主动降低产量，制定相应的灾害治理和采掘调整计划方案。矿井可根据采掘接续紧张的严重程度，相应调减计划产量，或减少同时作业的采煤工作面个数，并形成正式文件或纪要，报上级公司或负责属地监管的煤矿安全监管部门。工作面回采结束后无接续工作面的，应当确定停采期，并制定停采措施。采取限产措施后，开拓、准备、回采煤量计算基础、可采期符合要求。

二、评分方法

1. 存在重大事故隐患的，本部分不得分。

2. 按表 4.1.2 评分，总分为 100 分。按照所检查存在的问题进行扣分，各小项分数扣完为止。

3. 附加项评分

符合要求的得分，不符合要求的不得分也不扣分。附加项得分计入本专业总得分，最多加 2 分。

《煤矿测量规程》

《生产矿井储量管理规定》

《防范煤矿采掘接续紧张暂行办法》

表 4.1.2　井工煤矿地质测量标准化评分表

项目	项目内容	基本要求	标准分值	评分方法	执行指南	核查细则	资料清单	得分
一、基础管理(35分)	制度建设	建立地质测量管理制度,内容包括预测预报、地质测量管理、资料档案管理等	5	查资料。未建立制度不得分;制度不符合规定1处扣0.5分;不执行1处扣1分	1. 矿井应建立与自身地质条件相适应的地质测量各项规章制度;各项制度应系统完善,针对性强,并行文下发,便于考核 2. 制度应遵照《煤矿安全规程》《煤矿防治水细则》《煤矿地质工作细则》《煤矿测量规程》等法规要求建立 3. 制度有缺陷是指技术管理不够精细、不够严密、不闭合或技术管理上很难操作等	1. 查是否建立地质测量相关管理制度,是否行文下发 2. 查各项制度是否齐全 3. 查制度内容是否符合国家规定,是否完整 4. 查制度是否有缺陷、有针对性、可操作性 5. 现场核查各项制度的落实情况	1. 有下列制度,并有发布文件: (1) 预测预报制度; (2) 地质测量管理制度; (3) 资料档案管理制度 2. 各项制度执行考核记录	
	地质报告	按规定编制煤矿生产地质报告、煤矿地质类型划分报告,并按要求审批	5	查资料。无报告不得分;未按期修编报告1次扣2分;未按要求审批1次扣1分;未按规定划分煤矿地质类型扣2分	煤矿生产地质报告、煤矿地质类型划分报告应按照《煤矿地质工作细则》第十五条、第七十九条、第八十三条规定的时限和内容进行编制,并由煤矿企业总工程师审定	1. 查《生产地质报告》《煤矿地质类型划分报告》是否按规定编制 2. 查报告是否按规定审批 3. 查报告是否按规定重新修编	1. 不同生产阶段的煤矿生产地质报告 2. 煤矿地质类型划分报告 3. 两个报告的审批文件 4. 报告编制时间、人员等记录	

表4.1.2(续)

项目	项目内容	基本要求	标准分值	评分方法	执行指南	核查细则	资料清单	得分
一、基础管理(35分)	图纸台账管理	1. 有地层综合柱状图，可采煤层底板等高线及资源储量估算图(急倾斜煤层加绘立面投影图和立面投影资源储量估算图)，地形地质图、地质剖面图，勘探钻孔柱状图，瓦斯地质图，井上下对照图，采掘工程平面图(急倾斜煤层要绘采掘工程立面图)，综合水文地质图，综合水文地质柱状图，水文地质剖面图，充水性图，涌水量与相关因素动态曲线图，防治水"三区"管理图 2. 建立《煤矿防治水细则》《煤矿地质工作细则》《煤矿测量规程》规定的台账	15	查资料。图纸每缺1种扣5分，台账每缺1项扣2分；台账、图纸未及时更新、内容不全或错误1处扣0.5分；图例、注记不符合要求1处扣0.2分	1. 第1项中地质图件按照《煤矿地质工作细则》第十六条、第十七条，《煤矿防治水细则》第十六条、第十七条、第七十八条，《煤矿地质测量图技术管理规定》《煤矿地质测量图例》的相关要求编制 2. 第2项台账符合《煤矿地质工作细则》第十八条，《煤矿防治水细则》第十五条，《煤矿测量规程》第六篇第二章的规定	1. 查图纸是否齐全，是否符合《煤矿地质工作细则》《煤矿防治水细则》的规定 2. 查台账是否齐全 3. 随机抽查图纸、台账内容是否符合《煤矿地质测量图技术管理规定》《煤矿地质测量图例》的规定 4. 细查部分图件，看图幅、图例、注记是否规范 5. 细查部分地质台账，看内容是否齐全、清晰、规范 6. 查各图种是否全有电子文档	1. 矿井地层综合柱状图，可采煤层底板等高线及资源储量估算图(急倾斜煤层加绘立面投影图和立面投影资源储量估算图)，地质剖面图，勘探钻孔柱状图，矿井瓦斯地质图，井上下对照图，采掘工程平面图(急倾斜煤层要绘采掘工程立面图)，保安煤柱图，工作面生产日常用平剖面图，综合水文地质图，矿井综合水文地质柱状图，矿井水文地质剖面图，矿井充水性图，矿井涌水量与相关因素动态曲线图，防治水"三区"管理图 2. 矿井钻孔成果台账、封闭不良钻孔台账、抽(放)水试验成果台账、突水点台账、矿井与周边煤矿采空区相关资料台账、物探成果验证台账；地质、水文地质基础资料台账、图件及电子文档；矿区首级控制和加密点的计算资料和成果台账；地形测量图根点及水准点的计算资料和成果台账；近井点和井上下联系测量的计算资料和成果台账；井下经纬仪导线和水准测量计算资料和成果台账；重要贯通测量的设计书及贯通测量的总结等	

表4.1.2(续)

项目	项目内容	基本要求	标准分值	评分方法	执行指南	核查细则	资料清单	得分
一、基础管理(35分)	原始记录	地质、测量的观测、描述应在现场进行，并记录在专门的记录簿上，记录簿统一编号保存	2	查资料。无原始记录不得分；其他不符合要求1处扣0.5分	1. 符合《煤矿地质工作细则》第四十四条规定，观测、描述、记录应在现场进行，并记录在专门的地质记录簿上，记录簿统一编号，妥善保存 2. 井下水文地质观测符合《煤矿防治水细则》第二十七条规定 3. 各种测量原始记录簿应符合《煤矿测量规程》第244条规定	1. 查是否有专用地质、水文地质、测量、水准测量原始记录簿，是否统一编号 2. 查记录簿目录、内容是否齐全，原始记录应做到专用，不得混用，一工作面一记录 3. 随机抽查原始记录本是否规范，内容齐全，字迹、草图清楚 4. 查看原始记录是否分档管理、按顺序保存	1. 地质原始记录簿、测量原始记录簿、水准测量原始记录簿、水文地质观测记录簿 2. 专用原始记录本	
	资料存档管理	图纸、资料、文件等分类保管，建立纸质和电子目录索引、借阅记录台账，存档管理，电子文档至少每半年备份1次	3	查资料。未分类保管扣2分，未建立目录索引和借阅记录台账扣1分；存档不齐，缺1种扣1分；电子文档备份不全，缺1种扣1分	本条符合《煤矿地质工作细则》第十九条和《煤矿防治水细则》第十九条的规定，要求图纸、资料、文件等资料应归档管理，并分档按时间顺序保存，有目录、索引，便于查找；并建有电子文档，每半年至少更新备份1次，电子文档备份应用专门的存储设备	1. 查是否建立档案资料室 2. 查资料档案是否保存齐全、分类保管，图纸、资料、文件等资料是否归档管理 3. 查档案资料是否有目录、索引，便于查找 4. 查是否有借阅台账 5. 查电子文档是否定期进行备份，是否有专门的存储设备	1. 档案管理制度 2. 档案目录、索引 3. 纸质档案 4. 电子档案 5. 借阅台账 6. 备份存储设备	

表4.1.2(续)

项目	项目内容	基本要求	标准分值	评分方法	执行指南	核查细则	资料清单	得分
一、基础管理(35分)	装备管理	1. 配置必要装备，规格及数量满足规定和工作需要； 2. 建立健全地质信息数据库，每季度至少更新1次； 3. 地测防治水仪器定期校检并建立台账	5	查现场和资料。在用装备不能正常使用1台扣2分；无为本矿服务的物探装备扣1分；在用的仪器未按期校检1次扣1分，未建立仪器校检台账扣1分；未建立地质信息数据库扣2分，未按季度更新1次扣1分	本条符合《煤矿测量规程》第4条规定： 1. 煤矿企业要尽量装备交互式的地测信息系统，实现煤矿企业系统内部联网运行；联网运行的地测信息系统既要实现矿井内部管理系统联网运行，又能与上级管理机构联网运行 2. 矿井地质、防治水、防突、防冲等技术工作，视矿井地质灾害情况至少采用一种有效的物探装备；当矿井的某一地质灾害危害程度较大，或存在较多的危害条件时，应采取适合其技术管理需求的多种物探装备或手段 3. “为本矿服务的物探装备”是指至少各有一种地质和水文地质物探装备，可以是自购装备，也可是为本矿服务的有资质单位的装备	1. 查是否建立设备、仪器登记台账，是否定期校验 2. 查配备的仪器、设备是否满足要求 3. 查是否建立地质信息库，是否按每季度更新1次更新 4. 查现场仪器装备是否完好、正常使用	1. 测量仪器、流速仪、物探设备、防治水仪器等设备台账 2. 定期校验证书 3. 地测信息数据库及更新记录	
二、地质管理(35分)	地质观测与分析	1. 煤层、断层、褶曲、陷落柱、沉积岩、岩浆岩等地质观测及地质资料编录符合《煤矿地质工作细则》要求； 2. 跟踪地质变化，进行地质分析，及时提供分析成果及相关图件，满足生产需要	10	查现场和资料。地质编录不及时1处扣2分；现场观测不符合《煤矿地质工作细则》要求1处扣0.5分；综合分析成果与资料内容存在明显漏洞或错误1处扣2分；分析成果及相关图件不能及时满足生产需要扣5分	1. 本条符合《煤矿地质工作细则》第四十四条～第五十一条、第五十三条、第五十九条规定 2. 要有井下各采掘工作面的专用原始记录本，观测内容和周期符合《煤矿地质工作细则》的规定，收集资料必须于两天内反映到相关图件或台账、素描等地质文档中 3. 按照《煤矿地质工作细则》的要求，跟踪地质变化，进行综合分析，并将分析成果反映在煤矿生产地质报告、地质说明书及各类地质图件上	1. 查是否建立地质观测专用记录本并定期观测，查地质观测与资料编录是否及时、准确、完整、统一 2. 查是否进行地质编录，编录内容是否符合要求 3. 查成果资料和综合分析资料，是否有针对性、是否满足生产工作需要 4. 查是否进行地质分析，并提供分析成果及相关图件	1. 地质观测（煤层、断层、褶曲、陷落柱、沉积岩、岩浆岩等地质观测）与资料编录、综合分析原始记录及相关素描卡片、素描图、台账 2. 地质编录、填绘图件、台账、素描等地质文档 3. 地质分析成果及相关图件	

表4.1.2(续)

项目	项目内容	基本要求	标准分值	评分方法	执行指南	核查细则	资料清单	得分
二、地质管理(35分)	地质勘探及井下地质探测	1. 井上下钻探、物探、化探工程有经过批准的设计、有成果和总结报告 2. 有突出危险煤层的矿井，开拓新水平的井巷第一次揭穿(开)厚度为0.3 m及以上层时，必须超前探测煤层厚度及地质构造 3. 石门、立井、斜井和平硐等井巷揭煤前，应采用物探、钻探等手段综合探测煤层厚度、地质构造、瓦斯、水文地质及顶底板等地质条件并编制揭煤地质说明书 4. 在突出煤层顶、底板掘进岩巷时，必须超前探测煤层及地质构造。当巷道距离突出煤层的最小法向距离小于10 m时(在地质构造破坏带小于20 m时)，执行先探后掘 5. 回采工作面形成后，应开展补充地质探查工作 6. 当巷道不能揭露煤层全厚时，按规定的间距探测煤层全厚	10	查现场和资料。无勘探设计、勘探成果或总结报告1项扣5分；未按规定开展勘探1次扣3分；未按规定进行超前探测1次扣3分；超前探测钻孔设计及施工不符合有关规定1处扣0.5分；未按规定探测煤厚1次扣1分；施工结果与设计偏差较大而未分析原因并采取措施1次扣2分；回采工作面形成后，未开展补充地质探查工作1处扣3分；因地质超前探测不到位，造成事故或误揭煤层、断层(落差超出煤厚2/3)、误入突出煤层法距5 m以内不得分	1. 第1项应按照“地质先行—物探跟进—钻探验证—综合分析—预测预报”的工作模式，采取“地面、井下相结合，化探、物探、钻探等多种手段相配合”的探测思路开展工作 2. 第2项符合《煤矿安全规程》第一百九十七条的规定 3. 第3项符合《煤矿地质工作细则》第七十二条的规定 4. 第4项符合《煤矿安全规程》第一百九十八条和《防治煤与瓦斯突出细则》第二十九条的规定 5. 第5项符合《煤矿地质工作细则》第八十八条的规定 6. 第6项中当巷道不能揭露煤层全厚时，煤巷掘进按《煤矿地质工作细则》第四十七条探测煤厚；工作面回采按《生产矿井储量管理规程》第47条探测煤厚 7. “补充勘探钻孔穿过最下部可采煤层底板至少30m”仅限2024年3月1日以后设计并施工的地面勘探钻孔	1. 查井上下物探是否有经过批准的设计、审批、成果和总结报告 2. 查是否按规定进行地质补勘、揭露煤层前是否进行超前探测煤层厚度及地质构造 3. 查井巷揭煤前，是否探测煤层厚度、地质构造、瓦斯、水文地质及顶底板等地质条件，是否编制揭煤地质说明书 4. 查在突出煤层顶、底板掘进岩巷时，是否超前探测煤层及地质构造，是否执行先探后掘 5. 查回采工作面形成后是否补充进行物探、钻探 6. 查当巷道不能揭露煤层全厚时是否进行探测、记录	1. 物探设计、施工安全技术措施、成果报告、审批资料 2. 图纸、年度作业计划，施工地点地质补堪设计、审批 3. 图纸、月度作业计划，石门、立井、斜井和平硐等井巷揭煤前物探和钻探设计、措施、总结，回采工作面物探、钻探报告、总结 4. 煤层探测设计、安全技术措施、原始记录、素描图 5. 回采工作面形成后物探设计、物探报告，钻探设计、工作面评价报告 6. 掘进工作面受煤层顶底板水、老空水威胁时探放水设计、安全技术措施、总结	

表4.1.2(续)

项目	项目内容	基本要求	标准分值	评分方法	执行指南	核查细则	资料清单	得分
二、地质管理(35分)	地质说明书及采后总结	1. 按规定提交、审批采区地质说明书、掘进工作面地质说明书、回采工作面地质说明书； 2. 揭煤工作面距待揭煤层最小法距10 m前或揭煤巷道开口前(在地质构造复杂、岩石破碎的区域法距20 m前)，编写揭煤地质说明书，由煤矿总工程师审批； 3. 工作面回采结束后，30日内提出采后地质总结报告，采区开采结束后6个月内，提出采区地质总结报告，报煤矿总工程师审核	5	查资料。地质说明书缺1次扣2分；未按规定进行审批1次扣1分；文字、原始资料、图纸与实际不符或内容不全1处扣0.2分；未按时提出地质说明书，或在生产过程中未根据实际揭露地质情况对采区地质说明书及时进行补充完善的扣1分；未按规定提出采后地质总结报告1次扣1分，内容不符合要求1处扣0.2分	1. 第1项符合《煤矿地质工作细则》第八十四条、第八十六条、第八十八条的规定，采区地质说明书于设计前3个月、掘进工作面地质说明书于设计前1个月、回采工作面地质说明书于探查治理工作结束后10日内按规定进行审批 2. 第2项符合《煤矿安全规程》《煤矿地质工作细则》的规定 3. 第3项符合《煤矿地质工作细则》第九十条的规定 4. 地质基础资料台账，地质基础资料图件，地质基础资料电子文档，台账、图件齐全、清晰、规范，图件的图幅、图例、注记规范	1. 查近期编制的地质说明书是否齐全，图、文是否一致，文字、图纸是否符合《煤矿地质工作细则》要求；内容是否齐全、清晰、规范；是否经总工审批 2. 查近期编制的采后总结，内容是否符合规定，编制时间是否符合要求 3. 采后总结是否按规定编制，并按规定审核 4. 查必备的台账、图件是否齐全；细查部分图件，看图幅、图例、注记是否规范 5. 细查报告内容是否齐全 6. 查是否有电子文档	1. 采区地质说明书 2. 回采工作面地质说明书 3. 掘进工作面地质说明书 4. 揭煤地质说明书 5. 地质说明书审批记录 6. 工作面回采总结 7. 采区回采总结 8. 地质基础资料台账 9. 地质基础资料图件 10. 地质基础资料电子文档	

表4.1.2(续)

项目	项目内容	基本要求	标准分值	评分方法	执行指南	核查细则	资料清单	得分
二、地质管理(35分)	地质预报、水害预报	1. 地质预报应有年报、月报和临时性预报,预报与实际出入较大时,应分析原因,采取措施 2. 突出矿井,采掘工作面距未保护区边缘50 m前,及时编制发放临近未保护区通知单 3. 水害预报内容符合《煤矿防治水细则》要求,内容齐全,有年报、月报和临时性预报,应包含突水危险性评价和水害处理意见等内容	10	查资料及现场。年报、月报、临时性预报缺1次扣5分;年报、月报覆盖工作面缺1个扣2分;井(矿)田内落差大于5 m的断层及直径大于20 m的陷落柱,未能做到超前查明并预报1次扣5分;其他不符合要求1处扣1分	1. 第1项符合《煤矿地质工作细则》第二十四条、第六十三条、第六十四条的规定 2. 第2项符合《防治煤与瓦斯突出细则》第二十五条的规定 3. 第3项符合《煤矿防治水细则》第三十七条、第四十条、第四十一条的规定 4. 地质预报既要有文字说明,又要有附图。除临时性预报外,还应做到月有月报、年有年报,并以年为单位装订成册、归档保存 5. 预报的内容应符合要求,预报结果应保证矿井正常安全生产,无因预报错误造成的工程事故;必要时应做临时预报	1. 查是否编制地质年报、月报和临时性预报,查年报、月报和临时性预报,是否齐全、是否以年为单位装订成册,归档保存 2. 查突出矿井是否按规定根据采掘工作面进度编制通知单 3. 查是否编制水害地质年报、月报和临时性预报 4. 细查近期预报内容是否符合规定,是否按规定审批 5. 查年报、月报是否有缺的工作面 6. 查井(矿)田内是否有断层(落差＞5 m)和陷落柱(直径大于20 m)未预报的	1. 矿井地质年报、采掘地点月预报和临时性预报 2. 临近未保护区通知单 3. 水害预报年报、采掘地点月预报和临时性预报,突水危险性评价和水害处理意见	

表4.1.2(续)

项目	项目内容	基本要求	标准分值	评分方法	执行指南	核查细则	资料清单	得分
三、测量管理(20分)	控制系统	1. 测量控制系统健全，精度符合《煤矿测量规程》要求 2. 及时延长井下基本控制导线和采区控制导线，基本控制导线应每隔300～500 m延长一次，采区控制导线应随巷道掘进30～100 m延长一次	5	查现场。测量控制系统不健全不得分；未按要求延长导线1次扣1分；其他不符合要求1处扣0.5分	1. 煤矿测量基础工作应做到：建立健全测量控制系统，地面控制网齐全、控制点完好，控制精度达到《煤矿测量规程》要求，能满足生产需要 2. 按《煤矿测量规程》第90条的规定敷设井下基本控制导线和采区控制导线，导线精度达到《煤矿测量规程》规定要求且延长及时	1. 查是否建立健全测量控制系统，井上下控制网齐全 2. 查井下基本控制导线和采区控制导线是否及时延长 3. 联系测量成果台账，查精度是否符合要求，现场近井点保存是否完好 4. 查控制导线成果台账，导线精度是否符合要求	1. 井上下测量控制网图 2. 井上测量控制网台账 3. 井下基本控制导线和采区控制导线台账 4. 采掘工程平面图，控制点布置图 5. 原始记录本	
	贯通测量	1. 贯通精度满足设计要求，两井贯通和一井内导线距离3000 m以上贯通测量工程应有设计，并按规定审批和总结 2. 贯通设计、贯通总结及贯通后联测资料齐全，有精度评定资料	5	查现场和资料。未编制贯通测量设计或未经审批、没有总结1次扣2分；贯通误差超过允许偏差值1处扣1分；其他不符合要求1处扣0.5分	两井贯通和一井内3000 m以上贯通测量工程应有设计、审批和总结，贯通测量精度符合《煤矿测量规程》第208条至第215条的规定和工作要求。贯通容许偏差值一般由采矿设计人员提出，由总工程师召集采矿设计人员、管理人员、测量负责人根据工程性质和采矿需要共同研究决定	1. 查是否编制贯通测量设计并审批，贯通后总结 2. 查是否有贯通计算、标定台账，贯通联测记录及精度评定 3. 查贯通精度是否符合实际要求	1. 贯通设计、审批、原始记录、设计解算、标定台账 2. 联测记录、测量精度、精度评定资料 3. 贯通总结	

表4.1.2(续)

项目	项目内容	基本要求	标准分值	评分方法	执行指南	核查细则	资料清单	得分
三、测量管理(20分)	测量通知单	贯通、开掘、放线变更、停掘、停采、过空间距离小于巷高或巷宽4倍的相邻巷道等重点测量工作,及时发送通知单	5	查资料。未按要求下发通知单1次扣2分;通知单签字不齐全1次扣1分;其他内容不符合要求1处扣0.5分	1."通知单提前发送到施工单位"是指贯通透巷、停掘、停采及相邻巷道通知单应提前(单向贯通:岩巷20～30 m,煤巷30～40 m,快速掘进50～100 m,过巷等安全距离通知单提前20 m;两头相向贯通:岩巷相距大于40 m,煤巷单向综掘之间相距大于70 m,开采冲击地压煤层矿井综掘相距大于50 m;煤与瓦斯突出矿井煤巷掘进60～80 m)发送到施工单位 2."放线变更"指因巷道方位或坡度调整,设计修改而进行的变更 3.巷道开掘标定前必须对起算数据、导线点坐标、已知方位、设计方位、标定参数等进行认真检查、核对。坚持对透巷、贯通、开掘、放线变更、停掘停采、过断层、冲击地压带、突出区域、过空间距离小于巷高或巷宽4倍的相邻巷道等重点测量工作,执行通知单制度	1.查是否进行贯通、开掘、放线变更、停掘、停采、过空间距离小于巷高或巷宽4倍的相邻巷道等重点测量工作 2.查通知单是否按规定审批、发放	1.采掘接替计划及图表 2.巷道施工通知单及设计图纸 3.标定设计图 4.巷道贯通、开掘、放线变更、停掘、停采、过空间距离小于巷高或巷宽4倍的相邻巷道等重点测量工作通知单	

表4.1.2(续)

项目	项目内容	基本要求	标准分值	评分方法	执行指南	核查细则	资料清单	得分
三、测量管理(20分)	地面沉陷观测	进行地面沉陷观测和分析，提供符合矿井情况的有关岩移参数；及时填绘采煤沉陷综合治理图；绘制矿井范围内受采动影响土地塌陷图表	5	查现场和资料。未进行地面沉陷观测或分析不得分；岩移参数提供不符合要求1处扣2分；观测站设置和观测不符合要求1处扣1分；图表不符合要求1处扣0.5分	煤矿开采沉陷治理工作一般要求： 1. 生产矿井都应根据本矿和邻矿观测资料，提出适用于本矿的地表移动参数及预计方法，满足“三下”开采、环保、造地、复田、迁村购地及建筑保护等的需要 2. 一般矿井都要建立岩移或地表移动观测站，并定期进行工业广场重要建(构)筑物沉降、变形观测；设站、观测等应符合《建筑物、水体、铁路及主要井巷煤柱留设与压煤开采规范》《建筑变形测量规范》及《煤矿测量规程》的要求 3. 采煤沉陷综合治理图，以地形图为底图；矿井范围内受采动影响土地塌陷图表及时更新	1. 查是否建立地面沉陷观测站，是否进行观测分析 2. 查岩移参数是否符合要求 3. 查是否绘制采煤沉陷综合治理图 4. 查是否绘制矿井范围内受采动影响土地塌陷图表	1. 地面沉陷观测记录 2. 工业广场内重要建筑物的变形观测记录 3. 岩移参数 4. 采煤沉陷综合治理图 5. 矿井范围内受采动影响土地塌陷图表	

表4.1.2(续)

项目	项目内容	基本要求	标准分值	评分方法	执行指南	核查细则	资料清单	得分
四、资源储量管理(10分)	三量管理	1. 每季度分析形成期末“三量”动态报表;根据采掘接续变化,每年不少于1次对“三量”动态变化进行统计和分析,形成分析报告 2. 根据采掘工作面接续计划,计算最短“三量”可采期 3. “三量”可采期未达到规定要求的,应当报告煤矿企业,并主动采取限产或停产措施,制定相应的灾害治理和采掘调整计划方案,上报煤矿企业;采取限产措施后,开拓、准备、回采煤量可采期符合规定	10	查资料。未形成季度期末动态报表、年度分析报告1次扣2分;“三量”可采期计算缺项、错误1处扣1分;“三量”可采期未达到规定要求,且未制定采掘调整方案不得分	1. 第1~2项符合《防范煤矿采掘接续紧张暂行办法》第四条的规定 2. 第3项符合《防范煤矿采掘接续紧张暂行办法》第五条的规定,采取限产措施后,“三量”可采期仍应符合本办法的规定 3. 对“三量”的考核检查,主要抽查一年内的“三量”报表、分析报告等资料	1. 查是否编制矿井储量年报、“三量”季度报表 2. 查是否根据采掘工作面接续计划,计算最短“三量”可采期 3. 查矿井“三量”是否符合要求,及采取的措施	1. 矿井储量年报 2. 矿井季度“三量”动态报表 3. “三量”可采期未达到规定要求时的限产措施 4. 上级公司下达的产量计划 5. 采取限产措施后,开拓、准备、回采煤量计算、可采期	
附加项(2分)	科技创新	积极推进透明地质新理论、新技术、新方法、新装备等建设应用	2	查现场。考核期内,创新应用新理论、新技术、新方法、新装备并获得省部级以上奖项每1项加1分,最多加2分	1. 要求在考核期内,矿井已建设应用新理论、新技术、新方法、新装备,并获得省部级以上的奖项 2. 上一年度或本年度获得省部级以上奖项	查考核期内,是否有获得省部级以上奖项	获奖证书、获奖文件	

4.1.3 采　煤

本部分修订的主要变化

专家解读视频

(1) 调整结构内容。将"职工素质及岗位规范"大项纳入"安全基础管理"相关项目;删减了放顶煤开采工作面开采设计、系统优化、支护材料台账、零星工程记录等小项;新增顶板离层临界值管理、视频摄像头安装等条款;调整采(刨)煤机设置甲烷断电仪、带式输送机转载机行人跨越处有过桥等条款。

(2) 减少资料检查。删减了管理制度、作业规程中各种附图完整规范等涉及资料方面的检查内容;图牌板由原来的8个优化成4个,仅要求通风系统图、工作面设备布置图、避灾路线图、正规作业循环图表。

(3) 增加事故防控条款。明确了采煤工作面安装视频摄像头的具体地点和距离。要求"顶板离层临界值在作业规程中规定,超过临界值时顶板有加固措施"。增加了防误操作、高压伤人的相关条款,要求"各种液压设备操纵阀手把能实现自动闭锁或有限位装置等"。

(4) 强化亮化工程。增加"泵站、休息地点、转载点、挖掘机作业处等场所要有照明;综合机械化采煤工作面照明灯间距不大于15 m,上下顺槽照明灯间距不大于30 m"。

(5) 优化评分分值。将文明生产分值由10分调整为8分,质量和安全分值由50调整为55分,提高井下现场检查的分值比例。

(6) 突出技术进步。设定"建成智能化采煤工作面并能够正常运行"附加加分项,现场验证符合要求的可以加2分。鼓励煤矿积极响应国家新质生产力发展要求,加快智能化矿井建设,深入推进生产方式转变。

一、工作要求

1. 基础管理。按照批准的设计布置采煤工作面;编制作业规程;强化矿压监测分析,顶板离层超过临界值有加固措施;持续提升采煤机械化、智能化水平。

【说明】　本条是对采煤专业基础管理的工作要求。

1. 按照批准的设计布置采煤工作面

根据《煤矿安全规程》第九十五条的相关规定,掌握矿井设计、采(盘)区设计规定的开采个数和开采顺序,杜绝人为形成孤岛采煤面。

采(盘)区开采前必须按照生产布局和资源回收合理的要求编制采(盘)区设计,并严格按照采(盘)区设计组织施工,情况发生变化时及时修改设计。

一个矿井同时回采的采煤工作面个数不得超过3个,严禁以掘代采。一个采(盘)区内同一煤层的一翼最多只能布置1个采煤工作面同时作业。一个采(盘)区内同一煤层双翼开采或者多煤层开采的,该采(盘)区最多只能布置2个采煤工作面同时作业。

2. 编制作业规程

根据《煤矿安全生产条例》第十八条第二款规定,煤矿主要负责人组织制定并实施作业规程。

《煤矿安全规程》第九十六条规定,采煤工作面回采前必须编制作业规程。情况发生变化时,必须及时修改作业规程或者补充安全措施。

作业规程和安全技术措施按照煤矿作业规程编制指南及企业的技术管理规定编制。同时在编制作业规程和制定措施时，一定要体现年度和专项辨识成果的应用。

采煤工作面作业规程必须按采区设计和采煤工作面设计的要求编制，其内容应包括：

(1) 采煤工作面范围内外及其上下的采掘情况及其影响。

(2) 采煤工作面地质、煤层赋存情况：煤层的结构、厚度、倾角、硬度、品种、生产能力，地质构造及水文地质，顶底板岩层的性质、结构、层理、节理、强度及顶板分类，煤层瓦斯、二氧化碳含量及突出危险性，自然发火倾向性，煤尘爆炸性，冲击地压危险性等。

(3) 采煤方法及采煤工艺流程：采高的确定，落煤方式、装煤及运煤方式、支护型式的选择，进回风巷道的布置方式，工作面设备布置示意图，采煤工作面备用材料型号、规格、数量等。

(4) 顶板管理方法：工作面支护与顶板管理图(包括采煤工作面支架、特殊支架的结构、规格和支护间距，放顶步距，最小控顶距和最大控顶距，上下出口的支护结构、规格)，初次放顶措施，初次来压、周期来压和末采阶段特殊支护措施；分层开采时人工假顶或再生顶板管理，回柱方法、工艺及支护材料复用的规定，上下顺槽支架的回撤以及距工作面滞后距离的规定等。

(5) 采煤工作面的通风方式、风量、风速、通风设施、通风监测仪表的布置等通风系统图。

(6) 煤炭、材料运输的设备型号及其系统(包括分阶段煤仓或采区煤仓的容量)。

(7) 供电设施、电缆设备负荷及供电系统图。

(8) 洒水、注水、灌浆、充填、压风等管路系统图。

(9) 安全监测监控、通信与人员位置监测、照明设施及其布置图。

(10) 安全技术措施等。

(11) 劳动组织及正规循环图表。

(12) 采煤工作面主要技术经济指标表。

(13) 避灾路线。

3. 强化矿压监测分析，顶板离层超过临界值有加固措施

矿压监测内容符合《煤矿巷道锚杆支护技术规范》(GB/T 35056—2018)、《煤矿巷道矿山压力显现观测方法》(KA/T 11—2023)及《强化煤矿炮采(高档普查)工作面顶板管理规定》的规定。

为加强采掘工作面的顶板管理，掌握采掘工作面顶底板活动和来压规律，为采掘工作面支护提供科学依据，确保采掘工作面有效支护，防止冒顶事故发生，采煤工作面应开展支护质量检查和顶板动态监测工作，做好各项记录，记录数据符合实际，定期进对观测数据进行分析并形成报告；顶板离层临界值在作业规程中规定，超过临界值时顶板应有加固措施。

4. 持续提升采煤机械化、智能化水平

煤矿要持续提高采煤机械化水平；因地制宜的运用智能化开采技术。

煤矿智能化开采应符合《关于加快煤矿智能化发展的指导意见》和《关于深入推进矿山智能化建设促进矿山安全发展的指导意见》的规定。

2. 质量与安全。强化工作面及安全出口的顶板管理和支护质量，支护形式、支护参数等符合作业规程要求，安全出口畅通；安全设施齐全有效。依据国家能源局印发的《煤矿智能化标准体系建设指南》(国能发科技〔2024〕18 号)高质量高标准建设智能化煤矿。

【说明】　本条是对采煤专业质量与安全的工作要求。

1. 强化工作面及安全出口的顶板管理和支护质量，支护形式、支护参数等符合作业规程要求，安全出口畅通

煤矿应当加强工作面及安全出口的顶板管理和支护质量工作，完善顶板管理制度、支护质量管理考核制度并实施。工作面的支护形式、支护参数必须符合作业规程的要求，作业规程的编制必须遵守《煤矿安全规程》第一百零一条的相关规定。

采煤工作面的安全出口须满足条件，遵守《煤矿安全规程》第九十七条的规定。冲击地压矿井的超前支护距离符合《防治煤矿冲击地压细则》的相关规定。

2. 安全设施齐全有效

采煤工作面的安全设施，主要包括视频监控、设备的安全防护装置、作业地点的消防设施等，必须在作业规程中进行明确。应按要求在规定地点装设视频摄像头，实时监控作业区域的工作状态。安全防护装置应符合《煤矿安全规程》第一百一十四条、第一百三十三条、第三百七十四条、第四百四十四条的规定。消防设施齐全有效。

3. 机电设备。机械设备及配套系统设备完好、保护有效、运转正常；辅助运输系统符合要求，安全设施齐全有效；通信系统畅通。

【说明】　本条是对采煤专业机电设备的工作要求。

1. 机械设备及配套系统设备完好、保护有效、运转正常

机械设备及配套系统符合《煤炭工业矿井采掘设备配备标准》(GB/T 51169—2016)的要求。

“设备完好”是指采煤工作面液压支架、单体液压支柱、乳化液泵站、滚筒式采煤机、刮板输送机、转载机、带式输送机完好，符合《煤矿矿井机电设备完好标准》的要求。

“保护有效、运转正常”应包括以下要求：滚筒式采煤机、刨煤机、滚筒驱动带式输送机保护应分别符合《煤矿安全规程》第一百一十七条、第一百一十八条和第三百七十四条的规定。采(刨)煤机、带式输送机、刮板输送机、转载机、破碎机控制设备电气保护应符合《煤矿安全规程》第四百五十一条至第四百五十三条和《煤矿井下供配电设计规范》(GB/T 50417)中8.1的规定。接地线安设应符合《煤矿安全规程》第四百七十八条至第四百八十条和《煤矿井下保护接地装置的安装、检查、测定工作细则》的要求。

《煤矿安全规程》第一百一十七条规定，使用滚筒式采煤机采煤时，必须遵守下列规定：

(1) 采煤机上装有能停止工作面刮板输送机运行的闭锁装置。启动采煤机前，必须先巡视采煤机四周，发出预警信号，确认人员无危险后，方可接通电源。采煤机因故暂停时，必须打开隔离开关和离合器。采煤机停止工作或者检修时，必须切断采煤机前级供电开关电源并断开其隔离开关，断开采煤机隔离开关，打开截割部离合器。

(2) 工作面遇有坚硬夹矸或者黄铁矿结核时，应当采取松动爆破处理措施，严禁用采煤机强行截割。

(3) 工作面倾角在15°以上时，必须有可靠的防滑装置。

(4) 使用有链牵引采煤机时，在开机和改变牵引方向前，必须发出信号。只有在收到返向信号后，才能开机或者改变牵引方向，防止牵引链跳动或者断链伤人。必须经常检查牵引链及其两端的固定连接件，发现问题，及时处理。采煤机运行时，所有人员必须避开牵引链。

(5) 更换截齿和滚筒时，采煤机上下3 m范围内，必须护帮护顶，禁止操作液压支架。

必须切断采煤机前级供电开关电源并断开其隔离开关，断开采煤机隔离开关，打开截割部离合器，并对工作面输送机施行闭锁。

(6) 采煤机用刮板输送机作轨道时，必须经常检查刮板输送机的溜槽、挡煤板导向管的连接情况，防止采煤机牵引链因过载而断链；采煤机为无链牵引时，齿(销、链) 轨的安设必须紧固、完好，并经常检查。

《煤矿安全规程》第一百一十八条规定，使用刨煤机采煤时，必须遵守下列规定：

(1) 工作面至少每隔 30 m 装设能随时停止刨头和刮板输送机的装置，或者装设向刨煤机司机发送信号的装置。

(2) 刨煤机应当有刨头位置指示器；必须在刮板输送机两端设置明显标志，防止刨头与刮板输送机机头撞击。

(3) 工作面倾角在 12°以上时，配套的刮板输送机必须装设防滑、锚固装置。

2. 辅助运输系统符合要求，安全设施齐全有效

辅助运输系统应符合《煤矿安全规程》《煤矿矿井机电设备完好标准》的规定，设备完好，制动可靠，安全设施有效，声光信号齐全。轨道及道岔铺设应符合《煤矿安全规程》第三百八十条和《煤矿窄轨铁道维修质量标准及检查评级办法》的规定；阻车装置应符合《煤矿安全规程》第三百八十七条的规定；安全间距应符合《煤矿安全规程》第九十条、第九十一条、第九十二条的规定；钢丝绳及其使用应符合《煤矿安全规程》第四百零八条、第四百一十二条、第四百一十四条、第四百二十条的规定。

3. 通信系统畅通

采煤工作面语音通信系统应运转正常，按规定设置。执行《煤矿安全规程》第一百二十一条规定，使用刮板输送机运输时，采煤工作面刮板输送机必须安设能发出停止、起动信号和通信的装置，发出信号点的间距不得超过 15 m。《煤矿安全规程》第四百八十七条规定，所有矿井必须装备有线调度通信系统。《煤矿安全规程》第四百八十八条规定，编制采区设计、采掘作业规程时，必须对安全监控、人员位置监测、有线调度通信设备的种类、数量和位置，信号、通信、电源线缆的敷设，安全监控系统的断电区域等做出明确规定，绘制安全监控布置图和断电控制图、人员位置监测系统图、井下通信系统图，并及时更新。

4. 文明生产。作业场所照明充足；图牌板齐全、清晰；物料分类码放整齐，管线吊挂规范；巷道底板平整，无杂物，无淤泥，无积水。

【说明】 本条是对采煤专业文明生产的要求。

1. 作业场所照明充足

作业场所应照明充足并符合防爆、综合保护要求，采用具有短路、过负荷和漏电保护的照明信号综合保护装置配电等。照明充足是指综合机械化采煤工作面照明间距不大于 15 m，上下顺槽照明间距不大于 30 m。

井下照明应符合《煤矿安全规程》第四百六十九条的规定，下列地点必须有足够照明：

(1) 井底车场及其附近。

(2) 机电设备硐室、调度室、机车库、爆炸物品库、候车室、信号站、瓦斯抽采泵站等。

(3) 使用机车的主要运输巷道、兼作人行道的集中带式输送机巷道、升降人员的绞车道以及升降物料和人行交替使用的绞车道(照明灯的间距不得大于 30 m，无轨胶轮车主要运输巷道两侧安装有反光标识的不受此限)。

(4) 主要进风巷的交岔点和采区车场。

(5) 从地面到井下的专用人行道。

(6) 综合机械化采煤工作面(照明灯间距不得大于15 m)。

2. 图牌板齐全、清晰

各类图牌板的悬挂需整齐,内容要齐全清晰。采煤工作面的通风系统图、工作面设备布置图、避灾路线图、正规作业循环图表图牌板内容准确,图面清晰,图例图签符合要求。

3. 物料分类码放整齐,管线吊挂规范

采煤工作面生产所需的各类工具、材料必须分类集中存放,明确管理责任人。电缆、管路吊挂整齐规范,符合《煤矿安全规程》第二百四十三条、第四百六十四条、第四百六十五条的规定。

4. 巷道底板平整,无杂物,无淤泥,无积水

巷道底板要求符合《煤矿安全规程》第九十七条、第九十八条规定,主要包括:巷道及硐室底板平整,无浮渣及杂物、无淤泥、无积水;工作面内无杂物、无浮煤、无积矸。

二、评分方法

1. 存在重大事故隐患的,本部分不得分。

2. 采煤工作面按表4.1.3评分,总分为100分。按照所检查存在的问题进行扣分,各小项分数扣完为止。

柔性掩护支架开采急倾斜煤层、台阶式采煤、连续采煤机开采、充填开采等本部分未涉及的顶板管理评分,结合《煤矿安全规程》规定和本评分标准执行。

3. 采煤专业评分为所检查各采煤工作面的平均考核得分,按式(1)进行计算:

$$A=\frac{1}{n}\sum_{i=1}^{n}A_i \tag{1}$$

式中　A——采煤部分实得分数;

n——检查的采煤工作面个数;

A_i——检查的采煤工作面得分。

4. 附加项评分

符合要求的得分,不符合要求的不得分也不扣分。附加项得分计入本专业总得分,最多加2分。

《煤矿巷道矿山压力显现观测方法》

《煤矿矿井机电设备完好标准》

《煤矿窄轨轨道维修质量标准》

表 4.1.3　井工煤矿采煤标准化评分表

项目	项目内容	基本要求	标准分值	评分方法	执行指南	核查细则	资料清单	得分
一、基础管理(17分)	生产布局	按批准的设计布置采煤工作面,个数符合《煤矿安全规程》要求	3	查现场和资料。不符合要求不得分	1. 批准的设计是组织采区范围内施工、生产的指导性技术文件,必须按批准的设计布置采煤工作面 2. 一个矿井同时回采的采煤工作面个数不得超过3个 3. 一个采(盘)区内同一煤层的一翼最多只能布置1个采煤工作面;一个采(盘)区内同一煤层双翼开采或者多煤层开采的,该采(盘)区最多只能布置2个采煤工作面	1. 查矿井开采设计、采区设计 2. 查采掘接续计划,年度、月度生产计划 3. 查采煤工作面布置情况	1. 矿井设计、采区设计 2. 采掘接续计划表,年度、月度生产计划表 3. 采掘工程平面图	

表4.1.3(续)

项目	项目内容	基本要求	标准分值	评分方法	执行指南	核查细则	资料清单	得分
一、基础管理(17分)	规程措施	1. 作业规程编制和内容符合《煤矿安全规程》等相关要求；支护方式的选择、支护强度的计算有依据；工作面条件发生变化时，及时修改作业规程或补充安全技术措施 2. 工作面安装拆除、初次放顶、强制放顶、收尾、遇顶底板松软或者破碎、过断层、过老空区、过空巷、过煤柱、过冒顶区、过钻孔、过陷落柱、巷道维修、托伪顶开采等，编制安全技术措施并组织实施 3. 规程措施在施工前审批完成并贯彻 4. 煤矿总工程师至少每2个月组织对作业规程进行复审，并有复审意见	5	查现场和资料。内容不全，缺1项扣1分；其他不符合要求1处扣0.5分	1. 作业规程是指导采煤工作面安全回采的基础性技术文件，必须符合《煤矿安全规程》及执行说明规定 2. 作业规程中工作面支护设计一般采用顶底板控制设计专家系统，或经验公式进行设计，选择支架的支护强度应大于采场最大压力，支架的工作阻力应满足要求，支护强度符合《煤炭工业矿井采掘设备配备标准》规定 3. 当采煤工作面开采条件出现重大变化，作业规程无法有效指导安全生产时，应及时修改作业规程或补充安全技术措施 4. 安全技术措施是对作业规程的有效补充。采煤工作面安装拆除、初次放顶、强制放顶、收尾、遇顶底板松软或破碎、过断层、过老空区、过煤柱、过冒顶区、过钻孔、过陷落柱等，以及巷道维修、托伪顶开采时，如原作业规程中没有相关内容，需制定专项安全技术措施，并组织实施 5. 作业规程应在采煤工作面试生产10天前审批完毕，并和安全技术措施一起贯彻到每个职工，试生产前考试完毕并签字留存 6. 作业规程的复审由总工程师组织，每2个月至少1次，复审人员应出具复审建议和意见 7. 煤矿主要负责人应组织制定并实施作业规程	1. 查作业规程、补充安全技术措施 2. 查工作面安装拆除、初次放顶、强制放顶、收尾、遇顶底板松软或破碎、过断层、过老空区、过煤柱、过冒顶区、过钻孔、过陷落柱、巷道维修、托伪顶开采等安全技术措施 3. 查规程措施审批、贯彻情况 4. 查作业规程复审情况及复审内容落实情况 5. 查煤矿主要负责人是否组织制定并实施作业规程	1. 采煤作业规程 2. 作业规程中工作面支护设计 3. 采煤工作面安装拆除、初次放顶、强制放顶、收尾、过断层、过老空区、过煤柱、过冒顶区、过钻孔、过陷落柱、巷道维修、托伪顶开采等编写的安全技术措施 4. 规程措施审批、学习贯彻记录 5. 作业规程复审记录及补充记录	

表4.1.3(续)

项目	项目内容	基本要求	标准分值	评分方法	执行指南	核查细则	资料清单	得分
一、基础管理(17分)	矿压监测	1. 工作面进行支护质量检查和顶板动态监测;进、回风巷开展围岩表面位移观测,锚杆支护巷道有顶板离层监测 2. 观测、监测有记录,记录数据符合实际;每月至少分析1次观测数据的变化规律,形成报告指导安全生产 3. 顶板离层临界值在作业规程中规定,超过临界值时顶板有加固措施	4	查现场和资料。未检查、观测和监测不得分;其他不符合要求1处扣0.5分	1. 采煤工作面观测内容包括日常支架(支柱)支护质量检查、顶板动态监测、顶板活动规律分析等。工作面观测方法通过安装矿压观测仪器、仪表,或利用在线监测仪,或收集顶板动态观测记录仪的存储数据来完成。支护质量检查和顶板动态监测生产期间每班至少1次,实现在线监测可以不设监测台账 2. 两巷的观测:架棚巷道以围岩表面位移观测为主,锚杆支护巷道在掘进时必须安设顶板离层指示仪,并进行围岩表面位移观测 3. 围岩表面位移观测内容包括顶底板移近量、两帮移近量、顶板下沉量、底鼓量、右帮移近量、左帮移近量;每个测站间距不大于200 m,每个测站布置不少于2个观测断面,断面间距不大于2排锚杆距离 4. 顶板离层监测符合《煤矿安全规程》第一百零二条规定;顶板离层临界值设定应符合《煤矿巷道锚杆支护技术规范》,超过临界值时有顶板加固措施;煤巷、半煤岩巷每个测站间距不大于50 m 5. 测站观测频率为回采工作面100 m内每天不少于1次,100 m以外范围每周不少于1次 6. 生产过程中按规定填写观测、监测记录牌板,配有观测记录本,记录数据符合实际;顶板离层监测采用在线监测的,现场可以不设置牌板 7. 每月至少对观测数据进行1次规律分析,形成报告,为选择合理支护方式提供科学的参考依据 8. 具体监测方法、监测要求按照《煤矿巷道矿山压力显现观测方法》(MT/T 878)、《煤矿巷道锚杆支护技术规范》(GB/T 35056)、《煤矿安全规程》第一百零二条的规定执行	1. 查工作面支护质量检查记录和顶板动态监测记录 2. 工作面两顺槽架棚支护形式重点检查围岩表面位移观测,其他支护形式重点检查顶板离层监测及围岩表面位移观测 3. 查是否设置顶板离层临界值,超过临界值时是否有顶板加固措施 4. 查有无观测数据规律分析报告	1. 工作面支护质量检查记录 2. 工作面顶板动态监测记录 3. 顶板离层仪观测记录 4. 巷道围岩观测记录 5. 顶板活动规律分析报告 6. 采煤作业规程	

表4.1.3(续)

项目	项目内容	基本要求	标准分值	评分方法	执行指南	核查细则	资料清单	得分
一、基础管理(17分)	支护材料	1. 单体液压支柱完好，有固定编号，单体液压支柱入井前逐根进行压力试验，在工作面回采结束或使用8个月后应进行检修和压力试验，记录齐全 2. 现场应急备用材料和备件，规格、型号、数量及存放地点符合作业规程要求	3	查现场和资料。不符合要求1处扣0.5分	1. 单体液压支柱实行固定编号管理，“固定编号”是指单体液压支柱上有永久性编号，有检修和试压记录 2. 单体液压支柱应符合《煤矿安全规程》第一百条、《煤矿矿井机电设备完好标准》、《矿用单体液压支柱》(MT/T 112.1)的规定 3. 现场备用的支护材料和备件的规格、型号、数量等技术参数应符合作业规程要求，并和地面台账一致	1. 查单体液压支柱编号管理情况 2. 查单体液压支柱检修和试压记录 3. 查现场备用材料和备件与地面台账是否统一	1. 支护材料台账 2. 单体液压支柱管理及检修和试压记录 3. 备用支护材料及备件清单 4. 采煤作业规程	
	采煤机械化	采用综合机械化开采	2	查现场。未采用综合机械化开采得0.5分	综采机械化程度直接反映了矿井的工艺水平、管理水平和安全可靠程度。综合机械化采煤工艺是煤矿的主要发展方向	查现场是否使用综合机械化开采	1. 采煤作业规程 2. 采煤工作面设备配置表及装备布置图	

表4.1.3(续)

项目	项目内容	基本要求	标准分值	评分方法	执行指南	核查细则	资料清单	得分
二、质量与安全(55分)	顶板管理	工作面液压支架初撑力不低于额定值的80%,现场每台支架有检测仪表;单体液压支柱初撑力符合《煤矿安全规程》要求	4	查现场。沿工作面均匀选10个点现场测定,不符合要求1处扣0.5分	1. 液压支架(或单体液压支柱)的初撑力是保证采煤工作面顶板控制安全的关键,初撑力不低于额定值的80%。综采工作面必须装备支架工作阻力监测系统;单体液压支柱工作面必须建立单体液压支柱阻力监测制度 2. 检测仪表包括电液控制装置、机械或数量仪表等 3. 单体支柱符合《煤矿安全规程》第一百零一条的规定:采煤工作面必须及时支护,严禁空顶作业。所有支架必须架设牢固,并有防倒措施。严禁在浮煤或者浮矸上架设支架。单体液压支柱的初撑力,柱径为100 mm的不得小于90 kN,柱径为80 mm的不得小于60 kN。对于软岩条件下初撑力确实达不到要求的,在制定措施满足安全的条件下,必须经矿总工程师审批	1. 按照采煤工作面倾斜长度均匀选点检查 2. 沿工作面均匀选10个点现场测定 3. 查监测记录及监测分析 4. 查现场每台支架是否有检测仪表 5. 查单体液压支柱初撑力是否符合要求	1. 综采工作面装备支架工作阻力监测系统 2. 单体液压支柱工作面建立单体液压支柱阻力监测制度 3. 现场检测手段及检测记录	
		工作面支架中心距(支柱间排距)偏差不大于100 mm;侧护板正常使用,架间间隙不大于100 mm;工作面煤壁、刮板输送机、支架(支柱)保持直线,支架(支柱)直线偏差不超过50 mm	4	查现场。沿工作面均匀选10个点现场测定,不符合要求1处扣0.5分	1. 综采工作面支架(或单体液压支柱)的布置符合《煤矿安全规程》要求 2. 支架中心距(支柱间排距)过大容易造成架间窜矸,达不到设计的支护强度;过小容易挤死支架,单体液压支柱还影响工作面操作空间 3. 工作面煤壁不能保持直线会造成煤壁片帮,刮板运输机不能保持直线会造成采煤机掉道,支架(支柱)不能保持直线,交错处端面距过大易引起冒顶	1. 沿工作面均匀选10个点现场测定,检查支架中心距(支柱间排距)、架间间隙是否符合要求 2. 检查工作面是否保持"三直",支架(支柱)直线偏差是否超过50 mm	1. 工作面支架(支柱)安装质量验收记录 2. 工作面支架(支柱)选型设计 3. 工作面支架(支柱)每班质量验收记录 4. 综采工作面安全质量验收记录	

表4.1.3(续)

项目	项目内容	基本要求	标准分值	评分方法	执行指南	核查细则	资料清单	得分
二、质量与安全(55分)	顶板管理	液压支架接顶严实，支架不挤不咬，架间高差不超过侧护板高2/3；采高大于3.0 m或片帮严重时，液压支架设护帮板；采高大于4.5 m时，有防片帮伤人措施；支架前梁(伸缩梁)梁端至煤壁顶板垮落高度符合作业规程要求。高档普采(炮采)工作面机道梁端至煤壁顶板垮落高度不大于200 mm，超过200 mm时采取有效措施，采空区侧挡矸有效	4	查现场。不符合要求1处扣0.5分	1. 接顶严实是发挥支架支护性能的关键，架间高差不超过侧护板高的2/3，不得出现挤架、咬架现象，防止发生架间冒顶或超前冒顶事故 2. 工作面采高较大时，面前压力也相应增大，很容易造成煤壁片帮和超前冒顶。因此要求当采高超过3 m或煤壁片帮严重时，液压支架必须设护帮板，并坚持使用。采高超过4.5 m时必须采取防片帮伤人的措施 3. 工作面支架前梁梁端(机道梁端)至煤壁顶板垮落高度符合要求 4. 采空区侧挡矸应有效，无窜矸现象	查作业规程、质量管理中有无违背标准要求，随机检查现场	1. 工作面液压支架每班质量验收记录 2. 高档普采(炮采)工作面每班质量验收记录 3. 调整记录及措施	
		液压支架顶梁与顶板平行，最大仰俯角不大于7°(遇断层、构造带、空巷、应力集中区等，在保证支护强度条件下，满足作业规程或专项安全措施要求)；支架垂直顶底板，歪斜角不大于5°；支柱迎山角符合要求	3	查现场。不符合要求1处扣0.5分	1. 本条是为了保证支护效果和支护质量的基本要求，支架顶梁与顶板不平行，造成支架接顶不实，不能有效支护顶板，造成冒顶事故；支架不垂直顶底板，易造成支架顶梁由面接触变成线接触，影响支护效果 2. 采用高档普采的工作面，支柱的仰角、俯角在作业规程中应明确规定 3. 采煤工作面仰角、俯角是否控制在7°以内 4. 支柱迎山角符合《煤矿井巷工程施工标准》规定	1. 查采煤工作面仰、俯角是否控制在7°以内 2. 查作业规程 3. 查支柱迎山角是否符合要求	1. 作业规程 2. 工作面每班质量验收记录 3. 调整记录及措施	

表4.1.3(续)

项目	项目内容	基本要求	标准分值	评分方法	执行指南	核查细则	资料清单	得分
二、质量与安全(55分)	顶板管理	工作面液压支架(支柱顶梁)端面距符合作业规程要求。工作面伞檐长度大于1 m时,其最大突出部分,薄煤层不超过150 mm,中厚以上煤层不超过200 mm;伞檐长度在1 m及以下时,最突出部分薄煤层不超过200 mm,中厚以上煤层不超过250 mm	4	查现场。不符合要求1处扣0.5分	1. 合适的端面距可有效地控制煤壁顶板,防止漏顶窜矸 2. 严格控制伞檐可防止片帮伤人和砸坏设备、线缆	查现场和作业规程	1. 作业规程 2. 工作面每班质量验收记录 3. 调整记录及措施	
		工作面内特殊支护措施完备且满足要求;顶板不垮落、悬顶范围超过作业规程规定时停止采煤,采取人工强制放顶或其他措施进行处理	2	查现场。悬顶未采取措施不得分,不符合要求1处扣1分	1. 采煤工作面内特殊支护是指综采工作面的过渡支架、端头支架、超前支架等,也包括煤壁片帮漏顶时应采用的超前架棚,单体支柱工作面的两巷超前支护、戗棚、戗柱、木垛、丛柱组等 2. 采空区悬顶或冒落不充分是采煤工作面的重大安全隐患,必须采取强制放顶措施,保证采煤工作面的支护安全 3. 人工强制放顶有退锚、注高压水、预裂爆破等,其他措施有充填开采等。其他措施中,采用充填法控制顶板时,应按照《煤矿安全规程》第一百零八条和第一百零九条、《煤矿安全规程执行说明》第十二条的规定充填	1. 查上、下隅角等处的支护情况 2. 查悬顶面积是否大于10 m^2	1. 采空区悬顶管理措施 2. 采空区强制放顶措施 3. 工作面顶板动态监测记录 4. 工作面每班质量验收记录	
		不随意留顶、底煤开采,留顶煤、托夹矸开采时,应制定专项安全措施	2	查现场和资料。无措施不得分;不符合要求1处扣0.5分	一次采全高的采煤工作面留顶煤、托夹矸石开采,极易造成漏顶、空顶、支护失效甚至引发顶板安全事故。当采煤工作面过断层,或因其他原因必须留顶煤、托夹矸石开采时,必须制定专项安全技术措施并落实到位	留底煤开采的按不符合要求处理,留顶煤开采的检查相关措施	1. 工作面每班质量验收记录 2. 留顶煤、托夹矸开采时制定的专项措施	

表4.1.3(续)

项目	项目内容	基本要求	标准分值	评分方法	执行指南	核查细则	资料清单	得分
二、质量与安全(55分)	顶板管理	工作面因顶板破碎或分层开采,需要铺设假顶时,按照作业规程的规定执行	2	查现场。不符合要求1处扣0.5分	因顶板破碎或分层开采,需要铺设假顶时,作业规程中应明确铺设假顶的质量标准和铺设的安全技术措施	查工作面遇构造带、厚煤层分层开采时,是否按照规程落实铺设假顶	1. 工作面每班质量验收记录 2. 铺设假顶的安全技术措施 3. 工作面遇构造带,厚煤层分层开采的作业规程及现场落实记录	
		工作面控顶范围内顶底板移近量按采高不大于100 mm/m;底板松软时,支柱应穿柱鞋,钻底小于100 mm;工作面顶板不应出现台阶式下沉;支架(支柱)不超高使用,支架(支柱)高度与采高相匹配,控制在作业规程规定的范围内,支架的活柱行程余量不小于200 mm(企业特殊定制支架、支柱以其技术指标为准)	2	查现场。不符合要求1处扣0.5分	1. 只有当采煤工作面支护能有效地控制顶底板移近量时,才能保证采煤工作面顶板完整性,实现顶板有效的支护管理。同时对松软的煤层底板提出了穿柱鞋的要求,明确规定单体支柱钻底量应小于100 mm 2. 设计支架最高应大于采高200 mm以上。支架活柱行程要求是为防止压死支架;工作面单体液压支柱的使用也类似于支架	1. 查顶板动态检测记录 2. 查现场单体支护的支护质量	1. 顶板动态检测记录 2. 工作面支护质量检查记录 3. 工作面支护材料台账	
		工作面支架(支柱)及超前支护编号管理,牌号清晰	2	查现场。不符合要求1处扣0.5分	液压支架(支柱)及超前支护采用编号管理,有利于明确责任,方便隐患处理,提高支护质量,是支护管理的有效形式	查支架(支柱)及超前支护编号管理情况	1. 支护材料台账 2. 编号管理情况	

表4.1.3(续)

项目	项目内容	基本要求	标准分值	评分方法	执行指南	核查细则	资料清单	得分
二、质量与安全(55分)	安全出口与巷道支护	工作面安全出口畅通,人行道宽度不小于0.8 m,综采(放)工作面安全出口高度不低于1.8 m,其他工作面不低于1.6 m。安全出口以外巷道高度不低于2 m,支护完好;工作面两端第一组支架与上下顺槽巷道顶板支护之间的净距离不大于0.5 m;超前支护设备初撑力符合作业规程要求;单体液压支柱初撑力符合《煤矿安全规程》要求	4	查现场。安全出口不符合要求不得分;其他不符合要求1处扣0.5分	1. 采煤工作面上下出口是巷道与工作面衔接的重要地点,也是矿压显现强烈和事故易发地段。《煤矿安全规程》第九十七条中,对采煤工作面上下出口的宽度、高度做出了明确规定,保证出口通道畅通;对端头支架与巷道支护的间距提出了要求,以保证出口的顶板支护安全,并鼓励、推广使用端头支架或其他先进有效的支护形式 2. 工作面上下安全出口畅通无杂物 3. “工作面两端第一组支架与巷道支护间净距不大于0.5 m”是指工作面两端第一组支架与巷道永久支护(原巷道支护)间距不大于0.5 m,控制支架上下滑移,避免造成工作面两端头和巷道支护间空顶。当该间距大于0.5 m时,应进行特殊支护,如补打单体支柱等 4. 超前支护要按照作业规程规定进行架设,超前支护设备初撑力应符合作业规程要求 5. 单体支柱符合《煤矿安全规程》第一百零一条对初撑力的规定:柱径为100 mm的不得小于90 kN,柱径为80 mm的不得小于60 kN。对于软岩条件下初撑力确实达不到要求的,在制定措施、满足安全的条件下,必须经矿总工程师审批	1. 查工作面上、下安全出口是否畅通、有无杂物 2. 现场检测:人行道宽度不小于0.8 m,综采(放)工作面安全出口高度不低于1.8 m,其他工作面不低于1.6 m。安全出口以外巷道高压不低于2 m。 3. 查超前支护初撑力是否符合要求 4. 查单体液压支柱初撑力是否符合要求	1. 工作面设计说明书 2. 工作面作业规程 3. 工作面安全出口支护说明 4. 工作面安全出口支护安全措施 5. 工作面安全出口检查维护记录 6. 支护材料台账(包括备用支护材料)	

表4.1.3(续)

项目	项目内容	基本要求	标准分值	评分方法	执行指南	核查细则	资料清单	得分
二、质量与安全(55分)	安全出口与端头支护	进、回风巷超前加强支护距离、支护形式以及架棚巷道超前替棚距离符合作业规程规定,支柱柱距、排距允许偏差不大于100 mm;采用密集支柱切顶时,支柱数量符合作业规程要求;挡矸有效	4	查现场。超前加强支护距离不符合要求不得分;其他不符合要求1处扣0.5分	1. 超前支护主要是通过提高采煤工作面超前压力范围内的巷道支护强度,减少巷道变形量,确保上下安全出口的高度、宽度符合规定,超前支护的距离应根据超前压力的实测数据确定,但不小于20 m,超前支护形式以及架棚巷道超前替棚距离在作业规程中要明确规定;冲击地压矿井的超前支护应符合冲击地压矿井对超前支护的规定 2. 采煤工作面采用密集支柱切顶时,两段密集支柱之间必须留有宽0.5 m以上的出口,出口间的距离、新密集支柱超前的距离及支柱数量必须在作业规程中明确规定 3. 采煤工作面切顶线侧挡矸应有效,无窜矸现象,沿空留巷除外	1. 查进风回巷超前支护距离、支护形式以及架棚巷道超前替棚距离是否符合作业规程规定 2. 查冲击地压矿井的工作面、放顶煤开采的工作面规程中是否有不小于20 m的要求 3. 查采用密集支柱切顶时,支柱数量是否符合作业规程	1. 工作面作业规程 2. 工作面两巷支护安全措施 3. 工作面两巷检查维护记录	
	安全设施	工作面每50架或75 m、安全出口、转载机机头、带式输送机机头和机尾安装视频摄像头,视频有效监控作业区域	4	查现场。不符合要求1处扣1分	视频摄像头的具体安装要求如下: 1. 工作面每50架或每75 m安装不少于1台,对准工作面煤壁,并具备旋转功能 2. 安全出口各安装1台,对准工作面推进方向 3. 转载机头、带式输送机头和机尾各安装1台,对准落煤点	1. 查工作面作业规程是否有安装视频摄像头的内容 2. 查调度室图像监视系统的显示功能 3. 查现场视频摄像头安装是否符合作业规程规定 4. 现场查看视频、录像	1. 工作面作业规程 2. 视频维护记录台账 3. 监控布置图 4. 视频、录像	

表4.1.3(续)

项目	项目内容	基本要求	标准分值	评分方法	执行指南	核查细则	资料清单	得分
二、质量与安全(55分)	安全设施	设备转动外露部位，溜煤(矸)眼及煤仓上口等人员通过地点应有可靠的安全防护设施	2	查现场。不符合要求不得分	1. 设备转动外露部位，溜煤眼及煤仓上口等人员通过的地点应有护栏、警示牌板等安全防护设施，防止人员靠近或坠落 2. 鼓励煤矿安设电子围栏	查现场是否按照要求对相关设备、设施的进行防护，设施是否齐全可靠，警示、告知标识是否齐全	1. 人员通过溜煤眼及煤仓上口的安全措施 2. 设备转动外露部位的防护措施 3. 警示、告知标识	
		单体液压支柱、超前支护设备防倒措施符合作业规程要求；工作面倾角大于15°时，液压支架有防倒、防滑措施，其他设备有防滑措施；倾角大于25°时，有防止煤(矸)窜出伤人的措施	3	查现场。未制定措施、不符合要求1处扣1分	1. 主要考核单体支柱的防倒措施；当工作面倾角大于15°时，液压支架的防倒、防滑措施及其措施的落实 2. 倾角大于25°时，刮板输送机内的煤(矸)很容易窜出伤人，一般可采取在刮板输送机两侧架防护板的措施加以防治，机道和人行道有效隔离	查现场措施落实情况；倾角大于25°时，有无机道与人行道的有效隔离	1. 单体液压支柱防倒措施 2. 液压支架有防倒、防滑措施 3. 其他设备有防滑措施	
		行人通过的刮板输送机机尾设盖板；带式输送机、转载机行人跨越处有过桥	2	查现场。不符合要求不得分	明确刮板输送机机尾设置盖板；带式输送机、转载机需安设行人过桥，过桥应有扶手，且能顺利通过行人	查有无盖板、过桥，是否齐全、可靠	行人通过输送机的安全措施	
		各种液压设备操纵阀手把能实现自动闭锁或有限位装置；液压支架电液控制装置控制器有防护，架间主进回液管有护套	3	查现场。不符合要求1处扣1分	1. 液压设备操纵阀手把能实现自动闭锁或有限位装置，主要是防止误操作，保证液压系统的正常运行 2. 液压支架电液控制装置控制器有防护，架间主进回液管有护套，避免碰撞损坏	1. 查现场。液压设备操纵阀手把是否能实现自动闭锁或有限位装置 2. 查液压支架电液控制装置控制器是否有防护，架间主进回液管是否有护套	1. 采煤作业规程 2. 支护设备操作规程 3. 液压设备安全防护措施	

表4.1.3(续)

项目	项目内容	基本要求	标准分值	评分方法	执行指南	核查细则	资料清单	得分
二、质量与安全(55分)	安全设施	破碎机入口前安装急停闭锁装置,入口处安装3根以上防护链;转载机未封闭段有安全防护	2	查现场。不符合要求1处扣1分	1. 破碎机入口前安装急停闭锁装置,没封闭的破碎机入口处需安装3根以上防护链,避免伤人 2. 转载机未封闭段须设有效的安全防护装置,避免伤人 3. 采用综合机械化采煤时,必须遵守下列规定:工作面转载机配有破碎机时,必须有安全防护装置 4. 鼓励煤矿安设电子围栏	查转载机、破碎机安全防护装置是否齐全	破碎机、破碎机安全防护措施	
		带式输送机机头、乳化液泵站、配电点、防爆型柴油动力装置、油脂存放地点消防设施齐全	2	查现场。不符合要求1处扣1分	明确了带式输送机机头、乳化液泵站、配电点、防爆型柴油动力装置、油脂存放地点等场所按要求配备消防设施,且齐全有效	查消防设施种类、数量是否符合要求,日常管理是否到位	1. 工作面消防设施布置图 2. 消防设施日常安全检查和维护记录	

表4.1.3(续)

项目	项目内容	基本要求	标准分值	评分方法	执行指南	核查细则	资料清单	得分
三、机电设备(20分)	液压系统	1. 乳化液泵站完好,乳化液泵站压力综采(放)工作面不小于30 MPa,炮采、高档普采工作面不小于18 MPa,乳化液(浓缩液)浓度符合产品技术标准要求,并在作业规程中明确规定 2. 液压系统无漏、窜液,部件无缺损,管路无挤压,连接销使用规范;注液枪完好 3. 采用电液阀控制时,净化水装置运行正常,水质、水量满足要求 4. 各种液压设备及辅件合格、齐全、完好,控制阀有效,耐压等级符合要求	4	查现场和资料。不符合要求1处扣0.5分	1. 综采工作面投入使用前,应对配液用水、乳化油进行化验,保证乳化液质量源头达标。水质不合格时,应对井下配液用水加装软化、净化装置 2. 现场对乳化液浓度进行测量,必须达到3%~5%的要求。当采用浓缩液时,应按产品使用说明执行。泵站司机熟知乳化油的换算系数 3. 现场需有乳化液浓度自检台账,每班检查次数不少于2次 4. 智能型乳化液泵站控制系统显示屏参数(液位、浓度)显示正常,浓度显示值与实际测量值误差范围不能超过±0.5% 5. 乳化液泵压力表齐全,显示正常 6. 乳化液泵站各连接管路、接头不得存在滴、漏液现象 7. 支架操作阀手把有限位装置,防止误操作 8. 泵站各项管理制度健全 9. 消防设施齐全有效,管理到位	1. 查乳化液浓度是否达到规程要求 2. 查泵站压力及管理的情况 3. 查控制阀完好情况,操作手把限位装置完好情况	1. 乳化液泵站台账 2. 乳化液泵站检修记录 3. 乳化液(浓缩液)浓度技术标准(作业规程) 4. 乳化液泵站工作运行日志 5. 液压系统检查维护记录 6. 电液阀控制净化水装置运行日志 7. 各种液压设备及辅件台账及其合格证等	

表4.1.3(续)

项目	项目内容	基本要求	标准分值	评分方法	执行指南	核查细则	资料清单	得分
三、机电设备(20分)	采(刨)煤机	1. 采(刨)煤机完好;电气保护齐全可靠 2. 采煤机有停止工作面刮板输送机的闭锁装置 3. 采(刨)煤机设置甲烷断电仪且灵敏可靠 4. 采(刨)煤机截齿、喷雾装置、冷却系统符合规定,喷雾有效 5. 刨煤机工作面至少每隔30 m装设能随时停止刨头和刮板输送机的装置或向刨煤机司机发送信号的装置;有刨头位置指示器 6. 采煤机具备遥控功能	4	查现场。不符合要求1处扣0.5分	1. 采(刨)煤机符合《煤矿矿井机电设备完好标准》规定 2. 采煤机摇臂位于水平位置时,油位应达到油表中间位置,注油口应保持清洁通畅,不得出现渗、漏油;滚筒截齿数量齐全,截齿合金头磨损严重时应及时更换 3. 采煤机电控系统显示屏完好,显示正常;调高泵站、冷却水压力表显示正常,不得出现破损、损坏现象 4. “采(刨)煤机电气保护齐全可靠”是指其应符合《煤矿安全规程》第四百五十一条的规定 5. 采煤机具备与刮板输送机实现闭锁功能,并配备瓦斯断电装置。采煤机停电的情况下瓦斯监测仪有显示的功能(供电时间不低于2 h)。采煤机检修时,应该闭锁刮板输送机,打开隔离,打开截割电机离合手把 6. 采煤机专用电缆不能冷补,电缆之间不应有接线盒 7. 采煤工作面刮板输送机必须安设能发出停止、起动信号和通信的装置,发出信号点的间距不得超过15 m	1. 现场试验采煤机停止刮板输送机的闭锁装置 2. 查是否设置甲烷断电仪且灵敏可靠 3. 查采煤机截齿、喷雾装置、冷却系统是否符合规定 4. 查采煤机遥控装置是否灵敏可靠 5. 查刨煤机信号装置、刨头位置指示器是否有效	1. 采(刨)煤机台账及完好标准 2. 采(刨)煤机运行日志 3. 采(刨)煤机检查维修记录 4. 采(刨)煤机故障处理记录 5. 采(刨)煤机装置甲烷报警记录及处理措施,甲烷断电仪的校验记录 6. 采(刨)煤机喷雾系统图 7. 采(刨)煤机信号系统图 8. 采煤机遥控装置使用说明 9. 智能化采煤机控制设备与技术资料	

表4.1.3(续)

项目	项目内容	基本要求	标准分值	评分方法	执行指南	核查细则	资料清单	得分
三、机电设备(20分)	刮板输送机、转载机、破碎机	1. 刮板输送机、转载机、破碎机完好 2. 使用刨煤机采煤、工作面倾角大于12°时,配套的刮板输送机装设防滑、锚固装置 3. 刮板输送机机头、机尾固定可靠 4. 刮板输送机、转载机、破碎机的减速器与电动机采用软连接或软启动控制,液力偶合器不使用可燃性传动介质(调速型液力偶合器不受此限),使用合格的易熔塞和防爆片 5. 刮板输送机安设能发出停止、启动信号和通信的装置,间距不超过15 m 6. 刮板输送机、转载机、破碎机电气保护齐全可靠,电机采用水冷方式时,水量、水压符合要求	3	查现场。不符合要求1处扣0.5分	1. 刮板输送机、转载机、破碎机符合《煤矿矿井机电设备完好标准》规定 2. 刮板输送机、转载机溜槽无开焊、断裂;刮板不短缺,无断链、跳链现象;铲煤板、挡煤板和电缆架完好 3. 刮板输送机、转载机、破碎机动力部上方加装有防水、防尘装置 4. 刮板输送机的机头、机尾必须固定可靠,防止运行过程中伤及周围操作人员 5. 刮板输送机起动有预警装置,安设发出停止和起动信号、通信的装置,发出信号点的间距不得超过15 m 6. 减速器、电机冷却进出口保持清洁畅通 7. 减速器无渗漏油现象,注油嘴清洁畅通	1. 查工作面倾角大于12°时,是否配套刮板输送机的防滑装置 2. 查刮板输送机机头、机尾是否固定可靠 3. 查刮板输送机信号和通信装置是否符合要求 4. 查刮板输送机、转载机、破碎机的各种电气保护是否齐全可靠	1. 刮板输送机、转载机、破碎机的运行日志、检查维修记录、故障处理记录 2. 转载机、破碎机喷雾系统图 3. 刮板输送机、转载机、破碎机信号和通信系统图 4. 刮板输送机防滑措施 5. 刮板输送机、转载机、破碎机电气保护系统图 6. 刮板输送机、转载机、破碎机智能化控制设备与技术资料 7. 设备管理制度、岗位责任制、操作规程等	

表4.1.3(续)

项目	项目内容	基本要求	标准分值	评分方法	执行指南	核查细则	资料清单	得分
三、机电设备(20分)	带式输送机	1. 机架编号管理，滚筒、托辊齐全且转动灵活 2. 电气保护齐全可靠 3. 使用阻燃、抗静电胶带；装设防打滑、防堆煤、防跑偏、防撕裂保护装置，以及温度、烟雾监测和自动洒水装置，定期进行保护试验 4. 上运式带式输送机装设防逆转装置和制动装置，下运式带式输送机装设软制动装置和防超速保护装置 5. 减速器与电动机采用软连接或软启动控制，液力偶合器不使用可燃性传动介质(调速型液力偶合器不受此限)，使用合格的易熔塞和防爆片 6. 连续运输系统有联锁、闭锁控制装置，机头、机尾及全线安设通信和信号装置，间距不超过 200 m，沿线安设有效的急停装置 7. 机头、机尾固定牢固，机头有防护栏，机尾使用挡煤板且有防护罩；在大于 16°的斜巷中带式输送机设置防护网，并采取防止物料下滑、滚落等安全措施	3	查现场和资料。输送带入井前未经过第三方阻燃和抗静电性能试验或者试验不合格入井，输送带防打滑、跑偏、堆煤等保护装置或者温度、烟雾监测装置失效的该项不得分；其他不符合要求 1 处扣 0.5 分	1. 带式输送机实行机架编号管理，便于对机架进行识别、管理、维护和查询 2. “电气保护齐全可靠”是指符合《煤矿安全规程》第三百七十四条、第三百七十五条的要求 3. 带式输送机应采用阻燃、抗静电输送带，其阻燃性能和抗静电性能符合有关标准的规定；输送带接口处无毛边，接口(卡口)完好，无坏针 4. 带式输送机保护、监测装置符合《煤矿电气设备安装工程施工与验收规范》《煤矿用带式输送机安全规范》的规定；采用红外线温度监测装置的符合说明书要求 5. 减速器无渗漏油现象，注油嘴清洁畅通 6. 液力偶合器具有两项保护，其一是温度保护，以易熔塞实现；其二是压力保护，以防爆片实现 7. 带式输送机沿线每隔 100 m 应设有拉线急停装置，拉线急停灵敏可靠，急停拉线严禁用铁丝代替 8. 带式输送机机头防护网齐全，传动部要求设有保护栅栏，警示标识齐全 9. 带式输送机机头电机、减速器冷却水嘴清洁畅通 10. 带式输送机机尾清扫器完好有效，机尾缓冲托辊齐全完好，缓冲架无变形、损坏，机尾滚筒运转正常并且有护罩，护罩完好紧固。自移机尾装置的各千斤顶、操作阀灵活可靠，无窜液、漏液现象 11. 鼓励机头机尾处安设电子围栏	1. 查现场。带式输送机机架是否编号，滚筒、托辊是否齐全 2. 查现场和资料。电气保护是否齐全可靠 3. 查现场。输送带是否为“双抗” 4. 查现场。带式输送机有无防打滑、防堆煤、防跑偏、防撕裂保护装置，是否装设温度、烟雾监测和自动洒水装置 5. 查现场。液力偶合器是否使用合格的易熔塞和防爆片 6. 查现场。连续运输系统是否有连锁、闭锁控制装置，通信和信号装置间距是否符合规定，沿线是否安设有效的急停装置 7. 查现场。机头、机尾是否固定牢固，机头有无防护栏，机尾是否使用挡煤板，有无防护罩 8. 查现场和资料。大于 16°的斜巷有无防止物料下滑、滚落等安全措施	1. 带式输送机台账、运行日志、检查维修记录、故障处理记录 2. 带式输送机喷雾系统图 3. 带式输送机安设沿线急停装置检查维护记录 4. 带式输送机防跑偏措施 5. 带式输送机电气保护系统图 6. 带式输送机防打滑、防堆煤、防跑偏、防撕裂保护装置，温度、烟雾监测装置，自动洒水装置的检查维护记录 7. 带式输送机的管理制度、操作规程等	

表4.1.3(续)

项目	项目内容	基本要求	标准分值	评分方法	执行指南	核查细则	资料清单	得分
三、机电设备(20分)	辅助运输	设备完好,制动可靠,安全设施有效,声光信号齐全;倾斜巷道阻(挡)车装置有效;运输巷与运输设备最突出部分的最小间距、钢丝绳及其使用符合《煤矿安全规程》要求	2	查现场。不符合要求1处扣0.5分	1. 轨道及道岔铺设符合《煤矿安全规程》第三百八十条和《煤矿窄轨铁道维修质量标准及检查评级办法》规定 2. 阻车装置符合《煤矿安全规程》第三百八十七条规定 3. 安全间距符合《煤矿安全规程》第九十条、第九十一条、第九十二条规定 4. 钢丝绳符合《煤矿安全规程》第四百零八条、第四百一十二条、第四百一十四条、第四百二十条和《煤矿井下辅助运输设计规范》(GB 50533—2009)的要求	1. 查辅助运输设备的完好性,阻车装置是否有效,最小安全间距是否符合要求 2. 查钢丝绳的日常检查记录 3. 查各种设备设施的管理制度等	1. 辅助运输设备台账及完好标准 2. 作业规程阻车装置、最小安全间距的规定 3. 钢丝绳检验合格资料	
	通信系统	通信系统畅通,工作面每隔15 m、变电站、乳化液泵站、各转载点安设语音通信装置	2	查现场。不符合要求1处扣0.5分	1. 采煤工作面语音通信系统应运转正常 2. 使用刮板输送机运输时,采煤工作面刮板输送机必须安设能发出停止、起动信号和通信的装置,发出信号点的间距不得超过15 m 3. 编制采区设计、采煤作业规程时,必须对有线调度通信设备的种类、数量和位置,信号、通信、电源线缆的敷设等做出明确规定,绘制井下通信系统图,并及时更新	查工作面每隔15 m及变电站、乳化液泵站、各转载点是否有语音通信装置	1. 通信系统图 2. 语音通信装置	

表4.1.3(续)

项目	项目内容	基本要求	标准分值	评分方法	执行指南	核查细则	资料清单	得分
三、机电设备(20分)	电气设备	小型电器排列整齐，干净整洁，性能完好；移动变电站完好；接地保护规范有效；开关上架，电气设备不被淋水；移动电缆有吊挂、拖曳装置	2	查现场。不符合要求1处扣0.5分	1. “接地保护规范有效”是指采煤工作面机电设备保护接地线安设应符合《煤矿安全规程》第四百七十八条、第四百八十条及《煤矿井下保护接地装置的安装、检查、测定工作细则》等的规定 2. 设备、电缆淋水容易造成设备、电缆受潮，导致绝缘性能降低；设备发生接地或电缆外皮损坏时，容易引起漏电 3. 移动电缆有吊挂、拖拽装置是为了避免因挤压、撞击损坏电缆，影响使用安全	1. 查小型电器存放地点卫生情况 2. 查移动电缆是否有吊挂、拖拽装置 3. 查小型电气处顶板有无淋水 4. 查是否按要求配置消防设施	1. 电气设备台账 2. 电气设备定置管理资料 3. 电气设备各类证件和编号 4. 电气设备检查维修记录	
四、文明生产(8分)	照明管理	泵站、休息地点、转载点、硐室、车场、带式输送机机头和机尾、挖掘机作业处等场所有照明；综合机械化采煤工作面照明灯间距不大于15 m，上下顺槽照明灯间距不大于30 m	3	查现场。不符合要求1处扣0.5分	1. 井下照明应符合防爆、综合保护要求，采用具有短路、过负荷和漏电保护的照明信号综合保护装置配电等 2. 综合机械化采煤工作面(照明灯间距不得大于15 m)必须有足够照明，其他地点应符合《煤矿安全规程》第六十二条、第三百七十四条、第四百六十九条规定 3. 为了确保能获得充足的照明，上下顺槽照明间距应不大于30 m	1. 查泵站、休息地点、转载点、硐室、车场、带式输送机机头和机尾、挖掘机作业处等场所有无照明 2. 查照明间距是否符合要求	1. 煤矿井下照明设计及布置图 2. 泵站、休息地点、转载点、硐室、车场、带式输送机机头和机尾、挖掘机作业处等场所照明检查维修记录	

表4.1.3(续)

项目	项目内容	基本要求	标准分值	评分方法	执行指南	核查细则	资料清单	得分
四、文明生产(8分)	牌板管理	1. 材料、设备有标志牌 2. 工作面通风系统图、工作面设备布置图、避灾路线图、正规作业循环图表图牌板齐全、清晰 3. 巷道至少每100 m设置醒目的里程标志	2	查现场。不符合要求1处扣0.5分	1. 所有材料、设备有标志牌，内容应包括名称、规格、管理单位、责任人等 2. 图牌板种类符合要求，内容齐全、图文清晰、图例图签规范；图牌板悬挂在有照明的地方，且便于观看 3. 巷道至少每100 m设置醒目的里程标志，分岔处有指向标志	1. 查图牌板是否齐全、清晰整洁，图例图签符合要求 2. 查所有材料、设备是否挂牌管理 3. 查现场。巷道每隔100 m是否设置里程标志，分岔处是否有指向标志	1. 标志牌、图牌板(工作面通风系统图、工作面设备布置图、避灾路线图、正规循环作业图表) 2. 巷道名称和里程标志	
	作业环境	1. 物料分类码放整齐；电缆、管路吊挂规范；管路、设备无积尘；各转载点有喷雾降尘装置 2. 巷道及硐室底板平整，无浮碴及杂物，无淤泥，无积水；工作面内无杂物，无浮煤，无积矸	3	查现场。不符合要求1处扣0.5分	1. 所有材料应分类码放整齐，且摆放平稳，不得超出摆放区域；废旧材料、坏旧设备集中堆放，及时回收升井 2. 电缆、管路吊挂整齐规范，符合作业规程规定 3. 各转载点需安设喷雾降尘装置 4. 工作面、巷道及硐室应及时清理，无积水是指积水不超过长5 m、深0.2 m的范围	1. 查物料是否分类码放，管线吊挂是否规范 2. 查各转载点雾化效果 3. 查巷道硐室及工作面环境是否符合要求	1. 作业环境卫生管理检查考核制度 2. 管路、设备清扫除尘记录 3. 转载点喷雾降尘装置布置图 4. 巷道及硐室底板检查维修记录	
附加项(2分)	技术进步	建成智能化采煤工作面并正常运行	2	查现场。符合要求加2分	矿井配备智能化采煤工作面，并投入使用、运行正常	1. 查开采设计、作业规程、智能化操作系统 2. 查智能化工作面运行是否正常	智能化操作系统及运行记录等	

4.1.4　掘　进

本部分修订的主要变化

(1) 调整结构内容。 将“职工素质及岗位规范”大项纳入“安全基础管理”相关项目；删减了劳动组织、光面爆破眼痕率、无损检测、零星工程记录等小项；新增工作面生产布局、顶板离层临界值管理、视频摄像头安装等条款。

专家解读视频

(2) 减少资料检查。 删减了管理技术人员、根据水文地质预报制定安全技术措施、掘进机械设备有管理台账等涉及资料方面的检查内容；图牌板由原来的7个优化成5个，仅要求布置巷道平面布置图、施工断面图、断面截割轨迹图（爆破布置图）、正规循环作业图表、避灾路线图。

(3) 增加事故防控条款。 明确了采煤工作面安装视频摄像头的具体地点和距离。要求“顶板离层临界值在作业规程中规定，超过临界值时顶板有加固措施”。增加了防误操作、高压伤人的相关条款，要求“各种液压设备操纵阀手把能实现自动闭锁或有限位装置等”。

(4) 强化亮化工程。 增加“车场、配电点、转载点、休息地点、施工图牌板、带式输送机机头和机尾以及耙装机、挖掘机作业区域等场所有照明；掘进工作面距迎头100 m范围内照明间距不大于30 m”。

(5) 优化评分分值。 将文明生产分值由10分调整为8分，质量和安全分值由50调整为53分，提高井下现场检查的分值比例。

(6) 突出技术进步。 设定“建成智能化掘进工作面并正常运行”附加加分项，现场验证符合要求的可以加2分。鼓励煤矿积极响应国家新质生产力发展要求，加快智能化矿井建设，深入推进生产方式转变。

一、工作要求

1. 基础管理。按照批准的采（盘）区设计布置掘进工作面；编制作业规程；强化矿压监测分析，顶板离层超过临界值有加固措施；支护材料符合设计要求；持续提升掘进机械化水平。

【说明】 本条是对掘进专业基础管理的工作要求。

1. 按照批准的采（盘）区设计布置掘进工作面

采（盘）区设计、工作面设计应符合《煤炭工业矿井设计规范》（GB 50215—2015）和《煤矿安全规程》的规定。

一个矿井煤（半煤岩）掘进工作面个数不得超过9个。采（盘）区开采前必须按照生产布局和资源回收合理的要求编制采（盘）区设计，并严格按照采（盘）区设计组织施工，情况发生变化时及时修改设计。一个采（盘）区内同一煤层的一翼最多只能布置2个煤（半煤岩）巷掘进工作面同时作业。一个采（盘）区内同一煤层双翼开采或者多煤层开采的，该采（盘）区最多只能布置4个煤（半煤岩）巷掘进工作面同时作业。

2. 编制作业规程

掘进作业规程的编制，须按照《煤矿作业规程编制指南》进行编制，并严格执行规程规范和各项技术标准。根据《煤矿安全生产条例》第十八条第二款规定，煤矿主要负责人组织制定并实施作业规程。《煤矿安全规程》第三十八条规定，单项工程、单位工程开工前，必须编制施工组织设计和作业规程，并组织相关人员学习。掘进工作面设计和作业规程的编制须体现安全风险辨识成果的运用。掘进工作面有下列情况之一时应编制专项安全技术措施：

(1) 掘进工作面有煤与瓦斯突出（瓦斯涌出异常）、煤层自燃、受水害威胁、冲击地压等灾害时。

(2) 工作面过断层、应力集中区、垮落带，石门揭露煤层或巷道开掘、贯通，复合顶板支护及掘进巷道岩性发生变化时，各单位要由总工程师或分管副总工程师负责组织分管技术负责人及专业部门对现场进行勘察会审，制定专项设计和措施。

3. 强化矿压监测分析，顶板离层超过临界值有加固措施

矿压监测内容符合《煤矿巷道锚杆支护技术规范》(GB/T 35056—2018)、《煤矿巷道矿山压力显现观测方法》(KA/T 11—2023)及《强化煤矿炮采（高档普查）工作面顶板管理规定》规定。

为加强采掘工作面的顶板管理，掌握采掘工作面顶底板活动和来压规律，为采掘工作面支护提供科学依据，确保采掘工作面有效支护，防止冒顶事故发生，掘进工作面应开展巷道围岩表面位移观测工作，做好各项记录，记录数据符合实际，定期进对观测数据进行分析并形成报告；顶板离层临界值在作业规程中规定，超过临界值时顶板应有加固措施。

4. 支护材料符合设计要求

为加强掘进支护材料的质量管理，煤矿应当建立健全支护材料验收、抽样检验制度。掘进所使用的锚杆、网片、树脂药卷、水泥、钢架及其构件等需提供合格证明，按规定和批次提供检测报告；喷射混凝土提供试块检测报告及其他辅料的合格证或检测报告。以上报告或合格证应留存备检。支护材料的抽样检验报告应符合《掘进巷道设计》的要求，备用材料和备件规格、型号、数量及存放地点应符合作业规程要求。

5. 持续提升掘进机械化水平

煤矿掘进机械化、智能化符合《关于加快煤矿智能化发展的指导意见》和《关于深入推进矿山智能化建设促进矿山安全发展的指导意见》的规定。掘进机械设备指掘进机、连续采煤机、掘锚一体机、锚杆钻车、耙装机等，应符合《煤矿安全规程》第六十一条、第一百一十九条、第一百二十条的规定。

2. 质量与安全。强化工程质量管理，支护形式、支护参数、施工质量等符合设计和作业规程要求，特殊地段有加强支护措施；安全设施齐全有效。

【说明】 本条是对掘进专业质量与安全的工作要求。

1. 强化工程质量管理，支护形式、支护参数、施工质量等符合设计和作业规程要求，特殊地段有加强支护措施

为保证工程质量管理，矿井须建立健全掘进巷道工程质量标准、验收标准，并建立工程质量考核、检查制度，工程质量应符合《煤矿井巷工程质量验收规范》(GB 50213—2010)的规定。

施工岩（煤）平巷（硐）时，应当遵守下列规定：

(1) 掘进工作面严禁空顶作业。临时和永久支护距掘进工作面的距离，必须根据地质、水文地质条件和施工工艺在作业规程中明确，并制定防止冒顶、片帮的安全措施。

(2) 距掘进工作面 10 m 内的架棚支护，在爆破前必须加固。对爆破崩倒、崩坏的支架必须先行修复，之后方可进入工作面作业。修复支架时必须先检查顶、帮，并由外向里逐架

进行。

(3) 在松软的煤(岩)层、流砂性地层或者破碎带中掘进巷道时,必须采取超前支护或者其他措施。

2. 安全设施齐全有效

掘进工作面的安全设施,主要包括视频监控、设备的安全防护装置、作业地点的消防设施等,必须在作业规程中进行明确。应按要求在规定地点装设视频摄像头,实时监控作业区域的工作状态。安全防护装置应符合《煤矿安全规程》第五十八条、第一百零三条、第三百七十四条、第四百四十四条的规定。消防设施齐全有效。

3. 机电设备。机械设备及配套系统设备完好、保护有效、运转正常;辅助运输系统符合要求,安全设施齐全有效;通信系统畅通。

【说明】 本条是对掘进专业机电设备的工作要求。

1. 机械设备及配套系统设备完好、保护有效、运转正常

"机械设备及配套系统设备完好"是指综掘机、掘锚一体机、锚杆钻车、耙装机等掘进设备主要部件、重要连接部位连接件齐全,安全保护有效,运行性能指标达到出厂要求。激光指向仪、工程质量验收使用的器具(仪表)的主要部件、重要连接部位连接件齐全,安全保护有效,运行性能、精度指标达到出厂要求。

"保护有效、运转正常"应包括以下要求:掘进机、掘锚一体机、连续采煤机和耙装机的安全保护应符合《煤矿安全规程》第一百一十九条和第六十一条的规定。带式输送机、刮板输送机、转载机、破碎机等控制设备电气保护应符合《煤矿安全规程》第四百五十一条至第四百五十三条和《煤矿井下供配电设计规范》(GB/T 50417)中8.1的规定。接地线安设应符合《煤矿安全规程》第四百七十八条至第四百八十条和《煤矿井下保护接地装置的安装、检查、测定工作细则》的要求。

2. 辅助运输系统符合要求,安全设施齐全有效

辅助运输系统应符合《煤矿安全规程》《煤矿矿井机电设备完好标准》的规定,设备完好,制动可靠,安全设施有效,声光信号齐全。轨道及道岔铺设应符合《煤矿安全规程》第三百八十条和《煤矿窄轨铁道维修质量标准及检查评级办法》的规定;阻车装置应符合《煤矿安全规程》第三百八十七条的规定;安全间距应符合《煤矿安全规程》第九十条、第九十一条、第九十二条的规定;钢丝绳及其使用应符合《煤矿安全规程》第四百零八条、第四百一十二条、第四百一十四条、第四百二十条的规定。

3. 通信系统畅通

掘进工作面语音通信系统应运转正常,按规定设置。《煤矿安全规程》第四百八十七条规定,所有矿井必须装备有线调度通信系统。《煤矿安全规程》第四百八十八条规定,编制采区设计、采掘作业规程时,必须对安全监控、人员位置监测、有线调度通信设备的种类、数量和位置,信号、通信、电源线缆的敷设,安全监控系统的断电区域等做出明确规定,绘制安全监控布置图和断电控制图、人员位置监测系统图、井下通信系统图,并及时更新。

4. 文明生产。作业场所照明充足;图牌板齐全、清晰;物料分类码放整齐,管线吊挂规范;巷道底板平整,无杂物,无淤泥,无积水。

【说明】 本条是对掘进专业文明生产的工作要求。

1. 作业场所照明充足

作业场所应照明充足并符合防爆、综合保护要求，采用具有短路、过负荷和漏电保护的照明信号综合保护装置配电等。照明充足是指车场、配电点、转载点、休息地点、施工图牌板、带式输送机机头和机尾以及耙装机、挖掘机作业区域等场所有照明；掘进工作面距迎头100 m范围内照明间距不大于30 m。

《煤矿安全规程》第四百四十五条中规定，照明的供电额定电压不超过127 V。严禁用电机车架空线作照明电源；井下照明应采用具有短路、过负荷和漏电保护的照明综合保护装置供电。

2. 图牌板齐全、清晰

掘进工作面的各类图牌板内容准确，图面清晰，图例图签符合要求。掘进工作面作业场所应安设巷道平面布置图、施工断面图、断面截割轨迹图（炮眼布置图）、正规循环作业图和避灾路线图等；牌板的制作、悬挂要有具体的标准，悬挂处有照明，便于观看。

3. 物料分类码放整齐，管线吊挂规范

掘进材料设备定置存放，托盘、锚固剂等其他材料分类码放，机电配件分类集中码放，且摆放整齐平稳，不得超出指定摆放区域；缆线布置、吊挂符合要求，检测、通信、信号电缆与动力电缆分挂在巷道两侧，如一侧布置必须按检测、通信、信号、低压、高压顺序自上而下分挡吊挂，垂直度合适，电缆钩固定上下平直，所有电缆必须入钩（除拖移电缆外），包括信号线、电话线严禁出现蜘蛛网状。

4. 巷道底板平整，无杂物，无淤泥，无积水

掘进工作面环境符合作业规程的规定，巷道底板要求符合《巷道设计》的规定。主要包括：巷道及硐室底板平整，无浮渣及杂物、无淤泥、无积水。

二、评分方法

1. 存在重大事故隐患的，本部分不得分。

2. 掘进工作面按表4.1.4-1评分，总分为100分。按照所检查存在的问题进行扣分，各小项分数扣完为止。

3. 掘进专业评分为所检查各掘进工作面的平均考核得分，按式(1) 进行计算：

$$A=\frac{1}{n}\sum_{i=1}^{n}A_i \tag{1}$$

式中 A——掘进部分实得分数；

n——检查的掘进工作面个数；

A_i——检查的掘进工作面得分。

4. 附加项评分

符合要求的最多加2分，不符合要求的不得分也不扣分。附加项得分计入本专业总得分。

《煤矿窄轨铁道维修质量标准及检查评级方法》

《煤矿井巷工程质量验收规范》

《煤矿巷道锚杆支护技术规范》

表 4.1.4-1 煤矿掘进标准化评分表

项目	项目内容	基本要求	标准分值	评分方法	执行指南	核查细则	资料清单	得分
一、基础管理(19分)	生产布局	按批准的设计布置掘进工作面,个数符合《煤矿安全规程》规定	3	查现场和资料。不符合要求不得分	1. 批准的设计是组织采区范围内施工、生产的指导性技术文件,必须按批准的设计布置掘进工作面个数 2. 一个矿井煤(半煤岩)掘进工作面个数不得超过9个。采(盘)区开采前必须按照生产布局和资源回收合理的要求编制采(盘)区设计,并严格按照采(盘)区设计组织施工,情况发生变化时及时修改设计。一个采(盘)区内同一煤层的一翼最多只能布置2个煤(半煤岩)巷掘进工作面同时作业。一个采(盘)区内同一煤层双翼开采或者多煤层开采的,该采(盘)区最多只能布置4个煤(半煤岩)巷掘进工作面同时作业	1. 查矿井生产系统,矿井开采设计、采区设计 2. 查采掘接续计划,年度、月度生产计划 3. 查掘进工作面布置情况 4. 查掘进工作面个数	1. 矿井设计、采区设计 2. 采掘接续计划表,年度、月度生产计划表 3. 调度日报表 4. 采掘工程平面图	

表4.1.4-1(续)

项目	项目内容	基本要求	标准分值	评分方法	执行指南	核查细则	资料清单	得分
一、基础管理(19分)	规程措施	1. 掘进工作面开工前编制作业规程,内容符合相关要求:明确巷道施工工艺、循环进尺、空顶距、临时支护及永久支护的形式和支护参数,有防止冒顶、片帮的安全措施;现场条件发生变化时,及时修改作业规程或补充安全技术措施 2. 大型设备安装拆除、大硐室开凿、巷道维修、贯通以及过断层、采空区、破碎带等应编制安全技术措施并组织实施 3. 规程措施在施工前完成审批并贯彻 4. 煤矿总工程师至少每2个月组织对作业规程进行复审,并有复审意见	5	查现场和资料。内容不全,缺1项扣1分;其他不符合要求1项扣0.5分	1. 作业规程是指导掘进工作面安全掘进的基础性技术文件,必须符合《煤矿安全规程》及其执行说明的要求 2. 作业规程中要明确巷道施工工艺、循环进尺、空顶距、临时支护及永久支护的形式和支护参数,制定防止冒顶、片帮的安全措施等 3. 当掘进工作面条件出现重大变化,作业规程无法有效指导安全生产时,应及时修改作业规程或补充安全技术措施 4. 安全技术措施是对作业规程的有效补充。大型设备安装拆除、大硐室开凿、巷道维修、贯通以及过断层、采空区、破碎带等时,如原作业规程中没有相关内容,需制定专项安全技术措施,并组织实施 5. 作业规程应在施工前贯彻到每个职工,施工前考试完毕并签字留存 6. 作业规程的复审由总工程师组织,每2个月至少1次,复审人员应出具复审建议和意见 7. 煤矿主要负责人组织制定并实施作业规程	1. 查作业规程(安全技术措施)是否经过相关科室会审,签字是否齐全,总工是否最后把关签字 2. 查作业规程中有无防止冒顶、片帮的安全措施 3. 查现场临时支护和永久支护是否符合作业规程要求 4. 查现场条件变化时,是否有补充安全技术措施,科室签字是否齐全 5. 查有无大型设备安装拆除、大硐室开凿、巷道维修、贯通以及过断层、采空区、破碎带等安全技术措施 6. 查有无巷道开工现场会议纪要 7. 查作业规程(安全技术措施)贯彻学习考试情况及作业规程定期复查情况 8. 查作业规程复审情况及复审内容落实情况	1. 掘进作业规程 2. 掘进作业规程编制、审批会审签字、修改补充完善资料 3. 工作面支护设计 4. 大型设备安装拆除、大硐室开凿、巷道维修、贯通以及过断层、采空区、破碎带等时的安全技术措施 5. 掘进作业规程(安全技术措施)的学习、考试、补考、成绩等资料 6. 掘进作业规程(安全技术措施)的现场执行记录 7. 作业规程复审记录	

表4.1.4-1(续)

项目	项目内容	基本要求	标准分值	评分方法	执行指南	核查细则	资料清单	得分
一、基础管理(19分)	矿压监测	1. 开展巷道围岩表面位移观测，煤巷、半煤岩巷锚杆(索)支护巷道有顶板离层监测 2. 观测、监测有记录，记录数据符合实际；每月至少对观测数据进行1次规律分析，形成报告指导安全生产 3. 顶板离层临界值在作业规程中规定，超过临界值时顶板有加固措施	4	查现场和资料。未观测和监测不得分，其他不符合要求1处扣0.5分	1. 围岩表面位移观测内容包括顶底板移近量、两帮移近量、顶板下沉量、底鼓量、右帮移近量、左帮移近量；每个测站间距不大于200 m，每个测站布置不少于2个观测断面，断面间距不大于2排锚杆距离 2. 顶板离层监测符合《煤矿安全规程》第一百零二条规定；煤巷、半煤岩巷锚杆(索)支护巷道必须安设顶板离层仪，每个测站间距不大于50 m 3. 作业规程中应规定观测、监测仪器的安设位置、观测方式、观测时段、顶板离层临界值等，观测频率及顶板离层临界值设定应符合《煤矿巷道锚杆支护技术规范》，超过临界值时有顶板加固措施 4. 按规定填写观测、监测记录牌板，配有观测记录本，记录数据符合实际；顶板离层监测采用在线监测的，现场可以不设置图牌板 5. 矿井要配备矿压观测人员，负责井下施工采掘工作面及已掘巷道的测点布置、矿压观测、数据分析预测，矿井每月至少对观测数据进行1次规律分析，形成报告，为选择合理支护方式提供科学的参考依据	1. 查现场。围岩表面位移观测仪器是否齐备，顶板是否安装了顶板离层仪，测站间距是否符合要求 2. 查现场和资料。现场是否填写图牌板 3. 查资料。围岩表面位移观测、顶板离层监测记录，规律分析报告 4. 查作业规程。是否规定仪器的安设位置、观测频率、顶板离层临界值，超过临界值时有无顶板加固措施	1. 围岩观测原始记录本 2. 顶板离层监测台账 3. 观测数据分析报告 4. 掘进作业规程	

表4.1.4-1(续)

项目	项目内容	基本要求	标准分值	评分方法	执行指南	核查细则	资料清单	得分
一、基础管理(19分)	支护材料	1. 建立支护材料验收、抽样检验制度;支护材料及配件的材质、品种、规格、强度等符合设计要求 2. 备用材料和备件的规格、型号、数量及存放地点符合作业规程要求	4	查现场和资料。未建立制度扣1分;现场使用不合格材料不得分;其他不符合要求1处扣0.5分	1. 矿井应建立支护材料验收、抽样检验制度,验收、抽样检验记录齐全 2. 支护材料及其构件、配件的材质、品种、规格、强度必须符合设计要求,并有出厂合格证或出厂试验报告和抽样检验报告 3. 现场备用的支护材料和备件的规格、型号、数量等技术参数应符合作业规程要求,并和地面台账一致	1. 查现场。各种支护材料及配件的材质、品种、规格、强度等是否与设计、措施相符 2. 查现场。应急备用材料和备件的规格、型号、数量及存放地点是否符合作业规程要求 3. 查资料。各种材料、构件等是否有生产合格证或出厂试验报告	1. 各种支护材料、构件等生产合格证 2. 各种材料检验报告或抽样检查报告 3. 各种材料验收、抽样检验制度	
	掘进机械化	1. 煤巷、半煤岩巷和条件适宜的岩巷宜采用综合机械化掘进;掘进机械化程度不低于75% 2. 采用机械化装、运煤(矸) 3. 材料、设备采用机械运输,人工运料距离不超过300 m	3	查现场。未采用机械化装运煤(矸)不得分,掘进机械化程度每降低1%扣0.1分;人工运料距离每增加20 m扣0.1分	1. 煤巷、半煤岩巷和条件适宜的岩巷应该采用综合机械化掘进,原则上岩巷围岩 $f \leqslant 7$、巷道长度大于500 m、倾角小于12°,煤巷(半煤岩)围岩 $f \leqslant 5$、巷道长度大于600 m、倾角小于16°,均应采用机械化施工,机械化程度不低于75% 2. 掘进装载机械化程度=(掘进装载机械工作面进尺÷掘进总进尺)×100% 3. 施工所需的材料、设备采用绞车、输送机等机械运输,不得采用旱船运输。人工运料距离不得超过300 m	1. 查现场。掘进巷道是否采用机械化装运煤(矸),机械化程度是否符合要求 2. 查现场。掘进巷道岩性情况,若是岩巷,看是否采用综掘机等配套设备割、装、运矸 3. 查现场。人工运料距离是否超过了300 m 4. 查现场。材料、设备是否采用机械运输,但不得采用旱船运输	1. 掘进作业计划表、掘进接替图表、采掘工程平面图、设备布置图 2. 掘进设备统计台账 3. 综合机械化掘进程度统计表、掘进巷道特征表 4. 已经掘进完工的掘进作业规程 5. 正在掘进的掘进作业规程	

表4.1.4-1(续)

项目	项目内容	基本要求	标准分值	评分方法	执行指南	核查细则	资料清单	得分
二、质量与安全(53分)	规格质量	巷道净宽偏差符合以下要求：锚网(索)、锚喷巷道有中线的0～100 mm,无中线的−50～200 mm;刚性支架、砌块、混凝土与钢筋混凝土巷道有中线的0～50 mm,无中线的−30～50mm;钢架喷射混凝土、可缩性支架巷道有中线的0～100 mm,无中线的−50～100 mm	5	查现场。均匀选取3个检查点现场检查;不符合要求但不影响安全使用1处扣0.5分;影响安全使用1处扣2分;其他不符合要求1处扣1分	1. 按照《煤矿井巷工程质量验收规范》(GB 50213—2010)中对应的支护方式或施工形式验收,验收表格符合标准要求 2. 按表4.1.4-2选取检查点,测点不少于3个	现场挂中(腰)线,取不少于3个检查点,用卷尺进行测量,并记录好数据,上井后对照标准要求打分	1. 区队安全质量验收制度 2. 区队班组验收记录 3. 巷道断面设计图 4. 巷道净宽工程质量验收记录现	
		巷道净高偏差符合以下要求：锚网(索)、锚喷巷道有腰线的0～100 mm,无腰线的−50～200 mm;刚性支架、砌块、混凝土与钢筋混凝土巷道有腰线的−30～50 mm,无腰线的−30～50 mm;钢架喷射混凝土、可缩性支架巷道有腰线的−30～100 mm,无腰线的−30～100 mm	5	查现场。均匀选取3个检查点现场检查,不符合要求但不影响安全使用1处扣0.5分,影响安全使用1处扣2分;其他不符合要求1处扣1分		现场挂中(腰)线,取不少于3个检查点,然后用测量工具量其数据,并做好记录,上井后按要求进行评分	1. 区队安全质量验收制度 2. 区队班组验收记录 3. 巷道断面设计图 4. 巷道净高工程质量验收记录	
		有坡度要求的巷道,坡度偏差不得超过±1‰	2	查现场。均匀选取3个检查点检查,不符合要求1处扣1分	1. 按照巷道坡度的验收方法进行验收,验收结果符合要求 2. 按表4.1.4-2选取检查点,测点不少于3个	用尺量相邻两检查点由腰线至轨面(或底板)垂直距离之差与该两检查点距离之比	巷道坡度工程质量验收记录	

表4.1.4-1(续)

项目	项目内容	基本要求	标准分值	评分方法	执行指南	核查细则	资料清单	得分
二、质量与安全(53分)	规格质量	巷道水沟偏差应符合以下要求:中线至内沿距离－50～50 mm,腰线至上沿距离－20～20 mm,深度、宽度－30～30 mm,壁厚－10 mm	2	查现场。均匀选取3个检查点现场检查,不符合要求1处扣0.5分	1. 按照巷道水沟的验收方法对水沟进行验收,验收结果符合标准要求 2. 按表4.1.4-2选取检查点,测点不少于3个	现场挂中(腰)线,取不少于3个检查点,然后用测量工具量取数据,并做好记录	巷道水沟工程质量验收记录	
	内在质量	锚喷巷道喷层厚度不低于设计值90%(现场每25 m打1组观测孔,1组观测孔至少3个且均匀布置),喷射混凝土的强度符合设计要求,基础深度不小于设计值的90%	4	查现场。未检测喷射混凝土强度或无观测孔扣2分,其他不符合要求1处扣0.5分	1. 喷射混凝土厚度检验方法:打眼尺量检查或抽查验收记录 2. 混凝土强度检验方法:检查混凝土抽样试件强度试验报告 3. 基础深度检验方法:尺量检查点两墙基础深度 4. 锚喷巷道喷射混凝土强度、检测数量应在作业规程中明确	1. 查资料。有无混凝土强度检测试验记录 2. 查现场。查观测孔数量,用钢尺量孔深和喷层厚度,并做好记录	1. 区队安全质量管理制度 2. 区队班组验收记录 3. 锚喷巷道工程质量验收记录 4. 掘进作业规程	

表4.1.4-1(续)

项目	项目内容	基本要求	标准分值	评分方法	执行指南	核查细则	资料清单	得分
二、质量与安全(53分)	内在质量	锚网索巷道锚杆(索)安装、扭矩、拉拔力、网的铺设连接符合设计要求，锚杆(索)的间、排距偏差－100～100 mm，锚杆露出螺母长度10～50 mm(全螺纹锚杆10～100 mm)，锚索露出锁具长度150～300 mm，锚杆角度与设计偏差不大于5°，预应力不小于设计值的90%，拉拔力不小于设计锚固力值	5	查现场。锚杆扭矩连续3根不符合要求扣2分，其他不符合要求1处扣0.5分	1. 锚杆安装应牢固，托板密贴壁面、不松动。扭矩达到作业规程要求，扭矩检验方法：用力矩扳手扳动、观察，全数检查或抽查 2. 锚杆预应力不小于设计值的90%，拉拔力不小于设计值。拉拔力检验方法：用锚杆拉力计做抗拔力试验，做好试验记录，中间或竣工验收时抽查试验记录，必要时进行现场实测 3. 网的铺设、搭接、联网符合作业规程的规定 4. 锚杆预应力、拉拔力设计值在作业规程中明确规定 5. 可缩性金属支架应当采用金属支拉杆，并用机械或者力矩扳手拧紧卡缆，扭矩达到作业规程要求 6. 按表4.1.4-2选取检查点，测点不少于3个	1. 查现场。用锚杆拉力计检测顶、帮锚杆拉拔力。用力矩扳手检测锚杆螺母扭矩，并做好记录 2. 查现场。用尺量锚杆排距、间距、外露长度等尺寸并做好记录 3. 查现场。观察锚杆角度是否符合作业规程要求	1. 锚杆锚网索设计说明书 2. 锚杆锚网索作业安全技术措施 3. 锚杆锚网索工程质量验收记录 4. 锚杆锚网索测试记录	
		钢架喷射混凝土、刚性支架、可缩性支架巷道偏差符合以下要求：支架间距不大于50 mm、梁水平度不大于40 mm、支架梁扭距不大于50 mm、立柱斜度不大于1°，水平巷道支架前倾后仰不大于1°，柱窝深度不小于设计值；撑(或拉)杆、垫板、背板的位置、数量、安设形式符合要求；倾斜巷道每增加5°～8°，支架迎山角增加1°；可缩性支架卡缆安设及螺栓扭矩符合作业规程规定	5	查现场。均匀选取3个检查点现场检查，不符合要求1处扣0.5分		查现场。取不少于3个检查点检查，并做好记录	1. 刚性支架、钢架喷射混凝土、可缩性支架巷道施工安全技术措施 2. 刚性支架、钢架喷射混凝土、可缩性支架巷道施工工程质量验收记录	

表4.1.4-1(续)

项目	项目内容	基本要求	标准分值	评分方法	执行指南	核查细则	资料清单	得分
二、质量与安全(53分)	安全管控	掘进迎头15 m范围、耙装机处、带式输送机头和机尾安装视频摄像头,视频有效监控作业区域	4	查现场。不符合要求1处扣1分	1. 掘进迎头15 m范围背对背各安装1台,对准迎头方向和外口方向 2. 耙装机处安装1台,对准迎头方向 3. 带式输送机头和机尾各安装1台,对准落煤点	1. 查掘进作业规程是否有安装视频摄像头内容 2. 查调度室图像监视系统的显示功能。 3. 查现场视频摄像头安装是否符合作业规程规定 4. 查视频录像是否有效监控	1. 掘进作业规程 2. 视频维护记录台账 3. 监控布置图 4. 视频、录像	
		建立工程质量考核验收制度;执行敲帮问顶制度,无空顶作业;永久支护距掘进工作面距离、临时支护、空顶距、空帮距符合作业规程要求;在松软的煤(岩)层、流砂性地层或者破碎带中掘进有超前支护或者其他措施	5	查现场和资料。未建立制度扣1分,空顶作业不得分,其他不符合要求1处扣1分	1. "建立工程质量考核验收制度",是指煤矿掘进施工单位要对掘开巷道的实体工程质量进行检验,采用班检、日检、抽检等形式;掘进工程质量的日常检验记录全面详实 2. 执行《煤矿安全规程》第八十一条、第一百零二条、第一百零四条的规定,严格执行敲帮问顶制度,严禁空顶作业 3. 根据围岩或煤层的稳定性确定永久支护距掘进工作面的距离。临时支护的方式、临时支护的距离要在作业规程中明确,并制定防止冒顶、片帮的安全措施。 4. 在松软的煤(岩)层、流砂性地层或者破碎带中掘进巷道时,必须采取超前支护或者其他措施,常采用的超前支护形式有:前探刹杆、工作面超前支架、超前锚杆和预挑煤壁等	1. 查资料。矿井是否建立工程质量考核、验收制度 2. 查现场。最后一排支护到工作面迎头的距离是否符合作业规程要求 3. 查现场。永久支护距掘进工作面距离、临时支护、空顶距、空帮距是否符合作业规程要求 4. 查现场。特殊地点掘进是否有超前支护等安全措施	1. 工程质量考核验收制度 2. 掘进作业规程 3. 敲帮问顶制度 4. 巷道支护说明书及支护参数 5. 各类支护质量检查验收记录 6. 专项安全技术措施	

表4.1.4-1(续)

项目	项目内容	基本要求	标准分值	评分方法	执行指南	核查细则	资料清单	得分
二、质量与安全(53分)	安全管控	架棚支护棚间装设有牢固的撑杆或拉杆,可缩性金属支架应用金属拉杆,距掘进工作面10 m内架棚支护爆破前进行加固	4	查现场。不符合要求1处扣0.5分	1. 巷道架棚时,支架腿应当落在实底上;支架与顶、帮之间的空隙必须塞紧、背实。支架间应当设牢固的撑杆或者拉杆,可缩性金属支架应当采用金属支拉杆,并用机械或者力矩扳手拧紧卡缆。倾斜井巷支架应当设迎山角;可缩性金属支架可待受压变形稳定后喷射混凝土覆盖 2. 距掘进工作面10 m内的架棚支护,在爆破前必须加固。对爆破崩倒、崩坏的支架必须先行修复,之后方可进入工作面作业。修复支架时必须先检查顶、帮,并由外向里逐架进行	1. 查掘进作业规程是否内容齐全 2. 查现场。架棚支护巷道拉杆、撑木是否齐全有效 3. 查现场。架棚支护巷道是否进行了爆破前10 m加固	1. 掘进作业规程 2. 支护说明及支护参数	
		锚杆支护遇顶板破碎、淋水区,过断层、老空区、高应力区以及大倾角、大断面、交岔点等特殊地段有加强支护措施,并至少向正常地段延伸5 m	4	查现场。不符合要求1处扣1分	1. 煤矿应当强化特殊地段支护。锚杆支护遇顶板破碎、淋水区,过断层、老空区、高应力区,大倾角、大断面、交岔点等特殊地段,应采用架棚、单体液压支柱补强或者注浆加固等加强支护措施,加强支护范围至少向正常地段延伸5 m 2. 对地应力和采动应力影响严重区域,应制定防止锚杆(索)崩断、断丝、坠落伤人等措施	1. 查掘进作业规程的加强支护措施是否内容齐全 2. 查有无特殊地段加强支护措施,是否落实到位	1. 掘进作业规程、各种加强支护措施 2. 巷道支护说明书及支护参数	

表4.1.4-1(续)

项目	项目内容	基本要求	标准分值	评分方法	执行指南	核查细则	资料清单	得分
二、质量与安全(53分)	安全管控	设备转动外露部位，溜煤(矸)眼及煤(矸)仓上口等人员通过的地点有可靠的安全防护设施	2	查现场。不符合要求1处扣1分	1. 设备转动外露部位，溜煤(矸)眼及煤仓上口等人员通过的地点应有护栏、警示牌板等安全防护设施，防止人员靠近或坠落 2. 鼓励煤矿安设电子围栏	查现场是否按照要求对相关设备、设施的进行防护，设施是否齐全可靠，警示、告知标识是否齐全	1. 人员通过溜煤眼及煤仓上口的安全措施 2. 设备转动外露部位的防护措施 3. 警示、告知标识	
		各种液压设备操纵阀手把能实现自动闭锁或有限位装置	3	查现场。不符合要求1处扣1分	液压设备操纵阀手把能实现自动闭锁或有限位装置，可在操作人员进行重要的操作时将手把锁定，以确保阀门处于正确的位置，目的是防止误操作，保证液压系统的正常运行	查现场。液压设备操纵阀手把能否实现自动闭锁或有无限位装置	液压设备安全防护措施	
		带式输送机机头、配电点、防爆型柴油动力装置、油脂存放地点消防设施齐全	3	查现场。不符合要求1处扣1分	带式输送机机头、配电点、防爆型柴油动力装置、油脂存放地点等场所按要求配备消防设施，且齐全有效	查消防设施种类、数量是否符合，日常管理是否到位	1. 工作面消防设施布置图 2. 消防设施日常安全检查和维护记录	

表4.1.4-1(续)

项目	项目内容	基本要求	标准分值	评分方法	执行指南	核查细则	资料清单	得分
三、机电设备(20分)	掘进机械	1. 掘进设备和施工机(工)具完好;电气保护齐全可靠 2. 掘进机、掘锚一体机、连续采煤机非操作侧设有急停按钮(连续采煤机除外);有前照明和尾灯;除降尘装置有效;停止工作时将切割头落地,并切断电源 3. 掘进机、掘锚一体机、连续采煤机、梭车、锚杆钻车装设甲烷断电仪或者便携式甲烷检测报警仪 4. 综掘工作面(锚杆支护)有机载临时支护装置 5. 移动电缆有吊挂、拖曳装置	4	查现场。第1～3项不符合要求1处扣0.5分;第4项不符合要求扣1分	1. “掘进设备完好”是指掘进机、连续采煤机、掘锚一体机、锚杆钻车等机械设备主要部件、重要连接部位连接件齐全,安全保护有效,运行性能指标达到出厂要求 2. “掘进施工机(工)具完好”是指锚杆钻机、煤电钻、风煤钻、凿岩台车、风镐等的部件齐全,保护有效 3. 使用掘进机、掘锚一体机、连续采煤机时,应按照《煤矿安全规程》第一百一十九条的规定执行 4. 使用梭车、锚杆钻车时,应按照《煤矿安全规程》第一百二十条的规定执行 5. 掘进设备管理台账健全,检修、维修记录内容详实 6. 综掘工作面使用机载临时支护装置可对顶板及时、有效进行支护,提高支护效率和安全性 7. 移动电缆有吊挂、拖曳装置是为了避免因挤压、撞击损坏电缆,影响使用安全 8. 鼓励掘进机安装电子围栏	1. 查现场。锚杆钻机、锚杆拉力计、力矩扳手、锚索预紧器等设备是否完好 2. 查现场。掘进机、掘锚一体机、连续采煤机非操作侧是否设有急停按钮;前照明和尾灯是否亮;除降尘装置是否有效;停止工作时切割头是否落地并切断电源 3. 查现场。掘进设备是否装有甲烷断电仪或便携式甲烷检测报警仪 4. 查现场。综掘工作面(锚杆支护)是否有机载临时支护装置 5. 查现场。移动电缆有无吊挂、拖曳装置	1. 掘进施工机(工)具设备档案 2. 掘进机械设备档案 3. 掘进机械设备布置图 4. 掘进机械操作规程及操作安全技术措施 5. 掘进机械设备完好率 6. 掘进作业规程	

表4.1.4-1(续)

项目	项目内容	基本要求	标准分值	评分方法	执行指南	核查细则	资料清单	得分
三、机电设备(20分)	掘进机械	耙装机刹车装置完好、可靠;挡绳栏和防耙斗出槽的护栏,距工作面的距离,钢丝绳滑轮以及机身、尾轮的固定符合作业规程要求;斜巷中使用有防止机身下滑的措施;上山施工倾角大于20°时,司机前方设有护身柱或挡板,并在耙装机前增设固定装置	3	查现场。不符合要求1处扣0.5分	使用耙装机时,应遵守《煤矿安全规程》第六十一条规定: 1. 耙装机作业时必须有照明 2. 耙装机绞车的刹车装置必须完好、可靠 3. 耙装机必须装有封闭式金属挡绳栏和防耙斗出槽的护栏;在巷道拐弯段装岩(煤)时,必须使用可靠的双向辅助导向轮,清理好机道,并有专人指挥和信号联系 4. 固定钢丝绳滑轮的锚桩及其孔深和牢固程度,必须根据岩性条件在作业规程中明确 5. 耙装机在装岩(煤)前,必须将机身和尾轮固定牢靠。耙装机运行时,严禁在耙斗运行范围内进行其他工作和行人。在倾斜井巷移动耙装机时,下方不得有人。上山施工倾角大于20°时,在司机前方必须设护身柱或者挡板,并在耙装机前方增设固定装置。倾斜井巷使用耙装机时,必须有防止机身下滑的措施 6. 耙装机作业时,其与掘进工作面的最大和最小允许距离必须在作业规程中明确 7. 高瓦斯、煤与瓦斯突出和有煤尘爆炸危险矿井的煤巷、半煤岩巷掘进工作面和石门揭煤工作面,严禁使用钢丝绳牵引的耙装机	1. 查现场。耙装机安全防护装置是否完好 2. 查现场。耙装机固定是否符合作业规程规定 3. 查斜巷使用耙装机是否有防止机身下滑的安全技术措施	1. 耙装机布置图、档案 2. 耙装机规程及安全技术措施 3. 掘进作业规程	

表4.1.4-1(续)

项目	项目内容	基本要求	标准分值	评分方法	执行指南	核查细则	资料清单	得分
三、机电设备(20分)	刮板输送机	刮板输送机完好;液力偶合器不使用可燃性传动介质(调速型液力偶合器不受此限),使用合格的易熔塞和防爆片;机头、机尾固定可靠;行人通过处设置过桥	2	查现场。不符合要求1处扣0.5分	“刮板输送机完好”是指符合《煤矿矿井机电设备完好标准》规定,使用时遵守《煤矿安全规程》第一百二十一条的规定: 1. 刮板输送机使用的液力偶合器,必须按所传递的功率大小,注入规定量的难燃液,并经常检查有无漏失。易熔合金塞必须符合标准,并设专人检查、清除塞内污物;严禁使用不符合标准的物品代替 2. 刮板输送机严禁乘人 3. 用刮板输送机运送物料时,必须有防止顶人和顶倒支架的安全措施 4. 移动刮板输送机时,必须有防止冒顶、顶伤人员和损坏设备的安全措施	1. 查现场。刮板输送机是否完好 2. 液力偶合器是否使用可燃性传动介质(调速型液力偶合器不受此限),是否使用合格的易熔塞和防爆片 3. 查刮板输送机机头、机尾是否固定可靠 4. 行人通过处是否设置过桥	1. 掘进运输系统图 2. 掘进运输设备档案 3. 刮板输送机安全操作规程及安全操作技术措施 4. 刮板输送机检查、维修记录	

表4.1.4-1(续)

项目	项目内容	基本要求	标准分值	评分方法	执行指南	核查细则	资料清单	得分
三、机电设备(20分)	带式输送机	1. 机架编号管理,滚筒、托辊齐全、转动灵活 2. 电气保护齐全可靠 3. 使用阻燃、抗静电胶带;装设防打滑、防堆煤、防跑偏、防撕裂保护装置,以及温度、烟雾监测和自动洒水装置,定期进行保护试验 4. 上运式带式输送机装设防逆转装置和制动装置,下运式带式输送机装设软制动装置和防超速保护装置 5. 减速器与电动机采用软连接或软启动控制,液力偶合器不使用可燃性传动介质(调速型液力偶合器不受此限),使用合格的易熔塞和防爆片 6. 连续运输系统有联锁、闭锁控制装置,机头、机尾及全线安设通信和信号装置间距不超过 200 m,沿线安设有效的急停装置 7. 机头、机尾固定牢固,机头有防护栏,机尾使用挡煤板,有防护罩;在大于 16°的斜巷中带式输送机设置防护网,并采取防止物料下滑、滚落等安全措施	4	查现场和资料。输送带入井前未经过第三方阻燃和抗静电性能试验或者试验不合格入井,输送带防打滑、跑偏、堆煤等保护装置或者温度、烟雾监测装置失效的该项不得分,其他不符合要求 1 处扣 0.5 分	1. 带式输送机实行机架编号管理,便于对机架进行识别、管理、维护和查询 2. “电气保护齐全可靠”是指符合《煤矿安全规程》第三百七十四条、第三百七十五条的要求 3. 带式输送机应采用阻燃、抗静电输送带,其阻燃性能和抗静电性能符合有关标准的规定;输送带接口处无毛边,接口(卡口)完好,无坏针 4. 带式输送机保护、监测装置符合《煤矿电气设备安装工程施工与验收规范》《煤矿用带式输送机安全规范》的规定;采用红外线温度监测装置的应符合说明书要求 5. 减速器无渗漏油现象,注油嘴清洁畅通 6. 液力偶合器具有两项保护,其一是温度保护,以易熔塞实现;其二是压力保护,以防爆片实现 7. 带式输送机沿线每隔 100 m 应设有拉线急停装置,拉线急停灵敏可靠,急停拉线严禁用铁丝代替 8. 带式输送机机头防护网齐全,传动部要求设有保护栅栏,警示标识齐全 9. 带式输送机机头电机、减速器冷却水嘴清洁畅通 10. 带式输送机机尾清扫器完好有效,机尾缓冲托辊齐全完好,缓冲架无变形、损坏,机尾滚筒运转正常并且有护罩,护罩完好紧固。自移机尾装置的各千斤顶、操作阀灵活可靠,无窜液、漏液现象	1. 查现场。带式输送机机架是否编号,滚筒、托辊是否齐全 2. 查现场和资料。电气保护是否齐全可靠 3. 查现场。输送带是否为“双抗” 4. 查现场。带式输送机有无防打滑、防堆煤、防跑偏、防撕裂保护装置,是否装设温度、烟雾监测和自动洒水装置 5. 查现场。液力偶合器是否使用合格的易熔塞和防爆片 6. 查现场。连续运输系统是否有连锁、闭锁控制装置,通信和信号装置间距是否符合规定,沿线是否安设有效的急停装置 7. 查现场。机头、机尾是否固定牢固,机头有无防护栏,机尾是否使用挡煤板,有无防护罩 8. 查现场和资料。大于 16°的斜巷有无防止物料下滑、滚落等安全措施	1. 带式输送机台账、运行日志、检查维修记录、故障处理记录 2. 带式输送机喷雾系统图 3. 带式输送机安设沿线急停装置检查维护记录 4. 带式输送机防跑偏措施 5. 带式输送机电气保护系统图 6. 带式输送机防打滑、防堆煤、防跑偏、防撕裂保护装置,温度、烟雾监测装置,自动洒水装置的检查维护记录 7. 带式输送机的管理制度、操作规程等	

表4.1.4-1(续)

项目	项目内容	基本要求	标准分值	评分方法	执行指南	核查细则	资料清单	得分
三、机电设备(20分)	辅助运输	设备完好,制动可靠,安全设施有效,声光信号齐全;倾斜巷道阻车装置有效;运输巷与运输设备突出部分的最小间距、钢丝绳及其使用符合《煤矿安全规程》要求	3	查现场。不符合要求1处扣0.5分	1. 遵守掘进运输设备安全操作规程及安全操作技术措施 2. 轨道及道岔铺设符合《煤矿安全规程》第三百八十条和《煤矿窄轨铁道维修质量标准及检查评级办法》规定 3. 阻车装置符合《煤矿安全规程》第三百八十七条规定 4. 安全间距符合《煤矿安全规程》第九十条至第九十二条规定 5. 钢丝绳符合《煤矿安全规程》第四百零八条、第四百一十二条、第四百一十四条、第四百二十条和《煤矿井下辅助运输设计规范》(GB 50533—2009)的要求	1. 查辅助运输设备的完好性,阻车装置是否有效,最小安全间距是否符合要求 2. 查钢丝绳的日常检查记录 3. 查各种设备设施的管理制度等	1. 辅助运输设备台账及完好标准 2. 作业规程阻车装置、最小安全间距的规定 3. 钢丝绳检验合格资料	
	通信系统	通信系统畅通,各转载点有语音通信装置	2	查现场。不符合要求1处扣0.5分	1. 掘进工作面语音通信系统应运转正常 2. 语音通信装置应按规定设置 3. 编制采区设计、掘进作业规程时,必须对有线调度通信设备的种类、数量和位置,信号、通信、电源线缆的敷设等做出明确规定,绘制井下通信系统图,并及时更新	查配电点、各转载点是否有语音通信装置	1. 通信系统图 2. 语音通信装置	

表4.1.4-1(续)

项目	项目内容	基本要求	标准分值	评分方法	执行指南	核查细则	资料清单	得分
三、机电设备(20分)	电气设备	小型电器排列整齐，性能完好；移动变电站完好；接地保护规范有效；开关上架，电气设备不被淋水	2	查现场。不符合要求1处扣0.5分	1. “接地保护规范有效”是指掘进工作面机电设备保护接地线安设应符合《煤矿安全规程》第四百七十八条、第四百八十条及《煤矿井下保护接地装置的安装、检查、测定工作细则》等的规定 2. 设备、电缆淋水容易造成设备、电缆受潮，导致绝缘性能降低；设备发生接地或电缆外皮损坏时，容易引起漏电	1. 查小型电器性能是否完好 2. 查小型电气处顶板有没有淋水 3. 查接地保护是否规范有效 4. 查是否按要求配置消防设施	1. 电气设备各类证件和编号 2. 电气设备检查维修记录	
四、文明生产(8分)	照明管理	车场、配电硐室、转载点、休息地点、施工图牌板、带式输送机机头和机尾以及耙装机、挖掘机作业区域等场所有照明；掘进工作面距迎头100 m范围内照明间距不大于30 m	3	查现场。不符合要求1处扣0.5分	1. 井下照明应符合防爆、综合保护要求，采用具有短路、过负荷和漏电保护的照明信号综合保护装置配电等 2. 照明应符合《煤矿安全规程》第六十一条、第六十二条、第三百七十四条、第四百六十九条规定 3. 为了确保巷道内各个区域都能获得充足的照明，掘进工作面距迎头100 m范围内照明间距不大于30 m	1. 查现场。车场、配电硐室、转载点、休息地点、施工图牌板、带式输送机机头和机尾以及耙装机、挖掘机作业区域等场所有无照明 2. 查现场。照明间距是否符合要求	1. 车场、配电硐室、转载点、休息地点、施工图牌板、带式输送机机头和机尾以及耙装机、挖掘机作业区域等场所照明检查维修记录 2. 煤矿井下照明设计及布置图	

表4.1.4-1(续)

项目	项目内容	基本要求	标准分值	评分方法	执行指南	核查细则	资料清单	得分
四、文明生产(8分)	牌板管理	1. 材料、设备有标志牌 2. 作业场所巷道平面布置图、施工断面图、断面截割轨迹图(炮眼布置图)、正规循环作业图表、避灾路线图等图牌板齐全、清晰 3. 巷道至少每 100 m 设置醒目的里程标志	3	查现场。不符合要求 1 处扣 0.5 分	1. 所有材料、设备有标志牌,内容应包括名称、规格、管理单位、责任人等 2. 图牌板种类符合要求,内容齐全、图文清晰、图例图签规范;图牌板悬挂在有照明的地方,且便于观看 3. 巷道至少每 100 m 设置醒目的里程标志,分岔处有指向标志	1. 查现场。各种图牌板是否齐全、清晰 2. 查所有材料、设备是否挂牌管理 3. 查现场。巷道每隔 100 m 是否设置里程标志,分岔处是否有指向标志	1. 标志牌、图牌板(平面布置图、施工断面图、断面截割轨迹图(炮眼布置图)、正规循环作业图表、避灾路线图等) 2. 巷道名称和里程标志	
	作业环境	1. 物料分类码放整齐;电缆、管路吊挂规范;管路、设备无积尘;各转载点有喷雾降尘装置 2. 巷道及硐室底板平整,无浮碴及杂物,无淤泥,无积水	2	查现场。不符合要求 1 处扣 0.5 分	1. 材料上架,托盘、锚固剂等其他材料分类码放,机电配件分类集中码放,且摆放整齐平稳,不得超出指定摆放区域;检测、通信、信号电缆与动力电缆分挂在巷道两侧 2. 各转载点设有喷雾降尘装置 3. 无积水是指积水不超过长 5 m、深 0.2 m 的范围	1. 查现场。材料码放、管线吊挂等是否规范 2. 查各转载点雾化效果 3. 查巷道及硐室底板是否平整,有无浮渣及杂物、淤泥、积水	1. 作业环境卫生管理检查考核制度 2. 转载点喷雾降尘装置布置图 3. 巷道及硐室底板检查维修记录 4. 作业环境卫生检查记录	

表4.1.4-1(续)

项目	项目内容	基本要求	标准分值	评分方法	执行指南	核查细则	资料清单	得分
附加项（2分）	技术进步	建成智能化掘进工作面并正常运行	2	查现场。符合要求加2分	矿井建成智能化掘进工作面，并投入生产，运行正常	查智能化掘进工作面是否正常运行，设备配置，智能化掘进的操作规程等	1. 掘进作业规程、操作规程 2. 智能化系统的设备配置表 3. 智能化掘进运行记录	

表 4.1.4-2　工序、中间、竣工验收选择检查点及测点的规定

序号	项目	选检查点的规定	选测点的规定	测点示意图
1	立井井筒	工序验收：每个循环设1个 中间、竣工验收：不少于3个，间距不大于20 m	每一个检查点断面的井壁上应均匀设8个测点，其中2个测点应设在与永久提升容器最小距离的井壁上	1 2 3 4 5 6 7 8 图1　立井井筒
2	斜井井筒 巷道 硐室	工序验收：每个循环设1个 中间、竣工验收：不应少于3个，间距不大于25 m	拱形（含半圆拱和三心拱）断面：每一检查点上应设10个测点，其中：拱顶和两拱肩各设1个测点；两墙的上、中、下各设1个测点（无中线测全宽）；底板中部设1个测点（无腰线测全高）	10 1 2 9 3 8 4 7 6 5 图2　拱形断面

表4.1.4-2(续)

序号	项目	选检查点的规定	选测点的规定	测点示意图
2	斜井 井筒 巷道 硐室	工序验收：每个循环设1个 中间、竣工验收：不应少于3个，间距不大于25 m	圆形断面：每一个检查点上应设4个测点，其中：上、下、左、右各设1个测点	1 2 3 4 图3　圆形断面
			梯形断面和矩形断面：每一个检查点上应设8个测点，其中：顶板和底板各设一个测点（无腰线测全高）；两墙的上、中、下各设一个测点（无中线测全宽）	1 2 3 4 5 6 7 8 图4　梯形、矩形断面
3	铺轨	不应少于3个，间距不应大于50 m		

注：锚杆支护巷道净尺寸测量到锚杆外露端头。

4.1.5 机　　电

本部分修订的主要变化

专家解读视频

（1）调整结构内容。调整“基础管理”项目位置，作为第一大项体现，结构上更加合理；“煤矿电气”项目删减了部分已经不适宜现场或对安全生产影响较小的内容；增加了附加加分项。

（2）减少资料检查。删减了机电设备有产品合格证、设备待修率、设备大修改造等涉及资料方面的检查内容。删减了个别已全面落实的条款，如：斜井提升制动减速度达不到要求时应设二级制动装置等已强制落实的条款。

（3）突出设备安全管理。要求有防爆电气设备和小型电器入井防爆检查记录；主要提升立井绞车、带式输送机安全保护装置按规定试验。

（4）增加附加加分项。设定“建设设备管理系统，有效实施设备全生命周期管理”附加加分项，现场验证系统符合要求的可以加1分。

一、工作要求

1. 基础管理。制定并严格执行机电管理制度，规范技术管理，设备台账、技术图纸等资料齐全，机电设备设施安全可靠。

【说明】 本条是对机电专业基础管理的工作要求。

1. 制定并严格执行机电管理制度

煤矿机电管理的关键：一是管理机构，二是专业化管理技术团队，三是应具有健全、切实可行的管理制度并严格按照制度落实执行，三者缺一不可、相辅相成。

煤矿企业必须制定机电设备材料的查验制度，做好检查验收和记录，防爆、阻燃抗静电、保护等安全性能不合格的不得入井使用。必须建立各种设备、设施检查维修制度，定期进行检查维修，并做好记录。

煤矿要从设备采购、设备使用、设备处置和监督管理等方面对煤矿机电设备实行全生命周期管理。

2. 规范技术管理，设备台账、技术图纸等资料齐全

机电技术管理是煤矿机电管理的基础和保障，各种操作规程、安全技术措施、设备技术信息档案健全、符合实际；各种台账、技术图纸齐全，内容、图例、标注规范，及时更新；各种记录填写真实，反映煤矿机电管理状态；各种机电业务保安管理体系完善，有利于全矿的机电管理发挥好指导、检查和事故统计与分析等作用。

3. 机电设备设施安全可靠

煤矿应严格按照《煤矿安全规程》、相关标准、规范及时对煤矿设备进行技术性能测试，检测、检验、探伤、测试、试验等工作必须具有周期性、真实性、可靠性，掌握在用设备性能、状态，保证设备在性能可靠、经济、高效状态下安全运行。

2. 设备与指标。煤矿矿用产品安全标志、防爆合格证等证标齐全；设备综合完好率、矿灯完好率、事故率等符合规定。

【说明】 本条是对机电专业设备与指标的工作要求。

1. 煤矿矿用产品安全标志、防爆合格证等证标齐全

证标管理是煤矿生产安全装备的安全关口，应严格按照《煤矿安全规程》和《矿用产品安全标志标识》(AQ 1043)等标准规范进行管理，把住煤矿装备的入口关。本部分的证标是指煤矿各类产品的原始证标。"煤矿矿用产品安全标志""防爆合格证"是对设备防爆性能的承诺与保证。

《煤矿安全规程》第十条规定，煤矿使用的纳入安全标志管理的产品，必须取得煤矿矿用产品安全标志。未取得煤矿矿用产品安全标志的，不得使用。试验涉及安全生产的新技术、新工艺必须经过论证并制定安全措施；新设备、新材料必须经过安全性能检验，取得产品工业性试验安全标志。

煤矿应建立机电设备及产品的矿用产品安全标志、电气设备防爆合格证等证标管理台账，证标管理台账与机电设备、电缆、小型电器等的台账相对应。

2. 设备综合完好率、矿灯完好率、事故率等符合规定

煤矿主要生产环节的安全质量工作符合法律、法规、规章、规程等规定，达到和保持一定的标准，使煤矿生产处于良好的状态。为有效地控制和杜绝因电器火源引发瓦斯、煤尘爆炸事故，煤矿要确保机电设备完好率、矿灯完好率、事故率等达到规定要求，以此保障矿工的生命安全和提高机电防爆管理水平。

矿灯使用管理必须符合《煤矿安全规程》第四百七十一条和《矿灯使用管理规范》(AQ 1111)的规定。

3. 煤矿机械。机械设备完好，保护齐全可靠，系统能力满足矿井安全生产需要。

【说明】 本条是对机电专业煤矿机械的工作要求。

煤矿机械设备完好主要是指符合《煤矿矿井机电设备完好标准》。

煤矿各种机械设备状态是决定设备能否安全运行的关键，均应在完好状态下运行，按规定周期对各类安全保护进行试验，保证各种保护装置齐全、有效、可靠。

系统能力是指煤矿提升、运输、压风、通风、排水等机械系统的安全运行能力应与矿井核定生产能力相符(或不低于)，能够满足矿井安全生产的需要。可靠的系统能力是机电各大系统安全运行的前提。如果装备能力不足，设备不能及时得到检修和维护，必然导致煤矿生产过程中拼设备的现象。

4. 煤矿电气。供电系统可靠，电气设备设计、选型合理，保护齐全有效。

【说明】 本条是对机电专业煤矿电气的工作要求。

由于生产条件的特殊性，要求生产矿井供电系统能够稳定地提供可靠的电力供应的能力。供电系统能力是实现煤矿供电系统安全运行的前提，也是煤矿安全生产的保障。合理的电气设备设计、选型，必须满足矿井生产能力、生产条件的需要。煤矿各种电气设备和电力系统的设计、选型、安装、验收、运行、检修、试验等必须按《煤矿安全规程》执行。随着矿井的延深和供用电装备的变化，应及时核算、调整和完善矿井和采区的供电设计，按照工作面自然条件、选用的装备等情况进行采掘工作面的供电设计，验算矿井和采区供电系统的合理性。

煤矿各种电气设备状态决定着设备能否安全可靠运行，均应在完好状态下运行，确保各种保护、保险装置设计合理，齐全、有效、可靠；按照《煤矿安全规程》规定的周期定期进行各种保护装置的试验，保证各种保护试验的可靠性、真实性。

5. 文明生产。设备设置规范、标识齐全，机房硐室及设备周围卫生清洁。

【说明】 本条是对机电专业文明生产的工作要求。

1. 设备设置规范、标识齐全

煤矿机电的文明化、规范化管理过程，涵盖机电设备设施的摆放、卫生、使用环境及操作作业环境的卫生等内容，应做到物料摆放整齐、物见本色、标识齐全正确、整洁卫生，从而达到设备有良好的运行环境、人员有舒心的作业环境的标准境界。

井下电气设备标志牌内容全面、数据准确，应包括设备编号、规格型号、额定电压、额定电流、容量(功率)、整定值、转速、扬程、排量、用途、负责单位人员等内容。

2. 机房硐室及设备周围卫生清洁

机房硐室建立卫生责任制，明确卫生区域，做到清洁整齐，无卫生死角，无杂物，无乱堆放的设备材料，地面无积水，无油污，无积灰等，电缆沟内无积水、杂物，沟道、孔洞盖板完整。

二、评分方法

1. 存在重大事故隐患的，本部分不得分。

2. 按表 4.1.5 评分，总分为 100 分。按照所检查存在的问题进行扣分，各小项分数扣完为止；“评分表”中“项目内容”缺项不得分，采用式(1)计算专业得分：

$$A=\frac{100}{100-B}\times C \tag{1}$$

式中 A——机电部分实得分数；

B——缺项标准分值；

C——项目内容检查得分数。

3. 附加项评分

符合要求的得分，不符合要求的不得分也不扣分。附加项得分计入本专业总得分，最多加 1 分。

《煤矿在用产品安全检验检测规范》

《矿灯使用管理规范》

《煤矿电气设备安装工程施工与验收规范》

表 4.1.5　井工煤矿机电标准化评分表

项目	项目内容	基本要求	标准分值	评分方法	执行指南	核查细则	资料清单	得分
一、基础管理(20分)	管理制度	建立机电管理制度(规程),包括停送电管理、设备定期检修、电气试验测试、干部上岗检查、机电设备管理、机电事故统计分析追查、井下防爆电气设备管理、电缆管理、小型电器管理、油脂管理、配件管理、阻燃胶带管理、杂散电流管理以及钢丝绳管理等制度	2	查资料。制度(规程)缺1种扣0.5分,内容不符合管理实际或执行不到位1处扣0.2分	制度(规程)要清晰、内容全面、针对性强,符合煤矿实际	1. 查装订成册的机电管理制度(规程)汇编,是否有编制、审核、批准人签字,并下发到全矿区队科室 2. 查各项制度(规程)内容是否符合煤矿管理实际,内容是否齐全、是否有针对性 3. 查记录看各项制度(规程)是否落实	1. 机电管理制度汇编 2. 机电岗位操作规程 3. 制度(规程)执行记录	
		机房硐室: 1. 有操作规程、岗位责任,有设备包机、交接班、巡回检查、保护试验、设备检修以及要害场所管理等制度,变电所有停送电管理制度 2. 有设备技术特征牌板、设备电气图、液压系统图、润滑系统图 3. 有设备运转、检修、保护试验、干部上岗、交接班、事故、要害场所人员、钢丝绳检查等记录,变电所有停送电记录	2	查现场和资料。缺1种制度(规程)、图纸、记录扣0.5分,内容不符合管理实际或执行不到位1处扣0.2分	1. 各种制度、规程、图纸和设备技术特征牌板等应在各机房、硐室悬挂,且悬挂整齐、可靠和美观 2. 各种记录齐全、完整、真实、规范,有管理人员签字后存档,根据每一种记录的记载量确定更换周期(月或年),机房各种记录应保留至少一个运行周期 3. 设备润滑系统图中应标明设备所有润滑部位、润滑周期、油脂牌号、注(换)油量等参数。润滑泵站原理图不能代替润滑系统图 4. 机电硐室实现无人值守的,交接班相关制度、记录应在地面集控室	1. 查现场是否有基本要求制度、图纸、记录,内容是否符合现场设备运转实际,是否齐全、明确 2. 查各项记录本,看记录内容是否与制度一致,是否按制度操作、检修、试验和记录 3. 查各种系统图 4. 查牌板悬挂是否整齐、美观、可靠	1. 各种制度 2. 各种系统图板 3. 各种记录	

表4.1.5(续)

项目	项目内容	基本要求	标准分值	评分方法	执行指南	核查细则	资料清单	得分
一、基础管理(20分)	技术管理	大型机电设备选型论证、安装、验收等符合规定	1	查现场和资料。不符合要求1处扣0.5分	1. 符合《煤炭工业企业设备管理规程》的规定 2. 按照设备综合治理的要求，企业必须做好设备规划、安装、调试和验收工作，加强设备的前期治理 3. 有相关设计、报告、验收单、凭证等资料	1. 查有无大型机电设备选型论证、安装、验收等相关的资料 2. 查大型机电设备选型是否满足生产需要，安装、验收是否符合规定	大型机电设备相关的设计、报告、验收单、凭证等资料	
		设备技术信息档案齐全；主变压器、主通风机、提升机、压风机、主排水泵等大型固定设备做到一台一档	3	查资料。无档案不得分，无电子档案或内容不全、不符合要求1处扣0.5分	1. 矿井应建立齐全准确的设备技术信息档案 2. 矿井大型固定设备一台一档资料齐全，有电子档案 3. “档案”包含：设备及辅机的原始资料，包括产品说明书、各种图纸、检测报告等；设备安装、改造、大修以及事故等变化资料	1. 查矿井大型固定设备一台一档资料是否齐全，是否有电子档案，是否有参考、保存价值 2. 查与设备安全运行有关的原始资料是否齐全、完整；设备安装、改造、大修和事故等变化资料是否全面、详实	1. 设备技术信息档案 2. 大型主要设备一台一档（纸质、电子）	

表4.1.5(续)

项目	项目内容	基本要求	标准分值	评分方法	执行指南	核查细则	资料清单	得分
一、基础管理(20分)	技术管理	矿井提升、排水、压风、供水、通信、供电系统和井下电气设备布置图、供电线路平面敷设示意图、井上下配电系统图等图纸齐全,内容、图例、标注规范,及时更新	2	查资料。缺1种图纸扣1分,图纸与实际不相符1处扣0.5分	1. 各种图纸齐全 2. 与实际相符;变化时及时更新	1. 查矿井提升、排水、压风、供水、通信、供电系统和井下电气设备布置图、供电线路平面敷设示意图、井上下配电系统图等图纸是否齐全,是否及时更新,是否与实际相符 2. 查矿井动力电缆布置图、保护接地系统图等实用性基础性图纸是否齐全、与实际是否相符	各种图纸	
		岗位操作规程、安全技术措施(方案)及保护试验要求等与实际运行的设备相符	1	查现场和资料。不符合要求1处扣0.5分	1. 覆盖全矿所有机电岗位和工种的操作规程、安全技术措施(方案)及保护试验要求要齐全,与实际相符 2. 系统及设备更新、改造或大修后,应及时完善、修改操作规程和保护试验要求。安全技术措施(方案)应符合安装、检修等工程的工序和现场施工的实际要求	1. 检查汇编成册的覆盖全矿所有机电岗位的操作规程是否与实际相符 2. 到机房硐室现场核查:查台账、查操作规程,与井下设备具体对照检查是否相符	汇编成册的覆盖全矿所有机电岗位、工种的安全技术措施(方案)、操作规程和保护试验要求	

表4.1.5(续)

项目	项目内容	基本要求	标准分值	评分方法	执行指南	核查细则	资料清单	得分
一、基础管理(20分)	技术管理	矿井机电业务保安管理体系完善;有专业培训、专项检查计划并实施;开展机电事故统计分析追查等工作	2	查资料。未开展工作不得分,缺1项扣1分	矿井有完善的机电业务保安管理体系,包括: 1. 有机电专业培训实施方案 2. 有机电专项检查计划实施方案 3. 有机电隐患排查问题整改落实表 4. 有定期召开的机电例会、事故统计分析追查报告、总结、简报、通报等 5. 有专项记录、分析整改措施,要闭合	1. 查是否制定矿井机电业务保安工作管理制度 2. 查是否有专业培训方案 3. 查是否有机电专项检查实施方案 4. 查是否有机电隐患排查问题整改落实表 5. 查是否有事故统计分析追查报告、总结、简报、通报等 6. 查是否有专项记录、分析整改措施,是否闭合	1. 矿井机电业务保安工作管理制度 2. 专业培训实施方案 3. 机电专项检查实施方案 4. 机电隐患排查问题整改落实表 5. 机电例会、事故统计分析追查报告、总结、简报、通报等 6. 专项记录、分析整改措施	
	设备技术性能测试	主要提升系统、主排水系统、主要通风机系统、空气压缩机等按要求检测检验;检验周期符合《煤矿在用产品安全检测检验规范》等规定要求	3	查资料。不符合要求1处扣0.5分	1. 设备技术性能、检测项目齐全且符合要求 2. 检测周期符合《煤矿在用产品安全检测检验规范》的规定 3. 检测检验报告存档	查检测检验报告书是否在有效期内,检测项目、周期是否符合要求	检测检验报告	

表4.1.5(续)

项目	项目内容	基本要求	标准分值	评分方法	执行指南	核查细则	资料清单	得分
一、基础管理(20分)	设备技术性能测试	主要提升绞车的主轴、天轮轴、连接装置以及主要通风机的主轴、叶片等主要设备的关键零部件探伤符合规定	2	查资料。不符合要求1处扣0.5分	1. 关键零部件探伤、检测项目齐全且符合要求 2. 检测符合《煤矿在用产品安全检测检验规范》《煤矿在用安全设备检测检验目录(第一批)》的规定 3. 检测检验报告存档	查检测检验报告书是否在有效期内，检测项目、周期是否符合要求	检测检验报告	
		按规定进行防坠器试验、电气试验、防雷设施及接地电阻等测试和试验	2	查现场和资料。不符合要求1处扣0.5分	1. 测试和试验项目齐全且符合要求 2. “防坠器试验”符合《煤矿安全规程》第四百一十五条的规定 3. “电气试验、防雷设施及接地电阻测试和试验”符合《煤矿安全规程》第四百五十五条、《煤矿在用产品安全检测检验规范》《建筑物防雷装置检测技术规范》的规定 4. 检测检验报告存档	查检测检验报告书是否在有效期内，检测项目、周期是否符合要求	检测检验报告	
二、设备与指标(10分)	设备证标	1. 纳入安全标志管理的产品有煤矿矿用产品安全标志 2. 防爆设备有防爆合格证 3. 有防爆电气设备和小型电器入井防爆检查记录	4	查现场。无“MA”标志和防爆合格证不得分，台账与现场设备铭牌不符1处扣0.5分；无入井检查记录或记录不全1项扣1分，其他不符合要求1处扣0.2分	1. 机电设备台账中安标证和防爆合格证应齐全 2. 现场在用机电设备铭牌、MA标志、防爆标志齐全 3. 防爆电气设备和小型电器有入井防爆检查记录 4. 机电设备台账与现场在用设备相对应	1. 对照(查)机电设备台账、机电产品台账档案，查是否有煤安标志证书，是否有防爆合格证 2. 查是否建立防爆电气设备和小型电器入井防爆检查记录 3. 现场查看设备选型及使用地点是否合规	1. 机电设备、小型电器及电缆等机电产品台账 2. 矿井机电设备及产品安标、防爆合格证台账 3. 防爆电气设备和小型电器入井防爆检查记录	

表4.1.5(续)

项目	项目内容	基本要求	标准分值	评分方法	执行指南	核查细则	资料清单	得分
二、设备与指标(10分)	设备完好	机电设备综合完好率不低于90%	2	查现场和资料。未对机电设备综合完好率实施考核管理,不得分。完好率每降低1个百分点扣0.5分	1. 现场设备及小型电器处于完好状态 2. 汇总矿井月度检查考核基础表中完好设备数量,计算机电设备综合完好率 设备综合完好率$=\frac{完好设备台数}{在籍台数+租(借)入台数-租(借)出台数}\times 100\%$ 抽检设备完好率$=\frac{抽检设备完好台数}{抽检设备总台数}\times 100\%$	查矿井月度检查考核基础表	1. 机电设备综合完好率考核管理办法 2. 矿井月度机电设备完好检查考核基础表	
	固定设备	大型在用固定设备完好	1	查现场。1台不完好不得分	1. 现场大型在用固定设备处于完好状态 2. 汇总矿井月度检查考核基础表中完好设备数量,计算大型机电设备完好率	1. 查矿井月度检查考核基础表 2. 综合各专业现场检查的大型固定设备总数,计算大型固定设备完好率	矿井月度大型固定设备完好检查考核基础表	
	小型电器	小型电器设备完好	1	查现场。1台不完好扣0.3分,3台以上不完好扣1分	1. 本条取消了前版“合格率不低于95%”的规定,现场小型电器都应处于完好状态 2. 小型电器指“五小电器”,如小型开关、电铃、接线盒、按钮、电话、灯具等	1. 查是否建立小型电器设备管理制度、台账,种类是否齐全 2. 现场抽查小型电器设备是否完好	1. 小型电器设备管理台账 2. 小型电器检查基础表	

表4.1.5(续)

项目	项目内容	基本要求	标准分值	评分方法	执行指南	核查细则	资料清单	得分
二、设备与指标(10分)	矿灯	使用双光源矿灯,在用矿灯完好率100%;矿井完好的矿灯总数至少应当比常用矿灯总人数多10%	1	查现场。1项不符合要求或井下发现1盏不合格矿灯不得分	1. 现场矿灯台台处于完好状态,符合《矿灯使用管理规范》(QA 1111)和《煤矿安全规程》第四百七十一条的要求 2. 汇总矿井月度检查考核基础表中完好矿灯数量,计算矿灯完好率,计算公式参照“设备完好”项 3. 矿灯台账中及现场完好矿灯总数应多出常用矿灯总人数的10%以上	1. 井下现场抽查人员携带的矿灯不低于20盏,看完好率是否为100%,是否为双光源灯,是否有红灯、灭灯等 2. 查矿灯统计台账,完好矿灯总数是否满足要求	矿灯台账及月度检查基础表	
	机电事故率	机电事故率不高于1%	1	查资料。机电事故率达不到要求或统计计算不真实不得分	1. 调度室建立事故统计记录 2. 建立月度机电事故考核基础表 机电事故率=$\frac{\text{机电事故影响当期产量}}{\text{当期计划产量}}\times 100\%$	查当月计划产量,机电事故统计以及月度机电事故考核基础表	1. 调度室事故统计记录 2. 机电事故分析报告	

表4.1.5(续)

项目	项目内容	基本要求	标准分值	评分方法	执行指南	核查细则	资料清单	得分
三、煤矿机械(30分)	主要提升(立斜井绞车)系统	1. 系统能力满足生产需要 2. 安全保护装置符合规定，按规定试验 3. 立井提升装置的过卷过放、提升容器和载荷等符合规定 4. 提升装置、连接装置及提升钢丝绳符合规定 5. 立井井口及各水平阻车器、安全门、摇台等与提升信号闭锁；操车系统电缆、管路、难燃液符合《煤矿安全规程》规定 6. 提升速度＞3 m/s的立井提升系统安设有防撞梁和托罐装置 7. 通信、信号装置完善 8. 上、下井口及各水平安设有摄像头，机房有视频监视，主副井绞车房与矿调度室有直通电话 9. 机房安设有应急照明装置 10. 有电动机及主要轴承温度和振动监测，具备故障诊断功能 11. 主井提升采用集中远程监控，实现无人值守 12. 机械提升的进风立井或倾斜井巷中敷设电力电缆时，应当有可靠的保护措施，并经煤矿总工程师批准	6	查现场。第1～6项提升人员绞车1处不符合要求不得分，其他绞车不符合要求1处扣1分，第7～9项不符合要求1处扣0.5分，其他项不符合要求1处扣0.1分	1. 矿井核算的提升系统能力不低于煤矿生产能力 2. "安全保护装置"是指符合《煤矿安全规程》第四百二十三条规定的10项保护 3. 第3项是指符合《煤矿安全规程》第三百九十三条、第三百九十四条、第三百九十六条、第三百九十七条、第四百零七条的规定 4. 第4项是指符合《煤矿安全规程》第四百零八条、第四百一十一条、第四百一十三条、第四百一十六至四百二十一条、第四百二十四条的规定 5. 第5项是指《煤矿安全规程》第三百九十五条和第二百五十条的规定 6. 立井防撞梁和缓冲托罐装置的安设位置以及阻尼缓冲构件强度和承载强度符合设计要求，重点检查安设位置和有效性，损坏是否及时更换等 7. 直通电话功能应满足：可以摘机直接通话，不需要拨号，不会出现占线等紧急情况下影响双方即刻通话的要求。此外，应注意无线信号装置的可靠性和提人、提车信号分别使用，不能混用 8. "有电动机及主要轴承温度和振动监测，具备故障诊断功能"，是对提升机电动机定子和轴承、滚筒轴承等主要部位的温度和振动等情况进行实时精准监测和故障诊断 9. 第12项是指符合《煤矿安全规程》第四百六十二条的规定。"保护措施"是指立井敷设电力电缆时有可靠的防坠措施；机械提升的倾斜井巷(不包括输送机上、下山)中敷设电力电缆时有可靠的防冲撞措施 10. 视频监视系统安设符合要求，运行正常	1. 查煤矿机电专业对各系统能力核算有关资料，看提升系统能力核算是否正确，是否满足矿井安全生产需要 2. 查保护试验制度、试验记录并对现场人员的询问，结合现场对具备试验条件的保护进行试验，判断各种保护的有效性和可靠性 3. 查立井提升装置过卷过放、容器、载荷是否符合《煤矿安全规程》要求 4. 查立井井口各项闭锁是否符合规程要求 5. 查大于3 m/s的立井是否安设防撞及缓冲托罐装置，是否可靠 6. 查操车系统电缆、管路、难燃液是否符合《煤矿安全规程》规定 7. 查通信、信号及直通电话是否符合要求，视频监视装置、应急照明设置是否符合要求 8. 查监控装置，是否实现无人值守 9. 现场拨打直通电话 10. 查敷设电力电缆是否有可靠的保护措施，并经煤矿总工程师批准 11. 第1～6项为严查项	1. 提升系统能力核算报告 2. 现场提升设备的各项保护试验制度、记录 3. 提升系统能力核算资料 4. 制动压力计算资料 5. 检测检验报告 6. 专项安全技术措施	

表4.1.5(续)

项目	项目内容	基本要求	标准分值	评分方法	执行指南	核查细则	资料清单	得分
三、煤矿机械(30分)	主要提升(带式输送机)系统	1. 钢丝绳牵引带式输送机: (1) 能力满足矿井、采区安全生产需要,不混乘,不超速运人; (2) 保护装置及钢丝绳检查使用符合《煤矿安全规程》规定,按规定试验; (3) 全线装设便于搭乘人员或其他人员操作的紧急停车装置; (4) 上、下人地点设声光信号、语音提示和自动停车装置,卸煤口及终点下人处设有防止人员坠入及进入机尾的安全设施和保护; (5) 采用非金属聚合物制造的胶带、绳衬、托辊的阻燃性能和抗静电性能符合有关标准的规定;各种绳轮、滚筒和托辊转动灵活; (6) 上、下人和装、卸载处装设有摄像头,机房有视频监控; (7) 机房有与矿调度室直通电话; (8) 电机及主要轴承有温度振动监测,具备故障诊断功能; (9) 采用集中远程监控,实现无人值守	6	查现场和资料。第(1)~(5)款提升人员带式输送机1处不符合要求不得分,其他带式输送机不符合要求1处扣1分,第(6)(7)款不符合要求1处扣0.5分,其他款不符合要求1处扣0.1分	1. 矿井核算的带式输送机运输能力不低于煤矿生产能力 2. 各种安全保护装置符合《煤矿安全规程》第三百七十五条的规定。定期对保护进行试验,做到灵敏可靠,并做好记录。按照周期进行性能试验,报告存档 3. “安全设施”,是指机械式的防护设施;“保护”是指防止乘坐人员越位的电气保护 4. 采用非金属聚合物制造的输送带、绳衬、托辊使用前进行阻燃和抗静电性能检测,报告存档 5. 电机及主要轴承设温度振动监测装置,具备故障诊断功能 6. 视频监视系统安设符合要求,运行正常	1. 能力核算同立、斜井绞车;现场重点检查是否有人货混乘和超速运人 2. 查保护及钢丝绳可靠性 3. 查任一点紧急停车装置是否有效 4. 查上下人地点声光信号、语音提示、自动停车、防越位的装置设置是否齐全、可靠 5. 查上下人及装、卸载处是否安设有摄像头,机房是否有监视器 6. 查输送带、绳衬、托辊等材质,滚筒、绳轮、托辊及带面状态 7. 查电话接通方式 8. 查电机及主要轴承是否有温度振动监测,是否具备故障诊断功能 9. 查调度室是否有主井提升集中远程监控,是否有人定时巡检	1. 带式输送机运输能力核算报告 2. 机房或硐室保护试验制度及记录 3. 输送机系统能力核算资料 4. 检测检验报告 5. 采用非金属聚合物制造的输送带、托辊和滚筒的阻燃和抗静电性能检测报告 6. 巡检记录	

表4.1.5(续)

项目	项目内容	基本要求	标准分值	评分方法	执行指南	核查细则	资料清单	得分
三、煤矿机械(30分)	主要提升(带式输送机)系统	2. 滚筒驱动带式输送机： (1) 能力满足矿井、采区生产需要； (2) 电动机保护齐全可靠； (3) 设有防滑、防跑偏、防堆煤、防撕裂保护装置，以及温度、烟雾监测和自动洒水装置；主要运输巷道中带式输送机设有输送带张紧力下降保护装置；主斜井必须装设自动报警灭火装置、敷设消防管路； (4) 采用非金属聚合物制造的输送带、托辊和滚筒包胶材料的阻燃性能和抗静电性能符合有关标准的规定；滚筒、托辊转动灵活； (5) 倾斜井巷中使用的带式输送机，上运时，应当装设防逆转装置和制动装置；下运时，应当装设软制动装置且必须装设防超速保护装置； (6) 减速器与电动机采用软连接或软启动控制，液力偶合器严禁使用可燃性传动介质； (7) 连续运输系统安设有联锁、闭锁控制装置，沿线安设有通信和信号装置，设有沿线紧急停车闭锁装置； (8) 大于16°的倾斜井巷中设置防护网，并采取防止物料下滑、滚落等安全措施； (9) 机头、机尾、搭接及卸载点处设有视频监控和照明，转动部位有防护栏和警示牌，行人跨越处设有过桥； (10) 集中控制机房(硐室)安设有与矿调度室直通电话； (11) 倾斜井巷使用的钢丝绳芯输送机有钢丝绳芯及接头状态检测装置； (12) 有电动机及主要轴承温度和振动监测，具备故障诊断功能； (13) 宜采用集中远程监控，实现无人值守		查现场和资料。输送带入井前未经过第三方阻燃和抗静电性能试验，或者试验不合格入井，或者输送带防打滑、跑偏、堆煤等保护装置或者温度、烟雾监测装置未安装或失效不得分；第(1)～(7)款不符合要求1处扣1分，第(8)～(11)款不符合要求1处扣0.5分，其他款不符合要求1处扣0.1分	1. 矿井核算的带式输送机运输能力不低于煤矿生产能力 2. 第(2)～(6)项，应满足《煤矿安全规程》第三百七十四条的要求 3. 中主斜井消防应满足《煤矿安全规程》第一百四十五条的要求 4. 两台及以上的输送机提升运输系统有联锁闭锁、通信和信号装置 5. 倾斜井巷使用的钢丝绳芯带式输送机有钢丝绳芯检测装备并有效利用 6. 定期对保护进行试验，做到灵敏可靠，并做好记录 7. 按照周期进行性能测试，报告存档 8. 采用非金属聚合物制造的输送带、托辊和滚筒在使用前进行阻燃和抗静电性能检测，报告存档 9. 视频监视系统安设符合要求，运行正常	1. 能力核算同立斜井绞车 2. 保护可靠性检查同立斜井绞车 3. 查出厂合格证、阻燃性能检测报告，输送带、滚筒、托辊等材质是否符合规定 4. 查主斜井是否装设自动报警灭火装置，是否敷设消防管路 5. 查防逆转、制动等装置是否可靠 6. 查液力偶合器是否使用可燃性传动介质(调速型液力偶合器不受此限) 7. 查在倾斜巷使用的输送机是否有检测装备，是否定期检测 8. 查连续运输系统是否安设有联锁、闭锁、通信和信号装置，是否设有沿线紧急停车闭锁装置 9. 查是否有第(8)、(9)项要求的装置及设施 10. 查直通电话记录，能否直通调度室 11. 查调度室是否有集中远程监控，是否有人定时巡检	1. 能力核算资料 2. 保护试验制度和记录 3. 阻燃性能检测报告 4. 出厂合格证 5. 检测检验报告 6. 采用非金属聚合物制造的输送带、托辊和滚筒的阻燃和抗静电性能检测报告 7. 巡检记录	

表4.1.5(续)

项目	项目内容	基本要求	标准分值	评分方法	执行指南	核查细则	资料清单	得分
三、煤矿机械(30分)	主要通风机系统	1. 性能满足矿井通风安全需要 2. 电动机保护齐全、可靠 3. 使用在线监测装置，且具备通风机轴承、电动机轴承、电动机定子绕组温度检测和超温报警功能，具备振动监测及报警功能 4. 每月倒机、全面检查检修1次；防爆门每6个月检查维修1次 5. 有与矿调度室直通电话 6. 设有水柱计、电流表、电压表等仪表，并定期校准 7. 机房安设应急照明装置 8. 有故障诊断功能 9. 有主要通风机停机应急预案	5	查现场和资料。第1～4项不符合要求1处扣1分，第5～7项不符合要求1处扣0.5分，其他项不符合要求1处扣0.1分	1. 第(1)项和第(4)项应满足《煤矿安全规程》第一百五十八条的规定 2. 各种安全保护装置符合《煤矿安全规程》规定 3. 按照周期进行主通风机性能测试，报告存档 4. 进行能力核算，资料存档 5. 定期校准水柱计、电流表、电压表等仪表，资料存档 6. 在线监测装置的各专项监测功能，监测数据(主要是温度和振动数据)要齐全准确，参考正常运行数据设定报警值 7. 按规定每月倒机、全面检查检修1次；记录存档。特别是北方矿井，冬季更应注意防止不正常倒机现象 8. 主要通风机停机应急预案是为主通风机无计划停电停风事故发生时，能够立即采取行动，确保人员的安全和设备的正常运行 9. 视频监视系统安设符合要求，运行正常	1. 查产品说明书和检测报告的特性曲线，通过现场运行数据，验证通风机主要通风性能是否满足需要，是否在最佳工况点运行 2. 保护可靠性检查同立斜井绞车 3. 查是否有在线监测装置，是否具有各专项监测功能，监测数据(主要是温度和振动数据)是否准确。这是检查的重点 4. 查倒机、防爆门检修记录台账 5. 查直通电话是否直通调度室 6. 查机房是否设有各类仪表，是否定期校准仪表 7. 查机房是否有应急照明装置 8. 查是否有故障诊断功能 9. 查是否有主要通风机停机应急预案	1. 保护试验制度和记录 2. 通风机特性曲线 3. 能力核算资料 4. 倒机、防爆门检修记录 5. 检测检验报告 6. 矿井主通风机停机应急预案 7. 机房运行日志	

表4.1.5(续)

项目	项目内容	基本要求	标准分值	评分方法	执行指南	核查细则	资料清单	得分
三、煤矿机械(30分)	压风系统	1. 能力满足矿井安全生产需要 2. 电动机保护齐全、可靠 3. 压力表、安全阀定期检查校准;释压阀定期检查 4. 油质合格,断油保护可靠 5. 水冷压缩机水质合格,断水保护可靠 6. 风冷压缩机冷却系统及环境符合规定 7. 温度保护可靠,定值准确 8. 井下压缩机运转时有人监护 9. 机房安设有应急照明装置 10. 有电动机及主要轴承温度和振动监测,具备故障诊断功能 11. 地面压缩机宜采用集中远程监控,实现无人值守	4	查现场和资料。第1～8项不符合要求1处扣1分,第9项不符合要求1处扣0.5分,其他项不符合要求1处扣0.1分	1. 压风能力包括采掘设备和矿井安全设施(风动阻挡车装置、阻车器、摇台等)用风能力。若因设备配备或设备状态造成供风能力不足,可能会导致设备超负荷、超时运转,不能得到及时检修与维护;同时,矿井部分风动安全门、阻车器等安全设施的可靠性也会受到影响 2. 安全阀应按照《煤矿安全规程》第四百三十二条的要求定期校准;释压阀采取水压等方式进行批次抽样试验,或留有厂家的试验报告 3. 按照说明书的要求选用合格的油脂,替代油脂检测报告参数符合厂家要求;按照《煤矿安全规程》第四百三十二条第(三)款的要求设置断油保护 4. 冷却水质符合说明书的要求,按照《煤矿安全规程》第四百三十二条第(三)款的要求设置断水保护 5. 井下和地面设置的空气压缩机应满足《煤矿安全规程》第四百三十一条的要求 6. 视频监视系统安设符合要求,运行正常	1. 能力核算同主通风机系统 2. 保护可靠性检查同立斜井绞车 3. 温度保护检查时需要注意温度检测的准确性 4. 查安全阀、释压阀是否定期校准并抽样试验 5. 查释压阀安装位置是否合理 6. 查第5～11项是否符合要求 7. 查地面压缩机机房是否有远程监控	1. 保护试验制度和记录 2. 检测报告 3. 能力核算资料 4. 压力表、安全阀、释压阀的定期试验调试记录 5. 油质、水质检验报告 6. 机房运行日志	

表4.1.5(续)

项目	项目内容	基本要求	标准分值	评分方法	执行指南	核查细则	资料清单	得分
三、煤矿机械(30分)	排水系统	1. 矿井及下山采区主排水系统： (1)能力满足矿井、采区安全生产需要； (2)泵房及出口,水泵、管路、配电、控制设备,水仓蓄水能力符合《煤矿安全规程》规定； (3)有可靠的引水装置； (4)电动机保护装置齐全、可靠;有水位观测及高、低水位声光报警装置； (5)排水设施、水泵联合排水试验、水仓清理等符合《煤矿安全规程》规定； (6)有与矿调度室直通电话； (7)各种仪表齐全,及时校准； (8)有电动机及主要轴承温度和振动监测,具备故障诊断功能； (9)宜采用集中远程监控,实现无人值守； 2. 其他排水地点： (1)设备及管路符合规定要求； (2)设备完好,保护齐全、可靠； (3)能力满足安全生产需要； (4)使用小型自动排水装置	5	查现场和资料。第1项中第(1)款不满足不得分,第(2)～(5)款不符合要求1处扣1分,第(6)(7)款不符合要求1处扣0.5分,其他款不符合要求1处扣0.1分；第2项中的第(1)～(3)款不符合要求1处扣0.5分,第(4)款不符合要求扣0.1分	1. 各种安全保护装置符合《煤矿安全规程》规定 2. 定期对水仓水位高、低水位声光报警装置及其他保护进行试验,做到灵敏可靠,并做好记录 3. 按照周期进行主排水系统性能测试,报告存档 4. 进行能力核算,资料存档 5. 按照周期对仪表调校,并建立记录 6. 每年雨季前,对主排水系统(主排水泵、排水管路、闸阀、电机及控制装置)进行全面检查检修,并建立记录 7. 每年雨季前,对主排水水仓进行清理,清理情况由矿组织验收,验收报告存档 8. 建立水泵运行日志 9. 第1项第(2)款应符合《煤矿安全规程》第三百一十一条至第三百一十三条的规定。 10. 第1项第(5)款应符合《煤矿安全规程》第三百一十四条的规定,每年雨季前进行联合排水试验	1. 查排水系统排水能力是否满足矿井安全生产需要 2. 现场检查泵房及出口,水泵、管路及配电、控制设备、水仓蓄水能力等是否符合《煤矿安全规程》规定 3. 现场检查是否有引水装置,是否可靠 4. 现场检查是否有高、低水位声光报警装置 5. 保护可靠性检查同上 6. 现场检查排水设施、水泵联合试运转、水仓清理等是否符合《煤矿安全规程》规定 7. 查直通电话记录,能否与调度室直通 8. 现场检查各种仪表是否齐全是否及时校准 9. 现场检查泵房是否实现远程监控 10. 现场检查其他排水地点是否符合要求,如每个机房现场抽查启动1台排水设备,看运行和完好情况	1. 保护试验制度和记录 2. 查阅有效期内的主排水系统性能测试报告 3. 能力核算资料 4. 仪表调校记录 5. 年度排水系统检查检修记录 6. 水仓清理记录、验收报告 7. 水泵运行日志	

表4.1.5(续)

项目	项目内容	基本要求	标准分值	评分方法	执行指南	核查细则	资料清单	得分
三、煤矿机械(30分)	抽采瓦斯系统	1. 防回火、防回气、防爆炸以及泄爆、抑爆装置符合规定 2. 设置甲烷、流量、压力、温度、一氧化碳等监测传感器 3. 超温断水等保护齐全、可靠 4. 压力表、水位计、温度表等仪器仪表齐全、有效；阀门灵活 5. 机房有应急照明 6. 瓦斯泵站内电气设备防爆性能符合要求，保护齐全、可靠 7. 有防烟火、防静电、防雷电措施	4	查现场。不符合要求1处扣0.5分	1. 第1项是指符合《煤矿瓦斯抽放规范》的要求 2. 按照要求设置各种监测传感器 3. 定期试验超温断水等保护动作情况，并做好试验记录 4. 各种仪表齐全，定期对仪表进行调校，做好记录 5. 定期对瓦斯泵站内电气设备的防爆性能进行检查，杜绝失爆，做好记录。"电气设备防爆性能"符合《煤矿瓦斯抽放规范》的要求 6. 做好抽采瓦斯系统运行日志 7. 定期检测检验报告存档	1. 现场检查是否装设安全装置，是否齐全、灵敏、可靠 2. 现场检查是否设置有各种监测传感器 3. 查阅当日或前一日专职人员试验超温断水保护动作情况，检查保护设施是否有效；现场抽查阀门转动是否灵活 4. 现场检查各种仪表是否齐全，是否及时校准 5. 现场检查机房是否有应急照明 6. 查瓦斯泵站内电气设备是否符合防爆要求；查阅当日或前一日专职人员试验电气设备保护动作情况，检查保护设施是否可靠 7. 详细检查抽采瓦斯系统运行日志，并现场检查是否有"三防"措施	1. 抽采设备各项保护整定试验调试检修等记录 2. 有效期内的抽采泵系统性能测试报告 3. 电气设备防爆性能检查记录 4. 各种仪表校准报告、检验报告 5. 系统运行日志 6. 瓦斯抽采系统保护试验记录	

表4.1.5(续)

项目	项目内容	基本要求	标准分值	评分方法	执行指南	核查细则	资料清单	得分
四、煤矿电气(30分)	地面供电系统	1. 有矿井供电设计及供电系统图,能力满足安全生产需要 2. 矿井实现双回路供电,主变压器运行方式符合规定 3. 主要设备供电符合《煤矿安全规程》规定 4. 各种保护设置齐全、短路电流计算和继电保护定值合理、动作灵敏可靠,高压馈出侧装设有选择性的接地保护 5. 变电所有可靠的操作电源 6. 高压开关"五防"功能有效 7. 反送电开关柜加锁并有明显标志 8. 6 kV及以上电网单相接地电容电流符合规定 9. 电气工作票、操作票符合《电力安全工作规程》的要求 10. 防雷设施齐全、可靠 11. 电压、谐波参数符合规定 12. 主要变电所实现综合自动化保护和控制,实现无人值守 13. 变电所有应急照明装置 14. 矿井变电所有与矿调度室直通电话,有录音功能;电力调度电话号码张贴在电话机旁	5	查现场和资料。第1、2项1处不符合要求不得分,第3项不符合要求扣3分,第4～9项不符合要求1处扣1分,第10～14项不符合要求1处扣0.5分	1. 有供电设计及最近编制的矿井供电能力核定报告书,矿井供电系统能力不低于煤矿生产能力 2. 有与地方供电部门签订的供电合同和调度协议,双回路供电符合《煤矿安全规程》第四百三十六条～第四百三十八条规定 3. 有地面供电系统图 4. 有短路电流计算和继电保护整定计算书,继电保护定值符合《3～110 kV电网继电保护装置运行整定规程》的要求 5. 有矿井高压电网单相接地电容电流测试报告等 6. 高压开关"五防"指具有防止误分合断路器、防止带负荷分合隔离开关、防止带电挂(合)接地线(接地开关)、防止带接地线(接地开关)合断路器(隔离开关)、防止误入带电间隔和通信功能 7. 有防雷设施检验报告 8. 电气工作票、操作票符合《电力安全工作规程》第五条的要求 9. 操作电源的容量符合设计要求,满足控制需要 10. 按照《煤矿安全规程》第四百五十三条的要求检测单相接地电容电流,生产矿井不超过20A,新建矿井不超过10A,超过上述值时应采取限制措施 11. 按照《煤矿安全规程》第四百三十七条的要求,每年及投用整流或变频设备时检测电网谐波参数;谐波参数超过规定值时应采取治理措施,供电电能质量符合国家有关规定	1. 查有无供电设计及供电系统图,检查井上供电系统图与实际是否相符;查供电能力能否满足需要 2. 查主变压器运行方式是否符合规定 3. 重点查主要设备供电是否符合《煤矿安全规程》规定 4. 现场检查各种保护设置是否齐全、定值是否准确、动作是否灵敏可靠,高压馈出侧是否装设有选择性的接地保护 5. 查变电所操作电源是否可靠 6. 查矿井是否实现双回路供电,有无系统性缺陷 7. 查高压开关柜"五防"功能是否齐全可靠,是否具备通信功能 8. 现场抽查调阅数字保护的各项整定值是否与计算值相符,来确定高压电网单相接地电容电流是否符合《煤矿安全规程》第四百五十三条规定 9. 抽查"两票"制度执行情况 10. 现场检查防雷设施是否齐全、可靠 11. 查是否及时检测并掌握供电电压、谐波参数 12. 查主要变电所是否实现综合自动化保护和控制,是否实现无人值守;变电所是否有应急照明装置;矿井变电所是否安设有与电力调度及矿调度室的直通电话,能否录音;电力调度电话号码是否张贴在电话机旁	1. 供电设计及矿井供电能力核定报告书 2. 与地方供电部门签订的供电合同和电力调度协议 3. 地面供电系统图 4. 短路电流和继电保护整定计算书 5. 矿井高压电网单相接地电容电流测试报告等 6. 电气工作票、操作票 7. 防雷设施检验记录	

表4.1.5(续)

项目	项目内容	基本要求	标准分值	评分方法	执行指南	核查细则	资料清单	得分
四、煤矿电气(30分)	井下供电系统	1. 井下供配电网络： (1) 各水平中央变电所、采区变电所、主排水泵房和下山开采的采区泵房供电线路符合规定，运行方式合理； (2) 矿井、采区及采掘工作面等供电地点供电设计符合现场实际； (3) 按规定进行继电保护核算、检查、整定和试验； (4) 实行停送电审批和工作票制度； (5) 井下变电所、配电点供电系统图与实际相符； (6) 调度室、变电所有停送电记录； (7) 变电所设有与矿调度室直通电话； (8) 变电所设置符合规定； (9) 采区变电所应有专人值班或关门加锁并定期巡检； (10) 采用集中远程监控，实现无人值守	4	查现场和资料。第(1)款1处不符合要求不得分，第(2)～(9)款不符合要求1处扣0.5分，其他款不符合要求1处扣0.1分	1. 第(1)款是指符合《煤矿安全规程》的规定，各级变电所采取分母线段分列运行方式 2. 有井下供电设计书和完整的井下供电系统图 3. 有井下供电系统短路点计算书、继电保护整定计算书和试验记录，符合《煤矿安全规程》第四百八十三条的规定 4. 有电气设备防爆检查记录 5. 变电所应按照《煤矿安全规程》第四百五十六条至第四百六十条的要求设置 6. 有井下停送电记录 7. 有井下高压停送电执行工作票制度	1. 重点查供电系统是否符合《煤矿安全规程》第四百三十六条～第四百三十八条规定 2. 对照井下供电设计，抽查1个供电现场对比，与实际是否相符；特别需注意设计变化而实际并未及时修改或施工的情况 3. 查井下供电系统继电保护是否按规定核算、检查、整定和试验；特别注意个别中小矿井不按规定核算、检查、整定的情况：调阅开关保护整定值，与批准值是否一致 4. 现场抽查图纸标注、标志牌填写、实际整定值是否一致 5. 查停送电审批和工作票制度执行情况，重点是变电所是否存在无计划掉闸事故记录；查停电工作票措施及操作票执行情况 6. 查井下变电所、配电点是否悬挂有图，与实际是否相符 7. 现场检查变电所及高压配电点是否设有与矿调度室直通电话 8. 查变电所设置是否符合《煤矿安全规程》规定 9. 查采区变电所无人值守时是否关门加锁，有无巡检记录	1. 井下供电系统图 2. 井下供电设计 3. 井下供电系统继电保护整定计算书 4. 电气设备防爆检查记录 5. 井下停送电记录 6. 井下高压停送电工作票	

表4.1.5(续)

项目	项目内容	基本要求	标准分值	评分方法	执行指南	核查细则	资料清单	得分
四、煤矿电气(30分)	井下供电系统	2. 电缆、防爆电气设备及小型电器无失爆	4	查现场。发现1处失爆不得分	1. 有明确的机电部门防爆检查组及人员 2. 防爆检查人员分片包干 3. 每月对所分片包干电缆及电气设备的防爆性能全部检查一遍，检查记录存档 4. 本条应特别注意，发现1处扣4分	1. 依照《煤矿防爆电气检查标准》(GB 3836.1—3836.20)和完好标准，重点抽查关键区域电缆、防爆电气设备、小型电器的防爆性能 2. 重点查容易发生失爆的设备	1. 电缆、防爆电气设备及小型电器防爆合格证、煤矿矿用产品安全标志台账 2. 矿井机电部门防爆检查组人员分片包干的月检查记录	
		3. 采掘工作面供电： (1) 配电点设置符合规定； (2) 掘进工作面“三专两闭锁”设置齐全、灵敏可靠； (3) 采煤工作面甲烷电闭锁设置齐全、灵敏可靠； (4) 按要求试验，有试验记录	2	查现场和资料。第(1)～(3)款1处不符合要求不得分；第(4)款不符合要求1处扣0.5分	1. 配电点设置应符合《煤矿安全规程》第四百五十七条的规定 2. 采掘工作面供电系统图中“三专两闭锁”符合要求 3. 建立风电闭锁、瓦斯电闭锁试验记录 4. 建立风机定期切换试验记录，按《煤矿安全规程》第一百六十四条的规定进行试验：每15天至少进行一次风电闭锁和甲烷电闭锁试验，每天应当进行一次正常工作的局部通风机与备用局部通风机自动切换试验，试验期间不得影响局部通风，试验记录要存档备查	1. 查采掘配电点设置是否符合《煤矿安全规程》规定 2. 抽查采区变电所是否有“三专”，现场试验风电、瓦斯电闭锁灵敏可靠性 3. 查采掘工作面供电系统图及设备布置图，对照现场查看是否齐全，并试验是否灵敏可靠 4. 检查日常巡检试验记录，看是否按要求试验 5. 查电气开关保护是否按要求试验，是否灵敏可靠，是否有试验记录	1. 采掘工作面供电系统图及设备布置图 2. 风电闭锁、瓦斯电闭锁试验记录 3. 日常巡检试验记录	

表4.1.5(续)

项目	项目内容	基本要求	标准分值	评分方法	执行指南	核查细则	资料清单	得分
四、煤矿电气(30分)	井下供电系统	4. 高压供电装备： (1) 高压控制设备装有短路、过负荷、接地和欠压释放保护； (2) 向移动变电站和高压电动机供电的馈电线路上，装设选择性的动作于跳闸的单相接地保护； (3) 真空高压隔爆开关装设有过电压保护	2	查现场。不符合要求1处扣0.5分	1. 供电设备的各项保护装设要齐全，应投入使用 2. 保护做到开关整定值、计算值、供电系统图纸值、标志牌值“四对应” 3. 第(1)(2)款应分别满足《煤矿安全规程》第四百五十一条和第四百五十三条的要求	1. 现场检查供电设备的各项保护装设是否齐全，是否投入使用 2. 抽查开关漏电保护动作的可靠性 3. 抽查开关保护整定值与批准值是否一致 4. 抽查开关设备内部需要打开时，必须由专职电工操作 5. 检查设备巡检记录	1. 高压供电专项设计 2. 保护调整试验记录 3. 设备巡检记录	
		5. 低压和3300 V供电装备： (1) 采区变电所、移动变电站或者配电点引出的馈电线上有短路、过负荷和漏电保护； (2) 有检漏或选择性的漏电保护； (3) 按要求试验，有试验记录	3	查现场和资料。第(1)、(2)款1处不符合要求扣0.5分；第(3)款不符合要求1处扣0.1分	我国主要采掘设备大部分采用3300 V电压等级供电。 1. 供电设备的各项保护装设要齐全，应投入使用 2. 保护做到开关整定值、计算值、供电系统图纸值、标志牌值“四对应” 3. 第(1)(2)款应分别满足《煤矿安全规程》第四百五十一条和第四百五十三条的要求 4. 按照《煤矿安全规程》要求定期进行漏电试验，漏电试验总馈电、分总馈电均要试验，填写记录 5. 定期进行远方漏电试验，建立记录；总馈电、分总馈电均要试验	1. 现场检查供电设备的各项保护装设是否齐全，是否投入使用 2. 抽查开关漏电保护动作的可靠性 3. 抽查开关保护整定值与批准值是否一致 4. 抽查开关设备内部需要打开时，必须由专职电工操作 5. 检查设备巡检记录 6. 查远方漏电试验记录	1. 远方漏电试验记录 2. 保护调整试验记录 3. 漏电试验记录 4. 保护计算资料 5. 设备巡检记录 6. 远方漏电试验记录	

表4.1.5(续)

项目	项目内容	基本要求	标准分值	评分方法	执行指南	核查细则	资料清单	得分
四、煤矿电气(30分)	井下供电系统	6. 变压器及电动机控制设备: (1) 干式变压器、移动变电站过负荷、短路等保护齐全可靠; (2) 低压和3300 V电动机控制设备有短路、过负荷、单相断线、漏电闭锁保护及远程控制功能	3	查现场。甩保护、铜铁保险、开关前盘带电1处扣1分,其他不符合要求1处扣0.5分	1. 控制设备的各项保护装置要齐全,应投入使用 2. 保护做到开关整定值、计算值、供电系统图纸值、标志牌值"四对应" 3. 按照《煤矿安全规程》要求定期进行漏电试验,并填写记录	1. 现场检查控制设备的各项保护装置是否齐全,是否投入使用 2. 抽查过负荷、短路等保护动作的可靠性 3. 抽查控制设备的短路、过负荷、单相断线、漏电闭锁保护及远程控制功能 4. 抽查控制设备内部需要打开时,必须由专职电工操作 5. 检查设备巡检记录	1. 保护调整试验记录 2. 漏电试验记录 3. 设备巡检记录	
		7. 保护接地符合规定	2	查现场。不符合要求1处扣0.5分	1. 现场保护接地应按照《煤矿安全规程》第四百七十五条至第四百八十条和《煤矿井下保护接地装置的安装、检查、测定工作细则》的要求进行 2. 绘制矿井接地保护系统图 3. 对接地电阻定期测试,并建立记录	1. 重点检查中央变电所、采区变电所、主排水泵房等处电气设备保护接地的规范程度和完好状况是否符合要求 2. 查接地装置的接地极、接地线等是否规范、合格	1. 矿井接地保护系统图 2. 接地电阻定期测试记录	
		8. 信号照明系统:井下照明和信号的配电装置综合保护功能齐全、可靠	1	查现场。不符合要求1处扣0.5分	1. 井下信号、照明的配电装置综合保护装置 2. 按照《煤矿安全规程》第四百七十四条要求定期进行试验,并填写记录	1. 查井下信号、照明是否使用综合保护装置 2. 抽查综合保护装置是否动作可靠	1. 信号照明系统图 2. 信号照明试验记录	

表4.1.5(续)

项目	项目内容	基本要求	标准分值	评分方法	执行指南	核查细则	资料清单	得分
四、煤矿电气（30分）	井下供电系统	9. 电缆： (1) 井下动力、照明、信号以及控制、通信电缆使用煤矿用电缆； (2) 电缆连接及引入符合规定； (3) 电缆敷设（吊挂）符合规定	4	查现场。第(1)款1处不符合要求不得分；第(2)款动力电缆不符合要求1处扣1分；36V以上信号电缆不符合要求1处扣0.5分，本安电缆及电气设备接线工艺不符合要求1处扣0.2分；电缆敷设（吊挂）不符合要求1处扣0.2分	1. 现场使用矿用阻燃电缆；有出厂和使用前的电缆阻燃性能检测报告(有资质) 2. 电缆的连接及引入应符合《煤矿安全规程》第四百六十八条和《煤矿电气设备安装工程施工与验收规范》的要求 3. 电缆的敷设(吊挂)应符合《煤矿安全规程》第四百六十四条至第四百六十七条的要求	1. 现场检查是否使用煤矿用电缆 2. 重点检查各种电缆连接及引入的质量，非本安系统电缆接头是否存在“鸡爪子”、“羊尾巴”、明接头等 3. 查巷道及沿线电缆敷设和吊挂是否合规 4. 查动力电缆是否存在以下问题：一是使用淘汰型电缆、电缆规格与设计不符、电缆绝缘损坏；二是不等径、不同规格电缆直连、电缆连接装置或耐压不合格以及连接质量不合格等不合格连接；三是随时会发生顶板冒落、片帮以及轨道、管路设备堆积挤压电缆造成电缆短路等危险性吊挂	1. 矿井电缆台账 2. 产品合格证、MA标志 3. 出厂和使用前的电缆阻燃性能检测报告（有资质）	

表4.1.5(续)

项目	项目内容	基本要求	标准分值	评分方法	执行指南	核查细则	资料清单	得分
五、文明生产(10分)	设备设施	1. 井下移动电气设备上架，小型电器设置规范、可靠 2. 标志牌内容齐全 3. 防爆电气设备和小型防爆电器有防爆入井检查合格证 4. 各种设备(设施)表面清洁，无锈蚀	4	查现场。不符合要求1处扣0.2分	1. 设备标志牌内容全面、数据准确。内容应包括设备编号、规格型号、额定电压、额定电流、容量(功率)、整定值、转速、扬程、排量、用途、负责单位人员等 2. 第3项应符合《煤矿安全规程》第四百四十八条的要求，有电气设备防爆检查员入井前的检查合格签字	1. 重点检查采掘配电点的电气设备和小型电器的设置是否规范、可靠 2. 查标志牌、合格证是否齐全 3. 查是否有防爆设备入井台账 4. 查各种设备表面是否清洁，是否锈蚀、有无油污、淋水等	1. 电气设备台账 2. 小型电器台账 3. 标志牌、合格证	
	管网	1. 各种管路应每100 m设置标识，标明管路规格、用途、长度、流向、管路编号等 2. 管路敷设符合要求 3. 无锈蚀，无跑、冒、滴、漏	2	查现场。不符合要求1处扣0.5分	1. 有多条管路且压力不同时，应标明每条管路的工作压力 2. 管路敷设应按照管路的自重、载体重量以及敷设地点坡度等条件，设计管路敷设的方式和固定强度。现场敷设方式和强度应符合设计	现场沿途检查管路标识是否齐全，敷设是否规范，有无锈蚀，有无跑、冒、滴、漏现象	管网布置图	
	机房卫生	1. 机房硐室、机道和电缆沟内外卫生清洁 2. 无积水，无油垢，无杂物 3. 电缆、管路排列整齐	2	查现场。卫生不好或电缆排列不整齐1处扣0.2分，其他不符合要求1处扣0.5分	1. 机房硐室建立卫生责任制，明确卫生区域，做到清洁整齐，无卫生死角，无杂物，无乱堆放的设备材料，地面整洁，无积水，无油污，无杂物等 2. 电缆沟内无积水、杂物，沟道、孔洞盖板完整	现场检查地面和井下机房硐室和配电点，电缆、管路是否排列整齐	检查记录	

表4.1.5(续)

项目	项目内容	基本要求	标准分值	评分方法	执行指南	核查细则	资料清单	得分
五、文明生产(10分)	器材工具	电工操作绝缘用具齐全合格	2	查现场。不符合要求1处扣0.5分	电工操作绝缘用具是指按照《煤矿安全规程》第四百四十二条、第四百四十三条的要求配备的高低压试电笔(根据现场电压等级)、接地导线、绝缘手套、绝缘靴、绝缘台等	1. 检查地面机房、变电所、瓦斯泵房,井下变电所、水泵房及采掘配电点等要害场所是否配备绝缘用具 2. 绝缘用具是否有相关部门颁发的检验合格证(重点是耐压检测合格)	1. 合格证 2. 绝缘用具检测报告	
附加项(1分)	设备管理	建设设备管理系统,有效实施设备全生命周期管理	1	查系统。有效应用加1分	建设设备管理系统,能有效实现设备全生命周期管理,延长设备使用寿命,减少维修成本和生产中断;符合可持续发展目标,优化设备使用	1. 查煤矿企业是否建立安全设备台账和追溯、管理制度 2. 查煤矿是否建立设备全生命周期管理制度 3. 查是否对设备购置、入库、使用、维护、保养、检测、维修、改造、报废等进行全流程记录并存档	1. 安全设备台账和追溯、管理制度 2. 设备购置、入库、使用、维护、保养、检测、维修、改造、报废等记录	

4.1.6 运　输

本部分修订的主要变化

(1) 调整结构内容。 调整"运输管理"项目位置，整合原"运输安全设施"中的"制度保障和技术资料"内容，作为第一大项体现，结构更合理。小项方面主要精简了运输安全设施检查、试验管理规定、辅助运输安全事故汇报管理规定、架空乘人装置检修期限、无轨胶轮车装备有通信设备等相关条款。新增矿用产品安全标志管理，卡轨车、齿轨车和胶套轮车运行的轨道线路，架空乘人装置闸瓦(片)与闸盘间隙，视频监控等相关条款。

专家解读视频

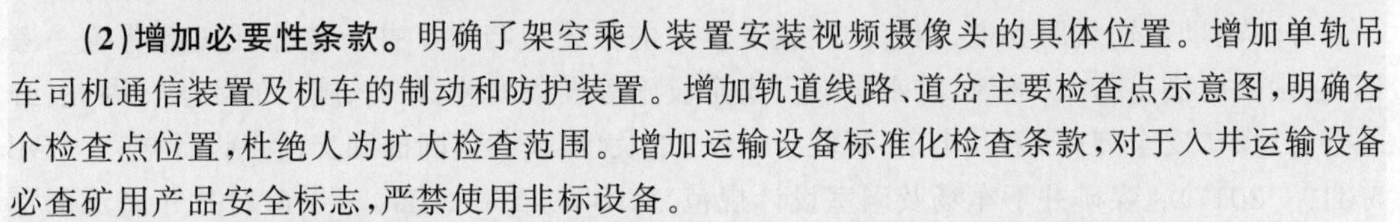

(2)增加必要性条款。 明确了架空乘人装置安装视频摄像头的具体位置。增加单轨吊车司机通信装置及机车的制动和防护装置。增加轨道线路、道岔主要检查点示意图，明确各个检查点位置，杜绝人为扩大检查范围。增加运输设备标准化检查条款，对于入井运输设备必查矿用产品安全标志，严禁使用非标设备。

(3)突出设备安全管理。 将无轨胶轮车"车辆不空挡滑行"调整为"车辆严禁空挡或熄火滑行"。

(4) 优化评分分值。 将轨道线路分值由 29 分调整为 24 分，运输设备分值由 26 调整为 32 分，提高运输设备检查的分值比例。

一、工作要求

1. 运输管理。管理制度完善，职责明确；设备设施定期检测检验；技术资料齐全，满足运输管理需要。

【说明】 本条是对运输专业运输管理的工作要求。

1. 管理制度完善，职责明确

制定和完善交接班规定、安全生产标准化定期检查考核办法、职工学习培训考核办法、行车不行人管理办法、乘人管理办法、设备检查检修管理办法、设备设施(出厂、入库、安装)验收和报废管理办法、停送电管理规定、信集闭管理办法、小电瓶车使用管理办法、上下山管理办法、卡轨车使用管理办法、单轨吊使用管理办法、无轨胶轮车使用管理办法、架空乘人装置使用管理办法、牵引网路检查维修管理办法、运输线路铺设维护标准、人车定期检查和试验管理办法、安全设施检查和试验管理办法、机车(包括电机车、柴油轨道机车)年审管理办法、电机车检查维修试验管理办法、连接装置检查试验管理办法、特殊物料运送管理规定、综采设备支架运输和封装管理办法、设备准用证管理办法等，并认真执行。

2. 设备设施定期检测检验

按规定对斜巷人车、机车等运输设备及连接装置进行检测检验，并有完整的检测记录和检验报告。检修依据《煤矿机电设备检修技术规范》进行。

设备技术性能测试符合规定：关于印发煤矿在用安全设备检测检验目录(第一批)的通知(安监总规划〔2012〕99 号)、《煤矿安全规程》、《煤矿用防爆柴油机无轨胶轮车安全使用规范》(AQ 1064)、《矿用防爆柴油机无轨胶轮车通用技术条件》(MT/T 989)、《煤矿用防爆柴油机械排气中一氧化碳氮氧化物检验规范》(MT/T 220)，单轨吊车按照《柴油机单轨吊机车》(MT/T 883)、《DX25J 防爆特殊型蓄电池单轨吊车》(MT/T 887)、《煤矿用防爆柴油机械排气中一氧化碳氮氧化物检验规范》(MT/T 220)和《窄轨列车制动距离试验细则》的要求进行试验。

3. 技术资料齐全,满足运输管理需要

有运输设备、设施、线路的图纸、技术档案,有检修记录;有作业规程、安全技术措施;单轨吊、架空乘人装置有设计;有运输设备管理台账,编号管理;纳入煤矿矿用产品安全标志管理的设备设施符合规定;运输系统、设备选型和能力计算资料齐全。

2. 运输巷道与硐室。满足设备安装、运行和检修的空间要求;满足人员操作、行走的安全要求。

【说明】 本条是对运输专业运输巷道与硐室的工作要求。

1. 满足设备安装、运行和检修的空间要求

井下辅助运输线路巷道、硐室的设置及轨道的敷设应与煤矿井下整体开拓部署统一考虑,必须同时满足行人、通风、排水、供电、安全设施等设备安装、检修、施工的要求。因此,必须符合《煤矿安全规程》第九十条、第九十一条,以及《煤矿巷道断面和交岔点设计规范》(GB 50419—2017)、《煤矿井下车场及硐室设计规范》(GB 50416—2017)、《煤矿斜井井筒及硐室设计规范》(GB 50415—2017)等现行国家标准的有关要求。

2. 满足人员操作、行走的安全要求

应符合《煤矿安全规程》第九十条、第九十一条的规定,斜巷信号硐室、躲避硐等应符合《煤矿安全规程》第三百八十八条"串车提升的各车场设有信号硐室及躲避硐;运人斜井各车场设有信号和候车硐室,候车硐室具有足够的空间"的规定。

3. 运输线路。轨型、轨道铺设质量符合标准要求;无轨胶轮车行驶路面质量符合标准要求;保证车辆安全、平稳运行;改善运输方式,优化运输系统。

【说明】 本条是对运输专业运输线路的工作要求。

1. 轨型、轨道铺设质量符合标准要求

轨道运输巷道与井底车场轨道敷设,应根据运输设备类型使用地点确定。轨道线路轨型应符合《煤矿安全规程》第三百八十条、《煤矿井下辅助运输设计规范》(GB 50533—2009)规定,轨道铺设质量应符合《煤矿窄轨铁道维修质量标准及检查评级办法》的有关要求。

2. 无轨胶轮车行驶路面质量符合标准要求

无轨胶轮车道路应符合下列规定:井下主要运输巷道和行驶支架搬运车的采煤工作面顺槽底板不应有底鼓现象,路面应平整、硬化,硬化路面的厚度不应小于 200 mm,混凝土强度等级不应低于 C25。无轨胶轮车运行巷道内应避免有淋水和积水现象产生。

3. 保证车辆安全、平稳运行

轨道运输是我国井下运输的主要方式之一,保证车辆安全、平稳运行,必须做到运输设备、设施、线路、操作等符合《煤矿安全规程》第三百七十七条、第三百八十条、第三百八十五条、第三百八十七条、第三百八十九条等相关规定。

4. 改善运输方式,优化运输系统

井下运输系统方式选择受诸多因素的影响,运输能力与对象是首要的,但应适应煤矿井下地质、煤层条件,因此运输系统方式选择是影响矿井生产安全可靠的关键。

提高运输机械化水平,增加运输能力,减少运输环节及转载次数,提高运输效率,提高运行可靠性,应充分考虑设备、物料的整机、整件运输,减少换装环节,降低劳动强度,减少运输

费用。

4. 运输设备。设备完好,符合要求;制动装置、信号装置及保护装置齐全、灵敏、可靠;安装符合设计要求。

【说明】 本条是对运输专业运输设备的工作要求。

1. 设备完好,符合要求

窄轨电机车、人车、矿车、调度绞车(内齿轮绞车)等运输设备应符合《煤矿矿井机电设备完好标准》的要求,其他运输设备应符合煤矿自行制定的设备完好标准要求。

根据《煤矿矿井机电设备完好标准》规定确定设备综合完好率。在用运输设备综合完好率不低于90%。矿车、专用车应符合《矿用窄轨车辆》(GB/T 2885—2008)的要求,完好率不低于85%。运送人员设备完好率必须达到100%。

2. 制动装置、信号装置及保护装置齐全、灵敏、可靠

运输设备制动装置、撒砂装置、连接装置、防坠器等安全可靠;架空乘人装置工作制动器、安全制动器、超速、打滑、全程急停、防脱绳、变坡点防掉绳、张紧力下降、越位、减速器油温检测报警装置等保护装置齐全、有效,符合有关规定要求。

3. 安装符合设计要求

按照《煤矿安全规程》《煤矿矿井机电设备完好标准》《煤矿设备安装工程施工规范》及相关法规、标准等要求执行。

5. 运输安全设施。安全设施、连接装置、安全警示设施齐全可靠,安装规范,使用正常;物料捆绑固定规范有效。

【说明】 本条是对运输专业运输安全设施的工作要求。

1. 安全设施、连接装置、安全警示设施

安全设施应符合《煤矿安全规程》第三百八十五条、第三百八十七条、第三百九十条、第三百九十二条、第三百九十五条规定。

连接装置的保险链、连接环、连接链和插销等,应符合《煤矿安全规程》第四百一十六条规定,及《煤矿窄轨车辆连接件连接链》(MT 244.1—2005)、《煤矿窄轨车辆连接件连接插销》(MT 244.2—2005)的要求。

安全警示设施的安装使用应符合《煤矿安全规程》第三百八十四条、第四百零三条、第四百零四条、第四百零五条、第四百七十三条和《煤矿井下机车运输信号设计规范》(GB 50388—2016)、《煤矿井下辅助运输设计规范》(GB 50533—2009)的要求;符合《井下机车运输信号系统技术与装备标准》(中煤生字〔1991〕第587号)、《煤矿轨道运输监控系统通用技术条件》(MT/T 1113—2011)、《煤矿用防爆柴油机无轨胶轮车安全使用规范》(AQ 1064—2008)的要求。

2. 物料捆绑

各类物料捆绑固定,应符合《运输管理制度》的要求。捆绑用具(专用捆绑链、手拉葫芦、卸扣体、蝴蝶结、连接件、卡具、压杠、钢丝绳扣)等必须完好可靠,无变形开焊,钢丝绳扣插接长度符合规定要求,无损伤、打结、扭曲、绳股断裂等现象;捆绑用具投入使用前必须进行完好检查,损坏的及时更换,并有显著标识。

根据所装物料、设备的结构、尺寸、重量选择相符的车型,必须封车牢靠、保护有效,严禁超过车辆额定载质量,严禁随意乱装、混装。

6. 文明生产。作业场所卫生整洁；设备材料码放整齐，图牌板内容齐全、清晰准确。

【说明】 本条是对运输专业文明生产的工作要求。

1. 作业场所卫生

井底车场、运输大巷和石门、主要斜巷、采区上下山、采区主要运输巷及车场等作业场所应保持清洁，无积煤、无积水、无杂物、定期刷白，调度站、设备硐室、车间、车容、车貌等要干净、整齐、清洁。

2. 设备材料和图牌板

现场设备摆放、材料分类码放整齐、有序；现场图牌板内容齐全、参数准确、线路清晰。

二、评分方法

1. 存在重大事故隐患的，本部分不得分。

2. 按表 4.1.6-1 评分，总分为 100 分。按照所检查存在的问题进行扣分，各小项分数扣完为止；“评分表”中“项目内容”缺项不得分，采用式(1)计算专业得分：

$$A=\frac{100}{100-B}\times C \tag{1}$$

式中 A——运输部分实得分数；

B——缺项标准分值；

C——项目内容检查得分数。

《矿山在用斜井人车安全性能检验规范》

《关于印发煤矿在用设备检测检验目录(第一批)的通知》

《煤矿用架空乘人装置安全检验规范》

表 4.1.6-1 井工煤矿运输标准化评分表

项目	项目内容	基本要求	标准分值	评分方法	执行指南	核查细则	资料清单	得分
一、运输管理(17分)	制度保障	制定并落实以下制度、标准： 1. 运输设备(设施)安装、运行、检修、检测等管理制度 2. 运输线路铺设、维护标准	5	查现场和资料。缺1项或不执行扣0.5分;内容不符合要求1项扣0.2分	根据《安全生产法》《煤矿安全生产条例》《煤矿安全规程》等法律、法规,根据矿井实际制定并落实以下各项制度、标准： 1. 制定和完善运输设备(设施)安装、运行、检修、检测等管理制度 2. 制定和完善运输线路铺设、维护标准 3. 有与各项制度、标准配套的管理考核办法,并认真执行	1. 查管理制度、标准是否内容齐全、符合现场实际、可操作性强,并汇编成册 2. 现场检查和查资料,管理制度中每缺少1项办法规定或运输线路铺设、维护标准中每缺少1项,按缺1项考核	1. 运输设备(设施)安装、运行、检修、检测等管理制度 2. 运输线路铺设、维护标准资料	

表4.1.6-1(续)

项目	项目内容	基本要求	标准分值	评分方法	执行指南	核查细则	资料清单	得分
一、运输管理(17分)	技术资料	1. 有运输设备、设施、线路的图纸、技术档案,有检修记录 2. 有作业规程、安全技术措施 3. 运输系统、设备选型和能力计算资料齐全 4. 单轨吊、架空乘人装置有设计 5. 有运输设备管理台账,编号管理 6. 纳入煤矿矿用产品安全标志管理的设备设施符合规定	6	查资料。缺1项扣1分,每1处不符合要求扣0.5分;运输设备未编号管理1处扣0.1分	符合《煤矿安全规程》《矿井运输管理规定》等要求,指导矿井安全生产及设备维护管理: 1. 运输设备、设施、线路的图纸、技术档案、维修记录齐全 2. 作业规程、安全技术措施符合有关规定 3. 运输系统、设备选型和能力计算资料及时存档 4. 运输设备管理台账齐全 5. 纳入煤矿矿用产品安全标志管理的设备设施必须取得煤矿矿用产品安全标志。未取得煤矿矿用产品安全标志的,不得使用 6. 运输线路图内容包括巷道、设备、设施、线路等参数,每半年一次更新,分管领导审查签字,并用计算机出图	1. 查运输设备、设施、线路技术档案、图纸是否齐全完整,与实际相符;是否建立运输系统、运输线路、运输设备、运输设施等管理台账,内容与现场相符,有编号管理 2. 设备购置前应由运输管理部门和机电部门共同负责运输设备选型和能力计算,核查选用的设备能否满足现场要求,煤安标志等是否证照齐全;运输设备选型设计和能力计算资料是否齐全完整 3. 现场检查和查阅技术档案资料,核实现场情况与资料和图纸是否一致性,施工技术措施在现场落实情况等内容 4. 设备、设施、线路的图纸、技术档案、维修记录、安全技术措施中有1项不符合要求按1处考核	1. 运输设备、设施、线路的图纸、技术档案、维修记录 2. 作业规程、安全技术措施 3. 运输系统、设备选型和能力计算资料 4. 运输设备管理台账 5. 其他技术资料档案	

表4.1.6-1(续)

项目	项目内容	基本要求	标准分值	评分方法	执行指南	核查细则	资料清单	得分
一、运输管理(17分)	检测检验	1. 使用中的斜井人车，有完整的重载全速脱钩测试报告及连接装置的探伤报告 2. 按规定对窄轨车辆连接链、连接插销进行检测，有检测检验报告 3. 按规定对架空乘人装置、无轨胶轮车、单轨吊车进行试验、检测检验，有完整的试验、检测检验报告 4. 新投用机车应测定制动距离，之后每年测定1次，有完整的制动距离测试报告 5. 无极绳连续牵引车、卡轨车、齿轨车、异型轨卡轨车等根据产品使用说明书要求，由矿定期检查、检修、试验，并有试验记录	6	查资料。第1项不符合要求扣3分；其他项不符合要求1处扣1分	1. 对使用中的斜井人车防坠器，应按照《煤矿安全规程》第四百一十五条的规定，每班进行1次手动落闸试验、每月进行1次静止松绳落闸试验、每年进行1次重载全速脱钩试验。防坠器的各个连接和传动部分，必须处于灵活状态；按照《矿山在用斜井人车安全性能检验规范》(AQ 2028—2010)的要求，参照《煤矿斜井人车试验细则》的试验方法、步骤和记录表，并有完整的试验措施、记录和试验报告 2. "连接装置的探伤"是指按照《矿用人车安全要求》(GB 21011)第4.13条的要求，对主牵引杆、销轴、抱爪及楔形箱进行探伤检查 3. 窄轨车辆连接器的检验应符合《煤矿安全规程》第三百八十五条、第三百八十八条和《煤矿窄轨车辆连接件连接链》《煤矿窄轨车辆连接件连接插销》的规定 4. 第3项应按照《煤矿用架空乘人装置安全检验规范》《煤矿用架空乘人装置》《煤矿用防爆柴油机无轨胶轮车安全使用规范》《矿用防爆柴油机无轨胶轮车通用技术条件》《煤矿用防爆柴油机械排气中一氧化碳氮氧化物检验规范》《柴油机单轨吊机车《DX25J防爆特殊型蓄电池单轨吊车》的规定，对架空乘人装置、无轨胶轮车、单轨吊车进行试验、检测检验，并有完整的试验、检测检验记录和报告 5. 第4项是指矿井按照《煤矿安全规程》和《窄轨列车制动距离试验细则》的要求进行试验，并填写试验报告表 6. 第5项是指矿井根据上述设备特点、使用说明书要求确定的试验检查项目和周期，进行试验或检查，并填写记录表	1. 检查基本要求中所列各种运输设备和连接装置的检测、检验、试验报告。①使用中的斜井人车，有完整的重载全速脱钩测试报告及连接装置的探伤报告；② 电机车制动距离测试报告；③ 斜巷提升连接装置拉力试验报告；④ 架空乘人装置、单轨吊车、无轨胶轮车、齿轨车、卡轨车、无极绳连续牵引车等有完整的检测、检验、试验报告 2. 各种技术测定和检测均应按国家、行业标准和有关规定进行；测试报告测试项目完整、准确可靠，有结论意见；测定报告到矿后，有矿、科级技术负责人员的检查审阅记录，有针对问题所提的处理建议及实际处理结果 3. 根据现场设备、设施情况或运输管理台账，检查检测记录和检验报告 4. 每一种需要进行检测检验的设备、设施的试验、检测检验报告中，有1项不合格即为不符合要求 5. 斜巷跑车防护装置品种繁杂，很不规范，目前尚无较统一的管理试验办法，各单位可以根据有关规程和设备设施性能制定试验规定和办法 6. 机车制动距离试验符合《煤矿安全规程》第三百七十七条第(十一)项规定：新投用机车应当测定制动距离，之后每年测定1次。运送物料时不得超过40 m；运送人员时不得超过20 m	1. 斜井人车各类测试及连接装置探伤报告 2. 各种运输设备和连接装置的检测、检验、试验报告 3. 制动距离试验记录和措施 4. 斜巷跑车防护装置、设施台账、检查、试验记录	

表4.1.6-1(续)

项目	项目内容	基本要求	标准分值	评分方法	执行指南	核查细则	资料清单	得分
二、运输巷道硐室(8分)	巷道车场	1. 巷道净断面与支护符合《煤矿安全规程》,巷道(包括管、线、电缆)与运输设备最突出部分之间的最小间距符合规定 2. 车场、巷道曲线半径、巷道连接方式、运输方式设计合理,符合《煤矿安全规程》及有关规定要求	8	查现场。巷道最小间距不符合规定1处扣2分;未设置信号硐室1处扣1分;其他不符合要求1处扣0.5分	1. 井下运输线路巷道、硐室的设置及轨道的敷设应与煤矿井下整体开拓部署统一考虑,必须同时满足行人、通风、排水、供电、安全设施等的设备安装、检修、施工的要求 2. 巷道净断面与支护必须符合《煤矿安全规程》第九十条至第九十二条的规定 3. 第2项符合《煤矿安全规程》《煤矿井下车场及硐室设计规范》(GB 50416—2017)、《煤矿斜井井筒及硐室设计规范》(GB 50415—2017)、《煤矿井下辅助运输设计规范》(GB 50533—2009)等现行国家标准的有关要求,个别老矿井或改建矿井或多或少存在一定问题 4. 信号硐室、躲避硐设计符合规定 5. 主要斜井、井底车场、主要运输巷道等1~3条运输巷道;用米尺测量巷道(包括管、线、电缆)与运输设备最突出部分之间的最小间距符合下列要求: (1) 人行道0.8 m(综采矿井、人车停车地点的巷道上下人侧1 m)以上,巷道另一侧0.3 m(综采矿井0.5 m); (2) 测量双轨运输巷中两列列车最突出部分之间的距离,对开时是否不小于0.2 m;采用单轨吊车运输的巷道,对开时是否不小于0.8 m; (3) 采用无轨胶轮车运输的巷道:双车道行驶,会车时不得小于0.5 m;单车道应当根据运距、运量、运速及运输车辆特性,在巷道的合适位置设置机车绕行道或者错车硐室,并设置方向标识	1. 查巷道与运输设备最突出部分之间的最小间距是否符合规定 2. 查巷道设计、图纸与现场是否相符	1. 矿井运输系统设计,分水平的矿井运输系统图 2. 车场、车房、巷道曲线半径、巷道连接方式、运输方式设计及图纸	

表4.1.6-1(续)

项目	项目内容	基本要求	标准分值	评分方法	执行指南	核查细则	资料清单	得分
二、运输巷道硐室(8分)	硐室车房	斜巷信号硐室、躲避硐、绞车房、候车室、调度站、人车库、充电硐室、错车硐室、车辆检修硐室等符合规定		查现场。巷道最小间距不符合规定1处扣2分;未设置信号硐室1处扣1分;其他不符合要求1处扣0.5分	符合《煤矿安全规程》《煤矿井下车场及硐室设计规范》(GB 50416—2017)、《煤矿斜井井筒及硐室设计规范》(GB 50415—2017)的规定	1. 查斜巷串车提升各车场是否设置信号硐室和躲避硐 2. 查信号硐室是否符合规定:宽不小于1.5 m,深不小于1.5 m,高不小于2.0 m;躲避硐宽度不得小于1.2m,深度不得小于0.7 m,高度不得小于1.8 m,躲避硐内严禁堆积物料 3. 其他硐室是否符合规定	1. 矿井运输系统设计,分水平的矿井运输系统图 2. 斜巷信号硐室、躲避硐等设计及图纸	
	装卸载站	车辆装载站、卸载站和转载站符合规定				现场检查装载点两列列车最突出部分之间的距离是否不小于0.7 m,矿车摘挂钩地点是否不小于1 m	车辆装载站、卸载站和转载站设计及图纸	

表4.1.6-1(续)

项目	项目内容	基本要求	标准分值	评分方法	执行指南	核查细则	资料清单	得分
三、运输线路(24分)	轨道线路	运行7 t及以上机车、3 t及以上矿车,或者运送15 t及以上载荷的矿井井筒、主要水平运输大巷、车场、主要运输石门、采区主要上下山、地面运输系统轨道线路使用≥30 kg/m的钢轨;其他线路使用≥18 kg/m的钢轨。卡轨车、齿轨车和胶套轮车运行的轨道线路,应当采用不小于22 kg/m的钢轨	6	查现场。不符合要求1处扣3分	1. 轨道运输巷道与井底车场轨道敷设,应根据运输设备类型使用地点确定 2. 轨道线路轨型应符合《煤矿安全规程》第三百八十条、《煤矿井下辅助运输设计规范》(GB 50533—2009)规定 3. 轨道铺设质量应符合《煤矿窄轨铁道维修质量标准及检查评级办法》的有关规定 4. 设定了18 kg/m轨型的下限要求,即最低标准,15 kg/m及以下的钢轨不再允许在煤矿井下使用	1. 现场检查主要运输线路和其他线路轨型是否符合要求 2. 现场检查1～3条运输巷道的轨型、运输设备型号等情况,同时检查轨道线路设计、施工作业规程、液压支架重量等情况	1. 井上下轨道运输系统图 2. 钢轨进货合同及验收资料,井上下轨道线路统计资料	

表4.1.6-1(续)

项目	项目内容	基本要求	标准分值	评分方法	执行指南	核查细则	资料清单	得分
三、运输线路(24分)	轨道线路	主要运输线路及行驶人车的轨道线路质量达到要求： 1. 接头平整度：轨面高低和内侧错差≤2 mm 2. 轨距：直线段和加宽后的曲线段允许偏差为－2～5 mm 3. 水平：直线段及曲线段加高后两股钢轨偏差≤5 mm 4. 轨缝≤5 mm 5. 扣件齐全、牢固，与轨型相符 6. 轨枕规格及数量应符合标准要求，间距偏差不超过50 mm 7. 道碴粒度及铺设厚度符合标准要求，轨枕下应捣实，轨枕露出高度≥50 mm 8. 曲线段设置轨距拉杆		查现场。抽查1～2条巷道，接头平整度、轨距、水平不符合要求1处扣0.3分，其他不合格1处扣0.1分		1. 现场均匀布点检查，每条巷道检查不少于5个点，现场测量每个点的接头平整度、轨距、水平等主要项目和轨面前后高低、方向、坡度、轨缝、接头方式、轨枕、扣件、道钉、道床等一般项目 2. 现场分类检查1～3条巷道或地点，每条巷道采用选点检查方法，检查不少于10个点	1. 主要运输线路及行驶人车的轨道线路设计及图纸 2. 设计、安全施工资料	

表4.1.6-1(续)

项目	项目内容	基本要求	标准分值	评分方法	执行指南	核查细则	资料清单	得分
三、运输线路(24分)	轨道线路	其他轨道线路质量应达到要求： 1. 接头平整度：轨面高低和内侧错差≤2mm 2. 轨距：直线段和加宽后的曲线段允许偏差为－2～6 mm 3. 水平：直线段及曲线段加高后两股钢轨偏差≤8 mm 4. 轨缝≤5 mm 5. 扣件齐全、牢固，与轨型相符 6. 轨枕规格及数量符合标准要求，间距偏差不超过50 mm 7. 道碴粒度及铺设厚度符合标准要求，轨枕下应捣实		查现场。抽查1～3条巷道，接头平整度、轨距、水平不符合要求1处扣0.3分，其他不合格1处扣0.1分，单项扣到3分为止	1. “其他轨道线路”是指主要运输线路以外的轨道线路，不包括采掘工作面的轨道线路 2. 轨道铺设质量应符合《煤矿窄轨铁道维修质量标准及检查评级办法》的有关要求	1. 现场均匀布点检查，每条巷道检查不少于5个点，现场测量每个点的接头平整度、轨距、水平等主要项目和轨面前后高低、方向、坡度、轨缝、接头方式、轨枕、扣件、道钉、道床等一般项目 2. 现场分类检查1～3条巷道，每条巷道采用选点检查方法，检查不少于10个点	主要运输线路以外的其他轨道线路设计、安装施工资料	
		异型轨道线路、齿轨线路质量符合设计及说明书要求		查现场。抽查1～2条巷道，不符合要求1处扣0.3分	1. 卡轨车轨道有专用异型轨、槽钢轨和普通轨，根据选型卡轨车配套采用 2. 异型轨道线路、齿轨线路质量应符合设计、说明书及煤矿企业制定的异型轨道线路有关规定 3. 1处指1条巷道的线路	现场均匀布点检查，检查不少于10个点，按设计及说明书要求测量数据	异型轨道线路、齿轨线路设计及说明书，质量验收记录	

表4.1.6-1(续)

项目	项目内容	基本要求	标准分值	评分方法	执行指南	核查细则	资料清单	得分
三、运输线路(24分)	单轨吊线路	单轨吊车线路达到要求： 1. 下轨面接头间隙直线段≤3 mm 2. 接头高低和左右允许偏差分别为2 mm和1 mm 3. 接头摆角垂直≤7°，水平≤3° 4. 水平弯轨曲率半径≥4 m，垂直弯轨曲率半径≥10 m 5. 起始端、终止端设置轨端阻车器	4	查现场。抽查1～2条巷道，轨端阻车器不符合要求扣0.3分，其他不符合要求1处扣0.2分	1. 单规吊车运输的悬挂吊轨必须安全可靠，并应符合下列规定： (1) 采用锚喷支护时，每个吊轨悬挂点应采用双锚杆吊挂； (2) 采用矿用工字钢梯形棚支护时，可用顶梁或在顶梁间加小短梁悬挂吊轨，支架间应设纵向拉杆； (3) U型可缩性金属支护时，可采用支架顶梁悬挂吊轨，支架间应设纵向拉杆； (4) 料石或混凝土墙金属横梁支护时可采用横梁悬挂吊轨； (5) 以上悬挂吊轨必须满足对锚杆锚固力或对悬挂点进行预定集中载荷试验的要求 2. 单规吊车同一线路应采用同型号吊轨，道岔吊轨应与线路吊轨型号一致 3. 1处是指1条巷道的单轨吊线路，1处达不到合格	抽查1～2条巷道，现场均匀布点检查，检查不少于10个点，测量基本要求中的数据是否合格，检查轨道吊挂及安全设施是否符合要求： (1) 直轨每段长度≤3 m； (2) 水平弯轨曲率半径≥4 m； (3) 垂直弯轨曲率半径≥10 m； (4) 同一线路必须使用同型号吊轨，吊轨接头间隙≤3 mm，高低和左右允许偏差分别为2 mm和1 mm，接头摆角垂直≤7°，水平≤3°； (5) 吊轨起始端、终止端是否设置阻车机构	单轨吊设计说明书、安装施工资料，验收记录	

表4.1.6-1(续)

项目	项目内容	基本要求	标准分值	评分方法	执行指南	核查细则	资料清单	得分
三、运输线路(24分)	无轨胶轮车道路	主要运输巷道和行驶支架搬运车的采煤工作面顺槽，道路必须进行混凝土、铺钢板等方式硬化，路面平整	5	查现场。抽查1～3条巷道，未硬化1处扣1分，平整不符合要求1处扣0.2分	1. 本条明确硬化位置为主要运输巷道和行驶支架搬运车的采煤工作面顺槽的无轨胶轮车道路 2. 采用混凝土、铺钢板等方式的路面应平整、硬化，不应有底鼓现象 3. 混凝土铺底应符合《煤矿巷道断面和交岔点设计规范》(GB 50419)13.2.1～13.2.3的要求，铺底厚度不应小于200 mm，混凝土强度等级不应低于C25 4. 无轨胶轮车运行巷道内应避免有淋水和积水现象产生 5. 1处是指1条巷道的线路	1. 抽查1～3条巷道，现场均匀布点检查，检查不少于10个点，检查路面是否符合设计，检查路面防滑、底鼓变形情况、平整度，是否积水，水沟盖板、钢板路面连接情况等 2. 查是否采用铺设钢板、混凝土等方式硬化；路面是否平整稳固	1. 运输系统图及设计资料 2. 路面铺设质量验收资料	

表4.1.6-1(续)

项目	项目内容	基本要求	标准分值	评分方法	执行指南	核查细则	资料清单	得分
三、运输线路(24分)	道岔	道岔轨型不低于线路轨型，无非标准道岔，道岔质量达到要求： (1) 轨距按标准加宽后及辙岔前后轨距偏差≤+3 mm； (2) 水平偏差≤5 mm； (3) 接头平整度：轨面高低及内侧错差≤2 mm； (4) 尖轨尖端与基本轨密贴，间隙≤2 mm，无跳动，尖轨损伤长度≤100 mm，在尖轨顶面宽 20mm 处与基本轨高低差≤2 mm； (5) 心轨和护轨工作边间距按标准轨距减小 28 mm 后，偏差+2 mm； (6) 扣件齐全、牢固，与轨型相符； (7) 轨枕规格及数量符合标准要求，间距偏差不超过 50 mm，轨枕下应捣实	3	查现场。抽查1～3组，轨距、水平、接头平整度、尖轨、心轨和护轨工作边间距不符合要求1处扣0.2分，其他不符合要求1处扣0.1分；1组道岔最高扣1分；1组非标准道岔或道岔轨型低于线路轨型扣1分	1. 道岔轨型不低于线路轨型，无非标准道岔 2. 1处是指1处不合格，1组是指1组道岔、1组非标准道岔、1组道岔轨型低于线路轨型	1. 现场抽查1～3组道岔，测量轨距、水平、接头平整度、尖轨、心轨和护轨工作边间距等主要数据，尖轨开程、轨缝、轨枕间距，辙岔磨损、基本轨与连接轨磨损等其他数据，是否符合规定 2. 检查护轨、滑床板、轨撑、扣件、道钉、轨枕质量、道床、转辙器等是否符合规定	1. 运输系统图及道岔设计资料 2. 道岔安装验收单	

表4.1.6-1(续)

项目	项目内容	基本要求	标准分值	评分方法	执行指南	核查细则	资料清单	得分
三、运输线路(24分)	道岔	单轨吊道岔达到要求： (1) 道岔框架4个悬挂点的受力应均匀，固定点数均匀分布不少于7处； (2) 下轨面接头轨缝≤3 mm； (3) 轨道无变形，活动轨动作灵敏，准确到位； (4) 机械闭锁可靠； (5) 连接轨断开处有轨端阻车器		查现场。抽查1～3组，机械闭锁、轨端阻车器不符合要求1处扣1分，其他不符合要求1处扣0.5分	1处是指1组道岔	现场抽查1～3组道岔，测量吊轨接头间隙及高低和左右偏差数据、接头摆角，检查吊挂情况、岔尖闭锁情况、轨端阻车器等	1. 运输系统图及单轨吊道岔设计资料 2. 单轨吊道岔安装验收单	
	窄轨架线电机车牵引网络	1. 敷设质量达到要求： (1) 架空线悬挂高度、架空线与巷道顶或棚梁之间的距离、悬吊绝缘子距架空线的距离、架空线悬挂点的间距等符合规定； (2) 架空线直流电压不超过600 V； (3) 钢轨接缝处的电阻符合要求； (4) 轨道绝缘设置符合要求 2. 电机车架空线巷道乘人车场装备有自动停送电开关	3	查现场。架空线、直流电压、绝缘点不符合要求1处扣0.3分。其他不符合要求1处扣0.1分。架空线巷道乘人车场未装备有架空线自动停送电开关1处扣1分；已装备但不可靠1处扣0.3分；井下使用钢铝线不得分	1. 满足《煤矿安全规程》第三百八十一条及《矿井轨道质量标准及架线维护规程》相关要求 2.《煤矿安全规程》第三百八十一条规定，采用架线电机车运输时，架空线及轨道应当符合下列要求： (1) 架空线悬挂高度、与巷道顶或者棚梁之间的距离等，应当保证机车的安全运行。 (2) 架空线的直流电压不得超过600 V。 (3) 轨道应当符合下列规定： ① 两平行钢轨之间，每隔50 m应当连接1根断面不小于50 mm^2的铜线或者其他具有等效电阻的导线。 ② 线路上所有钢轨接缝处，必须用导线或者采用轨缝焊接工艺加以连接。连接后每个接缝处的电阻应当符合要求 3. 不回电的轨道与架线电机车回电轨道之间，必须加以绝缘。第一绝缘点设在2种轨道的连接处；第二绝缘点设在不回电的轨道上，其与第一绝缘点之间的距离必须大于1列车的长度。在与架线电机车线路相连通的轨道上有钢丝绳跨越时，钢丝绳不得与轨道相接触	1. 现场均匀布点检查，检查不少于10个点，测量基本要求中的数据 2. 检查轨道绝缘点、自动停送电开关等是否符合要求	1. 运输系统图及设计资料 2. 安装验收单 3. 日常检查维护记录	

表4.1.6-1(续)

项目	项目内容	基本要求	标准分值	评分方法	执行指南	核查细则	资料清单	得分
三、运输线路(24分)	运输方式改善	1. 长度超过1.5 km的主要运输平巷或者高差超过50 m的人员上下的主要倾斜井巷，应采用机械方式运送人员 2. 水平单翼距离超过4000 m时，有缩短人员和物料运输时间的有效措施 3. 采用先进的运输方式替代多级、多段运输，矿井实现辅助运输连续化 4. 矿井逐步取消调度绞车	3	查现场。第1项不符合要求1处扣2分，其他项不符合要求1处扣0.2分	1. 第1项应满足《煤矿安全规程》第三百八十二条要求 2. 井下开拓及运行条件适合时，应优先考虑由单一运输方式组成的井下辅助运输系统，尽可能实现物料设备或人员等的直达运输，其环节少，运行效率高，安全可靠 3. 第3项是指运输方式转换次数2次(含2次)及以下 4. 第4项是指除立井煤仓底部、带式输送机尾部、带式输送机检修道等地点使用调度绞车外，其他地点取消调度绞车运输方式 5. 1处是指1条巷道，1处达到机械运送人员条件而未安设机械运送人员设备 6. 选用新的斜井运人系统时，需通过安全和经济技术论证，选用技术先进、安全可靠且经济合理的提升运人系统。宜优先选用架空乘人装置或异型轨卡轨斜井运人系统，宜设置建设专用运人(立)斜井(巷) 7. 利用邻近采区(水平)进风井运输物料及上下人员，或施工专用投料井(孔)就近运输物料，减少井下运输环节，缩短井下物料运输距离，减少物料运输作业人员 8. 推广使用单轨吊车、架空乘人装置、齿轨式卡轨车等有轨辅助运输系统；有条件的煤矿推广使用无轨胶轮车、多功能铲运车等无轨辅助运输成套装备；巷道坡度变化大、辅助运输环节多的煤矿，优先选用无极绳绞车、单轨吊车等 9. 3段及以上为多级、多段运输(不含副井提升)	1. 检查机械运送人员设备情况 2. 查井下是否取消了调度绞车，未达要求扣0.2分，不累计扣分	1. 矿井及运输系统设计资料 2. 运输系统图 3. 运输管理规定 4. 运输设备安装验收记录	
四、运输设备(32分)	斜井人车	1. 制动装置灵敏、可靠 2. 有跟车工，有在运行途中任意点都能发送紧急停车信号的装置	4	查现场。1处不符合要求不得分	满足《煤矿安全规程》第三百八十四条及规定及《煤矿矿井机电设备完好标准》(MT388—2007)、《矿用斜井人车技术条件》相关要求	1. 现场做人车手动落闸试验，查是否灵敏、可靠 2. 查人车紧急停车信号装置是否符合规定	1. 人车维修记录及试验资料 2. 斜巷人车脱钩试验报告	

表4.1.6-1(续)

项目	项目内容	基本要求	标准分值	评分方法	执行指南	核查细则	资料清单	得分
四、运输设备(32分)	架空乘人装置	1. 架空乘人装置正常运行 2. 吊椅中心至巷道一侧突出部分的距离、钢丝绳间距、乘人吊椅距底板的高度、乘坐间距符合规定;乘人站设上下人平台,平台处钢丝绳距巷道壁≥1 m,路面进行防滑处理 3. 运行坡度、运行速度符合《煤矿安全规程》规定 4. 驱动系统设置失效安全型工作制动装置和安全制动装置,安全制动装置必须设置在驱动轮上,且有效;每周至少检查1次闸瓦(片)磨损情况、闸瓦(片)与闸盘间隙及接触面积,符合相关标准规定 5. 有超速、打滑、全程急停、防脱绳、变坡点防掉绳、张紧力下降、越位等保护装置 6. 沿线设有延时启动声光预警信号 7. 上下人地点应装置语音提醒装置;装备通信信号装置,具备通话和信号发送接收功能,有视频监控 8. 非固定抱索架空乘人装置有乘人间距提示和保护 9. 减速器有油温检测,油温异常时能发出报警信号 10. 驱动轮和尾轮有断轴保护措施 11. 钢丝绳安全系数、插接长度、断丝面积、直径减小量、锈蚀程度符合规定 12. 倾斜巷道架空乘人装置:与轨道提升系统同巷布置时,设置电气闭锁;与带式输送机同巷布置时,隔离措施可靠 13. 巷道应当设置照明	5	查现场和资料。未按规定装设有关装置扣2分,其他不符合要求1处扣1分	1. 满足《煤矿安全规程》第三百八十三条等的规定及架空乘人装置设计资料及设备说明书要求 2. 第2项中吊椅中心至巷道一侧突出部分的距离不得小于0.7 m,双向同时运送人员时钢丝绳间距不得小于0.8 m,固定抱索器的钢丝绳间距不得小于1.0 m。乘人吊椅距底板的高度不得小于0.2 m,在上下人站处不大于0.5 m。乘坐间距不应小于牵引钢丝绳5 s的运行距离,且不得小于6 m 3. 第3项中运行坡度:固定抱索器最大运行坡度不得超过28°,可摘挂抱索器最大运行坡度不得超过25°。运行速度:采用固定抱索器,运行坡度超过25°时,运行速度不超过0.8 m/s,其他情况下不超过1.2 m/s时。采用可摘挂抱索器,运行坡度超过20°时,运行速度不超过1.2 m/s;运行坡度超过14°且不超过20°时,运行速度不超过1.4 m/s;运行坡度不超过14°时,运行速度不超过1.7 m/s 4. 第4项中新增闸瓦(片)磨损情况、闸瓦(片)与闸盘间隙及接触面积的检查,应符合《矿用架空乘人装置》(MT/T 1117—2011)及架空乘人装置设计资料的规定 5. 第7项中上下人地点新增装置语音提醒装置,有视频监控 6. 第10项中的"断轴保护措施"是指发生断轴时防止牵引绳驱动轮及尾轮飞出的保护装置 7. 第11项是指符合《煤矿安全规程》第四百零八条、第四百一十二条、第四百一十四条的规定	1. 现场检查架空乘人装置是否装设有关装置 2. 未按规定装设是指一套架空乘人装置有关装置设施未装设或使用不正常 3. 现场查验各种保护装置是否灵敏可靠	1. 架空人车日常检查检修记录 2. 钢丝绳检查记录 3. 钢丝绳检测报告 4. 制动装置检查记录 5. 安全保护装置检查试验记录 6. 架空乘人装置专项设计、说明书 7. 设备安全性能检测报告	

表4.1.6-1(续)

项目	项目内容	基本要求	标准分值	评分方法	执行指南	核查细则	资料清单	得分
四、运输设备(32分)	机车、平巷人车、矿车、专用车辆	1. 制动装置齐全、可靠 2. 列车或者单独机车前有照明、后有红灯 3. 警铃、连接装置和撒砂装置完好 4. 同水平行驶5台及以上机车时,有机车运输集中信号控制系统及机车通信设备;同水平行驶7台及以上机车时,有机车运输监控系统 5. 新建大型及以上矿井的井底车场和运输大巷,有机车运输监控系统或者运输集中信号控制系统,机车应具有定位装置 6. 防爆机车有甲烷断电仪或者便携式甲烷检测报警仪 7. 防爆柴油机动力机车有自动保护装置和防灭火装置 8. 机车、平巷人车、矿车、专用车辆完好	5	查现场。机车未按规定装设有关装置1处扣1分,其他不符合要求1处扣0.2分	1. 满足《煤矿安全规程》第三百七十七条规定,以及机车、平巷人车、矿车、专用车辆设计资料与说明书要求 2. 本条第5项中大型矿井是指生产能力为120万t/a及以上的矿井,新增加机车有定位装置的规定 3. 本条第6项中防爆机车是指采用防爆蓄电池或者防爆柴油机为动力装置的机车	1. 检查机车、运输信号控制及监控系统、通信系统、安全保护设施及装置等的设计是否与现场相符 2. 现场检查设备编号,与运输设备台账核对 3. 现场检查防爆机车装备甲烷断电仪或者便携式甲烷检测报警仪、防爆柴油机动力机车装备自动保护装置和防灭火装置情况 4. 检查沿线运输设备的完好情况。使用中的斜井人车、平巷人行车、架空乘人装置、其他运输设备(单轨吊、绳牵引连续运输车、各类卡轨车、齿轨车、齿卡轨车等)牵引的人车必须台台完好 5. 现场查验各种保护装置是否灵敏可靠	1. 机车运输系统设计资料、相关说明书等 2. 机车、平巷人车、矿车、专用车辆"两证一标志"证书 3. 安全性能试验(检验)报告 4. 运输设备日常检查维护记录	

表4.1.6-1(续)

项目	项目内容	基本要求	标准分值	评分方法	执行指南	核查细则	资料清单	得分
四、运输设备(32分)	调度绞车、卡轨车、无极绳连续牵引车、绳牵引卡轨车、绳牵引单轨吊车	1. 调度绞车： (1) 安装符合设计，固定可靠； (2) 制动装置齐全、可靠； (3) 钢丝绳符合规定；排列整齐，绞车有钢丝绳伤人防护措施； (4) 声光信号齐全、完好 2. 卡轨车、无极绳连续牵引车、绳牵引卡轨车、绳牵引单轨吊车： (1) 制动装置齐全、灵敏可靠、使用正常； (2) 越位、超速、张紧力下降等保护装置可靠； (3) 有司机与相关岗位工之间的信号联络装置；有跟车工时，设置跟车工与牵引车司机联络的信号和通信装置； (4) 驱动部、各车场设置行车报警和信号装置； (5) 钢丝绳符合规定	5	查现场和资料。未按规定装设有关装置扣1分，其他不符合要求1处扣0.5分	1. 满足《煤矿安全规程》第三百九十条及规定，及调度绞车(包括调度、双速和回柱绞车等)、卡轨车、无极绳连续牵引车、绳牵引卡轨车、绳牵引单轨吊车设计资料与说明书要求 2. “制动装置齐全、可靠”是指驱动部具有工作和紧急制动闸(兼作停车制动闸)，紧急制动闸应为故障安全型。牵引车(安全制动车)上设置的制动闸，在发生断绳等跑车事故时能够自动落闸，有效防止跑车事故 3. “钢丝绳符合规定”是指符合《煤矿安全规程》第四百零八条、第四百一十二条、第四百一十四条的规定	1. 现场检查调度绞车等设备是否装设有关装置 2. 绞车安装固定符合设备使用说明书和设计要求 3. 查列车司机与绞车司机有无紧急联络信号，有无通信装置 4. 现场查验各种保护装置是否灵敏可靠	1. 调度绞车(包括调度、双速和回柱绞车等)、卡轨车、无极绳连续牵引车、绳牵引卡轨车、绳牵引单轨吊车使用说明书 2. 设计计算资料 3. 机车、平巷人车、矿车、专用车辆“两证一标志”	

表4.1.6-1(续)

项目	项目内容	基本要求	标准分值	评分方法	执行指南	核查细则	资料清单	得分
四、运输设备(32分)	单轨吊车	1. 具备2路及以上相互独立回油的制动系统 2. 设置既可手动又能自动的安全闸,并正常使用 3. 超速保护、甲烷断电仪、防灭火等装置齐全、可靠 4. 机车设置车灯和喇叭,列车的尾部设置红灯 5. 燃油机车排气标准符合规定,排气超温、冷却水超温、水箱水位、润滑油压力等保护装置灵敏、可靠 6. 蓄电池单轨吊车装备蓄电池容量指示器及漏电监测保护装置 7. 司机应当配备通信装置 8. 运送人员时,有制动和防护装置	5	查现场。未按规定装设有关装置扣1分,其他不符合要求1处扣0.5分	1. 符合《煤矿安全规程》《防爆特殊型蓄电池单轨吊车》以及单轨吊车设计资料与说明书要求 2. 新增第7、8项的要求,应符合《煤矿安全规程》第三百九十条、第三百九十一条规定	现场检查单轨吊机车是否装设相关保护、通信、制动和防护装置	1. 单轨吊车设计及使用说明书 2. 检验报告	
	无轨胶轮车	1. 转向、制动、照明系统及警示装置完好可靠,车辆有防止停车自溜设施或工具 2. 装备自动保护装置、甲烷断电仪或者便携式甲烷检测报警仪、防灭火设备等安全保护装置 3. 装备随车通信系统或车辆位置监测系统;行驶5台及以上机车时,有车辆位置监测系统 4. 运送人员使用专用人车 5. 载人或载货数量符合规定 6. 运行速度:运人时不超过25 km/h,运送物料时不超过40 km/h,车辆严禁空挡或熄火滑行 7. 井下燃油无轨胶轮车符合排气标准规定	8	查现场。未按规定装设有关装置扣1分;抽查3辆无轨胶轮车,排气标准不符合规定1辆扣1分,其他不符合要求1处扣0.5分	1. 符合《煤矿安全规程》第三百九十二条、第五百零一条,《煤矿用防爆柴油机无轨胶轮车安全使用规范》《矿用防爆柴油机无轨胶轮车通用技术条件》及无轨胶轮车设计与说明书要求,达到完好运行 2. "车辆严禁空挡或熄火滑行",可避免空挡或熄火滑行时可能引发的机车制动问题或制动失效	现场检查无轨胶轮车是否装设相关保护装置、车辆位置检测系统、通信系统等	1. 无轨胶轮车使用说明书及无轨胶轮车管理规定 2. 检验报告 3. 运输能力计算资料	

表4.1.6-1(续)

项目	项目内容	基本要求	标准分值	评分方法	执行指南	核查细则	资料清单	得分
五、运输安全设施(15分)	挡车装置和跑车防护装置	1. 轨道斜巷挡车装置和跑车防护装置符合规定 2. 无轨胶轮车运行的长坡段巷道内采取车辆失速措施 3. 无轨胶轮车运行的巷道转弯处设置防撞装置	5	查现场。第1～2项未按规定装设1处扣2分，其他不符合要求1处扣0.5分	1. 轨道斜巷挡车装置和跑车防护装置应符合《煤矿安全规程》第三百八十七条的规定 2. 无轨胶轮车失速安全措施是指在水平缓坡段、应急车道、巷道侧设置的缓冲物、挡车装置等措施 3. 无轨胶轮车运行巷道转弯处设置防撞装置是指在巷道两侧设置旧轮胎等缓冲物	1. 检查现场或资料的挡车装置和跑车防护装置装备及使用情况 2. 检查无轨胶轮车是否采取失速措施，是否齐全有效 3. 检查巷道转弯处是否设置防撞装置	1. 挡车装置和跑车防护装置安装设计及使用说明书，“两证一标志”证书 2. 安装验收资料 3. 无轨胶轮车车辆失速措施及说明 4. 斜巷提升运输设计	

表4.1.6-1(续)

项目	项目内容	基本要求	标准分值	评分方法	执行指南	核查细则	资料清单	得分
五、运输安全设施(15分)	安全警示	1. 斜巷车场及中间通道口有可靠的声光行车报警装置 2. 斜巷双钩提升有错码信号 3. 弯道、井底车场、其他人员密集的地点、顶车作业区有声光预警信号装置，关键道岔有道岔位置指示器 4. 各乘人地点悬挂有明显的停车位置指示牌 5. 斜巷车场悬挂最大提升车辆数及最大提升载荷标识 6. 无轨胶轮车运输巷道各岔口、错车点、弯道、车场等处有行车信号和安全标志 7. 有轨运输与无轨运输交叉处、有轨运输行人通行处等危险路段设置有限速和警示装置 8. 各运输岗位悬挂岗位责任制和操作规程	6	查现场。未按规定装设1处扣1分，装设但不符合要求1处扣0.5分	1. 应符合《煤矿安全规程》第三百八十四条、第四百零三条、第四百零四条、第四百零五条、第四百七十三条和《煤矿井下机车运输信号设计规范》(GB 50388—2016)、《煤矿井下辅助运输设计规范》(GB 50533—2009)中绳牵引运输、辅助运输信号与通信的要求；符合《井下机车运输信号系统技术与装备标准》(中煤生字〔1991〕第587号)、《煤矿轨道运输监控系统通用技术条件》(MT/T 1113—2011)、《煤矿用防爆柴油机无轨胶轮车安全使用规范》(AQ 1064—2008)的要求 2. “无轨胶轮车运输巷道各岔口、错车点、弯道、车场等处有行车信号和安全标志”，是指在巷道弯道或驾驶员视线受阻区段的限速、鸣笛标志，在人员躲避硐室、车辆躲避硐室附近的提示标志，在各巷道、硐室人口处的限高、限宽等标志 3. 各运输岗位的岗位责任制和操作规程要制作成牌板，悬挂在工作现场，要求齐全规范	1. 现场检查各类安全警示、标志、图牌板等是否符合要求： (1) 在弯道或司机视线受阻的区段、井底车场、其他人员密集的地点、顶车作业区、各乘人车场应使用预报警信号装置；列车通过的风门，必须设有两侧都能接收到的声光信号装置 (2) 主要运输线以及区间、交叉点及采区车场中机车行驶频繁地段的道岔，以及机车驶过次数多、速度较快、有调车、顶车作业所使用的道岔都应视为关键部位道岔。道岔位置指示器应能对道岔的尖轨与基本轨密贴在定位、反位或不密贴(其间隙大于4 mm)进行监视。信集闭系统控制道岔的不需要另外安装道岔位置指示器 (3) 在巷道弯道或驾驶员视线受阻的区段，应设限速、鸣笛标志。人员躲避硐室、车辆躲避硐室附近应设置提示标志。行驶车辆的巷道平面交叉时，宜设置自动交通信号装置的规定 2. 现场检查各运输岗位的岗位责任制和操作规程牌板，是否悬挂齐全	1. 设计资料、井下运输系统图 2. 安全警示装置统计、使用、维护记录资料 3. 安全警示标志、图牌板	

表4.1.6-1(续)

项目	项目内容	基本要求	标准分值	评分方法	执行指南	核查细则	资料清单	得分
五、运输安全设施(15分)	物料捆绑	捆绑固定牢固可靠,有防跑防滑措施	4	查现场。不符合要求1处扣1分	1. 捆绑用具(专用捆绑链、手拉葫芦、卸扣体、蝴蝶结、连接件、卡具、压杠、钢丝绳扣)等必须完好可靠,无变形开焊,钢丝绳扣插接长度符合规定要求,无损伤、打结、扭曲、绳股断裂等现象;捆绑用具投入使用前必须进行完好检查,损坏的及时更换,并有显著标识 2. 根据所装物料、设备的结构、尺寸、重量选择相符的车型,必须封车牢靠、保护有效,严禁超过车辆额定载质量,严禁随意乱装、混装 3. 各类物料捆绑固定,应符合《运输管理制度》规定要求 4. 各种保险链以及矿车的连接环、链和插销等,必须符合《煤矿安全规程》的要求	按照各煤矿企业捆绑封车规定检查。每一个捆绑用具为一处	运输管理规定	
	连接装置	保险链(绳)、连接环(链)、连接杆、插销、连接钩头完好,连接方式符合规定				现场抽查各种提升连接装置	1. 运输管理规定 2. 连接装置检验报告	
六、文明生产(4分)	作业场所	运输线路、设备硐室、车间等卫生整洁,设备清洁,材料分类、集中码放整齐	4	查现场。不符合要求1处扣0.2分	满足运输管理及文明生产相关规定: 1. 现场设备、材料分类码放整齐、有序;现场图牌板内容齐全、参数准确、线路清晰 2. 井底车场、运输大巷及作业场所应保持清洁,无积煤、无杂物、无积水、定期刷白,调度站、设备硐室、车间、车容、车貌等要干净、整齐、清洁	现场检查运输线路和场所环境面貌、物料码放等	日常检查维护记录	
		主要运输线路水沟畅通,巷道无淤泥、积水;水沟侧作为人行道时,盖板齐全、稳固				现场抽查1～3条运输巷道,查水沟、人行道等环境面貌及畅通情况	日常检查维护记录	

表 4.1.6-2　轨道线路、道岔主要检查项目选择检查点的规定

轨道种类	主要项目		选检查点规定	检查点示意图
一、窄轨铁道	线路	接头平整度	选对接或错接接头，测量轨面及内错差值，不能有硬弯	注：图中 1、2、3、4 指轨枕；(1)、(2)、(3)指轨枕间距；A、B 指钢轨；Ⅰ、Ⅱ指轨道接头
		轨距	在接头前后 5 m 内检查，轨面以下 13 mm 处测量	
		水平	测量直线段及曲线段加高后两股钢轨偏差，在被检查线路内，如有曲线者，需在曲线上选 1 点	
	道岔	轨距	测量尖轨前端 1 处，尖轨根部 2 处，曲连接轨中部 1 处，道岔后部 2 处。详见右图中 S_d、S_g、S_g'、S_q、S	
		水平	测量尖轨前端 1 处，直、曲连接轨中部各 1 处，道岔后部 2 处	
		心轨和护轨工作边间距	测量 2 处心轨和护轨工作边间距 P	
		接头平整度	选道岔接头，测量轨面及内错差值，不能有硬弯	

表4.1.6-2(续)

轨道种类	主要项目		选检查点规定	检查点示意图
一、窄轨铁道	道岔	尖轨	测量尖轨尖端与基本轨间隙 δ、尖轨损伤长度，尖轨顶面宽 20 mm 处与基本轨高低差 h	基本轨 $\delta\leqslant2$ 尖轨 $h\leqslant2$ 尖轨尖端 5断面 20断面 刨切起点 基本轨 尖轨
二、单轨吊吊轨			测量直线段和道岔下轨面接头间隙	$\leqslant3$

表4.1.6-2(续)

轨道种类	主要项目	选检查点规定	检查点示意图
二、单轨吊吊轨	测量接头高低和左右偏差		
	测量接头摆角:垂直 α 角和水平 β 角		

4.2 露天煤矿专业管理

4.2.1 钻　　孔

一、工作要求

1. 技术管理。设计符合要求,钻孔出入口设置合理,验收资料齐全。

【说明】 本条是对钻孔专业技术管理的工作要求。

(1) 作业规程中要明确钻孔设计相关参数及安全技术措施等内容,规定钻孔作业全流程。

(2) 日常按照审批后的钻孔设计组织施工。

(3) 钻孔验收资料齐全,特别采空区钻孔资料要求及时上图、分析研判。

2. 参数管理。孔深、孔距、排距、坡顶距等符合设计。

【说明】 本条是对钻孔专业参数管理的工作要求。

(1) 钻孔设计要符合《煤矿安全规程》、《爆破安全规程》、作业规程等相关规程要求。

(2) 现场孔深、孔距、排距、坡顶距要符合钻孔设计。

(3) 钻孔参数要根据岩石发育程度、构造级岩性影响等情况进行合理的优化调整。

3. 操作管理。加强生产作业过程管控,加强对生产现场的安全管理,按作业规程进行护孔、调钻、预裂孔钻孔。

【说明】 本条是对钻孔专业操作管理的工作要求。

(1) 钻机操作过程要严格执行操作规程的相关要求。

(2) 钻机进行护孔、调钻、预裂钻孔等操作要符合《煤矿安全规程》、作业规程、操作规程及相关安全技术措施的要求。

4. 安全管理。钻机在打边排孔、调平、走行作业过程中,严格遵守《煤矿安全规程》规定,钻孔时无扬尘。

【说明】 本条是对钻孔专业安全管理的工作要求。

(1) 钻机在打边排孔、调平、走行作业过程中,严格遵守《煤矿安全规程》、操作规程等相关规定,钻孔时无扬尘。

(2) 钻机站立、行走作业角度要符合设备安全需求。

5. 特殊作业管理。钻机在采空区、自然发火区、高温火区和水淹区等危险地段作业时,制定并执行安全技术措施,加强安全技术管理和现场管理。

【说明】 本条是对钻孔专业特殊作业管理的工作要求。

(1) 钻机在特殊地段作业时要编制专项安全技术措施,并严格落实。

(2) 钻机在特殊地段作业时,要根据现场采剥作业变化情况及揭露情况进行动态风险辨识,并制定相应的风险管控措施或方案。

(3) 现场要求设置明显的警示标识。

(4) 要加强相关人员对专项安全技术措施的学习。

6. 文明生产。作业场所、设备设施整洁,各类物资摆放规整。

【说明】 本条是对钻孔专业文明生产的工作要求。

(1) 现场作业人员劳动保护穿戴齐全,现场安全标识完整,摆放位置合理,作业面无其他杂物。

(2) 驾驶室内干净整洁,记录规范,页面整洁。

二、评分方法

1. 存在重大事故隐患的,本部分不得分。

2. 按表4.2.1设立分值和要素评分,总分为100分。按照所检查存在的问题进行扣分,缺项不得分,各小项分数扣完为止。

3. “项目内容”缺项时,按式(1)进行计算:

$$A=\frac{100}{100-B}\times C \tag{1}$$

式中 A——钻孔部分实得分数;

B——缺项标准分值;

C——钻孔部分检查得分数。

4. 附加项评分

符合要求的得分,不符合要求的不得分也不扣分。附加项得分计入本部分总得分,最多加2分。

表 4.2.1 露天煤矿钻孔标准化评分表

项目	项目内容	基本要求	标准分值	评分方法	执行指南	核查细则	资料清单	得分
一、技术管理(19分)	设计	有钻孔设计和安全技术措施	7	查现场和资料。无钻孔设计或安全技术措施不得分,设计或措施不符合实际1处扣1分	1. 钻孔设计符合初步设计或作业规程 2. 钻孔设计应包括钻孔坐标、孔深、孔距、行距、坡顶距、孔斜度、布孔方式等 3. 设计中应有安全和工程质量说明 4. 现场按照设计组织施工	1. 查作业规程 2. 查钻孔设计内容 3. 查现场是否按设计组织施工	1. 作业规程 2. 钻孔设计 3. 安全技术措施	
	钻孔位置及出入口	钻孔位置有明显标识(钻机有定位功能的除外);1个钻孔区留设的出入口不多于2个	5	查现场。不符合要求1处扣1分	1. 现场钻孔位置应有明显标识 2. 标识包括设计标识与验收标识 3. 钻孔区出入口不多于2个	1. 查现场钻孔区标识 2. 查钻孔区出入口		
	验收资料	有完整的钻孔验收资料,包括孔距、排距、孔深、边眼距等	5	查资料。无验收资料不得分,资料不齐全1处扣1分	1. 应制定钻孔验收管理制度或规定 2. 钻孔验收应对孔深、孔距、排距、坡顶距、方向角度、水深、孔温等进行逐孔验收 3. 验收资料应齐全,签字规范	1. 查钻孔验收管理规定 2. 查钻孔验收资料	1. 钻孔验收管理制度或规定 2. 钻孔验收单(签字)	

表4.2.1(续)

项目	项目内容		基本要求	标准分值	评分方法	执行指南	核查细则	资料清单	得分
一、技术管理(19分)	合格率		钻孔合格率不小于95%	2	查资料。钻孔合格率小于95%不得分	1. 钻孔验收后应对钻孔合格率进行统计 2. 不合格孔指不符合标准钻孔设计的钻孔，一个钻孔区钻孔合格率不应低于95%	查钻孔合格率统计表	1. 钻孔验收管理制度或规定 2. 钻孔验收合格率统计表(签字)	
二、钻孔参数管理(30分)	松动爆破	孔深	与设计值误差不超0.5 m	5	查现场。不符合要求1处扣1分	一台钻机至少查20个孔	查钻孔作业现场(实测)	钻孔设计	
		孔距	与设计值误差不超0.3 m	5	查现场。不符合要求1处扣1分		查钻孔作业现场(实测)	钻孔设计	
		排距	与设计值误差不超0.3 m	5	查现场。不符合要求1处扣1分		查钻孔作业现场(实测)	钻孔设计	
		坡顶距	钻孔距坡顶线距离与设计值误差不超0.3 m	2	查现场。不符合要求1处扣1分		1. 查现场钻机距坡顶线安全距离是否符合规定 2. 查钻孔距坡顶线距离	钻孔设计	

表4.2.1(续)

项目	项目内容		基本要求	标准分值	评分方法	执行指南	核查细则	资料清单	得分
二、钻孔参数管理(30分)	抛掷爆破	孔深	与设计值误差不超0.5 m	3	查现场。不符合要求1处扣1分	一台钻机至少查20个孔	查钻孔作业现场(实测)	钻孔设计	
		孔距	与设计值误差不超0.2 m	3	查现场。不符合要求1处扣1分		查钻孔作业现场(实测)	钻孔设计	
		排距	与设计值误差不超0.2 m	3	查现场。不符合要求1处扣1分		查钻孔作业现场(实测)	钻孔设计	
		坡顶距	钻孔距坡顶线距离与设计值误差不超0.2 m	2	查现场。不符合要求1处扣1分		1. 查钻孔设计 2. 查现场钻机距坡顶线安全距离是否符合规定(实测)	钻孔设计	
		方向角度	符合设计	2	查现场。不符合要求1处扣1分		查现场钻孔方向角度	钻孔设计	
三、操作管理(22分)	护孔		钻机在钻孔完毕后进行护孔	6	查现场。未护孔1处扣1分,护孔不符合要求扣0.5分	1. 孔口周边0.3 m内碎石、杂物应及时清理 2. 确保钻孔岩渣不倒流	查现场护孔情况	1. 操作规程 2. 作业规程	
	调钻		钻机在调动时不压孔	6	查现场。压孔1处扣2分		查现场钻机调钻情况	1. 操作规程 2. 作业规程	

表4.2.1(续)

项目	项目内容	基本要求	标准分值	评分方法	执行指南	核查细则	资料清单	得分
三、操作管理(22分)	预裂孔轴线	与设计误差不超过0.2 m	5	查现场。不符合要求1处扣1分	1. 作业规程中应有预裂孔参数设计说明 2. 应有年度预裂台阶计划 3. 预裂设计应有安全质量说明	1. 查作业规程 2. 查预裂设计 3. 查现场预裂孔线与设计误差及质量情况	1. 作业规程 2. 预裂设计	
	钻机	钻孔时无跑、冒、滴、漏等带病作业现象	5	查现场。不符合要求1处扣1分	确保现场作业钻机完好可靠，设备无跑、冒、滴、漏现象，电器及机械部分运转正常	查现场钻机是否带病作业	设备运行情况统计表	
四、安全管理(17分)	边孔	打边排孔时，钻机应垂直于坡顶线或与坡顶线夹角不小于45°	5	查现场。安全距离不足、不垂直或夹角小于45°，1处扣2分	1. 作业规程中应有钻机作业和行走时履带边缘与坡顶线的距离规定并符合《煤矿安全规程》 2. 钻机在打边排孔时，距坡顶的距离不应小于设计 3. 钻机不应垂直坡顶线或夹角小于45° 4. 有顺层滑坡危险区必须进行压碴钻孔 5. 边孔作业有专人监护	1. 查钻孔设计 2. 查现场边孔作业情况 3. 查边孔作业是否有专人监护	1. 作业规程 2. 钻孔设计	

表4.2.1(续)

项目	项目内容	基本要求	标准分值	评分方法	执行指南	核查细则	资料清单	得分
四、安全管理(17分)	调平	钻孔时钻机稳固并调平后方可作业	4	查现场。未调平不得分		查钻孔作业现场,钻机是否调平作业		
	除尘	钻孔时无扬尘,有扬尘时配备除尘设施并确保设施完好	5	查现场。有扬尘不得分,除尘设施不完好1处扣2分		1. 查钻孔作业是否有扬尘 2. 查除尘设施是否完好		
	走行	钻机在走行时符合《煤矿安全规程》规定	3	查现场。不符合要求不得分	钻机行走要符合《煤矿安全规程》、作业规程、操作规程相关规定	查钻机现场行走时是否符合规定	1. 作业规程 2. 操作规程	
五、特殊作业管理(7分)	特殊条件作业	钻机在采空区、自然发火区、高温区和水淹区等危险区域作业时,制定安全技术措施并执行	4	查现场和资料。未制定安全技术措施不得分,未按措施执行不得分	1. 钻机进行特殊条件作业时应有相应的安全技术措施,并按照规定审批 2. 现场应按照对应的安全技术措施组织施工,并有专人指挥 3. 特殊危险区域作业应做好勘察工作,现场应有明显标识	1. 查危险区安全技术措施 2. 查现场是否按照安全技术措施组织施工 3. 查现场标识	1. 专项安全技术措施 2. 危险区地质勘察报告	

表4.2.1(续)

项目	项目内容	基本要求	标准分值	评分方法	执行指南	核查细则	资料清单	得分
五、特殊作业管理(7分)	补孔	在装有炸药(雷管)的炮孔边补钻孔时,制定安全技术措施并严格执行;新钻孔与原装药孔的距离不小于10倍的炮孔直径,并保持两孔平行	3	查现场和资料。无安全技术措施及炮孔距离不足不得分		1. 查是否有补孔安全技术措施 2. 查现场补孔情况是否符合规定	1. 钻孔补孔作业安全技术措施 2. 补孔设计及审批记录	
六、文明生产(5分)	作业环境	1. 钻机驾驶室干净整洁无杂物,门窗玻璃干净 2. 各类物资摆放规整	5	查现场。不符合要求1项扣1分	1. 钻机驾驶室整洁干净,室内设施完好 2. 物资摆放规范 3. 各项记录规范、整洁	1. 查驾驶室是否整洁干净,室内设施是否完好 2. 查物资摆放是否规范 3. 查各项记录是否规范、整洁	各种记录	
附加项(2分)	技术进步	1. 有钻孔设计软件,钻机具备一键调平、定位布孔、钻孔、实时监测、随钻参数提取功能 2. 钻机具备远程遥控功能	2	查现场。符合要求1项加1分	钻机能够实现自动设计和远程操控	查钻孔设计软件设计结果及远程遥控功能是否满足生产作业要求		

4.2.2 爆　　破

一、工作要求

1. 技术管理。按爆破设计作业,制定安全技术措施并执行,有爆破技术设计评价。

【说明】 本条是对爆破专业技术管理的工作要求。

(1) 爆破设计要符合《煤矿安全规程》、《爆破安全规程》、作业规程等。

(2) 爆破设计要根据爆破作业的环境变化制定安全技术措施,并对爆破技术评价总结。

(3) 爆破设计人员要符合相关资质,爆破设计要进行严格审批。

2. 爆破质量。严格控制爆破质量,各类参数符合规定。

【说明】 本条是对爆破专业爆破质量的工作要求。

(1) 对爆破高度、沉降、伸出、拉底、大块、硬帮等情况要进行及时管控。

(2) 爆破施工严格落实审批后的爆破设计。

(3) 矿应建立爆破质量相关考核制度。

3. 爆破操作管理。加强爆破作业操作安全管理,严格按照设计和规程进行爆破作业。

【说明】 本条是对爆破专业爆破操作管理的工作要求。

(1) 装药充填、连线起爆等爆破操作应严格落实《煤矿安全规程》、《爆破安全规程》、作业规程、操作规程等相关规定。

爆破警戒距离要符合《煤矿安全规程》《爆破安全规程》等相关要求。

特殊作业条件要制定专项安全技术措施。

爆破后要对爆破区进行检查,如发现断爆、拒爆等情况要采取安全措施进行处理,并及时报调度与相关部门。

4. 文明生产。作业人员劳动保护用品佩戴齐全,现场标识齐全完整,及时清理作业现场杂物。

【说明】 本条是对爆破专业文明生产的工作要求。

(1) 现场作业人员劳动保护穿戴齐全,现场安全标识完整,无其他杂物。

(2) 运送爆炸物品车辆安全机件完好、整洁。

(3) 运送爆炸物品车辆防静电及灭火器配置完好。

二、评分方法

1. 存在重大事故隐患的,本部分不得分。

2. 按表 4.2.2 设立分值和要素评分,总分为 100 分。按照所检查存在的问题进行扣分,缺项不得分,各小项分数扣完为止。

3. “项目内容”缺项时,按式(1) 进行计算:

$$A = \frac{100}{100 - B} \times C \tag{1}$$

式中　A——爆破部分实得分数;

B——缺项标准分值;

C——爆破部分检查得分数。

表 4.2.2 露天煤矿爆破标准化评分表

项目	项目内容	基本要求	标准分值	评分方法	执行指南	核查细则	资料清单	得分
一、技术管理(15分)	设计	有爆破设计和安全技术措施	10	查资料。无设计或安全技术措施不得分,设计或措施不符合实际1处扣1分	1. 爆破设计需按规定程序审批后方可实施 2. 爆破设计内容完善,一般应包括炮孔深度、最小抵抗线、炮孔间距、炮孔排距、填塞长度、单孔装药量、炮孔布置方式、炮孔装药结构、起爆网络、钻孔机具与爆破器材选择、爆破安全验算、爆破安全技术与防护措施等 3. 现场严格按照设计施工 4. 抛掷爆破应有爆破效果分析总结 5.爆破设计及审批人员应有相应资质	1. 查爆破设计审批程序是否合规 2. 查设计及审批人员是否有相应资质 3. 查爆破设计是否符合初步设计或作业规程,内容是否完善 4. 查现场是否按照爆破设计进行爆破	1. 爆破设计 2. 设计及审批人员资质 3. 初步设计 4. 作业规程	
	分析总结	爆破后有爆破技术设计评估或评价	5	查资料。无爆破效果分析总结评估或评价不得分,不符合实际1处扣1分	煤矿要对爆量伸出、沉降、大块率、根底、硬帮等效果进行综合分析评价,特别要对到界台阶的控制爆破效果进行分析评价,查找不足	1. 查是否开展爆破技术设计评估或评价 2. 查是否对爆破质量进行总结分析	爆破技术设计评估或评价报告	

表4.2.2(续)

项目	项目内容		基本要求	标准分值	评分方法	执行指南	核查细则	资料清单	得分
二、爆破质量(40分)	松动爆破	爆堆沉降及伸出	爆堆沉降度和伸出宽度符合爆破设计	5	查现场。不符合要求1处扣1分	爆堆沉降及伸出要符合爆破设计和作业规程规定;作业规程中应规定正常爆破作业的爆堆形状,沉降和伸出的合理范围	查现场爆堆沉降及伸出情况	1. 爆破设计 2. 作业规程	
		根底	采后平盘不出现高1 m、长8 m及以上的根底	6	查现场。不符合要求1处扣1分		查现场拉底情况(实测)	1. 爆破设计 2. 作业规程	
		大块	设计要明确大块尺寸,爆破后大块每万立方米不超过3块	6	查现场。不符合要求1处扣1分		查现场大块情况(实测)	1. 爆破设计 2. 作业规程	
		硬帮	坡面上不残留长5 m、突出2 m及以上的硬帮	6	查现场。不符合要求1处扣1分		查现场硬帮是否符合要求(实测)	1. 爆破设计 2. 作业规程	
		伞檐	坡顶不出现0.5 m及以上的伞檐	5	查现场。不符合规定1处扣1分		查现场伞檐情况	1. 爆破设计 2. 作业规程	

表4.2.2(续)

项目	项目内容		基本要求	标准分值	评分方法	执行指南	核查细则	资料清单	得分
二、爆破质量(40分)	抛掷爆破	爆堆沉降	沉降高度符合爆破设计	4	查现场。不符合设计1处扣1分	1. 依据作业规程编制爆破设计 2. 现场爆堆沉降高度符合爆破设计	查现场爆堆沉降是否符合设计要求	1. 作业规程 2. 爆破设计	
		抛掷率	有效抛掷率符合爆破设计	4	查现场。不符合设计1次扣1分	爆破设计包括有效抛掷率指标	查有效抛掷率是否符合爆破设计	1. 作业规程 2. 爆破设计	
		残留半孔率	中硬及以上岩石残留半孔率大于50%;中硬以下岩石残留半孔率大于40%	4	查现场。不符合要求1次扣1分	爆破设计中应对不同岩性规定残留半孔率,同时要进行检查和考核	查抛掷爆破效果分析总结中是否统计残留半孔率情况	1. 作业规程 2. 爆破设计 3. 调度室统计拒爆、断爆记录 4. 检查考核记录	
三、爆破操作管理(40分)	爆破区域管理		爆破区域设专人检查和管理;爆破区边界设置警示标志;爆破区域内无关人员、设备及时撤出	5	查现场。未设专人管理、未设警示标志、未及时清理障碍物不得分,警示标志不全1处扣1分	爆破区域人员检查和管理、爆破区域警示设置及内障清理要符合《煤矿安全规程》《爆破安全规程》规定	1. 查爆破区安全管理制度中是否明确具体责任人和专人检查 2. 查现场爆破区安全管理及设置警示标识是否摆放合理 3. 查现场爆破区域内无关人员、设备是否及时撤出,杂物是否及时清理	1. 爆破区安全管理制度 2. 爆破区警示标识	

表4.2.2(续)

项目	项目内容	基本要求	标准分值	评分方法	执行指南	核查细则	资料清单	得分
三、爆破操作管理(40分)	装药充填	按设计要求装药,充填高度按设计施工	4	查现场和资料。不符合设计1处扣1分	1. 爆破设计中应说明装药及充填高度 2. 现场按照设计进行施工	1. 查爆破设计 2. 查现场是否按照设计进行装药充填	1. 爆破设计 2. 爆破装药施工记录	
	连线起爆	按爆破设计施工	4	查现场和资料。不符合设计1处扣1分	1. 爆破设计中应有连线设计 2. 现场按照设计施工	1. 查爆破设计 2. 查爆破作业现场是否按照设计连线	爆破设计	
	警戒	爆破安全警戒距离符合《煤矿安全规程》规定;按设计设置警戒点和警戒人员	5	查现场和资料。小于规定距离不得分,警戒点、警戒人员不符合规定不得分	1. 爆破安全警戒离应按照《煤矿安全规程》《爆破安全规程》执行 2. 爆破源至人员及其他保护对象之间的安全距离,应按震动、冲击波、飞散物等爆破效应分别核定并取最大值 3. 编制爆破安全技术与防护措施	1. 查爆破设计中是否按规定计算安全警戒距离,取值是否合理 2. 查爆破安全技术与防护措施 3. 查现场警戒距离是否小于设计 4. 现场查或查视频是否按要求执行爆破警戒	1. 爆破设计 2. 爆破安全技术措施与防护措施	

表4.2.2(续)

项目	项目内容	基本要求	标准分值	评分方法	执行指南	核查细则	资料清单	得分
三、爆破操作管理(40分)	爆破飞散物	安全距离符合设计	4	查现场。不符合设计不得分	爆破设计中按规定计算爆破飞散物安全距离	1. 查是否制定控制爆破飞散物安全措施并审批 2. 查现场安全距离是否符合设计 3. 查现场是否落实控制爆破飞散物安全措施	1. 控制爆破飞散物安全技术措施 2. 爆破设计	
	时间要求	爆破作业在白天进行，不能在雷雨时进行；现场风力超过8级时停止爆破作业，大雾天、沙尘暴和能见度不超过100 m时停止爆破作业	4	查现场。不符合要求不得分	爆破作业在白天进行，不能在恶劣和极端天气进行，煤矿应有相关制度规定	查是否在夜间或恶劣和极端天气进行爆破作业	爆破作业记录	
	特殊条件作业	在受采空区、自然发火区、高温区、水淹区等影响的危险地段爆破时，制定安全技术措施并执行	8	查现场和资料。未制定安全技术措施不得分，执行不到位不得分	1. 存在特殊条件作业，需编制特殊条件作业安全技术措施 2. 安全技术措施需要按照规定进行审批及下发 3. 要对安全技术措施组织学习，并认真执行 4. 对采空区爆破结果进行科学评价 5. 现场划分危险区域等级，现场有明显警示标识	1. 查是否存在特殊条件作业，有无特殊作业条件下安全技术措施 2. 查技术措施是否审批 3. 查现场是否按照设计进行施工，设计是否审批 4. 查爆破结果评价 5. 查是否有明显警示标识	1. 特殊作业条件安全技术措施 2. 特殊条件下爆破设计 3. 特殊条件下爆破结果分析报告 4. 安全技术措施执行记录	

表4.2.2(续)

项目	项目内容	基本要求	标准分值	评分方法	执行指南	核查细则	资料清单	得分
三、爆破操作管理(40分)	爆破后检查	爆破后,对爆破区进行现场检查,发现有断爆、拒爆时,立即采取安全措施处理,并按规定向调度室和有关部门汇报	4	查现场和资料。无安全措施不得分,汇报不符合规定1处扣1分	1. 起爆后,5 min内禁止进入爆破区;并确认爆破后有无断爆、拒爆,发生断爆、拒爆立即报调度室 2. 确认爆堆是否稳定,有无危坡、危石 3. 发现断爆、拒爆应及时上报爆破指挥人员,由爆破指挥人员重新定出警戒范围并设置警戒,处理断爆、拒爆时无关人员不准进入警戒区 4. 导爆索和导爆管起爆网路发生断爆、拒爆时,应首先检查导爆管是否有破损或断裂,发现有破损或断裂的应更换后重新起爆 5. 最小抵抗性有变化时,应验算安全距离,并加大警戒范围后,再联线起爆 6. 断爆、拒爆处理后,应仔细检查爆堆,将参与的爆破器材收集起来销毁;在不能确认爆堆无残留的爆破器材之前,应采取预防措施	1. 查爆破后是否对爆破区进行检查,查检查资料是否齐全 2. 查是否制定处理拒爆、断爆安全措施,是否按照安全措施处理拒爆、断爆 3. 查发生断爆和拒爆时,是否立即向调度室及有关部门汇报 4. 查现场作业情况	1. 爆破检查记录 2. 拒爆、断爆等安全措施 3. 拒爆、断爆处理记录	

表4.2.2(续)

项目	项目内容	基本要求	标准分值	评分方法	执行指南	核查细则	资料清单	得分
三、爆破操作管理(40分)	控制爆破	采场临近到界台阶或其他需要采取控制爆破时，按设计施工	2	查现场和资料。不符合设计1处扣1分	露天矿到界台阶应进行专项控制爆破设计和效果评价，现场严格落实设计内容	1. 查到界台阶是否有控制爆破设计 2. 查现场是否按照设计进行施工	1. 控制爆破专项设计 2. 控制爆破施工记录	
四、文明生产(5分)	作业环境	1. 现场作业人员劳动保护用品佩戴齐全，符合《爆破安全规程》要求 2. 现场标示齐全完整 3. 及时清理场地杂物	5	查现场。劳动保护用品不符合要求不得分，其他不符合要求1处扣1分	1. 物资摆放规范 2. 文明生产记录规范，页面整洁 3. 运送爆破物品的车辆干净整洁	1. 查现场作业人员佩戴劳动保护用品是否齐全并符合要求 2. 查现场各类标识是否齐全完整 3. 查运送爆破物品的车辆驾驶室 4. 查爆破场地杂物是否及时清理	文明生产记录	

4.2.3 采 装

一、工作要求

1. 技术管理。有采矿设计并按设计作业，规格参数应符合采矿设计和技术规范。

【说明】 本条是对采装专业技术管理的工作要求。

(1) 现场采装作业参数要符合《煤矿安全规程》、《露天煤矿剥离采煤安全技术规范》(MT/T 1184—2020)、初步设计、作业规程、年度设计、月度生产设计等。

(2) 月度生产设计中应包含采装作业安全、质量等方面要求。

(3) 煤矿应定期对采装设备的能力、故障率、实动率、可用率等情况进行统计分析。

2. 工作面。采装工作面台阶高度、坡面、平盘宽度及平整度均符合设计要求。

【说明】 本条是对采装专业工作面的工作要求。

(1) 现场采装作业参数要符合《煤矿安全规程》、《露天煤矿剥离采煤安全技术规范》(MT/T 1184—2020)、矿初步设计、作业规程、年度设计、月度生产设计等。

(2) 矿应定期对采场工作面参数进行复核并对工作面平整度等质量情况进行考核。

(3) 工作面设备作业位置、停放位置，辅助设备作业位置、停放位置，电缆、电缆桥、电源接线箱、安全警示标识等设施合理的摆放位置应在作业规程中有相关的规定。

3. 设备操作管理。单设备作业时，应符合设备作业管理要求；多设备联合作业时要制定联合作业规程(措施)并执行。

【说明】 本条是对采装专业设备操作管理的工作要求。

(1) 采装设备操作要符合《煤矿安全规程》、操作规程等相关要求。

(2) 采装联合作业要制定专项安全技术措施，并严格落实。

(3) 操作人员上岗前应取得相应的资格认定。

4. 安全管理。采装作业时执行安全管理规定；特殊作业时应制定安全技术措施并落实。

【说明】 本条是对采装专业安全管理的工作要求。

(1) 特殊地段采装作业要制定专项安全技术措施并审批执行。

(2) 采装作业严禁在大于规定的安全坡度上作业，严禁超高采装作业，采装设备能力及设备参数要和工作面参数匹配，符合相关设计。

(3) 采装设备严禁带病作业，应加强日常保养、维修。

5. 文明生产。作业场所、设备设施保持整洁，各类物资摆放规整；各种标识牌齐全完整；作业面保持平整、干净、无积水。

【说明】 本条是对采装专业文明生产的工作要求。

(1) 采装设备驾驶室内环境整洁，各项记录齐全。

(2) 采装作业面应无大块、撒货、积水等，电缆及警示标识等摆放符合规定。

(3) 采装作业应加强扬尘的管控，无明显起尘现象。

二、评分方法

1. 存在重大事故隐患的，本部分不得分。

2. 按表4.2.3设立分值和要素评分，总分为100分。按照所检查存在的问题进行扣分，缺项不得分，各小项分数扣完为止。

3. “项目内容”缺项时，按式(1) 进行计算：

$$A=\frac{100}{100-B}\times C \tag{1}$$

式中　A——采装部分实得分数；

B——合计缺项标准分值；

C——采装部分检查得分数。

4. 附加项评分

符合要求的得分，不符合要求的不得分也不扣分。附加项得分计入本部分总得分。

表 4.2.3　露天煤矿采装标准化评分表

项目	项目内容	基本要求	标准分值	评分方法	执行指南	核查细则	资料清单	得分
一、技术管理(10分)	设计	有年度、月(季)度采矿设计并按设计作业,设计中有对安全和质量的要求	5	查现场和资料。无采矿设计、总结不得分,设计、总结内容不全1项扣1分	1. 作业规程有关采装内容准确,能够起到规范及保障安全生产 2. 采矿年度、月度(季)计划图及文字说明齐全 3. 设计说明中应有生产过程中的安全、质量方面要求	1. 查矿是否有采矿设计和采矿总结 2. 查采矿年度、月度(季)计划图,文字说明是否齐全 3. 查采矿设计是否符合规范 4. 查设计有无有关安全、质量方面的要求	1. 作业规程 2. 年度、月(季)度采矿设计 3. 年度、月度(季)采矿设计总结	
	验收资料	有月(季)度采矿平面图、剖面图或参数统计报表等资料,内容包含台阶高度、平盘宽度等	5	查资料。无图纸或无报表不得分;内容不全1处扣1分	1. 现场采装作业参数台阶高度、平盘宽度等符合设计 2. 矿应编制验收管理规定或办法 3. 验收资料应按照规定进行存档 4. 通过验收资料定期对采装作业台阶高度、宽度等进行复核	1. 查是否对采装作业参数进行定期核查 2. 查是否有月(季)度采矿平面图、剖面图或参数统计报表 3. 查资料内容是否全面	1. 月(季)度采矿平面图、剖面图 2. 月(季)度参数统计报表 3. 验收管理规定或办法 4. 验收资料	

表4.2.3(续)

项目	项目内容	基本要求	标准分值	评分方法	执行指南	核查细则	资料清单	得分
二、工作面(32分)	台阶高度	符合年度采矿设计	8	查现场。超过规定高度1处扣2分	1. 不需爆破的岩土台阶高度不得大于挖掘机最大挖掘高度 2. 需要爆破的煤、岩台阶，爆破后爆堆高度不得大于挖掘机最大挖掘高度的1.1～1.2倍，台阶顶部不得有悬浮大块 3. 上装车台阶高度不得大于最大卸载高度与运输容器高度及卸载安全高度之和的差	1. 查采剥现状图中的高程点，判断是否有超高台阶 2. 查高程点资料是否准确	月（季）度采剥现状平面图	
	台阶坡面	单斗挖掘机在30 m之内凹凸不超2 m	6	查现场。不符合要求1处扣1分	台阶坡面角符合作业规程规定，作业规程中应对不同剥离物料种类规定到界台阶和作业台阶坡面角度，并进过稳定性验算	1. 查采剥现状图 2. 查作业现场台阶坡面角是否符合规定 3. 现场实测	1. 月度采剥现状平面图 2. 作业规程	

表4.2.3(续)

项目	项目内容	基本要求	标准分值	评分方法	执行指南	核查细则	资料清单	得分
二、工作面(32分)	平盘宽度	最小工作平盘宽度符合年度采矿设计	8	查现场。采场工作面平盘宽度不足1处扣3分	1. 采装最小工作平盘宽度应满足采装、运输、钻孔设备安全运行和供电通信线路、供排水系统、安全挡墙等的正常布置 2. 作业规程中应根据设备型号、调车方式、爆堆宽度、动力管线的配置方式等准确计算最小工作平盘宽度 3. 作业规程中应对端工作面、侧工作面、尽头工作面分别设计平盘宽度	1. 查作业规程中是否计算最小工作平盘宽度 2. 查现场采装工作面平盘宽度是否符合规程要求 3. 查年度采矿设计是否符合规程要求	1. 月度生产现状图 2. 作业规程 3. 年度采矿设计 4. 专项安全技术措施	
	平盘底面	平盘平整度符合要求： 1. 单斗挖掘机：底面平整，每30 m内，需爆破的岩石平盘误差值不超1.0 m，其他平盘误差值不超0.5 m 2. 轮斗挖掘机：每30 m内误差值不超0.5 m 3. 拉斗铲：每50 m内误差值不超1 m；作业时横向坡度不大于2%，纵向坡度不大于3%	10	查现场。不符合要求1处扣2分	应对平盘标高进行严格控制，各作业平盘要按照设计标高进行采掘作业，定期进行平盘标高测量校核	1. 查现场采装平盘工作面的平整度是否符合设计要求 2. 现场实测	1. 月度生产现状图 2. 作业面质量考核制记录	

表4.2.3(续)

项目	项目内容		基本要求	标准分值	评分方法	执行指南	核查细则	资料清单	得分
三、设备操作与安全管理(53分)	单斗挖掘机(39分)	作业管理	1. 作业时履带板不悬空，扭铲角度满足设备技术要求 2. 装车时不装偏车，物料不超出车厢、顶部无大块，不刮、撞、砸设备	12	查现场。不符合要求1处扣1分	1. 挖掘机履带板不应悬空作业 2. 挖掘机扭转方向角满足设备技术要求	1. 查挖掘机作业现场是否履带板悬空，扭铲角度是否符合要求 2. 查是否按要求装车		
		联合作业	当挖掘机、前装机、卡车、推土机、发电车联合作业时，制定联合作业措施并执行	4	查现场和资料。无联合作业措施不得分；联合作业措施执行不到位1项扣1分	1. 当挖掘机、前装机、卡车、推土机联合作业时，应有有效的联络信号 2. 有效信号是指通过灯光、鸣笛、通信设备、手势等方式，按照约定的规则实现信息的有效传递 3. 制定联合作业措施	1. 查联合作业措施 2. 查有无有效联络信号 3. 查现场是否按照措施操作实施	联合作业措施并审批	
		采掘安全	1. 不能挖炮孔和安全挡墙 2. 同一台阶作业的两台及以上挖掘机之间安全距离不小于规格最大的挖掘机最大挖掘半径的2.5倍 3. 挖掘机不在大于规定的坡度上行走、作业	16	查现场。不符合规定1处扣2分	严禁超采超挖	1. 查现场是否存在挖炮孔和安全挡墙、超采超挖现象 2. 查同一台阶作业的挖掘机之间安全距离是否符合要求 3. 查挖掘机是否在大于规定坡度上行走、作业		

表4.2.3(续)

项目	项目内容		基本要求	标准分值	评分方法	执行指南	核查细则	资料清单	得分
三、设备操作与安全管理(53分)	单斗挖掘机(39分)	特殊作业	在挖掘过程中发现台阶崩落或有滑动迹象、工作面有伞檐或大块物料、遇有未爆炸药包或雷管、有塌陷危险的采空区或自然发火区、有松软岩层可能造成挖掘机下沉以及发现不明地下管线或其他不明障碍物等危险时,立即停止作业,撤到安全地点,报告调度室,制定相应的安全技术措施并落实后方可作业	5	查现场和资料。不符合要求1项扣1分	1. 应制定特殊条件安全技术措施 2. 特殊条件作业遇到危险时,立即停止作业,撤到安全地点,报告调度室 3. 特殊条件作业危险区域处理后,应进行处理评价 4. 现场作业应严格按特殊条件安全技术措施要求作业	1. 查安全技术措施是否完善 2. 查采装作业现场是否按照安全技术措施组织施工 3. 查调度记录	1. 特殊条件作业安全技术措施 2. 紧急撤人制度 3. 调度记录	
	轮斗挖掘机(11分)	作业管理	1. 工作面的开切方法、作业方式、切割方式、开采参数以及台阶组合形式符合年度采矿设计 2. 斗轮工作装置不带负荷启动	3	查现场和资料。不符合要求1处扣1分	作业规程及采矿月度设计中应编制工作面的开切方法、作业方式、切割方式、开采参数以及台阶组合形式,并按设计施工	1. 查斗轮工作装置是否带负荷启动 2. 查轮斗作业前信号发出时间 3. 查轮斗电机连续启动间隔 4. 查轮斗挖掘机采矿是否符合年度采矿设计	1. 年度采矿设计 2. 作业规程	
		联合作业	轮斗挖掘机、带式输送机、排土机联合作业时,制定联合作业措施并执行,实现集中控制,并有可靠的联络信号和闭锁装置		查现场和资料。无措施不得分,不符合要求1处扣0.5分	1. 制定联合作业措施及联锁示意图 2. 制定联合作业操作流程 3. 设置集中控制中心	1. 查是否制定联合作业措施 2. 查是否按联合作业操作流程(措施)操作 3. 查是否实现集中控制,是否有可靠的联络信号和闭锁装置	1. 联合作业措施并审批 2. 作业规程及操作规程 3. 联合作业示意图	

表4.2.3(续)

项目	项目内容		基本要求	标准分值	评分方法	执行指南	核查细则	资料清单	得分
三、设备操作与安全管理(53分)	轮斗挖掘机(11分)	联合作业	紧急停机开关可靠,各单机间实行安全闭锁控制,单机发生故障时,立即停车,同时向集中控制室汇报	1	查现场。不符合要求不得分	1. 制定联合作业措施及联锁示意图 2. 制定联合作业操作流程 3. 设置集中控制中心	1. 查紧急停机开关是否可靠,各单机是否实现安全闭锁控制 2. 查调度单机故障记录	单机故障记录	
		采掘安全	1. 轮斗挖掘机、带式输送机装设拉绳开关和防跑偏、打滑、堵塞、撕裂等保护装置 2. 紧急停机按钮、受料臂作业防撞装置、安全保护装置齐全可靠 3. 联锁装置、报警装置齐全可靠 4. 设备走行道路和作业场地坡度不得大于设备允许的最大坡度,转弯半径不得小于设备允许的最小转弯半径 5. 检修作业应停机闭锁 6. 设备照明完好	4	查现场。不符合要求1处扣1分	1. 轮斗挖掘机、带式输送机的九大安全保护装置:拉绳开关和防跑偏、打滑、堵塞、撕裂,紧急停机按钮、受料臂作业防撞装置,联锁装置、报警装置 2. 采掘作业:设备走行道路和作业场地坡度不得大于设备允许的最大坡度,转弯半径不得小于设备允许的最小转弯半径 3. 检修作业:必须停机闭锁	1. 查轮斗挖掘机、带式输送机保护装置是否安装和有效 2. 查紧急停机按钮、受料臂作业防撞装置、安全保护装置是否齐全可靠 3. 查联锁装置、报警装置是否齐全可靠 4. 查设备走行道路和作业场地坡度、转弯半径是否符合要求 5. 查检修作业是否停机闭锁 6. 查设备照明是否完好	1. 轮斗挖掘机操作规程 2. 轮斗作业安全技术措施	

表4.2.3(续)

项目	项目	内容	基本要求	标准分值	评分方法	执行指南	核查细则	资料清单	得分
三、设备操作与安全管理(53分)	轮斗挖掘机(11分)	特殊作业	1. 工作面松软、有含水沉陷危险、在采空区上方作业或在大雾及雨雪等能见度低的情况下作业时,应制定安全技术措施并落实 2. 轮斗挖掘机长距离行走时,设专人指挥,受料臂与行走方向应在一条直线上 3. 作业时,遇大块坚硬物料应采取措施	2	查现场和资料。不符合要求1项扣1分	1. 制定特殊作业条件下安全措施 2. 作业记录	1. 查特殊作业条件下安全技术措施是否执行 2. 查轮斗挖掘机行走时是否有人指挥 3. 查作业记录	1. 特殊作业安全技术措施 2. 作业记录	
	拉斗铲(6分)	作业管理	1. 作业时,行走靴外边缘距坡顶线的安全距离符合设计要求 2. 铲斗不拖地回转,装有物料的铲斗不从未覆盖的电缆上方回转 3. 作业时,不过急倒逆回转、提升、下放、回拉、刹车,不强行挖掘未解体的大块 4. 拉斗铲在倒堆作业时,当物料堆高度超过作业平盘后,卸料时铲斗尖距物料堆的距离控制在1~3 m之间	2	查现场。不符合要求1处扣0.5分	1. 作业时,行走靴外边缘距坡顶线的安全距离不小于设计,底盘中心线与高台阶坡底线距离不小于35 m,设备操作不可过急倒逆 2. 设备作业时,人员上下设备,或在危及人身安全的作业范围内,人员和设备不可擅自进入 3. 回转时,铲斗不可拖地回转 4. 装有物料的铲斗不可从未覆盖的电缆上方回转 5. 尾线摆放规范、无电缆破皮 6. 各部滑轮、偏心轮、辊子无损坏,各部润滑点润滑良好	1. 查作业时,行走靴外边缘距坡顶线的安全距离是否符合设计要求 2. 查铲斗是否拖地回转,装有物料的铲斗是否从未覆盖的电缆上方回转 3. 查作业时,是否过急倒逆回转、提升、下放、回拉、刹车,是否强行挖掘未解体的大块 4. 查拉斗铲在倒堆作业时是否按要求作业	作业记录	

表4.2.3(续)

项目	项目内容		基本要求	标准分值	评分方法	执行指南	核查细则	资料清单	得分
三、设备操作与安全管理(53分)	拉斗铲(6分)	联合作业	辅助设备进入拉斗铲回转半径50～150 m范围内作业时，应做好呼唤应答，回转时大臂不跨越辅助设备	1	查现场。不符合要求1项扣0.5分	1. 工程设备(如推土机、前装机)进入拉斗铲150 m作业范围内作业时，应做好呼唤应答，并设专人指挥 2. 拉斗铲停稳，方可通知工程设备进入	1. 查辅助设备进入拉斗铲回转半径50～150 m范围内作业时，是否做好呼唤应答，是否有专人指挥 2. 查回转时大臂是否跨越辅助设备		
		采掘安全	走铲时，横向坡度不大于5%、纵向坡度不大于10%	1	查现场。不符合要求1处扣0.5分	作业规程、操作规程中应规定电铲行走的安全坡度	查现场走铲时横向坡度、纵向坡度是否符合要求	作业规程、操作规程、轮斗作业安全技术措施	
		特殊作业	1. 雨雪天地表湿滑、有积水时，处理后方可作业 2. 避雷装置完好有效，雷雨天时不作业，人员不上下设备 3. 遇大雾或扬沙天气时，做好呼唤应答，必要时停止作业	1	查现场。不符合要求1项扣0.2分	制定有特殊作业安全技术措施并落实到位	1. 查雨雪天地表湿滑、有积水时，是否处理后作业 2. 查避雷装置是否完好有效，雷雨天时是否作业 3. 查恶劣天气时，是否做好呼唤应答，必要时是否停止作业	1. 特殊作业专项安全技术措施 2. 作业记录	

表4.2.3(续)

项目	项目内容	基本要求	标准分值	评分方法	执行指南	核查细则	资料清单	得分
四、文明生产(5分)	作业环境	1. 作业场所、设备设施整洁,设备及各类物资摆放规整,各种标识牌齐全完整 2. 作业面保持平整、干净、无积水	5	查现场。不符合要求1处扣0.5分	1. 驾驶室干净整洁,室内设施完好 2. 物资摆放规范 3. 记录规范,页面整洁 4. 驾驶室内部标示牌齐全完整	1. 查挖掘机驾驶室整洁情况 2. 查作业场所、设备设施是否整洁,设备及各类物资摆放是否规整,各种标识牌是否齐全完整 3. 查作业面是否保持平整、干净,是否有积水 4. 查现场作业是否明显起尘	各种记录	
附加项(2分)	技术进步	挖掘机实现远程操控作业或轮斗挖掘机实现自动挖掘对中	1	查现场。符合要求1台加0.5分,最高加1分		1. 查现场是否实现挖掘机远程操控 2. 轮斗挖掘机是否实现自动挖掘对中		
	剥离自营	剥离实现全部自营	1	查现场。符合要求加1分	剥离作业设备和人员全部为本矿自有	查现场剥离作业是否全自营		

4.2.4　运　　输

一、工作要求

1. 技术管理。公路运输道路参数符合设计；铁路运输系统有设计和运输系统平面图；带式输送机/破碎站符合设计，各类记录详实。

【说明】　本条是对运输专业技术管理的工作要求。

(1) 运输系统参数要符合《煤矿安全规程》、符合《露天煤矿运输安全技术规范》(MT/T 1186—2020)、初步设计、作业规程等。

(2) 运输方式和运输设备选型要符合《煤炭工业露天矿矿山运输工程设计标准》(GB 51282)的相关规定。

(3) 定期对运输设备能力、故障率、可用率、实动率等进行总结分析。

2. 质量管理。运输道路、线路质量符合设计要求。

【说明】　本条是对运输专业质量管理的工作要求。

(1) 运输系统设计中应包括质量管理的相关内容。

(2) 煤矿应编制运输系统质量管理的相关规定，并进行定期现场复核与考核。

3. 安全管理。运输设施及施工作业要符合规程要求，各类标识、标志、信号、保护装置齐全有效。

【说明】　本条是对运输专业安全管理的工作要求。

(1) 运输系统安全设施应符合矿安全设施设计要求，各类安全实施齐全有效。

(2) 应定期对运输设备及安全防护设施进行检查，严禁运输设备带病作业。

(3) 露天矿应对行车速度、限速、会车、停车做出明确规定。

4. 文明生产。作业场所、设备设施整洁，各类物资摆放规整。

【说明】　本条是对运输专业文明生产的工作要求。

(1) 作业场所卫生整洁，作业过程扬尘控制有效。

(2) 运输设备各类标识齐全、清晰。

二、评分方法

1. 存在重大事故隐患的，本部分不得分。

2. 单一运输工艺的评分

公路运输按照表 4.2.4-1、铁路运输按照表 4.2.4-2、带式输送机/破碎站运输按照表 4.2.4-3 进行评分，满分均为 100 分，按照所检查存在的问题进行扣分，缺项不得分，各小项分数扣完为止。项目内容中有缺项时按式(1)进行计算。

$$A_i = \frac{100}{100 - B_i} \times C_i \tag{1}$$

式中　A_i——公路、铁路、带式输送机/破碎站运输部分实得分数；

B_i——缺项标准分值；

C_i——公路、铁路、带式输送机/破碎站运输部分检查得分数。

3. 采用多种运输工艺的评分按照近 12 个月每种工艺实际运输量比例，加权平均后作为运输部分的最终得分，按式(2)进行计算：

$$A = \sum_{i=1}^{n} A_i \times D_i \tag{2}$$

式中 A——运输部分实得分数；

n——检查的运输工艺种数；

A_i——检查的每种工艺得分；

D_i——每种工艺的近 12 个月实际运输量比例。

4.附加项评分

符合要求的得分，不符合要求的不得分也不扣分。附加项得分计入本部分总得分，最多加 2 分。

表 4.2.4-1　露天煤矿公路运输标准化评分表

项目	项目内容	基本要求	标准分值	评分方法	执行指南	核查细则	资料清单	得分
一、技术管理(30分)	路面宽度	符合年度采矿设计	10	查现场和资料。不符合设计1处扣2分	1. 路面、路基宽度应按不同车型计算。载重68 t以上的大型矿用卡车双车道路面宽度应包括养路设备作业宽度，可按3～4倍车体宽度设计，路面宽度符合GBJ 22的规定 2. 运输道路可分为主干道、运输干道、平盘道路、工作面道路、联络道路，其中主干道、运输干道、平盘道路、工作面道路一般设计为双车道，联络道路视实际情况可设为单车道	1. 查年度采矿设计或道路专项设计是否符合作业规程，是否审批 2. 查现场路面宽度是否符合设计要求	年度采矿设计	
	路面坡度	符合年度采矿设计	8	查现场和资料。不符合设计1处扣2分	1. 露天矿内部运输公路最大纵坡坡度最大值分别为：生产干线8%、生产支线9%、联络线10%，重车下坡地段，相应减少1% 2. 长距离坡道运输道路，应在适当位置设置缓坡道，或根据运行安全需要，设置避让道	1. 查年度采矿设计或道路专项设计是否符合作业规程，是否审批 2. 查现场路面坡度是否符合设计要求	年度采矿设计	

表4.2.4-1(续)

项目	项目内容	基本要求	标准分值	评分方法	执行指南	核查细则	资料清单	得分
一、技术管理(30分)	交叉路口	视距符合要求	5	查现场。不符合要求1处扣1分	1. 道路交叉点(交叉点系指各交叉道路交汇公共部分的包络线包围的道路区域)应是同一坡度。各交叉道路的变坡点竖曲线起点应距交叉点至少20 m 2. 道路两侧与横向道路交汇时,道路安全挡墙应提前逐渐降低高度,保证小型车行车视距 3. 当行车视距不能满足要求时,应将妨碍通视的障碍物进行清除	1. 查现场交叉路口视线角是否能确保安全行驶 2. 查交汇路口挡墙高度是否影响小型车辆运行视线角	作业规程	
	变坡点	道路凸凹变坡点设竖曲线	2	查现场。不符合要求1处扣1分	1. 变坡点竖曲线外矢距小于0.05 m时,可不设竖曲线 2. 根据变坡点凸、凹类型,结合矿设备型号规定变坡点竖曲线半径大小	1. 查变坡点是否有竖曲线设计 2. 查现场与设计是否相符合	1. 道路专项设计 2. 作业规程	
	最小曲线半径	符合年度采矿设计	5	查现场和资料。不符合设计1处扣1分	1. 为使车辆在弯道行驶时不致发生横向滑动,减少车辆由于惯性发生物料洒落,要根据设备类型在作业规程中应编制弯道超高横坡规定 2. 弯道超高横坡应在曲线起点、终点以外的直线段以5%的速率递增,直到达至进入曲线的要求值	查道路拐弯处平面曲线半径是否符合设计	1. 道路专项设计 2. 作业规程	

表4.2.4-1(续)

项目	项目内容	基本要求	标准分值	评分方法	执行指南	核查细则	资料清单	得分
二、质量管理(28分)	道路平整度	1. 主干道路面起伏不超过 0.2 m 2. 半干线或移动线路路面起伏不超过 0.3 m	12	查现场。不符合要求 1 处扣 1 分	对现场施工后的道路要进行技术验收,对不符合设计的位置进行整改	1. 查主干道路面起伏是否超过设计的 0.2 m 2. 查半干线或移动线路路面起伏是否超过设计的 0.3 m 3. 现场实测	1. 采掘现状图(带高程点) 2. 道路验收资料	
	道路排水	根据当地气象条件设置相应的排水系统	6	查现场和资料。不符合要求 1 处扣 2 分	1. 凡出入沟路堑、主干道两侧应有排水沟,半路堑的干道、平盘干道的一侧应有排水沟,排水沟深度一般不小于 0.3 m 2. 干道平坡段的水沟自流水坡度不小于千分之三,深路堑设天沟截水 3. 工作面道路、联络道路、坡道区段一侧有排水沟,平坡段有边沟,低洼处应按照过水路面进行施工,并留有放水口	1. 查道路排水系统是否符合设计要求 2. 查排水系统是否满足安全生产	1. 作业规程 2. 道路专项设计 3. 排水系统进行设计	
	道路整洁度	路面整洁,无散落物料	10	查现场。不符合要求 1 处扣 1 分		查路面是否整洁、是否有散落物料		

表4.2.4-1(续)

项目	项目内容	基本要求	标准分值	评分方法	执行指南	核查细则	资料清单	得分
三、安全管理(23分)	安全挡墙	高度为矿用卡车轮胎直径的2/5～3/5	6	查现场。不符合要求1处扣1分	安全挡墙高度不低于车轮直径的2/5,坡道和主干线应适当增加高度;安全挡墙底部宽度应不低于3 m	1. 查现场安全挡墙高度、质量是否符合规定和安全需求 2. 现场实测		
	洒水降尘	洒水抑制扬尘	4	查现场。扬尘未得到有效抑制1处扣1分	1. 干旱季节经常洒水,保持路面潮湿,保证行车时不打滑、不起尘 2. 冬季要做到雾状喷洒或间隔分段喷洒,不能成片结冰,行车时不起尘 3. 冬季坡道和电缆桥附近不准连续洒水	1. 查道路洒水降尘情况 2. 查洒水降尘后路面是否满足安全需要 3. 查洒水车能力和数量是否满足抑制扬尘需求		
	道路封堵	废弃路段、停用路口及时封堵	3	查现场。未封堵不得分	应对现场废弃道路进行及时封堵	查现场废弃、停用道路是否及时进行封堵		
	车辆管理	1. 进入矿坑的小型车辆按规定配备警示灯或警示旗 2. 制定各类车型限速标准和安全车距	10	查现场和资料。不符合规定1次扣1分	进入矿坑的小型车辆应配齐警示灯和警示旗,警示旗高度符合要求	查进入矿坑的小型车辆是否配齐警示灯和警示旗,警示旗高度是否符合要求	限速规定	

表4.2.4-1(续)

项目	项目内容	基本要求	标准分值	评分方法	执行指南	核查细则	资料清单	得分
四、道路标志与养护(14分)	反光标识	主要运输路段的转弯、交叉处有夜间能识别的反光标识	4	查现场。不符合要求1处扣1分	反光标识位置及数量满足安全需求	1. 查主要运输路段的转弯、交叉处是否有夜间能识别的反光标识 2. 查反光标识位置及数量是否满足安全需求		
	道路养护	配备必需的养路设备,定期进行养护	6	查现场。道路养护不到位或设备配备不满足要求1处扣1分	1. 露天矿应建立完善道路养护组织,按照现行《露天采矿设计规范》要求配备道路养护设备 2. 设备规格、数量符合初步设计或作业规程的规定	1. 查露天矿是否建立道路养护组织 2. 查道路养护设备规格及数量是否满足要求 3. 查现场道路养护质量	1. 养护规定 2. 养护记录 3. 初步设计 4. 作业规程	
	警示标志	转弯、交叉路口等特殊路段设置警示标志	4	查现场。不符合要求1处扣1分	当矿用卡车在运输道路上出现故障无法行走时,必须在车体前后方30 m处设置醒目的安全警示标志	1. 查现场道路是否在转弯、交叉路口、危险路段等处设置警示标志,是否醒目 2. 查现场故障车是否在前后方30 m处设置醒目安全警示标志		

表4.2.4-1(续)

项目	项目内容	基本要求	标准分值	评分方法	执行指南	核查细则	资料清单	得分
五、文明生产(5分)	驾驶环境	车辆驾驶室及平台干净整洁无杂物	5	查现场。不符合要求1处扣1分	1. 车辆驾驶室干净整洁,各设施完好 2. 记录规范、页面整洁	1. 查卡车驾驶室 2. 查各种记录	各种记录	
附加项(2分)	技术进步	应用无人驾驶卡车运输作业	2	查现场。符合要求1台加0.1分,最高加2分		查无人驾驶卡车运输作业能力是否达到有人驾驶的60%以上		

表 4.2.4-2　露天煤矿铁路运输标准化评分表

项目	项目内容	基本要求	标准分值	评分方法	执行指南	核查细则	资料清单	得分
一、技术管理(20分)	设计	有年度设计并执行	5	查资料。无年度设计不得分,未按设计执行1处扣1分	1. 应编制年度设计及计划 2. 年度设计符合作业规程 3. 现场按照设计组织施工	1. 查是否有年度设计,并审批 2. 查是否按照设计执行	年度设计及审批	
		站场线路符合设计规范	5	查资料。无设计不得分,不符合设计1处扣1分		查站场线路设计内容是否符合规范,是否审批	站场线路设计	
	图纸	有铁路运输系统平面图并与现场一致	5	查现场和资料。无平面图不得分,与现场不符1处扣1分	1. 应绘制铁路运输系统平面图 2. 铁路运输系统图与现场符合	查是否有铁路运输系统平面图,是否与现场一致	铁路运输系统平面图	
	计划	铁路运输量有年、月度计划	5	查资料。无计划不得分,缺1项扣0.5分	年度、月度计划内容完善有审批	查年度、月度计划内容是否齐全,是否审批	年度、月度计划	

表4.2.4-2(续)

项目	项目内容	基本要求	标准分值	评分方法	执行指南	核查细则	资料清单	得分
二、质量管理(60分)	铁道线路	线路轨距、水平符合规定	4	查现场。不符合规定1处扣0.3分	应按照作业规程要求编制线路设计	1. 依据作业规程查铁道线路现场 2. 查线路设计	铁道线路设计资料	
		损伤扣件及时更换	3	查现场。不符合要求1处扣0.3分	1. 损伤扣件应及时补充、更换 2. 记录完成、齐全	1. 查铁道线路现场 2. 查铁道更换、维修、检查记录	更换、维修、检查记录	
		直线直顺,曲线圆顺	3	查现场。不符合要求1处扣0.5分	1. 目视直线直顺,曲线圆顺 2. 巡查记录详实	1. 查铁道线路现场是否直线直顺,曲线圆顺 2. 查铁道维修、检查记录是否详实	巡查记录	
		空吊板不连续出现5块	3	查现场。不符合要求1处扣0.3分	1. 空吊板不连续出现5块以上 2. 巡查记录完整、详实	1. 查铁道线路空吊板情况 2. 查巡查记录	巡查记录	
		失效枕木不连续出现3根	3	查现场。不符合要求1处扣0.3分	1. 无连续3处以上瞎缝 2. 巡查记录完整、详实	1. 查铁道线路现场瞎缝 2. 查巡查记录	巡查记录	
		钢轨垂直磨耗不超过10 mm、侧面磨耗不超过18 mm	3	查现场。不符合要求1处扣0.5分	1. 重伤钢轨有标记、有措施 2. 有巡查记录	1. 查铁道线路现场重伤钢轨情况 2. 查巡查记录及措施	巡查记录	

表4.2.4-2(续)

项目	项目内容	基本要求	标准分值	评分方法	执行指南	核查细则	资料清单	得分
二、质量管理(60分)	接触网	接触网高度符合规定	3	查现场。不符合规定1处扣0.5分	1. 接触网高度应符合《煤炭工业铁路技术管理规定》 2. 有巡查记录	1. 查铁道架线接触网高度 2. 查巡查记录	巡查记录	
		各种标志齐全完整、明显清晰	3	查现场。不符合要求1处扣0.3分	1. 各种标志齐全完整 2. 标志明显清晰 3. 有检查记录	1. 查铁道架线标志是否齐全、清晰 2. 查检查记录	维修、检查记录	
		各部线夹使用适当、排列整齐	3	查现场。不符合要求1处扣0.5分	1. 各部线夹安装适当、排列整齐 2. 有巡查记录	1. 查铁道架线线夹安装情况 2. 查巡查记录	巡查记录	
		角形避雷器间隙标准，误差不超过1 mm	3	查现场。不符合要求1处扣0.5分	1. 角形避雷器间隙标准误差不超过1 mm 2. 有记录	1. 查铁道架线角形避雷器间隙 2. 查巡查记录	巡查记录	
		木质电柱坠线有绝缘装置	3	查现场。不符合要求1处扣0.5分	1. 木质电柱坠线应有绝缘装置 2. 有巡查记录	1. 查铁道架线木质电柱坠线是否有绝缘装置 2. 查巡查记录	维修检查记录	

表4.2.4-2(续)

项目	项目内容	基本要求	标准分值	评分方法	执行指南	核查细则	资料清单	得分
二、质量管理(60分)	信号	信号显示距离符合规定	3	查现场。不符合规定1处扣0.5分	1. 信号显示距离符合标准 2. 有检查记录	查现场信号系统显示距离	信号标准及检查记录	
		转辙装置各部螺丝紧固,绝缘件完好,道岔正常转换	3	查现场。不符合要求1处扣0.5分	1. 转辙装置螺丝紧固 2. 绝缘件完好 3. 道岔转换正常 4. 有检查记录	1. 查转辙装置螺丝是否紧固 2. 查绝缘件是否完好 3. 现场验证道岔转换是否正常 4. 查检查记录是否完整	检查记录	
		信号外线路铺设符合规定	3	查现场。不符合规定1处扣0.5分	1. 信号外线路铺设符合规定 2. 有巡查记录	1. 查信号外线路铺设是否符合规定 2. 查巡查记录是否完整	巡查记录	
	车站	接、发列车及时准确	4	查现场。不符合要求1处扣0.3分	应按照车站行车细则和计划发车时间执行	查现场接、发列车是否及时准确	1. 行车细则 2. 接发车时间表	
		行车日志、图表等填写规范	3	查现场。不符合要求1处扣0.5分	日志、图表等填写规范	1. 查日志是否规范完整 2. 查图表资料是否符合实际	日志、图表	
		行车用语符合规定	2	查现场。不符合规定1处扣0.5分	行车用语符合标准	查车站现场行车用语标准是否符合规定、是否执行	行车用语标准	
		及时对道岔进行清扫、除雪、除草	2	查现场。不符合要求1处扣0.3分	保障道岔清洁正常安全使用	检查道岔是否清洁,现场是否及时清扫、除雪、除草		

表4.2.4-2(续)

项目	项目内容	基本要求	标准分值	评分方法	执行指南	核查细则	资料清单	得分
二、质量管理(60分)	道口	道口标志齐全，防护设施灵活有效	2	查现场。不符合要求1处扣0.3分	按照要求摆放道口标志，防护设置定期检查保养	查道口标志及防护实施是否齐全有效	检查保养记录	
		道口开放、关闭要及时准确	2	查现场。不符合要求1处扣0.5分	道口开放、关闭应按照行车计划执行	查道口开放、关闭是否及时准确、是否灵活		
		道口轮缘槽干净无异物	2	查现场。不符合要求1处扣0.5分	定期清理道口轮缘槽	查道口轮缘槽是否干净无异物		
三、安全管理(15分)	安全规程	各工种有作业规程、操作规程，并严格执行	6	查现场和资料。不符合要求1项扣0.5分	应编制作业规程、操作规程	查作业规程、操作规程是否编制并审批下发，是否严格执行	作业规程、操作规程	
	安全措施	特殊作业有安全技术措施并执行	5	查现场和资料。无措施不得分，措施执行不到位1处扣1分	特殊作业条件应编制安全技术措施确保安全生产	查安全技术措施是否组织审批，下发学习，是否严格执行	1. 安全技术措施审批 2. 学习、执行记录	
	防火设施	各岗点防火设施齐全完好	4	查现场。不符合要求1处扣0.5分	应编制防灭火安全设施设计	查现场各岗点防火设施是否完好有效	日常排查记录	
四、文明生产(5分)	作业环境	作业场所、设备设施整洁，各类物资摆放规整	5	查现场。不符合要求1项扣1分	1. 驾驶室干净整洁，室内各设施完好 2. 物资摆放规范 3. 记录规范，页面整洁	1. 查铁路机车驾驶室是否整洁 2. 查各种记录是否齐全	各种记录	

表 4.2.4-3 露天煤矿带式输送机/破碎站运输标准化评分表

项目	项目内容		基本要求	标准分值	评分方法	执行指南	核查细则	资料清单	得分
一、技术管理(18分)	计划		有年度、月(季)度计划,按计划作业并总结,计划中有对安全和质量的要求	10	查现场和资料。无计划及总结不得分,计划及总结内容不全1项扣1分	1. 运输系统符合年度设计 2. 按设计作业	1. 查是否有年度、月(季)度计划 2. 查是否按年度、月(季)度计划作业并总结 3. 查年度、月(季)度计划中是否有对安全和质量的要求	1. 年度、月(季)度计划 2. 作业总结	
	记录		设备运行、检修、维修和人员交接班记录详实	8	查资料。不符合要求1项扣1分	各类记录详实	查设备运行、检修、维修和人员交接班记录是否符合要求	交接班记录	
二、质量管理(35分)	巡视		定时检查设备运行状况,记录齐全	6	查资料。不符合要求1项扣1分	1. 有设备运行巡视制度 2. 按照巡视制度落实巡视工作 3. 巡视记录齐全	查巡视记录及相关制度是否符合规定	1. 巡视制度 2. 巡视记录	
	带式输送机	机头机尾	无积水	6	查现场。不符合要求1处扣3分	机头机尾无积水,聚水区域有排水设施	查带式输送机机头机尾处是否有积水,有无排水设施		
		最大倾角	符合设计	4	查现场。不符合设计不得分	最大倾角符合设计要求,上行不得大于16°(严寒地区不大于14°),下行不得大于12°	查带式输送机作业倾角是否符合设计		

表4.2.4-3(续)

项目	项目内容	基本要求	标准分值	评分方法	执行指南	核查细则	资料清单	得分
二、质量管理(35分)	带式输送机 分流站	分流站伸缩头有集控调度指令方可操作,设备运转部位及其周围无人员和其他障碍物,不造成物料堆积洒落	5	查现场。不符合要求不得分	1. 分流站设备运转部位及其周围不得有人员或其他障碍物 2. 分流站不得造成物料堆积洒落	查作业现场是否实现集中控制,运转部位附近是否有人员和其他障碍物,是否有物料堆积洒落		
	带式输送机 清料	沿线清料及时,无洒落物,不影响行车、检修作业;结构架上积料及时清理,不磨损托辊、输送带或滚筒	3	查现场。不符合要求1处扣3分	1. 输送机沿线洒货及时清理,不得影响行车、检修作业 2. 机架上积料不得影响托辊、输送带或滚筒正常运行 3. 回程输送带下方不得有洒货堆积	1. 查带式输送机沿线是否有洒货 2. 查机架是否积料 3. 查回程输送带下是否有洒货 4. 查洒落物是否及时清理		
	破碎站 照明设施	卸车平台应当有良好的照明系统,并有卸料指示信号安全装置	3	查现场。不符合要求1处扣1分	照明设置要符合《煤矿安全规程》	查卸车平台照明系统是否满足安全需求,是否有卸料指示信号安全装置		
	破碎站 半固定式破碎站 清料	破碎站工作平台及其下面没有洒料	3	查现场。不符合要求1处扣1分	破碎站作业区域应干净整洁,无明显洒料	查半固定式破碎站作业现场是否洒料		
	破碎站 半固定式破碎站 卸料口挡车器	挡车器高度为矿用卡车安全限位高度	2	查现场。不符合要求不得分	卸料口应设置挡车器,且挡车器高度应达到矿用卡车轮胎直径的2/5以上	查半固定式破碎站挡车器高度是否符合要求		

表4.2.4-3(续)

项目	项目内容			基本要求	标准分值	评分方法	执行指南	核查细则	资料清单	得分
二、质量管理(35分)	破碎站	自移式破碎站	清料	破碎站工作平台及其下面没有洒料	3	查现场。不符合要求1处扣1分	破碎站作业区域应干净整洁，无明显洒料	查现场破碎站工作平台及其下面是否有洒料		
三、安全管理(42分)	启动间隔			启动间隔时间不少于5 min	5	查现场。不符合要求不得分	连续2次启动间隔时间应大于或等于5 min	查作业现场和运行记录启动间隔时间是否少于5 min	运行记录	
	启动要求			设备准备运转前，司机检查设备并确认无危及设备和人身安全的情况，向集控调度汇报后方可启动设备	5	查现场。不符合要求不得分	设备准备运转前，司机应检查设备安全情况，并汇报检查情况，具备启动条件后方可启动	1. 查调度是否有启动记录 2. 查现场司机操作启动是否按流程操作	调度记录	
	消防设施			消防设施符合设计，齐全有效，有检查记录	5	查现场和资料。不符合要求1处扣1分	1. 现场消防设施齐全 2. 专项检查记录符合要求	1. 查作业现场消防设施是否符合实际、消防设备是否配备齐全 2. 查是否有检查记录、记录是否完整	1. 消防设计 2. 检查记录	

表4.2.4-3(续)

项目	项目内容		基本要求	标准分值	评分方法	执行指南	核查细则	资料清单	得分
三、安全管理(42分)	带式输送机	安全保护装置	1. 设置防止输送带跑偏、驱动滚筒打滑、纵向撕裂和溜槽堵塞等保护装置,上行带式输送机设置防止输送带逆转保护装置,下行带式输送机设置防止超速保护装置 2. 沿线设置紧急联锁停车装置 3. 在驱动、传动和自动拉紧装置的旋转部件周围设置防护装置	9	查现场。不符合要求1处扣1分	在带式输送机机头、机尾、驱动滚筒和改向滚筒等旋转部件周围设置防护装置	1. 查带式输送机6类保护装置是否安装、是否有效 2. 查带式输送机沿线是否设置紧急连锁停车装置,是否有效 3. 查机头、机尾、驱动滚筒和改向滚筒等旋转部件周围是否设置防护装置	安全保护装置安装维修记录	
	半固定式破碎站	除铁器	运行有效	5	查现场。不符合要求不得分	1. 除铁器运行正常 2. 励磁功率符合设计要求	1. 查半固定破碎站除铁器是否运行正常 2. 查励磁功率是否符合设计要求 3. 查运行记录是否完整	运行记录	
		大块处理	处理料仓内的特大块物料时应制定并落实安全技术措施	5	查现场和资料。不符合要求不得分	1. 编制处理料仓内大块物料的安全技术措施 2. 现场作业应按照安全技术措施执行	查是否有处理料仓大块物料的安全技术措施,是否按措施执行	大块处理安全技术措施	

表4.2.4-3(续)

项目	项目内容		基本要求	标准分值	评分方法	执行指南	核查细则	资料清单	得分
三、安全管理(42分)	自移式破碎机	与挖掘设备距离	符合矿相关规定	4	查现场和资料。不符合规定不得分	自移式破碎机与挖掘设备距离符合作业规程要求	查自移式破碎站与挖掘设备距离是否符合作业规程	矿相关规定	
		大块处理	处理料仓内的特大块物料时应制定并落实安全技术措施	4	查现场和资料。不符合要求不得分	1. 编制处理料仓内大块物料的安全技术措施 2. 现场作业应按照安全技术措施执行	查是否有处理料仓大块物料的安全技术措施,是否按措施执行	大块处理安全技术措施	
四、文明生产(5分)	作业环境		1. 操作室干净整洁,室内各设施保持完好 2. 各类物资摆放规整	5	查现场。不符合要求1项扣1分	1. 操作室应干净整洁,室内设施完好 2. 各类必需物资摆放整齐规范 3. 岗位记录规范,页面不整洁,无损坏	1. 查带式输送机/破碎站运输系统操作室是否符合要求 2. 查各种记录内容是否完整	各种记录	
附加项(2分)	技术进步		建立无人巡检系统,具备自动行走、自主定位、异常状态识别及自动报警功能	2	查现场。实现1项功能加0.5分	规划实施无人巡检系统	查现场是否实现无人巡检,是否具备自动行走、自主定位、异常状态识别及自动报警功能		

4.2.5 排 土

一、工作要求

1. 技术管理。有设计并按设计作业，排土参数及安全距离符合要求，定期对排土场进行巡视并做好记录。

【说明】 本条是对排土专业技术管理的工作要求。

(1) 排土作业应遵循有利于安全、高效、绿色开采的原则，有利于边坡稳定，有利于采矿与复垦全生命周期一体化设计。

(2) 排土场总容量应能够满足包括采场全部剥离量、选煤厂选后矸石排弃的需要，根据排弃物料类型合理选取松散系数，并考虑10%的备用量。

(3) 作业规程、年度设计中应规定具体的排土参数，排土场年度设计要经过边坡稳定性核算。

(4) 当遇到特殊情况，排土参数需要临时调整时，要编制专项设计、专项安全技术措施，并经原边坡评价单位计算稳定后方可实施。

(5) 排土场最终边坡形成之前，在边坡验算稳定前提下，应按水土保持和复垦工程需要进行修正。

(6) 要根据设备能力、排土强度、排土物料性质等，计算合理排土线长度。

(7) 要根据矿实际作业情况规定采场和土场足够的安全距离，切实保障下部台阶爆破、采装运输与最下部排土台阶作业相不影响，排土场最下部应设置安全挡墙。

(8) 排土场基地要进行专门的地质勘察和基地承载力计算。

(9) 排土场要做好疏干设计，确保排土场排水通畅。

(10) 要定期对土场边坡角进行测量，定期分析排土场边坡监测数据，定期进行土场巡视，做好相关记录。

2. 质量管理。台阶高度、平盘宽度、反坡、安全挡墙等符合要求。

【说明】 本条是对排土专业质量管理的工作要求。

(1) 排土场的台阶高度、平盘宽度、反坡、安全挡墙等符合作业规程及年度设计。

(2) 应定期对土场台阶高度、平盘宽度进行复核。

(3) 应定期对排土场安全质量进行考核。

3. 安全管理。排土设备、设施及现场施工作业符合规程规定，各类标识标志、保护设施齐全有效。

【说明】 本条是对排土专业安全管理的工作要求。

(1) 排土设备作业要符合操作规程的要求，排土线长度、排土作业平盘空间要符合设计。

(2) 排土场各类标识齐全，安全挡墙高度、质量符合要求，安全挡墙应连续。

(3) 高段土场排弃应制定专项安全技术措施。

(4) 卡车卸载时相邻推土机间距不得小于推土机土铲宽度的2倍；相邻卡车间距不得小于卡车车体宽度的1.5倍；卡车与推土机间距不得小于卡车最小拐弯半径的2倍。

(5) 当排土场出现严重异常裂缝、沉降，或存在滑坡风险时，应立即撤出作业人员，经风险研判后制定专项治理方案。

4. 文明生产。作业场所、设备设施整洁，现场无散料，各类物资摆放规整。

【说明】 本条是对排土专业文明生产的工作要求。

(1) 排土场作业区域无散堆杂物，地面无洒货，各类设备停放符合要求，各类物资摆放规范。

(2) 设备驾驶室内、室外整洁干净。

二、评分方法

1. 存在重大事故隐患的，本部分不得分。

2. 单一排土工艺的评分：

卡车/铁道排土按照表 4.2.5-1 进行评分、排土机排土按照表 4.2.5-2 进行评分，总分为 100 分，按照所检查存在的问题进行扣分，缺项不得分，各小项分数扣完为止。项目内容中有缺项时按式(1) 进行计算：

$$A_i = \frac{100}{100 - B_i} \times C_i \tag{1}$$

式中 A_i——卡车/铁道、排土机排土部分实得分数；

B_i——缺项标准分值；

C_i——卡车/铁道、排土机排土部分检查得分数。

3. 采用多种排土工艺的评分

近 12 个月每种工艺实际排土量比例，加权平均后作为排土部分最终得分，按式(2)进行计算：

$$A = \sum_{i=1}^{n} A_i \times D_i \tag{2}$$

式中 A——排土部分实得分数；

n——检查的排土工艺种数；

A_i——检查的每种工艺排土得分；

D_i——每种排土工艺在近 12 个月实际排土量比例。

4. 附加项评分

符合要求的得分，不符合要求的不得分也不扣分。附加项得分计入本部分总得分，最多加 2 分。

表 4.2.5-1 露天煤矿卡车/铁路排土场标准化评分表

项目	项目内容	基本要求	标准分值	评分方法	执行指南	核查细则	资料清单	得分
一、技术管理(25分)	设计	有年度、月(季)度采矿设计,按设计作业并总结,设计中有对安全和质量的要求	6	查现场和资料。无采矿设计及总结不得分;设计及总结内容不全1项扣1分	1. 年度、月(季)度采矿(排土)设计依据作业规程编制 2. 采矿(排土)设计一般应包括排土场排土台阶宽度、排土台阶高度、排土工作帮坡角、到界帮坡角、内排跟踪安全距离、排弃到界平盘的技术要求等	1. 查有无年度、月(季)度采矿设计 2. 查现场是否按照采矿设计进行施,是否及时进行总结 3. 查设计中是否有对安全和质量的要求	1. 年度、月(季)度采矿设计 2. 采矿设计执行总结	
	验收资料	有月(季)度采矿平面图、剖面图或参数统计报表等资料,内容包含台阶高度、平盘宽度	7	查资料。无图纸和报表不得分;内容不全1处扣1分	定期对排土场台阶高度、平盘宽度、帮坡角进行测量统计并与设计进行对比	查月(季)度采矿平面图、剖面图或参数统计报表是否真实反映现场情况	1. 月(季)度采矿平面图、剖面图 2. 参数统计报表	
	安全距离	内排土场最下一个台阶的坡底线与坑底采掘工作面之间的安全距离不小于年度采矿设计	6	查现场。不符合设计不得分	内排土场最下一个台阶的坡底线与坑底采掘工作面之间不小于作业规程中规定的距离	1. 查排土场验收图及现状图安全距离是否符合设计要求 2. 查排土场现场安全距离是否符合要求	1. 年度或月度采矿设计 2. 采排土场测量验收图及现状图	

表4.2.5-1(续)

项目	项目内容	基本要求	标准分值	评分方法	执行指南	核查细则	资料清单	得分
一、技术管理(25分)	巡视	定期对排土场巡视,记录齐全	6	查资料。无制度或无巡视记录不得分;不符合要求1处扣1分	1. 建立排土场巡视制度 2. 排土场巡视记录完整、齐全 3. 对巡视发现问题闭环管理	1. 查有无排土场巡视制度 2. 查巡视记录是否完整且符合要求 3. 查巡视发现问题是否闭环管理	1. 排土场巡视记录 2. 排土场巡视制度	
	台阶高度	符合年度采矿设计	5	查现场。不符合设计1处扣2分	排土场台阶排弃高度应符合年度采矿设计	查排土场台阶高度是否符合设计要求	1. 排土场验收资料 2. 年度采矿设计	
二、质量管理(39分)	平盘宽度	最小工作平盘宽度符合年度采矿设计	5	查现场。不符合设计1处扣2分	1. 作业规程中应规定排土场最小工作平盘宽度 2. 排土场有稳定性验算 3. 现场作业严格按照年度采矿设计施工	1. 查作业规程是否规定排土场最小工作平盘宽度 2. 查是否有年度排土场稳定性验算	1. 年度采矿设计 2. 作业规程 3. 排土场稳定性验算资料	
	工作面平整度	作业平盘平整,50 m范围内误差不超过0.5 m	5	查现场。不符合要求1处扣2分		查现场作业工作面平整度是否超过0.5 m		

表4.2.5-1(续)

项目	项目内容		基本要求	标准分值	评分方法	执行指南	核查细则	资料清单	得分
二、质量管理(39分)	卡车	排土线	排土线顶部边缘整齐，50 m范围内误差不超过2 m	5	查现场。不符合要求1处扣1分		查现场排土线顶部边缘50 m范围内误差是否超过2 m		
		反坡	排土工作面向坡顶线方向有3%～5%的反坡	5	查现场。不符合要求1处扣1分	1. 排土工作面向坡顶线方向应有3%～5%的反坡 2. 严禁低头排土 3. 排土工作面坡顶不得出现悬浮大块	1. 查排土工作面向坡顶线方向反坡是否满足3%～5%的要求 2. 查是否有低头排土现象 3. 查排土工作面坡顶是否有悬浮大块		
		安全挡墙	排土工作面卸载区有连续的安全挡墙，车型小于240 t时安全挡墙高度不低于轮胎直径的0.4倍，车型大于240 t时安全挡墙高度不低于轮胎直径的0.35倍。不同车型在同一地点排土时，按最大车型的要求修筑安全挡墙	5	查现场。不符合要求1处扣1分	排土场卸载区必须有连续的安全挡墙： 1. 车型小于240 t时安全挡墙高度不低于轮胎直径的0.4倍 2. 车型大于240 t时安全挡墙高度不低于轮胎直径的0.35倍 3. 不同型号在同一地点排土时，必须按照最大车型的要求修筑安全挡墙，特殊情况下必须制定安全措施	1. 查安全挡墙高度是否符合要求 2. 查安全挡墙质量、连续性 3. 查特殊情况下是否制定安全措施	特殊情况下的安全措施	

表4.2.5-1(续)

项目	项目内容		基本要求	标准分值	评分方法	执行指南	核查细则	资料清单	得分
二、质量管理(39分)	铁路	标志完整	排土线常用的信号标志齐全，位置明显	3	查现场。不符合要求1处扣1分	1. 铁路排土线常用信号标志齐全 2. 信号标志位置明显	1. 查铁路排土线常用信号标志是否齐全 2. 查信号标志位置是否明显		
		排土宽度	不小于20 m,不大于24 m	3	查现场。不符合要求1处扣1分	铁路排土宽度为22～24 m	查现场铁路排土宽度是否小于22 m或大于24 m		
		受土坑安全距离	线路中心至受土坑坡顶距离不小于1.4 m	3	查现场。不符合要求1处扣1分		查线路中心线至受土坑坡距离是否小于1.4 m		
三、安全管理(31分)	排土作业安全		当发现危险裂缝时立即停止作业,向调度室汇报,制定并落实安全技术措施后方可作业	4	查现场和资料。不符合要求不得分	1. 推土机司机必须随时观察排土台阶的稳定情况 2. 当发现危险裂缝时应立即停止作业 3. 当发现危险裂缝时应立即向调度室汇报 4. 应制定危险裂缝时的安全措施	1. 查排土场是否有危险裂缝 2. 查调度汇报记录是否完整 3. 查是否制定并落实安全技术措施	1. 调度记录 2. 安全技术措施	

表4.2.5-1(续)

项目	项目内容	基本要求	标准分值	评分方法	执行指南	核查细则	资料清单	得分
三、安全管理(31分)	排土作业安全　卡车	推土机、装载机、卡车作业时，设备之间保持足够的安全距离	4	查现场。不符合要求1处扣1分	1. 推土机、装载机严禁平行坡顶线作业，与矿用卡车之间保持足够距离 2. 排土场应当按规定顺序排弃土岩，在同一地段进行卸车和排土作业时，设备之间必须保持足够安全距离 3. 要编制联合设备作业措施	1. 查是否有设备联合作业规程或措施 2. 查设备安全距离是否符合规程要求	设备联合作业措施	
		排土时卡车垂直排土工作线，不能高速倒车冲撞安全挡墙	4	查现场。冲撞安全挡墙不得分	排土场卸载物料时，矿用卡车应当垂直排土工作线，严禁高速倒车冲撞安全挡墙	查现场是否有卡车冲撞安全挡墙		
		推土机、装载机不平行于坡顶线方向推土	4	查现场。平行推土不得分	1. 推土机、装载机严禁平行坡顶线作业，与矿用卡车之间保持足够距离 2. 推土机、装载机严禁以高速冲击的方式铲推物料 3. 推土机、装载机必须在稳定平盘作业，外侧履带与台阶坡顶线之间必须保持一定的安全距离 4. 推土机、装载机工作场地和行走道路的坡度必须符合排土机的技术要求	1. 查现场推土机、装载机是否平行坡顶线作业 2. 查推土机、装载机与矿用卡车安排距离是否符合要求 3. 查推土机、装载机工作场地坡度是否符合规定		

表4.2.5-1(续)

项目	项目内容		基本要求	标准分值	评分方法	执行指南	核查细则	资料清单	得分
三、安全管理(31分)	排土作业安全	铁路	列车进入排土线翻车房以里线路,由排土人员指挥列车运行	3	查现场。不符合要求1处扣1分		查列车进入排土线翻车房以里线路,是否有排土人员指挥列车运行		
			翻车时两人操作,执行复唱制度	3	查现场。不符合要求1处扣1分		查翻车时是否两人操作,是否执行复唱制度	复唱制度	
	安全挡墙		上下平盘同时进行排土作业或下平盘有运输道路、联络道路时,在下平盘修筑安全挡墙	5	查现场。不符合要求1处扣1分	上下平盘同时进行排土作业或下盘有运输道路、联络道路时,必须在下盘排弃一定高度的安全挡墙,防止滚石危及下盘作业及车辆安全通行	查上下平盘同时进行排土作业或下平盘有运输道路、联络道路时,是否在下平盘修筑安全挡墙		
			最终边界的坡底沿征用土地的界线修筑1条安全挡墙	4	查现场。无挡墙不得分		查最终边界的坡底是否应沿征用土地的界线修筑1条安全挡墙		
四、文明生产(5分)	作业环境		作业场所、设备设施整洁,现场无散料,各类物资摆放规整	5	查现场。不符合要求1处扣1分		1. 查卡车、机车驾驶室等作业场所是否整洁 2. 查各种记录是否完整	各种记录	

表 4.2.5-2 露天煤矿排土机排土标准化评分表

项目	项目内容	基本要求	标准分值	评分方法	执行指南	核查细则	资料清单	得分
一、技术管理(24分)	设计	有年度、月(季)度采矿设计、按设计作业并总结,设计中有对安全和质量的要求	8	查现场和资料。无采矿设计、无总结不得分,设计、总结内容不全1项扣1分	1. 年度、月(季)度采矿(排土)设计依据作业规程编制 2. 采矿(排土)设计一般应包括排土场排土台阶宽度、排土台阶高度、排土工作帮坡角、到界帮坡角、内排跟踪安全距离、排弃到界平盘的技术要求等	1. 查有无年度、月(季)度采矿设计 2. 查现场是否按照采矿设计进行施,是否及时进行总结 3. 查设计中是否有对安全和质量的要求	1. 年度、月(季)度采矿设计 2. 采矿设计执行总结	
	验收资料	有月(季)度采矿平面图、剖面图或参数统计报表等资料,内容包含台阶高度、平盘宽度	6	查资料。无图纸或无报表不得分;内容不全1处扣1分	定期对排土场台阶高度、平盘宽度、帮破角进行测量统计并与设计进行对比	查月(季)度采矿平面图、剖面图或参数统计报表是否真实反映现场情况	1. 月(季)度采矿平面图、剖面图 2. 参数统计报表	

表4.2.5-2(续)

项目	项目内容	基本要求	标准分值	评分方法	执行指南	核查细则	资料清单	得分
一、技术管理(24分)	巡视	定期对排土场巡视,记录齐全	4	查资料。无巡视记录不得分,不符合要求1处扣1分	1. 建立排土场巡视制度 2. 排土场巡视记录完整、齐全 3. 对巡视发现的问题进行闭环管理	1. 查有无排土场巡视制度 2. 查巡视记录是否完整符合要求 3. 查巡视发现的问题是否进行闭环管理	1. 排土场巡视记录 2. 排土场巡视制度	
	排土高度	上排、下排高度符合设计,下排超高时制定安全技术措施	6	查现场和资料。不符合设计或无安全技术措施不得分,安全技术措施不全1处扣1分,现场操作人员未掌握安全技术措施不得分	上排、下排高度符合设计,下排超高时制定专项安全技术措施并审批后落实	1. 查排土高度是否符合设计 2. 查特殊条件作业是否制定安全技术措施 3. 查现场是否落实安全技术措施 4. 查操作人员是否掌握安全技术措施	下排超高专项安全技术措施	
二、工作面规格参数(20分)	平盘宽度	符合设计	5	查资料。不符合设计不得分	按设计要求施工	查排土平盘宽度是否符合设计	1. 作业规程 2. 采矿排土设计	
	排土线	沿上排坡底线、下排坡顶线方向30 m内误差不超过1 m	5	查现场。不符合要求1处扣2分	按设计要求施工	查现场沿上排坡底线、下排坡顶线方向30 m内误差是否超过1 m		

表4.2.5-2(续)

项目	项目内容	基本要求	标准分值	评分方法	执行指南	核查细则	资料清单	得分
二、工作面规格参数(20分)	工作面平整度	排土机工作面平顺，在30 m内误差不超过0.3 m	5	查现场。不符合要求1处扣2分	按设计要求施工	查排土机工作面是否平顺，在30 m内误差是否超过0.3 m		
	安全挡墙	排土工作面到界结束后，距离检修道路近的地段在下排坡顶设有连续的安全挡墙	5	查现场。不符合要求1处扣2分	设置安全挡墙及警示牌	查现场安全挡墙及警示牌是否符合要求		
三、排土作业管理(31分)	联合作业	推土机对排弃工作面进行平整，不在坡顶线平行推土	6	查现场。平行推土不得分	编制联合作业安全措施	1. 查有无联合作业安全措施 2. 查现场联合作业是否平行推土	联合作业安全措施	
	排土安全	推土机对出现的沉降裂缝碾压补料	4	查现场。不符合要求1处扣2分	及时填补排土场裂缝	查排土场沉降裂缝是否及时碾压补料		
		排土时排土机距离下排坡顶的安全距离符合设计	4	查现场。不符合要求不得分	编制排土机安全作业规程	查排土机距离下排坡顶的安全距离是否符合安全作业规程	排土机安全作业规程	
		当排土机进行上排作业时，排料臂的下缘与台阶坡顶线的安全距离不应小于0.5 m	3	查现场。不符合要求不得分	安全距离应在作业规程中进行规定说明	1. 查现场排土机进行上排作业时，排料臂的下缘与台阶坡顶线的安全距离是否小于0.5 m 2. 现场实测		

表4.2.5-2(续)

项目	项目内容	基本要求	标准分值	评分方法	执行指南	核查细则	资料清单	得分
三、排土作业管理(31分)	安全设施	排土工作面夜间排弃时配有照明设备	5	查现场。不符合要求1处扣1分	设置夜间照明(可装于设备上)	排土工作面夜间排弃时是否配有照明设备		
		联锁装置、报警装置齐全可靠	3	查现场。不符合要求1处扣1分	排土机应具有联锁和报警装置	查现场联锁装置、报警装置是否齐全可靠		
	气候影响	雨季重点观察排土场有无滑坡迹象,出现滑坡迹象及时采取相应措施并向有关部门汇报	3	查资料。不符合要求不得分	1. 建立排土场特殊天气巡视制度 2. 设置组织机构及巡视人员	1. 查是否制定排土场特殊天气巡视制度 2. 查机构设置及巡视记录是否符合要求	1. 排土场特殊天气巡视制度 2. 巡视记录完整	
		雨天持续时间较长、雨量较大时,排土机停止作业,停放在安全地带	3	查现场。不符合要求不得分	排土机应停放在安全区域,受气候影响较大时应停止作业	1. 查排土机停放位置是否符合安全 2. 查雨天持续时间较长、雨量较大时,排土机是否停止作业		
四、安全管理(20分)	安全挡墙	上下平盘同时进行排土作业或下平盘有运输道路、联络道路时,下平盘有安全挡墙	8	查现场。不符合要求1处扣2分	设置安全挡墙及警示牌	查现场安全挡墙及警示牌是否符合要求		

表4.2.5-2(续)

项目	项目内容	基本要求	标准分值	评分方法	执行指南	核查细则	资料清单	得分
四、安全管理(20分)	安全挡墙	最终边界的坡底沿征用土地的界线修筑1条安全挡墙	6	查现场。无挡墙不得分	最终边界的坡底沿征用土地的界线修筑安全挡墙	查最终边界的坡底沿征用土地的界线是否修筑安全挡墙		
	作业管理	外侧履带与台阶坡顶线之间安全距离符合规定	6	查现场。不符合规定不得分	作业规程中应对外侧履带与台阶顶线之间的安全距离进行规定	查外侧履带与台阶坡顶线之间安全距离是否符合操作规程、作业规程中规定的安全距离	1. 操作规程 2. 作业规程	
五、文明生产(5分)	作业环境	作业场所、设备设施整洁，各类物资摆放规整	5	查现场。不符合要求1项扣1分		1. 查卡车、机车驾驶室等作业场所是否整洁 2. 查各种记录是否完整	各种记录	
附加项(2分)	技术进步	实现排土机无人操控排土功能	2	查现场。实现功能加2分	排土机无人操作安全可靠，满足现场作业需求	无人操控排土机能力是否已达到有人的60%以上		

4.2.6 机　　电

一、工作要求

1. 设备管理。设备管理制度完善，档案、证标齐全；设备完好率、待修率、事故率符合规定。

【说明】 本条是对机电专业设备管理的工作要求。

(1) 建立健全设备管理制度、设备台账，加强现场监察管理，及时调剂设备的使用、更新设备台账，做到账、物相符，防止设备资产流失。

(2) 根据煤矿的具体情况及要求，全面加强机电设备管理，确保设备的“三率”符合规定，即完好率90%以上、待修率5%以下、事故率1%以下，并对设备从新置到报废全过程进行综合管理。

2. 矿用设备。设备技术标准与要求符合移交验收要求；各类电气设施、动力设施、机械构造完好可靠，辅助设施完整。

【说明】 本条是对机电专业矿用设备的工作要求。

(1) 首先设备技术要求，如设备的性能、稳定性、可靠性等，决定了设备能否满足实际应用的需求。其次，设备技术要求还包括软件方面的要求，如设备的操作系统、驱动程序、接口等，决定了设备的兼容性和易用性。最后，设备技术要求还包括维护和维修方面的要求，如设备的易损件更换、故障排除等，决定了设备的可维护性和可维修性。

(2) 了解各类电气设施、动力设施、辅助设施、机械的构造及工作原理，确保其构造完整可靠，能够正常运行。

(3) 机械设备完好，各类保护、保险装置、附属装置(如集中润滑装置、自动灭火装置等)齐全可靠。

3. 供电管理。供配电资料齐全，内容详实；供配电设施完好、可靠。

【说明】 本条是对机电专业供电管理的工作要求。

(1) 建立完善的供配电安全管理制度和相应的操作规程，包括事故报告、隐患排查、安全检查、应急预案等方面，加强学习培训，确保员工能充分了解并严格遵守。

(2) 加强供电设施检查力度，定期开展安全检查和隐患排查，发现并及时整改存在的安全隐患，确保供电设施完好、可靠。

二、评分方法

1. 存在重大事故隐患的，本部分不得分。

2. 按表4.2.6评分，总分为100分。按照所检查存在的问题进行扣分，缺项不得分，各小项分数扣完为止。

3. “项目内容”缺项时，按式(1)进行计算：

$$A=\frac{100}{100-B}\times C \tag{1}$$

式中　A——机电部分实得分数；

B——缺项标准分值；

C——机电部分检查得分数。

表 4.2.6 露天煤矿机电标准化评分表

项目	项目内容	基本要求	标准分值	评分方法	执行指南	核查要点	资料要点	得分
一、设备管理(12分)	管理制度	有机电设备管理制度、检修规程	2	查资料。无制度或规程不得分,制度内容、不符合实际1处扣0.5分	应建立健全设备管理制度、检修规程,制度内容要符合在用机电设备	1. 查是否有机电设备管理制度和检修规程 2. 查制度和规程内容是否符合实际	1. 设备管理制度 2. 检修规程	
	设备证标	机电设备有产品合格证(进口设备有厂家出具的测试报告),纳入安全标志管理的产品有煤矿矿用产品安全标志	2	查现场和资料。不符合要求不得分		1. 查设备有无产品合格证 2. 查进口设备有无测试报告 3. 查煤矿矿用产品有无安全标志证书 4. 查特种设备是否办理登记使用证书	1. 产品合格证 2. 主要大部件合格证 3. 防爆电气设备具有防爆合格证 4. 仪器仪表有检验合格证	

表4.2.6(续)

项目	项目内容	基本要求	标准分值	评分方法	执行指南	核查要点	资料要点	得分
一、设备管理(12分)	设备完好	1. 设备完好率不低于90% 2. 设备交接班、启动前检查、检修和运行记录详实	4	查现场和资料。设备完好率每低于1个百分点扣0.5分,其他不符合要求1处扣0.2分	使用单位要定期统计分析设备“三率”,并形成纸质报告。主要设备要定期统计	1. 查设备完好率是否低于90% 2. 查设备交接班、启动前检查、检修和运行记录是否详实	1. 设备完好率 2. 检修和运行记录	
	设备档案	齐全完整,图文清晰,主要设备“一台一档”管理,包括购置合同、组装调试、验收、技术参数、日常运行、维修、保养、大修、改造、事故等内容	2	现场抽查3台设备,不符合要求1台扣1分	1. 设备“一台一档”资料齐全,及时更新 2. 主要设备是指钻机、液压挖掘机、电铲、卡车、推土机、轮斗挖掘机、排土机、带式输送机、破碎站、电机车等	1. 查设备是否“一台一档”,档案是否齐全完整,图文是否清晰 2. 查档案内容是否涵盖设备的全流程管理内容	设备档案	
	消防设施	机上消防设施完好可靠	2	查现场。不符合要求1处扣0.2分	设备配置的灭火器或自动灭火装置完好、有效	1. 查手提灭火器完好情况,配件是否齐全 2. 查自动灭火装置是否正常,配件管路是否齐全	1. 消防设施配备表 2. 配置、保养、更换记录	

表4.2.6(续)

项目	项目内容	基本要求	标准分值	评分方法	执行指南	核查要点	资料要点	得分
二、钻机(12分)	电气部分	1. 供电电缆及接地完好,外皮无破损 2. 电气保护齐全,整定合理并有记录,机上保存最新记录,配电柜上锁 3. 使用直流控制的操作系统,直流开关灭弧装置正常,开关性能良好 4. 机上各仪表完好、各电气开关标识明确,停开有明显标识 5. 各照明设备性能良好,固定牢靠	5	查现场和资料。不符合要求1处扣0.3分	电气设备及仪表安全可靠运行,机件齐全不带病作业	1. 查机房线路装置是否可靠 2. 查供电电缆接地、有无破损情况 3. 查驾驶室各类仪表是否正常 4. 查灯光是否齐全,固定是否牢靠	1. 检查记录 2. 维修记录 3. 保养记录	
	机械部分	1. 液压管保护完好,护套绑扎牢固,管路无破损、不漏油 2. 钻塔起落装置、托架完好,连接件无松动、裂纹、开焊等 3. 储杆装置完好,换杆系统灵活可靠 4. 内燃机动力钻机,系统无渗漏,转速正常,启动、停车灵活可靠,转动部位护罩有效 5. 液压系统用油符合说明书要求,按规定保养,工作时油温正常	5	查现场。不符合要求1处扣0.3分	机械设备及配件安全可靠运行,机件齐全不带病作业	1. 查液压系统是否正常,是否有漏油,是否泄压 2. 查塔架起落装置是否完好 3. 查内燃机动力钻机是否漏油,转速是否正常及启动,停车是否可靠完好 4. 查是否按规定保养,油温是否正常	1. 检查记录 2. 维修记录 3. 保养记录	

表4.2.6(续)

项目	项目内容	基本要求	标准分值	评分方法	执行指南	核查要点	资料要点	得分
二、钻机(12分)	辅助部分	1. 电热和正压通风设备运行良好 2. 驾驶室完好,空调完好	2	查现场。不符合要求1处扣0.3分	辅助设备安全可靠运行,机件齐全、不带病作业	1. 查正压通风设备是否运行良好 2. 查驾驶室空调、暖风是否完好	1. 检查记录 2. 维修记录 3. 保养记录	
三、液压挖掘机(10分)	液压部分	1. 液压管路完好、无扭结、无摩擦、无漏油,固定可靠 2. 各工作油缸运行平稳,无漏油,活塞杆无损伤 3. 液压泵、液压马达及阀组工作正常,无异常噪声和振动,控制阀可靠灵敏 4. 润滑系统润滑良好,管路完好,无漏油 5. 液压油箱、泵传动油箱液位正常 6. 机上各仪表完好、标识明确 7. 液压系统用油符合要求,工作时油温正常	4	查现场。不符合要求1处扣0.3分	液压设备和管路安全可靠运行,机件齐全、不带病作业	1. 查液压管路、润滑系统润滑是否完好,管路是否完好,是否漏油 2. 查各工作油缸运行是否平稳,是否漏油,活塞杆是否损伤 3. 查液压泵、液压马达及阀组工作是否正常,液压油箱、泵传动油箱液位是否正常 4. 查机上各仪表是否完好,标识是否明确 5. 液压系统用油是否符合要求,工作时油温是否正常	1. 检查记录 2. 维修记录 3. 保养记录	

表4.2.6(续)

项目	项目内容	基本要求	标准分值	评分方法	执行指南	核查要点	资料要点	得分
三、液压挖掘机(10分)	机械部分	1. 铲斗铲尖、铲套、护套和铲斗护唇正常磨损、无开裂 2. 履带板连接正常，自锁螺栓无缺失和松动 3. 支重轮、托链轮、驱动轮、引导轮工作正常 4. 行走马达、减速机地脚螺栓无松动、变形 5. 底架梁、动臂、斗杆主体梁等结构件无裂纹和开焊 6. 动臂和铲斗销轴润滑良好、密封良好，磨损不超限 7. 上机梯子完好，各处护栏无开焊和破损	4	查现场。不符合要求1处扣0.3分	机械设备和配件安全可靠运行，机件齐全、不带病作业	1. 查铲斗铲尖、铲套、护套和铲斗护唇是否正常磨损、有无开裂 2. 查履带板连接是否正常，自锁螺栓是否缺失和松动 3. 查支重轮、托链轮、驱动轮、引导轮工作是否正常 4. 查行走马达、减速机地脚螺栓是否松动、变形 5. 查底架梁、动臂、斗杆主体梁等结构件是否有裂纹和开焊 6. 查动臂和铲斗销轴润滑、密封是否良好，磨损是否超限 7. 查上机梯子是否完好，各处护栏是否开焊和破损	1. 检查记录 2. 维修记录 3. 保养记录	
	辅助部分	1. 设备照明完好 2. 泵传动散热风扇和液压油箱散热风扇正常工作 3. 驾驶室完好无杂物，空调完好	2	查现场。不符合要求1处扣0.3分	辅助设备和配件安全可靠运行，机件齐全、不带病作业	1. 查设备照明是否完好、驾驶室是否完好、无杂物，空调是否完好 2. 查泵传动散热风扇和液压油箱散热风扇是否正常工作	1. 检查记录 2. 维修记录 3. 保养记录	

表4.2.6(续)

项目	项目内容	基本要求	标准分值	评分方法	执行指南	核查要点	资料要点	得分
四、电铲(10分)	电气部分	1. 配电系统的各项保护齐全,计算机和显示系统工作正常,诊断警报可靠 2. 变配电系统工作正常,机上电缆入槽,无过热,槽内清洁无杂物,盖板齐全,无松动 3. 司机操作系统灵活可靠 4. 电机不过热 5. 维修所用连接电源安全可靠 6. 大臂、司机室内外和机房照明正常有效 7. 各种电线、电缆连接可靠,绑扎固定 8. 电器柜加锁,通风良好,无积尘	4	查现场。不符合要求1处扣0.3分	电气设备及仪表安全可靠运行,机件齐全不带病作业	1. 查配电系统各项保护是否齐全,报警装置是否可靠 2. 查变配电系统工作是否正常,是否有杂物,盖板是否齐全无松动 3. 查操作系统是否灵活可靠,电机过热是否过热 4. 查各类照明设备是否可靠 5. 查维修所用连接电源安全情况,各类电线、电缆连接是否安全可靠 6. 查电器柜的通风、积尘情况,是否加锁,锁是否完好	1. 检查记录 2. 维修记录 3. 保养记录	

表4.2.6(续)

项目	项目内容	基本要求	标准分值	评分方法	执行指南	核查要点	资料要点	得分
四、电铲(10分)	机械部分	1. 空气压缩系统工作正常,压缩机无漏油、跑风,气压正常,无杂音 2. A形架、提升滚筒无裂纹,提升(推压)钢丝绳无断股,绷绳断丝不超限,开门绳无扭结、无断股,各导绳绳轮转动良好 3. 铲斗插销、斗门开合自如,旋转时门缝不漏料,斗齿无缺损 4. 推压机构润滑正常,通道无机油,推压齿条无缺牙断齿 5. 天轮润滑良好,无裂纹,磨损不超限 6. 回转齿圈和滚道润滑正常,无缺齿,磨损不超限 7. 履带运行正常无断裂,张紧装置定位牢固可靠,张紧适度,辊轮转动灵活,滚道无损坏 8. 制动系统工作正常,不发生过卷 9. 减速传动装置有安全罩,不漏油	4	查现场。不符合要求1处扣0.3分	机械设备及配件安全可靠运行,机件齐全、不带病作业	1. 查空气压缩系统工作是否正常,压缩机是否漏油、跑风,气压是否正常,有无杂音 2. 查A形架、提升滚筒有无裂纹,提升(推压)钢丝绳有无断股,绷绳断丝是否超限,开门绳有无扭结、断股,各导绳绳轮转动是否良好 3. 查铲斗插销、斗门是否开合自如,旋转时门缝是否漏料,斗齿是否缺损 4. 查推压机构润滑是否正常 5. 查天轮润滑、回转齿圈和滚道润滑是否良好,磨损是否超限 6. 查履带运行是否正常无断裂,辊轮转动是否灵活,滚道是否损坏 7. 查制动系统工作是否正常,是否发生过卷 8. 查减速传动装置是否有安全罩,是否漏油	1. 检查记录 2. 维修记录 3. 保养记录	

表4.2.6(续)

项目	项目内容	基本要求	标准分值	评分方法	执行指南	核查要点	资料要点	得分
四、电铲(10分)	辅助部分	1. 机顶人行道防滑垫完整、粘贴可靠，各种扶手、挡链连接可靠、使用方便 2. 机房清洁无杂物，警报装置正常，润滑室通风正常；操作室及空调完好 3. 梯子完好，收放自如，信号准确 4. 配重箱无破裂，配重量符合标准 5. 机下和操作室联络信号可靠	2	查现场。不符合要求1处扣0.3分	辅助设备及配件安全可靠运行，机件齐全、不带病作业	1. 查辅助部件是否安全可靠，报警装置是否完好 2. 查机房是否干净整洁，有无杂物 3. 查配重箱是否完好，是否符合标准 4. 查各类信号是否正确可靠	1. 检查记录 2. 维修记录 3. 保养记录	
五、矿用卡车(10分)	动力设施	1. 风机等设施的传动皮带运转正常，磨损不超限 2. 发动机冷却液温度正常，系统工作良好，怠速声均匀无杂音，排烟管无裂缝 3. 发电机通风管道无漏风，软接头良好 4. 启动电池连接良好，无放电痕迹 5. 增压器接管无裂痕，固定牢靠，有防火布 6. 电拖动开关箱无变形，闭锁正常 7. 电子监控系统显示正常 8. 电子加速踏板工作正常 9. 车辆上插件无松动，工作正常 10. 冷却通风及过热警告系统工作正常 11. 各种仪表显示正常，照明、倒车、转向、示宽灯等灯光齐全有效，联动无误	4	查现场。不符合要求1处扣0.3分	动力设备及其附件安全可靠运行，机件齐全、不带病作业	1. 查风机等的传动皮带运转是否正常，有无超限磨损 2. 查发动机冷却液温度是否正常，排烟管有无裂缝 3. 查发电机通风管道是否漏风，软接头是否良好 4. 查启动电池连接是否良好，有无闪络(火花)痕迹 5. 查增压器接管有无裂痕 6. 查电拖动开关箱是否变形，闭锁是否正常 7. 查电子监控系统显示、电子加速踏板是否正常 8. 查车辆上的插件有无松动，冷却通风及过热警告系统工作是否正常 9. 查各种仪表显示正常，照明、倒车、转向、示宽灯等灯光是否齐全有效	1. 检查记录 2. 维修记录 3. 保养记录	

表4.2.6(续)

项目	项目内容	基本要求	标准分值	评分方法	执行指南	核查要点	资料要点	得分
五、矿用卡车(10分)	机械部分	1. 制动、转向和举升系统部件完好，性能良好 2. 悬挂装置完好，工作正常 3. 牵引销、平衡梁销、厢斗销连接正常，润滑良好 4. 厢斗等大型结构件无变形、破损，车架无裂纹，减振垫完好 5. 轮胎螺栓无松动、缺失，打石器完好 6. 油尺和油箱视窗完好 7. 各种管路连接、固定完好	4	查现场。不符合要求1处扣0.3分	机械设备及其配件安全可靠运行，机件齐全、不带病作业	1. 查制动、转向和举升系统部件是否完好，性能是否良好 2. 查悬挂装置是否完好，工作是否正常 3. 查牵引销、平衡梁销、厢斗销连接是否正常，润滑是否良好 4. 查厢斗等大型结构件有无变形、破损，车架有无裂纹，减振垫是否完好 5. 查轮胎螺栓有无松动、缺失，打石器是否完好 6. 查油尺和油箱视窗是否保持完好 7. 查各种管路连接、固定是否完好	1. 检查记录 2. 维修记录 3. 保养记录	

表4.2.6(续)

项目	项目内容	基本要求	标准分值	评分方法	执行指南	核查要点	资料要点	得分
五、矿用卡车(10分)	辅助部分	1. 集中润滑系统完好,各注油点通畅,按规定注油 2. 驾驶室、空调、雨刷器、安全带完好 3. 上下车梯完整,固定可靠 4. 各种智能安全保护装置可靠 5. 轮胎管理符合技术要求,定时换位,检查胎温、胎压、胎纹及胎面,并做好记录、存档	2	查现场和资料。不符合要求1处扣0.3分	辅助设备及配件安全可靠运行,机件齐全、不带病作业	1. 查集中润滑系统是否完好,各注油点是否保持通畅,是否按规定注油 2. 查驾驶室、空调、雨刷器、安全带是否完好 3. 查上下车梯是否完整,固定是否可靠 4. 查各种智能安全保护装置是否可靠 5. 查轮胎管理是否符合技术要求,是否定时换位,检查胎温、胎压、花纹及胎面是否完好,是否作好记录、存档	1. 检查记录 2. 维修记录 3. 保养记录	
六、轮斗挖掘机(4分)	电气部分	1. 各种安全保护装置齐全有效 2. 机上固定电缆理顺、捆绑、入槽或挂钩固定、布置整齐,接线规范、无裸露接头 3. 电器柜内无积尘,电气元器件齐全、无破损、标识明确,柜内布线整齐,按规定捆绑 4. 配电室、控制箱、操作箱上锁 5. 控制箱、操作箱、电动机完好 6. 电气保护齐全、可靠 7. 室外照明灯具完好	2	查现场。不符合要求1处扣0.3分	电气设备及其附件安全可靠运行,机件齐全、不带病作业	1. 查各种安全保护装置是否齐全有效 2. 查电缆接线是否规范、有无裸露接头 3. 查电器柜内有无积尘,电气元器件是否齐全 4. 查配电室、控制箱、操作箱是否上锁 5. 查控制箱、操作箱、电动机是否完好 6. 查电气保护是否齐全、可靠 7. 查室外照明灯具是否完好	1. 检查记录 2. 维修记录 3. 保养记录	

表4.2.6(续)

项目	项目内容	基本要求	标准分值	评分方法	执行指南	核查要点	资料要点	得分
六、轮斗挖掘机(4分)	机械部分	1. 制动部件完好,制动性能良好 2. 钢丝绳磨损和断丝不超限,滑轮无裂痕,紧固端无松动 3. 减速器通气孔干净、畅通,减速器油位、油质合格 4. 润滑部件完好、齐全 5. 防倾翻安全钩间隙不超限 6. 履带张紧适度,履带板无断裂 7. 斗轮体的锥体和圆弧导料板、斜溜料板、溜槽和挡板磨损不超限 8. 变幅机构张力值不超限 9. 钢结构无开焊、变形、断裂现象,防腐完好,各部连接螺栓紧固齐全 10. 带式输送机驱动滚筒及改向滚筒包胶磨损不超限 11. 胶带损伤、磨损不超限 12. 清扫器齐全有效 13. 各转动部位防护罩、防护网齐全有效 14. 操作室、空调完好	2	查现场。不符合要求1处扣0.3分	机械设备及其附件安全可靠运行,机件齐全、不带病作业	1. 查制动性能是否良好,制动部件是否完好 2. 查钢丝绳磨损和断丝是否超限,滑轮有无裂痕,紧固端有无松动 3. 查减速器通气孔是否干净、畅通,减速器油位、油质是否合格 4. 查润滑部件是否完好、齐全 5. 查防倾翻安全钩间隙是否超限 6. 查履带张紧情况,履带板有无断裂;查斗轮体的锥体和圆弧导料板、斜溜料板、溜槽和挡板磨损是否超限;查变幅机构张力值是否超限 7. 查钢结构有无开焊、变形、断裂现象,防腐是否完好,各部连接螺栓是否紧固齐全 8. 查带式输送机驱动滚筒及改向滚筒包胶磨损是否超限;查输送带损伤、磨损是否超限 9. 查清扫器是否齐全有效;查各转动部位防护罩、防查护网是否齐全有效 10. 查操作室是否完好,空调是否完好	1. 检查记录 2. 维修记录 3. 保养记录	

表4.2.6(续)

项目	项目内容	基本要求	标准分值	评分方法	执行指南	核查要点	资料要点	得分
七、排土机(4分)	电气部分	1. 各种安全保护装置齐全有效 2. 机上固定电缆理顺、捆绑、入槽或挂钩固定、布置整齐,接线规范、无裸露接头 3. 电器柜内无积尘,电气元器件齐全、无破损、标识明确,柜内布线整齐,按规定捆绑 4. 配电室及时上锁 5. 电动机完好 6. 电气保护接地齐全、规范 7. 室外电气控制箱、操作箱箱体完好,箱内元器件齐全、无破损、无积尘、及时上锁 8. 室外照明灯具完好	2	查现场。不符合要求1处扣0.3分	电气设备及其配件安全可靠运行,机件齐全、不带病作业	1. 查各种安全保护装置是否齐全有效 2. 查电缆接线是否规范,有无裸露接头 3. 查电器柜内有无积尘,电气元器件是否齐全、有无破损、标识是否明确,柜内布线是否整齐,是否按规定捆绑 4. 查配电室、控制箱、操作箱是否上锁 5. 查电动机是否完好 6. 查电气保护接地是否齐全、可靠 7. 查室外照明灯具是否完好	1. 检查记录 2. 维修记录 3. 保养记录	

表4.2.6(续)

项目	项目内容	基本要求	标准分值	评分方法	执行指南	核查要点	资料要点	得分
七、排土机(4分)	机械部分	1. 制动部件完好,制动性能良好 2. 钢丝绳磨损和断丝不超限,滑轮无裂痕,紧固端无松动 3. 减速器通气孔干净、畅通,减速器油位、油质合格 4. 润滑部件完好、齐全 5. 防倾翻安全钩间隙不超限 6. 履带张紧适度,履带板无断裂 7. 夹轨器状态正常 8. 钢结构无开焊、变形、断裂现象,防腐有效,各部连接螺栓紧固齐全 9. 带式输送机驱动滚筒及改向滚筒包胶磨损不超限 10. 胶带损伤、磨损不超限 11. 清扫器齐全、有效 12. 各转动部位防护罩、防护网齐全、有效 13. 消防设施齐全、有效 14. 驾驶室、空调完好	2	查现场。不符合要求1处扣0.3分	机械设备运转时,对所有运转部件进行观察,通过目测、辨声音判断设备状态;对减速箱润滑油液位进行检查;对设备的安全防护设施进行检查	1. 查制动性能是否良好,制动部件是否完好 2. 查钢丝绳磨损和断丝是否超限,滑轮有无裂痕,紧固端有无松动 3. 查减速器通气孔是否干净、畅通,减速器油位、油质是否合格 4. 查润滑部件是否完好、齐全 5. 查防倾翻安全钩间隙是否超限;查履带张紧是否适度,履带板有无断裂 6. 查斗轮体的锥体和圆弧导料板、斜溜料板、溜槽和挡板磨损是否超限;查变幅机构张力值是否超限 7. 查钢结构有无开焊、变形、断裂现象,防腐是否完好,各部连接螺栓是否紧固齐全 8. 查带式输送机驱动滚筒及改向滚筒包胶磨损是否超限;查输送带损伤、磨损是否超限 9. 查清扫器是否齐全有效;查各转动部位防护罩、防查护网是否齐全有效 10. 查操作室是否完好,空调是否完好	1. 检查记录 2. 维修记录 3. 保养记录	

表4.2.6(续)

项目	项目内容	基本要求	标准分值	评分方法	执行指南	核查要点	资料要点	得分
八、带式输送机(4分)	电气部分	1. 各种安全保护装置齐全有效，带式输送机检修时使用检修开关并上锁，启动预警时间不少于20 s 2. 机上固定电缆理顺、捆绑、入槽或挂钩固定、布置整齐，接线规范，无裸露接头 3. 电器柜内无积尘，电气元器件齐全、无破损、标识明确，柜内布线整齐，按规定捆绑 4. 配电室及时上锁 5. 电动机完好 6. 电气保护接地齐全、规范 7. 室外电气控制箱、操作箱箱体完好，箱内元器件齐全、无破损、无积尘、及时上锁	2	查现场。不符合要求1处扣0.3分	1. 电动机完好 2. 电气保护设置齐全、整定合理、动作灵敏可靠 3. 无高耗能设备，报废设备，超期限服役不能满足生产要求的设备 4. 电器设备、部件符合电气设备完好标准 5. 配电室、室外控制箱(柜)完好、无积尘、上锁	1. 查电动机是否完好、润滑是否规范；电机接地、温度检测保护是否齐全 2. 查配电室是否上锁，有无破损、淋雨、积尘 3. 查电器柜内有无积尘，电气元器件是否齐全、有无破损、标识是否明确，柜内布线是否整齐，是否按规定捆绑 4. 查供配电设备、部件、电气保护接地是否齐全、规范，是否符合电气设备完好标准 5. 查室外电气控制箱、操作箱箱体是否完好，箱内元器件是否齐全、有无破损、有无积尘、是否及时上锁	1. 电气工作票、操作票 2. 供电设计及供电系统图	

表4.2.6(续)

项目	项目内容	基本要求	标准分值	评分方法	执行指南	核查要点	资料要点	得分
八、带式输送机(4分)	机械部分	1. 制动部件完好,制动性能良好 2. 钢丝绳磨损和断丝不超限,滑轮无裂痕,紧固端无松动 3. 减速器通气孔干净、畅通,减速器油位、油质合格 4. 钢结构无开焊、变形、断裂现象,防腐有效,各部连接螺栓紧固齐全 5. 受料槽圆钢、母板、耐磨板等各部位焊接牢固,磨损不过限,不伤及母板,挡料胶条夹板无变形,部件无损坏或不全,防冲击装置使用完好 6. 托辊组部件完好 7. 胶带损伤、磨损不超限 8. 清扫器齐全有效 9. 驱动滚筒及改向滚筒包胶磨损不超限 10. 分流站伸缩头行走机构部件处于完好状态 11. 各转动部位防护罩、防护网齐全、有效 12. 消防设施齐全有效	2	查现场。不符合要求1处扣0.3分	1. 带式输送机必须装设有防滑、防跑偏、防堆煤、防撕裂和输送带张紧力下降保护装置,以及温度、烟雾监测和自动洒水装置 2. 带式输送机沿线设置紧急联锁停车装置,沿线安设有通信和信号装置;装载处、卸载处设有摄像头 3. 上运输机需装设制动器和逆止器,下运输机需装设软制动防超速保护装置 4. 在驱动、传动和自动拉紧装置的旋转部件周围应设防护装置 5. 在转载点和机头处应设置消防设施 6. 机头、机尾及搭接处设有照明,行人跨越处设有过桥	1. 查带式输送机是否装设有防滑、防跑偏、防堆煤、防撕裂和输送带张紧力下降保护装置,以及温度、烟雾监测和自动洒水装置是否齐全有效 2. 查带式输送机沿线是否设置紧急联锁停车装置;沿线是否安设有通信和信号装置;装、卸载处是否设有摄像头 3. 查上运输机是否装设制动器和逆止器,下运输机是否装设软制动防超速保护装置齐全有效 4. 查机头、机尾、驱动滚筒和改向滚筒、拉进装置等旋转部件周围是否设置防护装置和警示牌 5. 查带式输送机电机、减速机驱动润滑系统工作是否正常,油位是否合适,观察窗是否清洁、完好 6. 查带式输送机机架、驱动滚筒包胶、托辊组件、输送带、清扫器、导料槽等各机构部件是否处于完好状态 7. 查带式输送机在转载点和机头处是否设置消防设施 8. 查带式输送机机头、机尾及搭接处是否设有照明,行人跨越处是否设有过桥	包括但不限于以下记录: 1. 带式输送机运行记录 2. 钢丝绳芯输送带接头及带面检查记录 3. 机电设备检修记录 4. 机电设备事故、故障记录 5. 机电设备润滑记录 6. 带式输送机保护系统检查试验记录 7. 驱动设备巡回检查记录 8. 交接班记录	

表4.2.6(续)

项目	项目内容	基本要求	标准分值	评分方法	执行指南	核查要点	资料要点	得分
九、破碎站(4分)	电气部分	1. 各种安全保护装置齐全有效 2. 机上固定电缆理顺、捆绑、入槽或挂钩固定、布置整齐,接线规范、无裸露接头 3. 电器柜内无积尘,电气元器件齐全、无破损、标识明确,柜内布线整齐,按规定捆绑 4. 配电室上锁 5. 电动机完好 6. 电气保护接地齐全、规范 7. 室外电气控制箱、操作箱箱体完好,箱内元器件齐全、无破损、无积尘、及时上锁 8. 室外照明灯具完好	2	查现场。不符合要求1处扣0.3分	1. 电动机完好 2. 电气保护设置齐全、整定合理、动作灵敏可靠 3. 无高耗能设备,报废设备,超期限服役不能满足生产要求的设备 4. 电器设备、部件符合电气设备完好标准 5. 配电室、室外控制箱(柜)完好、无积尘、上锁	1. 查电动机是否完好、润滑是否规范;电机接地、温度检测保护是否齐全 2. 查配电室是否上锁,有无破损、淋雨、积尘 3. 查电器柜内有无积尘,电气元器件是否齐全、有无破损、标识是否明确,柜内布线是否整齐,是否按规定捆绑 4. 查供配电设备、部件、电气保护接地是否齐全、规范,是否符合电气设备完好标准 5. 查室外电气控制箱、操作箱箱体是否完好,箱内元器件是否齐全、有无破损、有无积尘、是否及时上锁	1. 电气工作票、操作票 2. 供电设计及供电系统图	

表4.2.6(续)

项目	项目内容	基本要求	标准分值	评分方法	执行指南	核查要点	资料要点	得分
九、破碎站(4分)	机械部分	1. 制动部件完好,制动性能良好 2. 减速器通气孔干净、畅通,减速器油位、油质合格 3. 钢结构无开焊、变形、断裂现象,防腐有效,各部连接螺栓紧固齐全 4. 板式给料机链节、驱动轮磨损不过限,给料机链板不变形 5. 破碎辊的破碎齿、边齿磨损不过限、不松动 6. 受料槽圆钢、母板、耐磨板等各部位焊接牢固,磨损不过限,不伤及母板,挡料胶条夹板无变形,部件无损坏或不全,防冲击装置使用完好 7. 胶带损伤、磨损不超限 8. 驱动滚筒及改向滚筒包胶磨损不超限 9. 各转动部位防护罩、防护网齐全有效 10. 驾驶室完好,空调完好	2	查现场。不符合要求1处扣0.3分	1. 卸车平台应有良好的照明系统 2. 破碎站作业区域应干净整洁,无洒料 3. 卸料口应设置挡车器	1. 查破碎站卸车平台是否有良好的照明系统 2. 查破碎站作业区域是否干净整洁,有无洒料 3. 查卸料口挡车器高度是否达到运煤汽车轮胎直径的2/5以上 4. 查破碎机电机、减速机驱动润滑系统工作是否正常,油脂是否清洁,油位是否合适,观察窗是否清洁、完好 5. 查破碎滚筒转动是否灵活,有无变形、开焊和裂纹,齿座、齿套、破碎齿是否齐全 6. 查破碎机各转动部位防护罩、防护网是否齐全有效 7. 查破碎机集中润滑系统是否完好有效	包括但不限于以下记录: 1. 破碎站运行记录 2. 破碎站检修记录 3. 破碎机设备润滑记录 4. 破碎机设备巡回检查记录 5. 交接班记录	

表4.2.6(续)

项目	项目内容	基本要求	标准分值	评分方法	执行指南	核查要点	资料要点	得分
十、电机车(4分)	设施要求	1. 正旁弓子无裂纹、无折损,编组铜线烧损和折损率不大于15%,气筒不跑气 2. 车棚盖不漏雨,避雷器完好,探照灯射程达80 m以上,主隔离开关无烧损,接触面积达75%以上 3. 主电阻室连接铜带无松弛和烧损,导线片间距离不小于原有的66% 4. 高压室的导线绝缘无腐蚀老化,接线头无烧损、脱焊,联锁装置正常 5. 蓄电池箱底无腐蚀,滑道无破损,零件完整 6. 机械室内辅助电机的保护网完整、轴承不漏油、动作可靠 7. 台车、联结器、轮轴、牵引电动机各零件紧固、无缺失,润滑良好	2	查现场。不符合要求1处扣0.3分	电机车安全可靠运行,机件齐全、不带病作业	1. 查正旁弓子有无裂纹、有无折损,编组铜线烧损和折损率是否不大于15%,气筒是否跑气 2. 查车棚盖是否漏雨,避雷器是否完好,探照灯射程是否达80 m以上,主隔离开关有无烧损,接触面积是否达75%以上 3. 查主电阻室连接铜带有无松弛和烧损,导线片间距离是否小于原有的66% 4. 查高压室的导线绝缘有无腐蚀老化,接线头有无烧损、脱焊,连锁装置是否正常 5. 查蓄电池箱底有无腐蚀,滑道有无破损,零件是否完整 6. 查机械室内辅助电机的保护网是否完整、轴承是否漏油、动作是否可靠 7. 查台车、联结器、轮轴、牵引电动机各零件是否紧固、有无缺失,润滑是否良好	1. 维修记录 2. 保养记录 3. 交接班记录	

表4.2.6(续)

项目	项目内容	基本要求	标准分值	评分方法	执行指南	核查要点	资料要点	得分
十、电机车(4分)	辅助设施	1. 驾驶室完好，室内仪表齐全、完整、灵活，电热器完好，操作开关齐全完整、动作灵活 2. 消防设施齐全、有效	1	查现场。不符合要求1处扣0.3分	辅助设施安全可靠运行，机件齐全、不带病作业	1. 查驾驶室是否完好，室内仪表是否齐全、完整、灵活，电热器是否完好，操作开关是否齐全完整、动作是否灵活 2. 查消防设施是否齐全有效	1. 维修记录 2. 保养记录 3. 交接班记录	
	机车自翻车	1. 各机件齐全完好、无松动、不漏油，磨损符合要求，制动灵活； 2. 转动装置、台车连接处润滑良好、不缺油	1	查现场。不符合要求1处扣0.3分	设备安全可靠运行，机件齐全、不带病作业	1. 查各机件是否齐全完好、有无松动、是否漏油，磨损是否符合要求，制动是否灵活 2. 查转动装置、台车连接处润滑是否良好、是否缺油	1. 维修记录 2. 保养记录 3. 交接班记录	
十一、辅助机械设备(10分)	电气部分	1. 照明、仪表、蜂鸣器工作正常 2. 控制装置、监控面板、报警装置工作正常 3. 各种电线、电缆连接可靠，绑扎固定良好；各部分插头连接紧固 4. 发电机皮带、风扇皮带等运转正常，张紧度符合要求、无超限磨损 5. 电瓶搭线连接良好，无放电痕迹，可维护电瓶电解液液位满足使用要求	4	查现场。不符合要求1处扣0.3分	电气设备及其附件安全可靠运行，机件齐全、不带病作业	1. 查照明、仪表、蜂鸣器工作是否正常 2. 查控制装置、监控面板、报警装置工作是否正常 3. 查各种电线、电缆连接是否可靠，绑扎固定是否良好；各部插头连接是否紧固 4. 查发电机输送带、风扇输送带等运转是否正常，张紧度是否符合要求、有无超限磨损 5. 查电瓶搭线连接是否良好，有无闪络（火花）痕迹，可维护电瓶电解液液位是否满足使用要求	1. 维修记录 2. 保养记录 3. 交接班记录	

表4.2.6(续)

项目	项目内容	基本要求	标准分值	评分方法	执行指南	核查要点	资料要点	得分
十一、辅助机械设备(10分)	机械部分	1. 发动机冷却液温度正常,系统工作良好,怠速声均匀无杂音,排烟管、消音器无裂纹 2. 涡轮增压器歧管连接正常,无裂痕,固定牢固 3. 机油、液压油、齿轮油等油位、油质、温度、密封正常 4. 制动装置部件齐全完好,制动性能可靠 5. 传动装置工作正常,无漏油现象,各部分润滑良好 6. 液压元件工作正常,液压回路密封良好,无漏油现象,液压传动系统工作安全可靠 7. 钢结构件无开焊、变形或断裂现象,侧机架无漏油现象,铲刀、铲角、斗齿等磨损程度符合要求	4	查现场。不符合要求1处扣0.3分	机械设备及其配件安全可靠运行,机件齐全、不带病作业	1. 查发动机冷却液温度是否正常,系统工作是否良好,怠速声均匀有无杂音,排烟管、消音器有无裂纹 2. 查涡轮增压器歧管连接是否正常,有无裂痕,固定是否牢固 3. 查机油、液压油、齿轮油等油位、油质、温度、密封是否正常 4. 查制动装置部件是否齐全完好,制动性能是否可靠 5. 查传动装置工作是否正常,有无漏油现象,各部分润滑是否良好 6. 查液压元件工作是否正常,液压回路密封是否良好,有无漏油现象,液压传动系统工作是否安全可靠 7. 查钢结构件有无开焊、变形或断裂现象,侧机架有无漏油现象,铲刀、铲角、斗齿等磨损程度是否符合要求	1. 维修记录 2. 保养记录 3. 交接班记录	

表4.2.6(续)

项目	项目内容	基本要求	标准分值	评分方法	执行指南	核查要点	资料要点	得分
十一、辅助机械设备(10分)	辅助部分	驾驶室完好,室内仪表、电器、操作开关完好,安全装置工作可靠	2	查现场。不符合要求1处扣0.3分	设备安全可靠运行,机件齐全、不带病作业	查驾驶室机件是否齐全完好	运行检查记录	
十二、供电管理(16分)	技术管理	1. 供电设备设施档案齐全 2. 有设备台账 3. 有全矿供电系统图并与现场一致 4. 有巡视检查制度 5. 设备设施检修和运行记录详实	5	查资料。无档案、台账、图纸、制度不得分;其他不符合要求1处扣0.5分	档案包括供电设备合格证,相关检测、检验、防雷、防静电报告等	1. 查供电设备设施档案是否齐全,有无设备台账 2. 查是否有全矿供电系统图,与现场是否一致 3. 查是否有巡视检查制度,设备设施检修和运行记录是否详实	1. 设备档案 2. 供电系统图 3. 巡视检查制度 4. 检修和运行记录	
	断路器和互感器	1. 油位正常 2. 本体及高压套管无渗漏	1	查现场。不符合要求1处扣0.2分		1. 查油位是否正常 2. 查本体及高压套管有无渗漏	运行检查记录	

表4.2.6(续)

项目	项目内容	基本要求	标准分值	评分方法	执行指南	核查要点	资料要点	得分
十二、供电管理(16分)	开关柜	1. 断路器、负荷开关完好 2. 电压、电流互感器完好 3. 母线支撑瓶无损，连接螺栓无松动 4. 开关柜柜体及各种保护完好、上锁 5. 开关柜运行状态指示灯完好 6. 隔离开关与断路器闭锁可靠	2	查现场。不符合要求1处扣0.2分	开关柜安设规范，符合要求	1. 查内设断路器或负荷开关是否完好 2. 查内设电压、电流互感器是否完好 3. 查母线支撑瓶有无破损，连接螺栓有无松动 4. 查开关柜柜体及各种保护是否完好、上锁 5. 查开关柜运行状态指示灯是否完好 6. 查隔离开关与断路器闭锁是否可靠	1. 配电图纸 2. 运行检查记录	
	变电站	1. 采场变电站有围栏和警示牌，箱体上锁，保护接地完好，各项继电保护有效可靠 2. 站内设备统一编号，有负荷名称、有停送电标识 3. 供电监控系统完好 4. 隔离开关、引线、线夹、卡具无过热、放电现象 5. 巡查记录齐全 6. 变压器运行稳定，无渗漏和过负荷现象 7. 配备检测和绝缘用具 8. 移动变电站进线户外主隔离开关上锁	2	查现场和资料。不符合要求1处	变压器安装符合安装规范，防雷接地装置完好	1. 查采场变电站有无围栏和警示牌，箱体保护接地是否完好，各项继电保护是否有效可靠 2. 查站内设备是否统一编号，有无负荷名称、停送电标识 3. 查供电监控系统是否完好 4. 查隔离开关、引线、线夹、卡具有无过热、放电现象 5. 查巡查记录是否齐全 6. 查变压器运行是否稳定，有无渗漏和过负荷现象 7. 查是否配备检测和绝缘用具 8. 查移动变电站进线户外主隔离开关是否上锁	1. 采购合同及技术协议 2. 标识铭牌 3. 运行检查记录	

表4.2.6(续)

项目	项目内容	基本要求	标准分值	评分方法	执行指南	核查要点	资料要点	得分
十二、供电管理(16分)	电力线路	1. 电力电缆防护区(两侧各0.75 m)内不堆放垃圾、矿渣、易燃易爆及有害的化学物品 2. 电缆线路标识符合GB 50168的规定 3. 电缆接头及接线方式和工艺符合要求 4. 各种电缆按规定敷设(吊挂、电缆沟道、直埋) 5. 架空线下不得停放矿用设备或堆放物料 6. 跨台阶敷设电缆避开伞檐、浮石、裂缝区域	2	查现场。不符合规定1处扣0.2分	安装要求标准符合国家电力行业技术规范	1. 查电力电缆防护区(两侧各0.75 m)内是否堆放垃圾、矿渣、易燃易爆及有害的化学物品 2. 查电缆线路标识是否符合GB 50168的规定 3. 查电缆接头及接线方式和工艺是否符合要求 4. 查各种电缆是否按规定敷设(吊挂、电缆沟道、直埋) 5. 查架空线下是否停放矿用设备和堆放物料 6. 查跨台阶敷设电缆是否避开伞檐、浮石、裂缝区域	1. 安装工程技术规范 2. 巡检记录	
	配电室	1. 配电室不渗、漏水,内、外墙皮完好,挡鼠板、防护网齐全并符合要求,配电室上锁,非工作人员进入要登记 2. 配电室外有"禁止攀登、高压危险"及"配电重地、闲人免进"等警示标识 3. 周围无杂草、柴垛等易燃物 4. 配电室内电缆沟使用合格盖板,出口封堵完好 5. 按规定安装无功补偿装置	2	查现场。不符合规定1处扣0.2分		1. 查配电室是否渗、漏水,内、外墙皮是否完好,挡鼠板、防护网是否齐全并符合要求,是否上锁,非工作人员进入是否登记 2. 查配电室外是否有"禁止攀登、高压危险""配电重地、闲人免进"等警示标识 3. 查周围有无杂草、柴垛等易燃物 4. 查配电室内电缆沟是否使用合格盖板,出口封堵是否完好 5. 查是否按规定安装无功补偿装置	1. 检查记录 2. 标识标牌	

表4.2.6(续)

项目	项目内容	基本要求	标准分值	评分方法	执行指南	核查要点	资料要点	得分
十二、供电管理(16分)	变压器	1. 柱上安装的变压器,底座距地面不小于2.5 m 2. 露天安装的变压器悬挂“禁止攀登、高压危险”的标识牌 3. 横梁、电缆套管等使用镀锌件 4. 线路杆号、名称、色标及柱上开关(包括电缆分线箱、环网柜名称和编号)正确清楚,电缆牌齐全并与实际相符 5. 高、低压同杆架设的横担间距符合规定 6. 柱上开关、配电台架、10 kV电缆线路安装避雷器,避雷器按要求定期试验 7. 配电设备的接地线、接地电阻符合要求 8. 表计无损坏,安装规范、牢固、无歪斜,表尾用专用计量铅封封印 9. 风冷变压器能自动或手动投入运行 10. 变压器高低压绝缘套管、分接开关等部位无油污、无渗漏	2	查现场。不符合规定1处扣0.2分	变压器安装符合安装规范,防雷接地装置完好	1. 查柱上安装的变压器,底座距地面是否小于2.5 m 2. 查露天安装的变压器是否悬挂“禁止攀登、高压危险”的标示牌 3. 查横梁、电缆套管等是否使用镀锌件 4. 查线路杆号、名称、色标及柱上开关(包括电缆分线箱、环网柜名称和编号)是否正确清楚,电缆牌是否齐全并与实际相符 5. 查高、低压同杆架设的横担间距是否符合规定 6. 查柱上开关、配电台架、10 kV电缆线路是否安装避雷器,避雷器是否按要求定期试验 7. 查配电设备的接地线、接地电阻是否符合要求 8. 查表计有无损坏,安装是否规范、牢固、有无歪斜,表尾是否用专用计量铅封封印 9. 查风冷变压器是否能自动或手动投入运行 10. 查变压器高低压绝缘套管、分接开关等部位有无油污、有无渗漏	1. 变压器说明书 2. 变压器铭牌信息 3. 使用、保养记录	

4.2.7 防　治　水

一、工作要求

1. 技术管理。建立并落实水害防治相关制度，有相关图纸，编制规划计划，查明水文地质条件。

【说明】 本条是对防治水专业技术管理的工作要求。

(1) 建立防治水管理体系，按照《煤矿地质工作细则》要求查清矿水文地质情况，

(2) 根据《煤矿安全规程》《煤矿地质工作细则》《煤矿防治水细则》等绘制相关图件，编制年度防治水计划与措施，组织防洪演练。

2. 防排水。排水沟渠等设备设施状态完好，能力满足设计要求，配电设施布置合理；现场有安全防护措施，排水设备运行良好，排水沟渠、疏干巷道排水通畅，管道、闸阀等无漏水现象。因地下水位升高，威胁安全生产时制定治理措施，涌水台阶采取相应疏干排水措施，排水设备设施满足设计要求。

【说明】 本条是对防治水专业防排水的工作要求。

(1) 年度防治水计划与措施中应包括采场和工业广场两部分，其中采场应根据降雨分水岭位置及降雨量，地下水涌水量，分别计算正常及暴雨汇水量，根据汇水总量按照相关要求对主排水系统进行设计。

(2) 定期对排水设备、排水沟渠等进行排查，避免设备故障、排水沟淤堵等情况影响正常排水疏干。

3. 疏干。地层含水影响采矿工程正常进行时，应当进行疏干，建立疏干集中控制系统，主机运行状态、分站通信状况良好，采集系统无异常，数据准确，远程启停指令可靠。

【说明】 本条是对防治水专业疏干的工作要求。

(1) 需要进行地下水疏干的煤矿，要进行专项设计。

(2) 日常确保疏干集中控制系统运行正常可靠。

4. 文明生产。作业场所干净整洁，物品摆放规整。

【说明】 本条是对防治水专业文明生产的要求。

各级泵站要按照规范要求进行设置，确保变电室、泵站干净整洁，巡检记录页面整洁清晰。

二、评分方法

1. 存在重大事故隐患的，本部分不得分。

2. 按表4.2.7设立分值和要素评分，总分为100分。按照所检查存在的问题进行扣分，缺项不得分，各小项分数扣完为止。

3. "项目内容"缺项时，按式(1)进行计算：

$$A=\frac{100}{100-B}\times C \tag{1}$$

式中　A——防治水部分实得分数；

B——缺项标准分值；

C——防治水部分检查得分数。

表 4.2.7　露天煤矿疏干排水标准化评分表

项目	项目内容	基本要求	标准分值	评分方法	执行指南	核查细则	资料清单	得分
一、技术管理(30分)	管理制度	建立并落实以下制度： 1. 水害防治技术管理制度 2. 水害预测预报制度 3. 重大水患停产撤人制度	9	查资料。制度缺1项扣2分；制度内容不符合要求或未落实1处扣0.5分	应建立健全水害防治技术管理制度、水害预测预报制度、水害隐患排查治理制度、重大水患停产撤人制度及应急处置制度等	1. 查是否制定防治水管理办法，是否成立防治水机构 2. 查水文地质预测预报、疏干排水技术管理及重大水患停产撤人制度是否符合要求 3. 查水害应急救援预案是否符合要求	1. 水害防治技术管理制度 2. 水害预测预报制度 3. 重大水患停产撤人制度 4. 水害应急救援预案	
	技术资料	有下列图纸及资料： 1. 综合水文地质图 2. 综合水文地质柱状图 3. 防排水系统平面图 需要疏干的露天矿应有矿区地下水等水位线图，有疏干巷道的还应有疏干巷道井上下对照图、疏干巷道竣工资料	10	查资料。图纸缺1种扣2分，资料缺1项扣1分，图纸、资料信息不符合要求1处扣0.5分，每类图纸最高2分	1. 确保矿山防排水技术资料和图纸的真实可靠性 2. 根据最新勘探资料及时更新相关技术资料和图纸 3. 及时下发相关技术资料	1. 查图纸是否齐全 2. 查图纸内容是否符合要求 3. 查技术资料是否符合要求	1. 综合水文地质图 2. 综合水文地质柱状图 3. 疏干排水系统平面图 4. 矿区地下水等水位线图 5. 疏干巷道竣工资料 6. 疏干巷道井上下对照图 7. 疏干巷道竣工技术资料	

表4.2.7(续)

项目	项目内容	基本要求	标准分值	评分方法	执行指南	核查细则	资料清单	得分
一、技术管理(30分)	规划计划	有防治水中长期规划、年度计划并组织实施	6	查现场和资料。无规划、计划或未组织实施不得分,落实不到位1处扣1分	1. 应编制防治水中长期规划、计划及措施 2. 现场按照计划组织实施 3. 规划、设计应以正式文件下发	1. 查是否编制防排水中长期规划、年度疏干排水计划及措施 2. 查计划及措施是否组织实施,是否落实到位	1. 防治水中长期规划 2. 年度计划 3. 组织实施资料	
	水文地质	查明地下水补给方向、渗透系数等,受地下水影响较大和已进行疏干排水工程的边坡,进行地下水位及涌水量的观测并有记录,分析地下水对边坡稳定的影响程度及疏干效果,制定地下水治理措施并执行	5	查资料。未查明、无记录、无措施、未执行不得分,措施执行不到位1处扣1分,记录不全1处扣0.5分	1. 存在涌水的露天矿应查明来水方向、渗透系数等 2. 地下水影响的边坡应进行地下水位观测及采取治理措施 3. 观测记录应齐全并进行有效分析	1. 查地下水来水情况是否清楚 2. 查观测记录是否全面 3. 查地下水治理措施是否执行	1. 水文地质报告、边坡稳定性分析报告 2. 水文观测记录 3. 地下水治理措施 4. 露天矿涌水量与排水量记录	

表4.2.7(续)

项目	项目内容	基本要求	标准分值	评分方法	执行指南	核查细则	资料清单	得分
二、防排水(45分)	现场管理	地面排水沟渠、集水坑等设施完备，排水、储水能力满足要求	8	查现场。能力不足不得分，排水沟渠淤堵1处扣1分	根据防排水设计，经计算及设备选型后，配套相应排水设施	查排水沟渠、储水池是否存在淤堵、缺口	年度计划或疏干排水专项设计	
		用露天采场底部做集水坑排水时，有安全措施，备用水泵处于完好状态，能力不小于工作水泵能力的50%，有定期性能检测记录	6	查现场和资料。无措施不得分，备用设备故障1台扣5分，无性能检测记录1台设备扣2分	应编制年度防治水计划与措施，根据汇水量和涌水量计算采场底部蓄水池容积，计算所需的排水能力	1. 查露天采场底部做集水坑排水时是否有安全措施 2. 查备用水泵的能力是否小于工作水泵能力的50% 3. 查备用设备是否有故障 4. 查设备运行及检测检修记录是否真实完整	1. 疏干排水专项设计或治理措施 2. 疏干排水设备清单 3. 设备运行及检修记录	
		采场内的主排水泵站设置备用电源 或双回线路，当供电线路发生故障 时，备用电源能担负最大排水负荷	6	查现场。未设置备用电源或双回线路不得分，备用电源负荷不足1处扣3分	采场内主排水系统应有备用电源或双回路供电	1. 查采场内的主排水泵站是否设置备用电源 2. 查当供电线路发生故障时，备用电源能否担负最大排水负荷	备用电源能力进行复核计算资料	

表4.2.7(续)

项目	项目内容	基本要求	标准分值	评分方法	执行指南	核查细则	资料清单	得分
二、防排水(45分)	现场管理	采场深部排水泵电源控制柜设置在集水坑上部台阶,远离低洼处,避免洪水淹没和冲刷	5	查现场。电源控制柜设置不合理1处扣2分,其他不符合要求1处扣0.5分	电源控制柜设置应加高基础,远离低洼处,避免洪水淹没和冲刷	1. 查排水泵电源控制柜是否设置在储水池上部台阶,是否加高基础,是否远离低洼处 2. 现场查验		
		集水坑周围设置挡墙或护栏等防护措施,检修平台、上下梯子符合GB 4053要求	10	查现场。未防护不得分,防护措施不连续1处扣2分	1. 集水坑周围应设置连续的安全挡墙或防护栏 2. 集水坑周边应设置警示标牌 3. 检修平台、上下梯子、防护栏符合GB 4053的规定	1. 查集水坑周围是否设置挡墙或护栏 2. 查检修平台是否符合GB 4053.4的规定 3. 查上下梯子是否符合GB 4053.1～4053.2的规定		
		现场有配电系统图、水泵操作流程图;检查、巡视疏干排水系统,并有记录	10	查现场和资料。图纸缺1种扣2分,图纸信息不全1处扣1分,记录不全1处扣1分		1. 查现场是否有配电系统图、水泵操作流程图,查图纸内容是否最新 2. 查检查疏干井排水系统,有无记录	1. 配电系统图 2. 水泵操作流程图 3. 检查及巡视记录	

表4.2.7(续)

项目	项目内容	基本要求	标准分值	评分方法	执行指南	核查细则	资料清单	得分
三、疏干(20分)	设备设施	1. 疏干或帷幕注浆截流工程应超前于采矿工程 2. 疏干巷道设施完好,运行正常,有运行记录;维护疏干巷道时,有防火通风措施,免维护巷道有防火措施、排水通畅	4	查现场和资料。治理工程未超前于采矿工程、疏干巷道运行不正常、无措施不得分;其他不符合要求1处扣1分	1. 地下水影响较大和已进行疏干排水工程的边坡,应当进行地下水位、水压及涌水量的观测,分析地下水对边坡稳定的影响程度及疏干的效果,并制定地下水治理 2. 疏干工程应有工程设计,疏干的设备设施应符合设计要求,有相应的安全质量措施 3. 设备的运行记录、检修记录齐全规范	1. 查疏干水位是否能满足采矿要求 2. 查疏干巷道运行设施是否完好,运行记录是否完整 3. 查维护疏干巷道时,是否有防火措施 4. 查疏干巷道是否排水通畅	1. 疏干排水专项设计或治理措施 2. 疏干排水设备清单 3. 设备运行及检修记录	
		疏干井地下(半地下)泵房应设置通风装置,进入前进行通风,监测气体合格后方可进入;疏干井外围疏干井现场设检修通道	4	查现场。无装置不得分,未设置检修平台、通道1处扣2分,其他不符合要求1处扣1分	1. 有专门的防火、通风措施 2. 消防器材配备符合规定,且有检查记录	1. 查疏干井地下(半地下)泵房有无通风装置 2. 查进入疏干井地下(半地下)泵房前是否进行通风,是否检测气体合格后进入 3. 查地埋管路堤坝是否进行整形处理,疏干井、明排水泵周围是否设检修平台,外围疏干现场是否设检修通道	1. 泵房配电系统图、水泵操作流程图 2. 检查、运行记录 3. 防火、通风措施	

表4.2.7(续)

项目	项目内容	基本要求	标准分值	评分方法	执行指南	核查细则	资料清单	得分
三、疏干(20分)	设备设施	集中控制系统要求： 1. 主机运行状态良好 2. 分站通信状况良好 3. 主站采集的电流、电压等数据准确，采集系统无异常或缺陷 4. 远程启动、停止、复位指令可靠 5. 停泵、通信异常报警正常 6. 有完好的集控备用系统和备用电源	5	查现场。主机运行异常不得分，分站通信、停泵报警、远程控制、采集系统等异常1处扣1分；采集数据不准确1处扣1分；其他不符合要求1处扣0.5分	1. 集控系统设施设备状态良好，运行安全可靠，数据采集传输准确 2. 通信系统、远程控制系统、异常报警系统、备用系统及备用电源完好 3. 集控系统的各项管理制度、操作规程有效执行 4. 运行记录、检查记录、维修记录等填写规范整齐 5. 按规定配备消防器材	1. 查主机运行状态是否良好 2. 查分站通信状况是否良好 3. 查主站采集的电流、电压、温度等数据是否准确，采集系统是否有异常或缺陷 4. 查远程启动、停止、复位指令是否可靠 5. 查停泵、通信异常报警是否正常 6. 查是否有完好的集控备用系统和备用电源	1. 集控系统的各项管理制度、操作规程 2. 运行记录	

表4.2.7(续)

项目	项目内容	基本要求	标准分值	评分方法	执行指南	核查细则	资料清单	得分
三、疏干(20分)	设备设施	在矿床疏干漏斗范围内，地面出现裂缝、塌陷，圈定范围加以防护，设置警示标识，制定安全措施并落实	2	查现场和资料。无措施、未防护、无警示标识不得分，安全措施落实不到位1处扣2分		1. 查在矿床疏干漏斗范围内，地面是否出现裂缝、塌陷，是否圈定范围加以防护 2. 查是否设置警示标识 3. 查是否制定安全措施并落实	防护地面裂缝、塌陷的安全措施	
		严寒地区疏干系统有防冻措施；疏干、排水管路应根据需要配置控制阀、逆止阀、泄水阀、放气阀等装置，管路及阀门无漏水现象	5	查现场。无措施不得分，管路漏水、各类闸阀损坏1处扣1分		1. 查严寒地区疏干系统是否有防冻措施 2. 查现场管路及阀门有无漏水现象	防冻措施	
四、文明生产(5分)	作业环境	1. 泵房及周围干净整洁、无杂物，物品摆放规整 2. 各种标识牌齐全完整	5	查现场。不符合要求1处扣1分		1. 查作业环境是否清洁、设备设施是否完好 2. 查各种记录是否真实 3. 查各种标识牌是否齐全完整	各种记录	

4.3　调度应急和“三堂一舍”

本部分修订的主要变化

调度管理删减雨季“三防”和信息管理系统项目内容；应急管理方面删减资料档案项目内容；地面设施删减办公场所、业余活动、工业广场、工业道路、环境卫生、设备库房等项目内容，增加职工福利附加项。同时，精简大量台账类资料和技术支撑图纸，合并重复检查项目。

专家解读视频

新增附加加分项。附加项中，“免费就餐”是指职工升井（坑）后矿上提供有免费餐；“免费洗衣”是指职工入井（坑）工作服免费清洗。目的是增强职工的归属感、获得感和幸福感。核验方式是通过随机询问至少 5 名职工是否有以上福利。

优化后，分为调度管理、应急管理、“三堂一舍”三个大项、12 个小项，相较于原来减少七个大项、30 个小项；检查项由原来的 81 项减少为 32 项。

(1) 调度管理方面。管理制度由原来的 9 项制度精简为 3 项制度；技术支撑图表由原来的 16 项调整为 4 项；台账类资料调整为检查原始记录；简化每班调度汇总安全生产信息，保留日、旬(周)、月调度统计表；增加极端天气预警检查项，增强煤矿防灾减灾能力。整合优化后，检查项由 24 项减少为 14 项。

(2) 应急管理方面。制度建设由原来的 10 项制度整合为制定应急管理制度；技术资料与调度一致，不再另行考核；删减资料档案项；其他内容进行整合，着重提升煤矿应急处置能力。整合优化后，检查项由 33 项减少为 14 项。

(3) “三堂一舍”方面。由原地面设施调整为“三堂一舍”，增加职工福利附加项，引导煤矿提高职工福利，提升职工幸福指数。整合优化后，检查项由 24 项减少为 4 项。

一、工作要求

1. 调度管理。建立健全调度工作管理制度；掌握现场安全生产情况，组织协调有力，原始记录详实，通信设施完好，按规定进行信息报告和处置。

【说明】　本条是对调度管理的工作要求。

1. 调度工作管理制度

煤矿应设置在生产副矿长直接领导下的独立的调度室(或调度中心)，不应为生产等部门内设机构或挂靠在某一部门。调度室和各岗位工作职责内容齐全、明确，并形成规章制度。调度各岗位要有明确的岗位职责，调度人员配备以满足工作需求为原则。调度值班人员配备应满足 24 h 值班的需求，并适当配备调度统计、综合业务等人员。同时，人员配备也应考虑调度人员下井时间、下井次数须符合规定。井口或井下设调度站的，人员配备也应满足 24 h 值班要求。

煤矿应制定并执行调度值班制度、调度会议制度、交接班制度、汇报制度、信息汇总分析制度、调度人员入井(坑) 制度、业务学习制度、信息报告与处理制度、文档管理制度等调度管理制度，其中调度值班制度、调度会议制度、信息报告和处理制度是本次修订重点强调并要求检查的。

2. 组织协调

(1) 掌握现场安全生产情况。现场安全生产情况主要包括矿井主要生产系统、采掘工作面等动态情况，掌握巷道贯通、初次放顶、末采、启封盲巷瓦斯排放、过地质构造、回采面安装(拆除)、停产检修、大型设备检修、恢复生产、重点工程等情况；露天矿掌握穿爆、采装、运输、排土作业动态、矿坑运输、大型设备检修等；井工矿和露天矿还应掌握煤矿供电、疏干排水、采空区、火区等情况，详细记录相关工程进展和安全技术措施落实情况。

(2) 组织召开日调度会，对生产计划进行跟踪、协调、督促、落实、考核，会议记录详实。生产(产运销)计划主要指煤矿的月度和年度计划，运输和销售业务由上级单位(集团)统一管理的，仅考核生产计划(下同)。生产作业计划指回采、掘进工作面和辅助工程计划，露天矿指剥离工程计划等。要及时有效地解决生产中出现的各种问题，并详细记录解决问题的时间、地点、参加人、内容、处理意见、处理结果等。

(3) 按规定及时上报安全生产信息，下达安全生产指令并跟踪落实。

(4) 调度原始记录详实；完整记录当班安全生产情况。调度原始记录主要包括调度值班、调度交接班、安全生产例会、重点作业工程，安全生产问题、调度综合台账，重大安全隐患排查及处理情况等台账；建立产、运、销、存的统计台账(运、销企业集中管理的除外)。台账应内容齐全，数据准确，字迹工整。

3. 信息报告与处置

(1) 矿用调度通信符合规定。通信系统有选呼、急呼、全呼、强插、强拆、监听、录音功能。调度工作台电话录音保存时间不少于 3 个月。

(2) 受极端天气、滑坡、泥石流等威胁的煤矿应进行预警。

(3) 出现险情或发生事故时，调度人员及时下达停止作业或撤人指令，按程序启动事故应急救援预案，跟踪现场处置情况并做好记录。

2023 年 4 月 3 日，国家矿山安全监察局下发了《国家矿山安全监察局关于做好煤矿灾害情况发生重大变化及时报告和出现事故征兆等紧急情况及时撤人工作的通知》，明确要求各煤矿建立煤矿灾害情况发生重大变化及时报告制度和煤矿出现事故征兆等紧急情况及时撤人制度。

煤矿出现下列情形之一的，现场作业人员应当及时向煤矿分管负责人或带班值班矿领导报告；情况严重的，及时向煤矿主要负责人报告：

① 井下甲烷浓度达到 0.75%以上，或者变化浓度超过 0.2 个百分点的；

② 高瓦斯矿井、突出矿井煤层急剧变薄、增厚的；

③ 矿井涌水量(不包括探放水时的可控出水量)、长观孔水位变化幅度达到 20%以上的；

④ 井下出现突水点；

⑤ 矿井一氧化碳浓度达到 24 ppm，或者变化浓度超过 5 ppm 的，或者有带式输送机的进风巷发现一氧化碳的；

⑥ 冲击地压监测单个微震事件能量达到 10^4 J 以上的；

⑦ 采掘工作面遇有预测外或者变化较大地质构造的；

⑧ 顶板离层、锚杆(索)应力、支架压力等监测数据突然增大，或者锚杆(索)断裂、棚梁棚腿弯曲严重的；

⑨ 露天煤矿台阶有滑动迹象，工作面有伞檐或者有塌陷危险的老空区，发现拒爆、熄爆的；

⑩ 出现其他重大变化应当报告的。

煤矿有下列情形之一的，必须及时撤出危险区域作业人员：

① 井下所有作业场所回风流中甲烷浓度超过1.0%的；

② 井下发生明显响煤炮声，喷孔、顶钻，煤壁外鼓、掉渣，瓦斯涌出持续增大或者忽大忽小，煤尘增大等突出征兆的；

③ 井下出现煤层变湿、挂红、底鼓、淋水加大（含砂）等透水、突水、溃水征兆的；

④ 井田及周边地面积水坑水位突然下降并溃入井下的；

⑤ 当暴雨、洪水等自然灾害预警等级为红色（一级）、橙色（二级）的；

⑥ 发现明火且不能立即扑灭的；

⑦ 井下采掘作业地点出现强烈震动、巨响、瞬间底（帮）鼓、煤岩弹射等动力现象的；

⑧ 全矿井计划外停电且不能立即有效恢复的；

⑨ 露天煤矿遇到暴雨、8级及以上大风等特殊天气，以及边坡出现明显沉降、变形加速、裂缝增大或贯通、大面积滚石滑落等滑坡征兆的；

⑩ 其他事故征兆等紧急情况应当停产撤人的。

调度人员及时下达的停止作业或撤人指令应当符合上述要求，按本矿现行的生产安全事故应急救援预案中规定的程序启动应急救援预案。

(4) 按规定汇总并上报调度安全生产信息日报表，旬(周)、月调度安全生产信息统计表。

调度应履行班、日、旬(周)、月汇报制度，除汇报生产计划完成情况、影响计划完成的原因和领导带班情况外，重点汇报安全生产、重点工程情况，遇有重大安全问题，应及时汇报措施、处理情况并提出解决问题的有关建议。

① 报上一级调度室的调度报表、安全生产信息应经调度部门负责人或分管矿领导审核后，按规定要求及时上报。

② 专题汇报主要指节假日停产放假、检修安排，停、复产安全技术措施，矿井大修、主要大型设备检修安排及安全措施，启封密闭排放瓦斯、重大排(探)放水安排及安全技术措施，工作面安装回撤、初(末)次放顶、巷道贯通安全技术措施等，应以书面形式按规定要求汇报，其他专题汇报按上级要求完成。

③ 季节性汇报主要是指雨季防汛、防雷电，冬季防寒、防冻，冬、春季防火等季节性工作安排应按规定要求报上一级调度部门，发生紧急情况要立即报告本单位负责人和上一级调度室。

④ 发生影响生产超过1 h的非人身伤亡生产事故，重伤及以上的人身伤亡事故，应立即报告当班值班领导，在接到报告后1 h内向上一级调度室报告事故信息；发生较大及以上事故，在接到报告后立即报告上一级调度室；发生死亡事故，还应按规定在1 h内报当地安全监管部门。

⑤ 发生影响生产安全的突发性事件，应在规定时间内向矿负责人和有关部门报告。

(5) 掌握监测监控系统运行情况，出现监测预(报)警情况，及时核实、处置，并做好记录。设置随车通信系统或者车辆位置监测系统。对超限、故障等报警要有对应的处置措施，特别是人工监测措施，要留有痕迹。

(6) 矿调度室设置图像监视系统的终端显示装置，且运行正常，并对关键环节进行监视，实现信息的存储和查询。

(7) 井工煤矿重要工作场所装备的有线调度电话应具备直通功能。

《煤矿安全规程》第五百零七条规定，以下地点必须设有直通矿调度室的有线调度电话：矿井地面变电所、地面主要通风机房、主副井提升机房、压风机房、井下主要水泵房、井下中央变电所、井底车场、运输调度室、采区变电所、上下山绞车房、水泵房、带式输送机集中控制硐室等主要机电设备硐室、采煤工作面、掘进工作面、突出煤层采掘工作面附近、爆破时撤离人员集中地点、突出矿井井下爆破起爆点、采区和水平最高点、避难硐室、瓦斯抽采泵房、爆炸物品库等。

有线调度通信系统应当具有选呼、急呼、全呼、强插、强拆、监听、录音等功能。

有线调度通信系统的调度电话至调度交换机(含安全栅)必须采用矿用通信电缆直接连接，严禁利用大地作回路。严禁调度电话由井下就地供电，或者经有源中继器接调度交换机。调度电话至调度交换机的无中继器通信距离应当不小于 10 km。

2. 应急管理。建立健全应急管理制度；配备满足需要的应急救援物资和装备，按规定编制应急救援预案并组织演练，与矿山救护队维系服务。

【说明】 本条是对调度应急和“三堂一舍”专业应急管理的工作要求。

1. 应急管理制度

煤矿应根据国家应急管理法律法规和其他要求，结合自身应急管理的基本状况，应制定并执行完善的应急管理制度：

① 事故预警制度；

② 应急值守制度；

③ 应急信息报告制度；

④ 现场处置制度；

⑤ 应急投入及资源保障制度；

⑥ 应急救援装备和物资储备制度；

⑦ 安全避险设施管理和使用制度；

⑧ 应急救援预案管理制度；

⑨ 应急演练制度；

⑩ 应急救援队伍管理制度；

⑪ 应急资料档案管理制度。

其中，上述前 7 项应急管理制度，是本次修订重点强调并要求检查的。

2. 应急保障

(1) 有固定的应急救援指挥场所，满足应急指挥需求。

① 设立本煤矿生产安全事故应急救援的指挥场所，一般应设置在本煤矿的生产调度室。

② 应急指挥场所应配备显示系统、中央控制系统、有线和无线通信系统、电源保障系统、录音录像等设备设施。

③ 应急指挥场所的应急通信网络应与本煤矿所有应急响应的机构、上级应急管理部门和社会应急救援部门的接警平台相连接。

④ 应急指挥场所应保持最新的本煤矿应急机构和人员、上级应急管理部门、社会应急

救援部门的通信方式，其通信方式至少应有两种。

⑤ 应急指挥场所应能与本煤矿上级应急指挥机构进行纸质信息、电子文档信息的传递和接收。

⑥ 应配备专职技术管理人员对应急指挥场所的应急设备、设施、通信网络进行维修、维护和保养，确保日常畅通和应急状态下的畅通。

(2) 配备应急救援物资、装备、设施，齐全完好，并按规定定期检查补充。应急救援物资与装备保障的基本要求：

① 煤矿应按照批准的应急预案文本要求储备应急救援的设备、设施、装备、工具、材料等物资。

② 煤矿应建立应急救援物资与装备的管理制度。

③ 应急救援物资与装备的管理必须明确管理的责任部门、责任人。

④ 煤矿对储备的应急救援物资与装备，必须建立台账，清晰注明每一类物资的品名、类型、规格型号、性能、数量、用途、存放位置、管理责任人及其通信联系方式等信息。其中通信联系方式至少应有两种。

⑤ 煤矿应制定措施以保障应急救援物资与装备的完好、有效。某些具有使用有效期限的应急救援物资(例如药品类)，应制定及时更新的措施。

《煤矿安全规程》第七百零二条规定：救援装备、器材、物资、防护用品和安全检测仪器、仪表，必须符合国家标准或者行业标准，满足应急救援工作的特殊需要。

(3) 有可靠的信息通信和传递系统，有最新的内部和外部应急响应通讯录。

《煤矿安全规程》第五百零七条规定，以下地点必须设有直通矿调度室的有线调度电话：矿井地面变电所、地面主要通风机房、主副井提升机房、压风机房、井下主要水泵房、井下中央变电所、井底车场、运输调度室、采区变电所、上下山绞车房、水泵房、带式输送机集中控制硐室等主要机电设备硐室、采煤工作面、掘进工作面、突出煤层采掘工作面附近、爆破时撤离人员集中地点、突出矿井井下爆破起爆点、采区和水平最高点、避难硐室、瓦斯抽采泵房、爆炸物品库等。

有线调度通信系统应当具有选呼、急呼、全呼、强插、强拆、监听、录音等功能。

有线调度通信系统的调度电话至调度交换机(含安全栅)必须采用矿用通信电缆直接连接，严禁利用大地作回路。严禁调度电话由井下就地供电，或者经有源中继器接调度交换机。调度电话至调度交换机的无中继器通信距离应当不小于 10 km。

《煤矿安全规程》第五百零九条规定：安装图像监视系统的矿井，应当在矿调度室设置集中显示装置，并具有存储和查询功能。

(4) 配置必需的急救器材和药品；与就近的医疗机构签订急救协议。

① 煤矿设有职工医院的，应以该职工医院的医疗救护人员技术骨干为基础，组建应急医疗救护专业小组。

② 应急医疗救护专业小组的成员其专业技能应能够覆盖现场救护基本施救范围，包括创伤急救、急性职业中毒窒息急救、伤员搬运等。

③ 应急医疗救护专业小组应结合本煤矿事故抢险和应急救护的基本特征，配置必需的医疗急救药品、器材和交通工具。医疗急救的药品、器材和交通工具必须明确管理责任人和管理措施。

④ 煤矿未设职工医院、不具备组建应急医疗救护专业小组的,应与附近三级以上医疗机构签订应急救护服务协议。其协议书的文本必须规范和具有约束力。

⑤ 煤矿必须建立确保应急医疗救护专业小组及时出动和有效实施急救的保障的方案或措施。

《煤矿安全规程》第十八条规定:煤矿企业应当有创伤急救系统为其服务。创伤急救系统应当配备救护车辆、急救器材、急救装备和药品等。

(5) 有符合要求的矿山救护队为其服务。

① 配置要求。《煤矿安全规程》第六百七十六条规定:所有煤矿必须有矿山救护队为其服务。井工煤矿企业应当设立矿山救护队,不具备设立矿山救护队条件的煤矿企业,所属煤矿应当设立兼职救护队,并与就近的救护队签订救护协议;否则,不得生产。

矿山救护队到达服务煤矿的时间应当不超过 30 min。

② 责任职责。《煤矿安全规程》第七百零三条规定:煤矿发生灾害事故后,必须立即成立救援指挥部,矿长任总指挥。矿山救护队指挥员必须作为救援指挥部成员,参与制定救援方案等重大决策,具体负责指挥矿山救护队实施救援工作。

矿山救护队应进行资质认证并取得资质证。矿山救护队应实行军事化管理和训练。矿山救护队按规定配备必需的装备、器材,装备、器材应明确管理职责和制度,定期检查、维护。

③ 兼职矿山救援队。不具备建立矿山救援队条件的煤矿应组建兼职应急救援队伍。兼职矿山救援队要定期接受专职矿山救援队的业务培训和能力提升,并依照计划进行训练;并取得培训资格证。

兼职矿山救援队应根据矿山的生产规模、自然条件、灾害情况确定编制,原则上应由 2 个以上小队组成,每个小队由 9 人以上组成。

兼职矿山救援队应设专职队长及仪器装备管理人员。兼职矿山救援队直属矿长领导,业务上受总工程师(或技术负责人)和矿山救护大队指导。

兼职矿山救援队员由符合矿山救援队员条件,能够佩用氧气呼吸器的矿山生产、通风、机电、运输、安全等部门的骨干工人、工程技术人员和干部兼职组成。

兼职救援队应当配备处置矿山生产安全事故的基本装备(表 5、表 6 和表 7),并根据应急救援工作实际需要配备其他必要的救援装备。

表 5　兼职救援队基本装备配备标准

类别	装备名称	要求及说明	单位	数量
通信器材	灾区电话	防爆,双向音频实时通信	套	1
个体防护	4 h 氧气呼吸器	正压	台	1
	2 h 氧气呼吸器	或者 4 h 氧气呼吸器,正压	台	1
	自救器	隔绝式,额定防护时间≥30 min	台	20
	自动苏生器	便携式	台	2

表5(续)

类别	装备名称	要求及说明	单位	数量
灭火器材	干粉灭火器	8 kg	台	10
	风障	面积≥4 m×4 m,棉质	块	2
检测仪器	氧气呼吸器校验仪	检测校验氧气呼吸器性能和参数	台	2
	多种气体检定器	配 CO、O_2、H_2S、H_2 检定管各30支	台	2
	瓦斯检定器	量程为10%、100%的各1台(金属非金属兼职救援队可不配备)	台	2
	便携式氧气检测仪	数字显示,带报警功能	台	1
	温度计	0~100 ℃	支	2
工具备品	引路线	阻燃、防静电、抗拉	m	1000
	采气样工具	包括球胆4个	套	1
	氧气充填泵	氧气充填室配备	台	1
工具备品	氧气瓶	容积40 L,压力≥10 MPa	个	5
		氧气呼吸器配套气瓶	个	20
		自动苏生器配套气瓶	个	2
	救生索	长30 m,抗拉强度3000 kg	条	1
	担架	含1副负压担架,铝合金管、棉质	副	2
	保温毯	棉质	条	2
	绝缘手套		副	1
	刀锯	锯头≥400 mm	把	1
	防爆工具	锤、斧、镐、锹、钎、起钉器等	套	1
	电工工具	钳子、电工刀、活扳手、螺丝刀、测电笔等	套	1
药剂	氢氧化钙	满足《隔绝式氧气呼吸器和自救器用氢氧化钙技术条件》要求	t	0.5

表6　兼职救援队应急救援人员个人基本装备配备标准

类别	装备名称	要求及说明	单位	数量
个体防护	4 h氧气呼吸器	正压	台	1
	自救器	隔绝式,额定防护时间不低于30 min	台	1
	救援防护服	带反光标志,防静电、阻燃等性能符合国家或行业相关标准	套	1
	胶靴	防砸、防刺穿、绝缘、防静电	双	1
	毛巾	棉质	条	1
	安全帽	阻燃、抗冲击侧向刚度、防静电、绝缘	顶	1
	矿灯	本质安全型,配灯带	盏	1

表6(续)

类别	装备名称	要求及说明	单位	数量
装备工具	手表(计时器)	机械式,副小队长及以上指挥员配备	块	1
	手套	布手套、线手套、防割刺手套各1副	副	4
	背包	装救援防护服,棉质或者其他防静电布料	个	1
	联络绳	长2 m	根	1
	氧气呼吸器工具	氧气呼吸器配套使用	套	1
	记录工具	记录笔、本、粉笔各1个	套	1

表7　兼职救援队急救器材基本配备清单

器材名称	单位	数量	备注
模拟人	套	1	
背夹板	副	4	
负压夹板	套	3	或者充气夹板
颈托	副	6	大、中、小号各2副
聚酯夹板	副	10	或者木夹板
止血带	个	20	
三角巾	块	20	
绷带	m	50	
剪子	个	5	
镊子	个	10	
口式呼吸面罩	个	5	口对口人工呼吸用面罩
医用手套	副	20	
开口器	个	6	
夹舌器	个	6	
伤病卡	张	100	
相关药剂		若干	碘伏、消炎药等
急救箱	个	1	
防护眼镜	副	3	
医用消毒大单	条	2	

救援队、兼职救援队应当定期检查在用和库存救援装备的状况及数量,做到账、物、卡"三相符",并及时进行报废、更新和备品备件补充。

兼职救援队应当具有值班室(设接警电话)、学习室、装备室、修理室、装备器材库、氧气充填室和训练设施等。

3. 应急预案

(1) 预案编制与修订:按规定编制应急救援预案,并及时修订;按规定组织应急救援预案的评审,形成书面评审结果;评审通过的应急救援预案由煤矿主要负责人签署公布,及时发放。

① 按照《生产安全事故应急预案管理办法》和《生产经营单位生产安全事故应急预案编制导则》的规定，结合本煤矿危险源分析、风险评价结果、可能发生的重大事故特点编制安全生产事故应急预案。

② 应急预案的内容应符合相关法律、法规、规章和标准的规定，要素和层次结构完整、程序清晰、措施科学、信息准确、保障充分、衔接通畅、操作性强。

(2) 按分级属地管理的原则，按规定时限、程序完成应急救援预案上报并进行备案。

4. 应急演练

(1) 有应急演练规划、年度演练计划和演练工作方案，内容符合相关规定。

① 按照《生产安全事故应急演练指南》编制应急演练规划、计划和应急演练实施方案。

② 年度演练计划应明确演练目的、形式、项目、规模、范围、频次、参演人员、组织机构、日程时间、考核奖惩等内容。

③ 应急演练方案应明确演练目标、场景和情景、实施步骤、评估标准、评估方法、培训动员、物资保障、过程控制、评估总结、资料管理等内容，演练方案应经过评审和批准。

④ 依照批准的规划、计划和方案实施演练，应急演练所形成的资料应完整、准确，归档管理。

(2) 按规定3年内完成所有综合应急救援预案和专项应急救援预案演练，至少每半年组织1次生产安全事故应急救援预案演练，并对演练情况进行评估和总结，记录详实，并保存演练影像资料。

3. “三堂一舍”。设施完备，职工食堂、澡堂、会堂及宿舍满足职工工作生活需要。

【说明】 本条是对“三堂一舍”的具体要求。

职工“三堂一舍”(食堂、澡堂、会堂、宿舍)设计合理、设施完备、满足需求。食堂工作人员持健康证明上岗；澡堂管理规范，保障职工安全洗浴；会堂安全出口畅通，配备消防器材；宿舍人均面积满足需求。

食堂证照齐全，证件包括卫生许可证、营业执照、员工健康证等证件，证件必须齐全、有效。职工食堂位置要适中，不易离矿井过远，不能与有危害因素的工作场所相邻设置，不能受有害因素影响；设计布局合理，应符合《煤炭工业矿井设计规范》中矿井行政、公共建筑面积指标的要求。食堂卫生应符合国家卫生标准要求，严格执行《食品卫生法》，职工食堂作业人员必须持证(健康证)上岗，并每年至少进行一次体检。

二、评分方法

1. 存在重大事故隐患的，本部分不得分。

2. 按表4.3评分，总分为100分。按照所检查存在的问题进行扣分，各小项分数扣完为止。

应急救援预案(示例)

矿井灾害预防处理计划(示例)

表 4.3 煤矿调度应急和“三堂一舍”标准化评分表

项目	项目内容	基本要求	标准分值	评分方法	执行指南	核查细则	资料清单	得分
一、调度管理(43分)	基础管理	制定并执行调度工作管理制度;内容包括调度值班、调度会议、信息报告和处理	3	查现场和资料。无制度不得分;制度内容不全或不符合实际未执行1处扣0.5分	制定并严格执行调度值班制度、调度会议制度、交接班制度、汇报制度、信息汇总分析制度、调度人员入井(坑)制度、业务学习制度、事故和突发事件信息报告与处理制度、文档管理制度等	1. 查调度制度是否齐全,是否以正式文件下发 2. 查文件内容是否符合上级规定和本矿实际,内容是否全面 3. 查相关记录,各项制度是否认真执行	1. 发布制度的正式文件 2. 制度汇编: (1) 调度值班制度; (2) 调度会议制度; (3) 交接班制度; (4) 汇报制度; (5) 信息汇总分析制度; (6) 调度人员入井(坑)制度; (7) 业务学习制度; (8) 事故和突发事件信息报告与处理制度; (9) 文档管理制度 3. 制度对应的执行考核记录	

表4.3(续)

项目	项目内容	基本要求	标准分值	评分方法	执行指南	核查细则	资料清单	得分
一、调度管理(43分)	基础管理	调度室每天24 h专人值守，每班工作人员满足调度工作要求	2	查现场。人员配备不足或无值守人员不得分	1. 执行《生产安全事故应急条例》第十四条、《煤矿安全规程》第六百七十二条的规定 2.“满足调度工作要求”，是指煤矿配置应急值守专人时，应充分考虑本煤矿安全风险程度、生产指挥的连续性、突发意外的不确定性、调度工作的忙碌性、应急处置的紧迫性等因素，确保人员配置不空岗，且能够满足日常生产调度、迅速进行应急处置的需求	1. 查现场和考勤情况，查看调度室是否专人值守；井口或井下设调度站的，人员配备能否满足24 h专人值守要求 2. 查每班是否配有调度员、监测监控员，每班调度员工作时间是否超过8 h或每周工作时间是否超过40 h	1. 调度机构部门的文件 2. 调度员、监测监控员基本信息(档案) 3. 调度人员职责、值班安排表、调度值班记录 4. 调度员下井记录 5. 井口或井下设调度站值班记录 6. 调度员、监测监控员安全培训证书	

表4.3(续)

项目	项目内容	基本要求	标准分值	评分方法	执行指南	核查细则	资料清单	得分
一、调度管理(43分)	基础管理	调度室有灾害预防和处理计划、事故应急救援预案、采掘(采运排)工程平面图。井工煤矿还应备有井下避灾路线图、通风系统图、人员位置监测系统图;露天煤矿还应有边坡监测系统平面图、月度采矿设计说明书及图纸	3	查资料。无灾害预防和处理计划、事故应急救援预案不得分;缺1种图扣1分,未及时更新1处扣0.5分	1. 图纸:备有《煤矿安全规程》第十四条、第六百七十八条规定的图纸,并保持最新版本 2. 计划:矿井灾害预防和处理计划按照《煤矿安全规程》第十二条分年度编制并保持最新 3. 预案:应急救援预案按照《生产安全事故应急条例》等相关法规、标准及时性修订	1. 查矿井灾害预防和处理计划、事故应急救援预案是否按要求批准并行文下发,调度人员是否熟悉其内容 2. 查阅图纸:是否备有《煤矿安全规程》第十四条规定的图纸;是否按照《煤矿安全规程》第十二条规定及时更新;是否符合矿井实际 3. 核查方法: (1) 查图纸更新日期 (2) 查矿领导值班、带班安排,带班制度及带班统计表是否与文件规定相符 (3) 查年度及月度生产计划表,计划表中工作参数、巷道类别及重点工程计划与实际是否相符 (4) 查灾害预防和处理计划、事故应急救援预案是否是最新有效本	1.《煤矿安全规程》规定的图纸 2. 年度及月度生产计划表 3. 矿井灾害预防和处理计划、事故应急救援预案 4. 矿领导值班、带班安排,带班制度及带班统计表	

表4.3(续)

项目	项目内容	基本要求	标准分值	评分方法	执行指南	核查细则	资料清单	得分
一、调度管理(43分)	基础管理	调度人员按规定深入现场，了解安全生产情况	2	查现场。现场抽问2人，未掌握现场安全生产情况1人次扣1分	1. 此处的“规定”是指煤矿企业或煤矿对调度人员深入现场的要求 2. 现场抽问2名调度人员，了解安全生产情况记录	1. 查调度人员入井考勤与人员定位信息是否一致 2. 查调度人员是否了解安全生产情况	1. 调度员入井台账 2. 人员定位及视频	
	组织协调	组织召开日调度会，对生产计划进行跟踪、协调、督促、落实、考核，会议记录详实	4	查资料。日调度会缺1次扣2分，其他不符合要求1处扣0.5分	1. 日调度会要求在矿的全体矿领导、安全生产指挥中心、各科室，各生产、辅助单位及地面部室的负责人都参加 2. 会议记录应包括主持人、参会人员、会议内容、会议记录等日调度会会议记录、录像视频等	1. 查会议记录，是否召开日调度会，是否按照制度组织实施 2. 查会议记录，并核对参加人员 3. 查调度会议记录是否对生产计划进行跟踪、协调、督促、落实、考核，记录是否详实 4. 查日调度记录是否有影响生产的问题未及时协调解决等	1. 调度会议记录 2. 调度会议视频	

表4.3(续)

项目	项目内容	基本要求	标准分值	评分方法	执行指南	核查细则	资料清单	得分
一、调度管理(43分)	组织协调	按规定及时上报安全生产信息，下达安全生产指令并跟踪落实	4	查资料。不符合要求1处扣1分	1. 本条中的“规定”，是指调度工作管理制度中关于信息报告和处理的要求 2. 本条中的“上报、下达”，是指“上情下达，下情上报”和调度信息“灵准快”，确保领导指示和意图及时下达，基层反映和出现的问题能够快速汇报处理 3. 本条中的“指令”，是指调度执令制度以执令单形式落实，执令单分当班安全生产工作安排，班中运行情况汇报，当班安全行为“三违”及隐患处理情况、交班情况、班后调度汇报及值班领导意见	1. 查早调会议记录、生产协调会记录、班调度记录，是否按相关要求落实生产作业计划 2. 查按规定处置生产中出现的各种问题，并准确记录台账，时间、地点、参加人员、内容、处理意见、处理结果等应记录清楚 3. 查是否及时向上级部门汇报的相关安全生产信息(上级部门包括集团公司、当地应急管理部门等) 4. 查下达安全生产指令台账相关内容是否做好跟踪落实记录(上级部门指集团公司、当地应急管理部门及矿级领导等)	1. 早调会议记录、生产协调会记录、班调度记录 2. 调度值班记录 3. 安全生产信息上报记录 4. 安全生产指令台账 5. 安全生产指令跟踪落实记录 6. 上级来文来电记录台账	

表4.3(续)

项目	项目内容	基本要求	标准分值	评分方法	执行指南	核查细则	资料清单	得分
一、调度管理(43分)	组织协调	调度原始记录详实;完整记录当班安全生产情况	5	查资料。无原始记录或原始记录不实不得分;记录内容不完整、数据不准确1处扣0.5分	1. 调度原始记录页码连续,编码不能有缺页和涂改 2. 调度原始记录要完整记录当班安全生产情况	1. 查各种记录有无原始记录 2. 查各种原始记录是否真实 3. 查各种记录内容是否完整、数据是否准确	1. 调度各种原始记录或台账 2. OA系统电子记录	
	信息报告和处置	矿用调度通信符合规定。通信系统有选呼、急呼、全呼、强插、强拆、监听、录音功能。调度工作台电话录音保存时间不少于3个月	3	查现场。不符合要求1处扣0.5分	1. 按《煤矿安全规程》第四百八十八条、四百八十九条、五百零七条执行 2. 有线调度通信系统设计、安装等相关资料 3. 有线调度通信系统有选呼、急呼、全呼、强插、强拆、监听、录音等功能	1. 查有线调度通信系统是否有选呼、急呼、全呼、强插、强拆、监听、录音等功能 2. 现场测试:查录音记录及调度台相关功能是否符合要求 3. 通话录音追溯:到调度室试用电话各功能,查电话录音及保存时间	1. 有线调度通信系统功能说明 2. 调度工作台电话录音 3. 井下通信系统图	
		受极端天气、滑坡、泥石流等威胁的煤矿应进行预警	2	查资料。未进行预警不得分;预警每缺1次扣0.2分		1. 查煤矿是否进行预警 2. 查煤矿预警次数是否符合实际情况	预警记录	

表4.3(续)

项目	项目内容	基本要求	标准分值	评分方法	执行指南	核查细则	资料清单	得分
一、调度管理(43分)	信息报告和处置	出现险情或发生事故时，调度人员及时下达停止作业或撤人指令，按程序启动事故应急救援预案，跟踪现场处置情况并做好记录	4	查现场和资料。未按规定处置不得分；未及时处置1次扣1分，处置情况未完整记录1次扣0.5分	1. 指令符合《国家矿山安全监察局关于做好煤矿灾害情况发生重大变化及时报告和出现事故征兆等紧急情况及时撤人工作的通知》的要求 2. 应急预案的启动“程序”是指煤矿现行“生产安全事故应急救援预案”中规定的程序	1. 查资料（调阅安全部门的安全信息统计进行对照）：是否授权调度员遇险情下达撤人调度指令；是否存在出现险情未下达撤人指令或未按程序启动事故应急预案或未及时跟踪现场处置情况 2. 查安全部门的安全信息统计表（调阅）；查处置记录是否规范、清楚、详实 3. 核查方法： (1)查矿长与调度员签订的应急处置授权书，调度员每人是否签字； (2)查记录是否符合相关规定； (3)查瓦斯报警监控系统	1. 矿长与调度员签订的应急处置授权书 2. 出现险情或发生事故时下达停止作业或撤人指令的记录 3. 调度值班记录、生产调度综合记录、重点调度及隐患治理跟踪调度记录 4. 安全部门的安全信息统计、生产事故统计台账 5. 处置情况记录台账 6. 事故响应现场处置记录	

表4.3(续)

项目	项目内容	基本要求	标准分值	评分方法	执行指南	核查细则	资料清单	得分
一、调度管理(43分)	信息报告和处置	按规定汇总并上报调度安全生产信息日报表,旬(周)、月调度安全生产信息统计表	4	查资料。无日、旬(周)、月报的不得分;缺1种报表扣1分;内容不完整,缺1项扣0.5分	“按规定汇总”是指按照煤矿企业或本煤矿调度管理制度要求的时间和内容进行汇总	1. 查调度安全生产信息日报表,旬(周)、月调度安全生产信息统计表,是否由调度部门负责人或分管矿领导审核后及时上报 2. 查相关报表内容、数据是否准确、齐全	1. 调度日报表 2. 调度旬(周)表 3. 调度月报表	
		掌握监测监控系统运行情况,出现监测预(报)警情况,及时核实、处置,并做好记录	3	查现场和资料。不符合要求1处扣0.5分	符合《煤矿安全规程》第四百八十九条、第四百九十四条、第五百零六条的规定	1. 查监测监控系统运行是否正常 2. 查是否出现监测预(报)警情况 3. 查报警处置记录	报警处置记录	

表4.3(续)

项目	项目内容	基本要求	标准分值	评分方法	执行指南	核查细则	资料清单	得分
一、调度管理(43分)	信息报告和处置	矿调度室设置图像监视系统的终端显示装置，且运行正常，并对关键环节进行监视，实现信息的存储和查询	2	查现场和资料。调度室无显示装置不得分；不符合要求1处扣0.5分	符合《煤矿安全规程》第四百八十九条、第五百零九条的规定	1. 查矿调度室设置图像监视系统的终端显示装置相关资料 2. 查是否装备终端显示装置，运行、存储、查询是否正常 3. 查是否对关键环节进行监视	1. 调度室图像监视系统的终端显示和设计等相关资料 2. 相关台账（系统维护、故障处理、设备台账等） 3. 设备型号、合格证，检修维护记录 4. 关键环节监视视频 5. 存储盘	
		井工煤矿重要工作场所装备的有线调度电话应具备直通功能	2	查现场。不符合要求1处扣0.5分	“重要工作场所”是指《煤矿安全规程》第五百零七条规定的地点	1. 查通信系统图 2. 查井下重要工作场所是否安装调度电话，是否直通 3. 现场测试	1. 通信系统图 2. 测试记录	

表4.3(续)

项目	项目内容	基本要求	标准分值	评分方法	执行指南	核查细则	资料清单	得分
二、应急管理(40分)	制度建设	制定并执行应急管理制度：内容涵盖事故预警、应急值守、信息报告、现场处置、应急投入、救援装备和物资储备、安全避险设施管理和使用	5	查资料。无制度不得分；内容不全或未执行1处扣1分	符合《煤矿安全规程》第十七条、第六百七十二条、第六百七十五条、第六百九十二条，《生产安全事故应急条例》第四条的规定	1. 查是否制定应急管理制度，是否以正式文件下发 2. 查制度内容与国家安全生产和应急管理法律法规规章等基本要求的符合性 3. 查制度要素的完整性 4. 查制度的合理性、可操作性，是否存在内容重叠或遗漏、职责不明确、程序不清晰等情况 5. 查制度管理的主责部门是否清晰 6. 随机抽查几项制度的执行情况	1. 发布制度的正式文件 2. 制度汇编 3. 制度的执行记录和考核记录	

表4.3(续)

项目	项目内容	基本要求	标准分值	评分方法	执行指南	核查细则	资料清单	得分
二、应急管理(40分)	应急保障	1. 有固定的应急救援指挥场所,满足应急指挥需求 2. 配备应急救援物资、装备、设施,齐全完好,并按规定定期检查补充 3. 有可靠的信息通信和传递系统,有最新的内部和外部应急响应通讯录 4. 配置必需的急救器材和药品;与就近的医疗机构签订急救协议	4	查现场和资料。不符合要求1处扣1分	符合《安全生产法》第八十二条,《煤矿安全规程》第十七条、第十八条、第五百零七条、第五百零八条、第七百零一条、第七百零二条,《生产安全事故应急条例》第十三条,《矿山救援规程》第二十五条、第二十六条的规定	1. 现场查看应急指挥场所(如调度室),是否悬挂有标识 2. 查是否有应急人员配备和应急岗位职责 3. 查应急救援物资、装备、设施是否齐全完好,是否定期检查并及时更新 4. 查煤矿指挥部的通信系统、信息资料的传输系统及通信系统日常维护和保养职责任务是否明确 5. 查通信系统的功能满足程度、指挥部最新的煤矿内部和外部通讯录,并现场拨打电话核查 6. 查煤矿有无签订急救协议;急救协议书的签署日期、有效期、有效性等 7. 查应急预案中有无关于急救器材的相关内容,与现场是否一致 8. 查急救药品(止血品、纱带、担架、救心丸等)的配置是否足够且不过期	1. 应急救援指挥场所标识、牌板、应急人员的基本情况等 2. 煤矿应急物资台账 3. 煤矿应急物资维护、保养、更新、定期检查记录 4. 指挥部最新的煤矿内部通讯录、外部通讯录 5. 急救器材和药品台账、急救人员名册 6. 急救工作记录和值班记录、交接班记录 7. 急救协议	

表4.3(续)

项目	项目内容	基本要求	标准分值	评分方法	执行指南	核查细则	资料清单	得分
二、应急管理(40分)	应急保障	有符合要求的矿山救护队为其服务。煤矿应设立专职救护队,不具备条件的,应设立兼职救护队,并与邻近的专职救护队签订救护协议,兼职救护队员需经培训合格。矿山救护队到达服务煤矿时间不超过30 min	4	查现场和资料。兼职救护队员未经培训合格的1人次扣1分,其他不符合要求不得分	符合《安全生产法》第五条,《煤矿安全规程》第六百七十六条、第七百零三条,《生产安全事故应急条例》第四条、第十条、第十一条、第二十条,《生产安全事故应急预案管理办法》第八条、第十三条,《矿山救援规程》第三十三条的规定	1. 查设立兼职救援队的文件 2. 查是否与就近的专职救援队签订救援协议,是否符合要求 3. 现场检查兼职救援队装备、器材是否与台账一致,配备是否符合规定 4. 通过查看军事化管理记录及现场查看训练等方式,检查是否进行军事化管理 5. 查看兼职救援队员是否有培训证书、学习记录、训练演练记录 6. 现场测验矿山救援队到达服务煤矿时间是否超过30 min	1. 设立兼职救援队的文件 2. 救援协议 3. 兼职救援队员培训合格证 4. 兼职救援队队员档案 5. 兼职救援队的器材和装备台账 6. 训练装备、训练作息、值班、参演等军事化管理记录 7. 兼职救援队的培训与技术学习记录 8. 兼职救援队的应急施救训练和演练记录	

表4.3(续)

项目	项目内容	基本要求	标准分值	评分方法	执行指南	核查细则	资料清单	得分
二、应急管理(40分)	安全避险	按规定建立完善井下压风自救、供水施救等安全避险设施,设置井下避灾路线指示标识。安全避险系统应当随采掘工作面的变化及时调整和完善,每年由总工程师组织开展有效性评估	4	查现场和资料。未开展评估不得分;其他不符合要求1处扣1分	符合《煤矿安全规程》第十七条、第六百七十三条、第六百八十四条、第六百八十七条至第六百九十二条的规定	1. 查安全避险设施是否符合规定,是否有符合本矿安全避险的必备设施 2. 查井下是否设置避灾路线指示标识 3. 现场抽查井下安全避险设施的设置和有效运行情况 4. 安全避险系统是否随采掘工作面的变化及时调整和完善 5. 查煤矿对安全避险系统有效性实施评估的制度性规定:实施评估责任人、主责部门;实施评估的程序;实施评估的方式方法;实施评估的依据和标准;评估结论	1. 安全避险系统图 2. 避险设施管理制度 3. 安全避险设施台账 4. 安全避险系统有效性评估工作方案、评估原始记录、评估报告等 5. 避难硐室及内部设施的相关资质文件 6. 避难硐室检查记录 7. 井下压风、供水施救系统相关资质及实施记录	

表4.3(续)

项目	项目内容	基本要求	标准分值	评分方法	执行指南	核查细则	资料清单	得分
二、应急管理(40分)	安全避险	井下设置应急广播系统并定期测试,作业人员能够清晰听到应急指令	2	查现场。未建立系统不得分;抽查2处作业地点,1处听不到应急指令扣1分	1. 符合《煤矿安全规程》第六百八十五条的规定 2. 应急广播应能覆盖人员较为集中的副井或升降人员的井口、井底、巷道交叉口、井下人员作业地点、主要机电硐室、等候室、井下紧急避险设施、带式输送机巷道、辅助运输巷道及主要行人巷道等	1. 查是否建成井下应急广播系统,是否实现井下作业地点全覆盖 2. 现场抽查应急广播系统防爆要求是否符合,试验广播是否能正常使用 3. 现场抽查调度室对井下应急广播系统的使用操作是否熟练	1. 应急广播系统图 2. 应急广播系统防爆标识 3. 应急广播系统主控设备、信号源、控制主机、信号传输、终端音箱安设设计 4. 测试记录	

表4.3(续)

项目	项目内容	基本要求	标准分值	评分方法	执行指南	核查细则	资料清单	得分
二、应急管理(40分)	安全避险	入井人员随身携带额定防护时间不少于 30 min 的隔绝式自救器,并能熟练使用;矿井避灾路线沿线按需要设置自救器补给站	3	查现场。不符合要求1处扣1分	符合《煤矿安全规程》第十三条、第六百八十六条的规定	1. 查煤矿自救器的备用量是否符合要求 2. 抽查井下现场是否按要求(自救器有效时间不足以支持人员撤离的)在避灾路线上设置了自救器补给站 3. 核对当天下井人员台账与自救器使用登记表,是否有人员未佩戴自救器 4. 现场盲戴测试	1. 煤矿自救器管理制度 2. 自救器管理和维护台账 3. 矿井避灾路线图 4. 自救器发放场所、自救器补给站 5. 盲戴测试记录	
		明确授予带(跟)班人员、班组长、安检员、瓦斯检查工、调度人员的遇险处置权和现场作业人员的紧急避险权	2	查资料。授权未明确不得分	1. 符合《安全生产法》第五十四条、第五十五条,《煤矿安全规程》第八条的规定 2. 遇险处置权和紧急避险权的授权形式可以是规范的管理制度,也可以是安全生产第一责任人签署的授权书	1. 查有无给"六类人员"的遇险处置权和职工的紧急避险权的授权书和授权文件 2. 查有无应急培训和宣贯、两项权力的记录 3. 现场抽查"六类人员"是否知晓两项权力的内容 4. 现场询问相关岗位作业人员知晓程度	1. "六类人员"的遇险处置权和职工的紧急避险权的授权方式;权威性文件或告知书 2. 实施宣贯、培训的资料	

表4.3(续)

项目	项目内容	基本要求	标准分值	评分方法	执行指南	核查细则	资料清单	得分
二、应急管理(40分)	应急预案	预案编制与修订:按规定编制应急救援预案,并及时修订;按规定组织应急救援预案的评审,形成书面评审结果;评审通过的应急救援预案由煤矿主要负责人签署公布,及时发放	5	查资料。未编制预案、预案修订不及时、预案未组织评审不得分;其他不符合要求1处扣1分	1. 符合《安全生产法》第七十八条、第八十一条,《煤矿安全规程》第六百七十四条的规定 2. 符合《生产安全事故应急条例》第五条、第六条,《生产安全事故应急预案管理办法》第五条至第十条、第十二条、第十八条、第二十一条至第二十四条、第二十六条、第二十七条、第三十六条的规定	1. 查煤矿应急预案是否为有效版本 2. 查应急预案是否由煤矿主要负责人签署发布,是否有书面评审结果 3. 查煤矿应急预案管理的制度,并且验证其管理制度的符合性 4. 查验应急预案管理制度各环节,对预案管理的各环节证据抽样:编制、评审、签署、发布、发放、上报、备案、宣贯、培训、实施、评估、修订等环节 5. 查预案的发放情况 6. 查内容是否符合规定,不得有缺项	1. 成立应急预案编制工作小组文件 2. 事故风险评估和应急资源调查报告 3. 成立预案修订工作小组文件 4. 预案有效版本 5. 预案评审报告 6. 预案签发发布文件 7. 预案发放记录	
		按分级属地管理的原则,按规定时限、程序完成应急救援预案上报并进行备案	2	查资料。未按规定上报、备案不得分	符合《生产安全事故应急预案管理办法》第二十六条、第二十七条,《生产安全事故应急条例》第五条的规定	查煤矿应急预案是否在3个月内向上级主管部门、煤监分局进行备案	1. 备案登记表、备案申请表、备案评审表 2. 备案回执单或其他能够证明已经上报备案的材料 3. 应急预案备案表	

表4.3(续)

项目	项目内容	基本要求	标准分值	评分方法	执行指南	核查细则	资料清单	得分
二、应急管理(40分)	应急演练	有应急演练规划、年度演练计划和演练工作方案,内容符合相关规定	3	查资料。不符合要求1处扣1分	“内容符合规定”是指符合《生产安全事故应急演练基本规范》的规定	1. 查有无应急演练规划、年度计划、演练工作方案 2. 查演练工作方案是否符合要求	1. 应急演练制度 2. 应急演练规划 3. 应急演练年度计划 4. 应急演练工作方案	
		按规定3年内完成所有综合应急救援预案和专项应急救援预案演练,至少每半年组织1次生产安全事故应急救援预案演练,并对演练情况进行评估和总结,记录详实,并保存演练影像资料	6	查资料。未按规定组织生产安全事故应急救援预案演练不得分;其他不符合要求1处扣1分	符合《安全生产法》第七十八条,《生产安全事故应急条例》第八条,《生产安全事故应急预案管理办法》第三十二条、第三十三条、第三十四条,《矿山救援规程》第三十五条的规定	1. 查三年内所有综合应急预案和专项演练计划是否完成 2. 查综合应急预案和专项预案是否按照年度演练计划的规定进行了实施 3. 查是否每半年至少组织1次演练 4. 查是否对演练情况进行评估和总结 5. 查演练痕迹	1. 3年演练计划表、按计划实施演练的资料、分年度应急演练记录 2. 应急演练规划 3. 年度应急演练规划和演练方案 4. 年度应急演练总结 5. 年度应急演练评估 6. 演练影像资料	

表4.3(续)

项目	项目内容	基本要求	标准分值	评分方法	执行指南	核查细则	资料清单	得分
三、"三堂一舍"(17分)	职工食堂	基础设施齐全、完好，满足高峰时段职工就餐需要；工作人员持健康证上岗；为职工提供免费班中餐服务或补助	5	查现场和资料。不能满足就餐需求；随机询问职工，未提供班中餐服务或补助扣2分，其他不符合要求1处扣1分		1. 查就餐座位 2. 查健康查体情况 3. 查班中餐的发放情况	1. 食堂布置图 2. 健康证 3. 消防检查记录 4. 食堂管理制度 5. 班中餐的发放记录或补助台账	
	职工澡堂	满足高峰时段职工洗浴要求；设有更衣室、浴室、厕所，更衣室安全设施齐全；澡堂使用电动更衣吊篮时，电动更衣吊篮的设计选型、安装、使用管理、维护保养符合相关规定要求；洗衣房设施齐全，为职工提供衣物清洗、烘干服务	5	查现场。不能满足职工洗浴要求不得分；无洗衣设施扣2分，其他不符合要求1处扣1分	符合《矿用电动更衣吊篮安全管理规范》(KA/T 18—2023)的规定	1. 查澡堂布置情况 2. 查吊篮布置情况 3. 查洗衣房使用情况 4. 查消防设施使用情况	1. 澡堂布置图 2. 吊篮布置、安装、选型设计 3. 澡堂管理制度 4. 消防检查记录 5. 洗衣发放记录	

表4.3(续)

项目	项目内容	基本要求	标准分值	评分方法	执行指南	核查细则	资料清单	得分
三、“三堂一舍”(17分)	职工会堂	设施完好,满足职工集会需要	2	查现场。不满足需要不得分	1. 职工大会会议室 2. 职工班前会议会议室 3. 职工培训学习教室	1. 查现场、座位、容纳的人数 2. 查消防设施情况 3. 查会堂布置情况	1. 会堂布置图 2. 消防设施检查记录	
	职工宿舍	布局合理,人均面积不少于5 m^2;室内整洁,设施齐全、完好,物品摆放有序,提供免费网络服务	5	查现场。面积不满足要求扣3分;其他不符合要求1处扣1分		1. 现场查看职工宿舍 2. 现场测试网络情况		
附加项(2分)	职工福利	职工免费就餐、洗衣、住宿	2	查现场。满足其中2项加1分,全部满足加2分	“职工免费就餐”是指职工升井(坑)有免费餐	1. 查看现场,查职工就餐、洗衣和住宿情况 2. 随机询问至少5名职工福利情况		

《煤矿安全生产标准化管理体系考核定级办法》达标指南

专家解读视频

第一条 为进一步加强煤矿安全生产基础建设，深入落实“管理、装备、素质、系统”四个要素并重原则，提升煤矿安全保障能力，根据《中华人民共和国安全生产法》及有关规定，制定本办法。

【说明】 本条是关于定级办法制定目的和依据的规定。

本条明确了《煤矿安全生产标准化管理体系考核定级办法》(以下简称《定级办法》)制定的法律依据和制定目的，突出科学达标、依法管理安全生产的决心，深入推进全国煤矿安全生产标准化工作，持续提升煤矿安全保障能力。

1. 安全生产标准化

《安全生产法》第四条明确规定，生产经营单位必须推进安全生产标准化建设，所以推动标准化工作是企业的责任与义务。政府部门有责任监督企业按照《安全生产法》推行标准化工作。煤矿取得的安全生产标准化等级，是煤矿安全生产标准化工作主管部门对煤矿执行《安全生产法》组织开展安全生产标准化建设情况的考核认定，是标准化工作主管部门对煤矿实行分类监管的一种有效手段，其实质是一项行政管理措施。

安全生产标准化就是企业通过落实煤矿安全生产主体责任，通过全员全过程参与，建立并保持煤矿安全生产管理体系，全面管控煤矿生产经营活动各环节的安全生产与职业卫生工作，实现煤矿安全健康管理系统化、岗位操作行为规范化、设备设施本质安全化、作业环境器具定置化，并持续改进。

煤矿安全生产标准化是煤矿企业自觉贯彻落实安全生产法律法规和国家、行业标准规范，建立健全包括煤矿企业内部安全生产、日常管理等在内的每个环节的安全生产工作标准、安全规程和岗位责任制，实现与安全岗位相关的标准化与管理化。

一是突出了安全生产管理工作的重要地位。安全生产制约着我国煤炭健康发展，始终是头等重要的任务。安全生产标准化，就是要求标准化的所有工作必须以安全生产为出发点和着眼点，紧紧围绕矿井安全生产来进行管理。

二是强调安全生产工作的规范化和标准化。安全生产标准化要求煤矿的安全生产行为必须是合法的和规范的，安全生产各项工作必须符合《安全生产法》《煤矿安全生产条例》《煤矿安全规程》等法律、法规、规章、规程的要求。

三是体现了安全与生产之间的紧密联系。安全是生产的前提和基础。

四是安全生产标准化的起点更高，标准更严。新形势下的煤矿安全生产标准化管理体系，必须符合标准要素的要求，满足职工群众日益增长的安全生产、文明生产的愿望。

2. 四并重原则

煤矿企业管理必须从“三并重”提升到“四并重”。从“三并重”到“四并重”的理念提升，既是科学技术不断发展进步在煤炭生产方面的全面应用，更是体现了党和国家对煤矿工人生命安全的高度重视。煤矿企业应该不折不扣地进行机械化、自动化、信息化、智能化、标准化的“五化”改造提升工程，真正实现“机械化换人、自动化减人”。打造“管理到位、装备先进、素质提高、系统可靠”的以人为本、绿色发展的高质量现代化煤矿。

3. 法律依据

(1)《安全生产法》第四条规定：生产经营单位必须遵守本法和其他有关安全生产的法律、法规，加强安全生产管理，建立、健全安全生产责任制和安全生产规章制度，改善安全生产条件，推进安全生产标准化建设，提高安全生产水平，确保安全生产。

(2)《中共中央 国务院关于推进安全生产领域改革发展的意见》规定:大力推进企业安全生产标准化建设,实现安全管理、操作行为、设备设施和作业环境的标准化。

(3)《煤矿安全生产条例》第四条规定:煤矿企业应当履行安全生产主体责任,加强安全生产管理,建立健全并落实全员安全生产责任制和安全生产规章制度,加大对安全生产资金、物资、技术、人员的投入保障力度,改善安全生产条件,加强安全生产标准化、信息化建设,构建安全风险分级管控和隐患排查治理双重预防机制,健全风险防范化解机制,提高安全生产水平,确保安全生产。

4. 制定目的

制定的目的是深入推进全国煤矿安全生产标准化管理体系建设,持续完善煤矿安全治理体系和提高煤矿安全治理能力。

(1) 煤矿安全生产标准化管理体系是煤矿企业的基础工程、生命工程和效益工程,是构建煤矿安全生产长效机制的重要措施,是我国煤炭行业借鉴国内外先进的安全质量管理理念、技术和方案,经过多年的探索,逐步发展形成的一整套安全生产管理体系和方法。继续深入开展煤矿安全生产标准化管理体系达标创建工作,是落实党中央、国务院关于煤炭工业安全发展、科学发展的必然要求,是全国煤矿在安全生产过程中达成的共识,是强化煤矿安全基础工作、保障煤矿生产安全的重要手段。

(2) 安全生产标准化管理体系是加强煤矿安全基层基础管理工作的有效措施。安全生产标准化管理体系是在继承以往煤矿安全质量标准化工作基础上不断创新、逐步发展完善形成的一套行之有效的安全生产管理体系和方法。深入持久地组织开展煤矿安全生产标准化管理体系建设是提升煤矿安全生产保障能力建设的有效措施,突出体现了安全生产基层、基础工作的重要地位,体现了全员、全过程、全方位安全管理和以人为本、科学发展的核心理念。

各地区、各煤矿企业结合实际开展煤矿安全生产标准化工作,强化安全基础,提升安全保障能力,为促进全国煤矿安全生产状况稳定好转作出了贡献。但是,煤矿安全生产标准化工作总体水平还没有完全达到体系化和规范化,各地进展不平衡,还不能完全实现动态达标的要求,还不能适应新时期、新形势对煤炭工业安全发展的新要求。各地区、各煤矿企业要进一步提高认识,增强责任感和使命感,加快完善与新要求、新任务相适应的煤矿安全生产标准化管理体系建设,精心组织,强力推进,把煤矿安全生产标准化管理体系工作深入持久地开展下去,为促进煤矿安全生产状况的持续稳定好转进而实现根本好转奠定基础。

第二条　本办法适用于全国所有合法的生产煤矿。新建、改建、扩建煤矿可参照执行。

新建煤矿联合试运转期间、停产煤矿(无安全生产标准化等级)复产验收前,可申请煤矿安全生产标准化管理体系考核定级。

【说明】 本条是关于定级办法适用范围的规定。

本办法适用于全国所有合法的生产煤矿,包括中央直属、省属、市县属、乡属及个体煤矿等各类生产煤矿。制定本办法是为了考核定级,只针对生产矿井,不涉及新建、技改(包括重组整合)等矿井。新建、改扩建、技改等矿井在建设、改造期间可以开展标准化基础工作,一旦验收合格自然就转为生产矿井,进入适用范围。

新建煤矿联合试运转期间、停产煤矿(无安全生产标准化等级)复产验收前,可申请煤矿安全生产标准化管理体系考核定级。解决了过去无标准化等级不能生产,不生产无法进行标准化考核定级的这一困扰煤矿的老问题。

第三条　考核定级标准执行《煤矿安全生产标准化管理体系基本要求及评分方法》(以下简称《评分方法》)。

【说明】　本条是关于考核定级标准的规定。

对煤矿进行安全生产标准化管理体系考核定级必须严格按照《评分方法》的标准进行评分,申报煤矿也必须根据《评分方法》的基本要求和评分标准进行安全生产标准化建设,以及资料和现场准备。

第四条　煤矿安全生产标准化管理体系等级分为一级、二级、三级 3 个等级,所应达到的要求为:

一级:煤矿安全生产标准化管理体系考核总得分不低于 90 分,重大灾害防治、专业管理部分评分不低于 90 分,安全基础管理部分评分不低于 85 分,且不存在下列情形:

1. 发生生产安全死亡事故,自事故发生之日起,一般事故未满 1 年、较大及重大事故未满 2 年、特别重大事故未满 3 年的;

2. 安全生产标准化管理体系一级检查考核未通过,自考核定级部门检查之日起未满 1 年的;

3. 被降级或撤销等级未满 1 年的;

4. 被列入安全生产严重失信主体名单管理期间的。

二级:煤矿安全生产标准化管理体系考核总得分及各管理部分得分均不低于 80 分,且不存在下列情形:

1. 发生生产安全死亡事故,自事故发生之日起,一般事故未满半年、较大及重大事故未满 1 年、特别重大事故未满 2 年的;

2. 被降级或撤销等级未满半年的。

三级:煤矿安全生产标准化管理体系考核总得分及各管理部分得分均不低于 70 分。

【说明】　本条是关于等级划分的规定。

1. 井工煤矿安全生产标准化定级标准(表 8)

表 8　井工煤矿安全生产标准化定级标准

序号	管理部分		标准分值	权重(a_i)	一级	二级	三级
一	安全基础管理		100	0.15	≥85	≥80	≥70
二	重大灾害防治		100	0.16	≥90	≥80	≥70
三	专业管理	通风	100	0.12	≥90	≥80	≥70
		地质测量	100	0.10	≥90	≥80	≥70
		采煤	100	0.10	≥90	≥80	≥70
		掘进	100	0.10	≥90	≥80	≥70
		机电	100	0.10	≥90	≥80	≥70
		运输	100	0.10	≥90	≥80	≥70
		调度应急和“三堂一舍”	100	0.07	≥90	≥80	≥70
四	加权平均总分			100%	≥90	≥80	≥70

这里应当注意,一级标准化安全基础管理部分评分不低于 85 分,并不是这部分不重要,而是这部分打分的人为因素影响较大,这样规定是为了避免由于人为影响使一些煤矿失去

一级标准化的机会。

2. 优化了标准化定级否决项

本条规定一级标准化煤矿除应取得相应的考核得分以外，还不应存在的 4 种情况。这一规定与旧版相比减少了两条，一条是关于单班作业人数超限员的规定。另一条是井下违规使用劳务派遣工的规定。这两条之前之所以加到原考核定级办法之中，主要是当时单班作业限员的规定刚刚出台，井下使用劳务派遣工的整治正在集中攻坚，从相互推动工作的角度，把此两条加入了否决项。历经四年多的共同努力，从目前的情况看，限员规定在全国范围内已基本达成共识。煤矿井下使用劳务派遣工的问题也基本得到整治。基于此，本次修订中删除了这两条否决项。但需要说明的是，删除这两条不是说这两项规定不再执行了，只是在标准化考核验收时不再作为否决项。

3. 露天煤矿安全生产标准化定级标准(表 9)

表 9　露天煤矿安全生产标准化定级标准

<table>
<tr><th>序号</th><th colspan="2">管理部分</th><th>标准分值</th><th>权重(a_i)</th><th>一级</th><th>二级</th><th>三级</th></tr>
<tr><td>一</td><td colspan="2">安全基础管理</td><td>100</td><td>0.15</td><td>≥85</td><td>≥80</td><td>≥70</td></tr>
<tr><td>二</td><td colspan="2">重大灾害防治</td><td>100</td><td>0.15</td><td>≥90</td><td>≥80</td><td>≥70</td></tr>
<tr><td rowspan="8">三</td><td rowspan="8">专业管理</td><td>钻孔</td><td>100</td><td>0.08</td><td>≥90</td><td>≥80</td><td>≥70</td></tr>
<tr><td>爆破</td><td>100</td><td>0.10</td><td>≥90</td><td>≥80</td><td>≥70</td></tr>
<tr><td>采装</td><td>100</td><td>0.10</td><td>≥90</td><td>≥80</td><td>≥70</td></tr>
<tr><td>运输</td><td>100</td><td>0.10</td><td>≥90</td><td>≥80</td><td>≥70</td></tr>
<tr><td>排土</td><td>100</td><td>0.08</td><td>≥90</td><td>≥80</td><td>≥70</td></tr>
<tr><td>机电</td><td>100</td><td>0.10</td><td>≥90</td><td>≥80</td><td>≥70</td></tr>
<tr><td>疏干排水</td><td>100</td><td>0.07</td><td>≥90</td><td>≥80</td><td>≥70</td></tr>
<tr><td>调度应急和“三堂一舍”</td><td>100</td><td>0.07</td><td>≥90</td><td>≥80</td><td>≥70</td></tr>
<tr><td>四</td><td colspan="2">加权平均总分</td><td></td><td>100%</td><td>≥90</td><td>≥80</td><td>≥70</td></tr>
</table>

第五条　煤矿安全生产标准化管理体系等级实行分级考核定级。

申报一级的煤矿由省级煤矿安全生产标准化工作主管部门组织初审，国家矿山安全监察局组织考核定级。申报二级、三级的煤矿，初审和考核定级部门由省级煤矿安全生产标准化工作主管部门确定。

【说明】　本条是煤矿安全生产标准化实行分级考核定级的规定。

煤矿安全生产标准化管理体系等级实行分级考核定级的基本原则，明确了组织分级考核定级的部门。

第六条　煤矿安全生产标准化管理体系考核定级按照企业自评申报、初审、考核、公示、公告的程序进行。煤矿安全生产标准化管理体系考核定级部门原则上应在收到煤矿企业申请后的 60 个工作日内完成考核定级。煤矿和各级煤矿安全生产标准化工作主管部门，应通过国家矿山安全监察局“矿山安全生产综合信息系统—安全生产标准化”(以下简称“信息系统”)完成申报、初审、考核、公示、公告等各环节工作。未按照规定的程序和信息化方式开展考核定级等工作的，不予公告确认。

【说明】 本条规定了煤矿安全生产标准化管理体系考核定级程序和时限的基本要求。

(1) 考核定级程序:自评申报→初审→考核→公示→公告。

(2) 考核定级时限:煤矿安全生产标准化管理体系考核定级部门原则上应在收到煤矿企业申请后的60个工作日内完成考核定级。

(3) 申报信息系统:煤矿和各级煤矿安全生产标准化工作主管部门,应通过国家矿山安监局"矿山安全生产综合信息系统－安全生产标准化"(网址:https://zhxx.chinamine-safety.gov.cn/mj)完成申报、初审、考核、公示、公告等各环节工作。

(4) 未按照规定的程序和信息化方式开展考核定级等工作的,不予公告确认

(一) 自评申报。煤矿对照《评分方法》全面自评,形成自评报告,填写煤矿安全生产标准化管理体系等级申报表,依据拟申报的等级向初审部门提出申请。

【说明】 本款规定了煤矿安全生产标准化自评申报的具体要求。

煤矿对照《评分方法》全面自评,依拟申报的等级直接向负责初审的煤矿安全生产标准化工作主管部门提出申请,不再要求由煤矿上级公司提出申请,减轻了煤矿负担。申请材料主要包括自评报告和等级申报表。

1. 煤矿安全生产标准化管理体系自评报告

井工矿自评报告内容一般应包括下列内容:

××煤矿×级煤矿安全生产标准化管理体系自评报告

第一章　概述

第一节　考评对象、依据和时间

第二节　煤矿基本情况

第二章　煤矿安全生产标准化管理体系各部分考评情况

第一节　安全基础管理

第二节　重大灾害治理

第三节　专业管理

一、通风

二、地质测量

三、采煤

四、掘进

五、机电

六、运输

七、调度应急和"三堂一舍"

第三章　考评结论

第四章　存在问题及建议

附各部分评分表

附矿井证件证书影印件

2. 煤矿安全生产标准化管理体系等级申报表

煤矿安全生产标准化管理体系等级申报表要按照有关部门统一制定的表格填报。井工煤矿一级安全生产标准化管理体系煤矿申报表格式如下:

□□□□□□□

一级安全生产标准化管理体系煤矿
（井工）

申报表

煤　矿　名　称：____________________

隶属公司(单位)：____________________

所　在　省　份：____________________

所　在　市　县：____________________

申　报　日　期：______年______月______日

国家矿山安全监察局 制

填表说明

一、没有隶属公司的,填写煤矿安全生产标准化工作上级主管部门。

二、填表单位要对本表所涉及所有内容和数据的真实性、准确性负责。

井工煤矿基本情况

矿井名称（全称）							
通信地址及邮编							
联系人姓名			办公电话				
手机			电子邮箱				
证照情况	采矿许可证		证号：		有效期：		
	安全生产许可证		证号：		有效期：		
	营业执照		证号：		有效期：		
矿长			身份证号				
总工程师			身份证号				
安全副矿长			身份证号				
生产副矿长			身份证号				
机电副矿长			身份证号				
设计生产能力		（万吨／年）	主井经纬度坐标				
核定生产能力		（万吨／年）	建设、投产时间				
井下作业总人数			单班最多入井人数				
煤矿是否在“三区”	自然保护区	是□否□	风景名胜区	是□否□	饮用水水源保护区		是□否□
煤层数量及名称	共 层	名称：			标准化原等级		
煤层厚度	最大 米	平均 米	煤层倾角		最大 度		平均 度
矿井开拓方式			安全监控系统				
主要灾害类型					煤尘爆炸危险性		有□ 无□
瓦斯相对涌出量		米^3/吨	瓦斯绝对涌出量				米^3/分钟
瓦斯等级鉴定	低□ 高□ 突出□		自然发火等级		容易自然□ 自燃□ 不易自燃□		
自然发火监控手段							
水文地质类型	简单□ 中等□ 复杂□ 极复杂□						
采煤方法		通风方式					
综采	个	风井名称		主通风机型号		风量（米^3/分钟）	
综放	个						
普采	个						
炮采	个						
合计	个						
综掘	个						
炮掘	个						
合计	个	合计					
主提升机型号			提升能力		（万吨/年）		
副提升机型号			井下人员运输方式				

井工煤矿主要指标

<table>
<tr><td rowspan="2">采掘机械化程度</td><td>采煤</td><td>%</td><td>掘进</td><td>%</td></tr>
<tr><td>掘进装载</td><td colspan="3">%</td></tr>
<tr><td>“三量”可采期</td><td colspan="4">开拓　年，准备　月，回采　月</td></tr>
<tr><td>劳动组织方式</td><td colspan="4">“三八制”□　“四六制”□　“两班制”□　其他□</td></tr>
<tr><td>申报时井下生产状态描述</td><td colspan="4">矿井有____个井筒(平硐)，名称分别为____________；
井下有____个水平，名称分别为____________，
其中，有生产活动的为____________；
有____个采区，名称分别为____________，
其中，正常生产的为____________；
共有____个采煤工作面，名称分别为____________，
其中，正常生产的为____________；
共有____个掘进工作面，名称分别为____________，
其中，正常生产的为____________。</td></tr>
<tr><td rowspan="3">安全培训</td><td colspan="2">主要负责人及安全生产管理人员</td><td colspan="2">人</td></tr>
<tr><td colspan="2">特种作业人员数量及持证率</td><td>人</td><td>%</td></tr>
<tr><td colspan="2">全员数量及教育培训率</td><td>人</td><td>%</td></tr>
<tr><td rowspan="2">瓦斯抽采指标(高瓦斯、突出矿井填写)</td><td>预抽后瓦斯含量</td><td>米³/吨</td><td>预抽达标煤量</td><td>万吨</td></tr>
<tr><td>预抽后瓦斯压力</td><td>兆帕</td><td>计划回采煤量</td><td>万吨</td></tr>
<tr><td>设备完好率</td><td colspan="4">完好设备　台，在籍设备　台，设备完好率　%。</td></tr>
<tr><td>安全费用提取和使用</td><td colspan="4">平均吨煤提取　元，本年度累计提取　万元，本年度累计使用　万元。</td></tr>
<tr><td rowspan="2">自查申报过程中是否发现重大事故隐患</td><td colspan="4">无□</td></tr>
<tr><td colspan="4">有□ 内容：____________
____________；已整改□　未整改□</td></tr>
</table>

审核情况

煤矿自查结果：

矿长签字：　　　　　　　　　　　　　　　　年　　月　　日(盖章)

上级公司意见：

年　　月　　日(盖章)

省级主管部门初审情况

现场检查的时间：______

初审检查的采煤工作面：______

初审检查的掘进工作面：______

初审检查的检查路线：______

______

初审单位意见：

年　　月　　日(盖章)

____________安全生产标准化管理体系

自评检查考核得分和一级标准达标情况表

自评单位(盖章):____________________现场检查考核时间:_____年_____月_____日

<table>
<tr><th>序号</th><th colspan="2">名称</th><th>标准分</th><th>权重(α_i)</th><th>考核得分(M_i)</th><th>加权得分($\alpha_i \times M_i$)</th><th>一级标准要求</th><th>分项是否达标</th><th>考核人员签字</th></tr>
<tr><td>一</td><td colspan="2">安全基础管理</td><td>100</td><td>0.15</td><td></td><td></td><td>≥85</td><td>是□/否□</td><td></td></tr>
<tr><td>二</td><td colspan="2">重大灾害防治</td><td>100</td><td>0.16</td><td></td><td></td><td>≥90</td><td>是□/否□</td><td></td></tr>
<tr><td rowspan="7">三</td><td rowspan="7">专业管理</td><td>通风</td><td>100</td><td>0.12</td><td></td><td></td><td>≥90</td><td>是□/否□</td><td></td></tr>
<tr><td>地质测量</td><td>100</td><td>0.10</td><td></td><td></td><td>≥90</td><td>是□/否□</td><td></td></tr>
<tr><td>采煤</td><td>100</td><td>0.10</td><td></td><td></td><td>≥90</td><td>是□/否□</td><td></td></tr>
<tr><td>掘进</td><td>100</td><td>0.10</td><td></td><td></td><td>≥90</td><td>是□/否□</td><td></td></tr>
<tr><td>机电</td><td>100</td><td>0.10</td><td></td><td></td><td>≥90</td><td>是□/否□</td><td></td></tr>
<tr><td>运输</td><td>100</td><td>0.10</td><td></td><td></td><td>≥90</td><td>是□/否□</td><td></td></tr>
<tr><td>调度应急和“三堂一舍”</td><td>100</td><td>0.07</td><td></td><td></td><td>≥90</td><td>是□/否□</td><td></td></tr>
<tr><td colspan="6">煤矿安全生产标准化考核最终得分 $M=\sum_{i=1}^{9}(a_i \times M_i)$</td><td></td><td>≥90</td><td>是□/否□</td><td>组长签字</td></tr>
</table>

____________安全生产标准化管理体系

初审现场检查考核得分和一级标准达标情况表

省级主管部门(盖章)____________________现场检查考核时间:_____年_____月_____日

<table>
<tr><th>序号</th><th colspan="2">名称</th><th>标准分</th><th>权重(α_i)</th><th>考核得分(M_i)</th><th>加权得分($\alpha_i \times M_i$)</th><th>一级标准要求</th><th>分项是否达标</th><th>考核人员签字</th></tr>
<tr><td>一</td><td colspan="2">安全基础管理</td><td>100</td><td>0.15</td><td></td><td></td><td>≥85</td><td>是□/否□</td><td></td></tr>
<tr><td>二</td><td colspan="2">重大灾害防治</td><td>100</td><td>0.16</td><td></td><td></td><td>≥90</td><td>是□/否□</td><td></td></tr>
<tr><td rowspan="7">三</td><td rowspan="7">专业管理</td><td>通风</td><td>100</td><td>0.12</td><td></td><td></td><td>≥90</td><td>是□/否□</td><td></td></tr>
<tr><td>地质测量</td><td>100</td><td>0.10</td><td></td><td></td><td>≥90</td><td>是□/否□</td><td></td></tr>
<tr><td>采煤</td><td>100</td><td>0.10</td><td></td><td></td><td>≥90</td><td>是□/否□</td><td></td></tr>
<tr><td>掘进</td><td>100</td><td>0.10</td><td></td><td></td><td>≥90</td><td>是□/否□</td><td></td></tr>
<tr><td>机电</td><td>100</td><td>0.10</td><td></td><td></td><td>≥90</td><td>是□/否□</td><td></td></tr>
<tr><td>运输</td><td>100</td><td>0.10</td><td></td><td></td><td>≥90</td><td>是□/否□</td><td></td></tr>
<tr><td>调度应急和“三堂一舍”</td><td>100</td><td>0.07</td><td></td><td></td><td>≥90</td><td>是□/否□</td><td></td></tr>
<tr><td colspan="6">煤矿安全生产标准化考核最终得分 $M=\sum_{i=1}^{9}(a_i \times M_i)$</td><td></td><td>≥90</td><td>是□/否□</td><td>组长签字</td></tr>
</table>

（二）初审。初审部门收到煤矿申请后，应及时进行材料审查，其中，申报一级的还应进行现场检查，申报二级、三级的视情况开展现场检查或抽查，经初审合格后上报负责考核定级的部门。

【说明】 本款规定了煤矿安全生产标准化管理体系检查初审的具体要求。

申报一级标准化煤矿要求必须进行现场检查外，申报二级、三级的不强制要求初审时进行现场检查，原则上对申报一级标准化的煤矿一次初审现场检查、一次考核定级现场检查，整个流程下来最多两次现场检查。对申报二级、三级标准化的煤矿初审和考核定级现场检查合并进行，最多一次现场检查。

（三）考核。考核定级部门在收到经初审合格的煤矿安全生产标准化管理体系等级申请后，应及时组织对上报的材料进行审核，审核合格后，对申报煤矿组织进行现场检查或抽查。

对自评材料弄虚作假的煤矿，煤矿安全生产标准化工作主管部门应取消其申报安全生产标准化管理体系等级的资格，认定其不达标。煤矿整改完成后需重新自评申报，且1年内不得申报二级及以上等级。

【说明】 本款规定了煤矿安全生产标准化管理体系组织考核的具体要求。

（1）考核的流程和内容。考核定级部门在收到经初审合格的煤矿企业安全生产标准化等级申请后，应及时组织对上报的材料进行审核，并在审核合格后，进行现场检查或抽查，对申报煤矿进行考核定级。

（2）考核煤矿的诚信要求。对自评材料弄虚作假的煤矿企业，煤矿安全生产标准化工作主管部门应取消其申报安全生产标准化等级的资格，认定其不达标，且1年内不受理该矿二级以上等级申请。煤矿整改完成后方可重新自评申报。

（3）煤矿要有诚信记录，要求煤矿企业对自查报告等出具承诺书。

（四）公示。对考核合格的申报煤矿，由初审部门监督检查申报煤矿隐患整改合格后，将整改报告报送考核定级部门，考核定级部门在本部门或本级政府的官方网站向社会公示，接受社会监督。公示时间不少于3个工作日。

【说明】 本款规定了煤矿安全生产标准化管理体系公示监督的具体要求。

对考核合格的煤矿进行公示监督。

（1）公示要求：对考核合格的申报煤矿，由初审部门监督检查申报煤矿隐患整改合格后，将整改报告报送考核定级部门，考核定级部门在本部门或本级政府的官方网站向社会公示，接受社会监督。

（2）公示时间：不少于3个工作日。

（五）公告。对公示无异议的煤矿，考核定级部门确认其等级，并予以公告。

省级煤矿安全生产标准化工作主管部门应在公告定级后5个工作日内将被定级煤矿名单经“信息系统”报送国家矿山安全监察局。

对考核未达到一级或二级等级要求的申报煤矿，省级煤矿安全生产标准化工作主管部门确定的考核定级部门可按照考核得分直接定级。

【说明】 本款规定了煤矿安全生产标准化管理体系公告认定的基本要求。

（1）对考核合格的煤矿，经公示监督后，对公示无异议的煤矿，煤矿安全生产标准化考核定级部门应确认其等级，并予以公告。

（2）省级煤矿安全生产标准化工作主管部门应在公告定级5个工作日内将被定级煤矿名单经“信息系统”报送国家矿山安监局。

（3）对考核未达到一、二级等级要求的申报煤矿，考核定级部门可按照考核得分直接定级。

第七条 安全生产标准化管理体系达标煤矿应加强日常检查，每季度至少组织开展1次全面的自查，煤矿上级企业每半年至少组织开展1次全面检查（没有上级企业的煤矿自行组织开展）。

各级煤矿安全生产标准化工作主管部门应按照职责分工每年至少通报一次本行政区域内煤矿安全生产标准化管理体系考核定级情况，以及等级被降低和撤销的情况。

【说明】 本条是关于达标煤矿自检的规定。

（1）煤矿自检：每季度至少组织开展1次全面的自查。

（2）煤矿上级企业检查：煤矿上级企业每半年至少组织开展1次全面检查。

（3）安全生产标准化管理体系达标煤矿应加强日常检查，没有上级企业的煤矿自行组织开展。

（4）考核定级、降低等级、撤销等级通报：主管部门应按照职责分工每年至少通报一次。

第八条 煤矿取得安全生产标准化管理体系相应等级后，考核定级部门每3年进行一次复查复核。由煤矿在3年期满前3个月重新自评申报，各级煤矿安全生产标准化工作主管部门按第六条规定对其考核定级。

【说明】 本条规定了煤矿安全生产标准化管理体系复查考核的基本要求。

（1）复查对象：取得安全生产标准化管理体系等级的煤矿。

（2）复查部门：考核定级部门。

（3）复查期限：每3年进行一次。

（4）申报复查：煤矿在3年期满前3个月重新自评申报。

（5）复查程序：煤矿重新自评申报，各级煤矿安全生产标准化工作主管部门按规定对其初审和考核定级。

第九条 安全生产标准化管理体系一级煤矿作出符合一级体系要求的承诺，且同时满足下列条件的，可在3年期满时直接办理延期：

1. 3年期限内，未发生生产安全死亡事故，不存在重大事故隐患且组织生产的情况；

2. 3年期限内，井下“零突出”“零透水”“零冲击地压事故”；

3. 井工煤矿采用“一井一面”或“一井两面”生产模式（冲击地压矿井和开采保护层的矿井除外）；

4. 井工煤矿采煤机械化程度达到100%；露天煤矿采剥机械化程度达到100%。

【说明】 本条规定了煤矿安全生产一级标准化延期条件的基本要求。

本条优化了一级标准化煤矿直接延期的条件。一级标准化煤矿只要满足四个条件就可以自动延期。与原考核定级办法相比，主要体现出“一增”“一减”“一完善”。

“一增”就是增加了一个条件，即三年期限内未发生生产安全死亡事故，不存在有重大隐患且组织生产的情况。

“一减”就是删除了三年期限内零超限、零自燃的要求，仅保留了井下零突出、零透水、零冲击地压事故的要求。主要考虑是零超限、零自燃不宜界定，容易被不同的专家解释成不同的结果。

“一完善”就是完善井工煤矿采用一井一面或一井两面生产模式的要求。原考核定级办法中要求如果煤矿要自动延期，必须实现一井一面或一井两面。新考核定级办法明确此项要求的适用主体不包括冲击地压煤矿和开采保护层的矿井。以此来鼓励冲击地压矿井分散布置工作面，鼓励煤矿开采保护层。冲击地压煤矿通过分散布置工作面来预防冲击地压的做法在山东较为普遍，并被证明是一条十分有效的防冲做法。这种做法虽与高效集约生产的理念相悖，但这是灾害的规律使然，特别是有冲击地压灾害的矿井，应注意并充分吸纳。

第十条　办理直接延期的安全生产标准化管理体系一级煤矿，应在3年期满前3个月通过“信息系统”自评申报，由省级煤矿安全生产标准化工作主管部门组织对其审核，并征求当地煤矿安全监管监察部门意见，审核符合延期条件后通过“信息系统”报送国家矿山安全监察局，国家矿山安全监察局按照程序予以公示公告。

安全生产标准化管理体系二级、三级煤矿不执行直接延期制度。

【说明】　本条规定了煤矿安全生产一级标准化延期申报程序的基本要求。

（1）煤矿应在3年期满前3个月进行自评申报。

（2）省级煤矿安全生产标准化工作主管部门组织对其条件进行审核。

（3）审核合格后报国家矿山安全监察局，按照程序予以公示公告。

（4）二级、三级煤矿不执行直接延期制度。

第十一条　安全生产标准化管理体系达标煤矿的监管。

（一）对取得安全生产标准化管理体系等级的煤矿应加强动态监管。各级煤矿安全生产标准化工作主管部门应按属地监管原则，每年按一定比例对达标煤矿进行抽查，对工作中发现已不具备原有安全生产标准化管理体系达标水平的煤矿，应降低或撤销其取得的安全生产标准化管理体系等级；对停产超过6个月的煤矿，应撤销其原有安全生产标准化管理体系等级，待复产时重新申报、考核定级。矿山安全监管监察部门日常检查查处煤矿存在重大事故隐患后，自查处之日上溯6个月，查处重大事故隐患数量超过煤矿自查上报数量的，应降低其安全生产标准化管理体系等级（三级为撤销）。矿山安全监管监察部门查处重大事故隐患后，应及时通报煤矿安全生产标准化工作主管部门。

【说明】　本款规定了安全生产标准化管理体系达标煤矿监管的具体要求。

矿山安全监察监管部门日常检查查出重大事故隐患后，自查处之日起上溯6个月。这6个月内，如果查处的重大隐患数超过了煤矿自查上报的数量，应当降低其标准化等级。对于三级标准化等级矿井，就是要撤销其等级。反过来说，如果煤矿自查自改的重大隐患数多于监管监察部门查处的数量，就不用再降级或撤销等级。目的是鼓励煤矿企业主动自查自改自报重大隐患。

这里需要注意两点：一是查出重大隐患的部门，既包括煤矿安全监管部门，也包括煤矿监察机构。这就要求标准化主管部门要熟练掌握监管监察执法系统，动态实施掌握部门查处的重大隐患情况。同时，煤矿监察机构在执法过程中发现重大隐患后，要及时向标准化主管部门通报。二是此规定仅适用于日常动态监管，在标准化现场考核验收时，仍然坚持重大隐患与标准化定级直接挂钩。现场考核时，只要发现存在重大隐患，且组织生产，一律不予定级，这个原则没有变。

（二）对发生生产安全死亡事故的煤矿，各级煤矿安全生产标准化工作主管部门应自事故发生之日起降低或撤销其取得的安全生产标准化管理体系等级。一级、二级煤矿发生一般事故后分别降为二级、三级，发生较大及以上事故后撤销其等级；三级煤矿发生一般及以上事故后撤销其等级。

【说明】 本款规定了安全生产标准化管理体系达标煤矿监管的具体要求。

取得等级的煤矿在考核定级后，如果思想麻痹，管理松懈滑坡，风险管控和隐患排查工作不到位，是有可能发生事故的。对发生生产安全死亡事故的煤矿，各级煤矿安全生产标准化工作主管部门应立即降低或撤销其取得的安全生产标准化等级。

（1）一级、二级煤矿发生一般事故时降为三级，发生较大及以上事故时撤销其等级。

（2）三级煤矿发生一般及以上事故时，撤销其等级。

（三）降低或撤销煤矿所取得的安全生产标准化管理体系等级后，由原等级考核定级部门进行公告并更新“信息系统”相关信息。

【说明】 本款规定了安全生产标准化管理体系达标煤矿监管的具体要求。

降低或撤销煤矿所取得的安全生产标准化等级后：

（1）应及时将相关情况报送原等级考核定级部门。

（2）原等级考核定级部门进行确认并公告。

（3）原等级考核定级部门更新“信息系统”相关信息。

（四）对安全生产标准化管理体系等级被撤销的煤矿，实施撤销决定的安全生产标准化工作主管部门应依法责令其立即停止生产，进行整改，待整改合格后重新提出申请。

【说明】 本款规定了安全生产标准化管理体系达标煤矿监管的具体要求。

（1）对安全生产标准化等级被撤销的煤矿，实施撤销决定的标准化工作主管部门应依法责令其立即停止生产、进行整改，待整改合格后、重新提出申请。

（2）因发生生产安全事故被撤销等级的煤矿原则上1年内不得申报二级及以上安全生产标准化等级（省级安全生产标准化工作主管部门另有规定的除外）。

（五）各级煤矿安全生产标准化工作主管部门每年应组织对本行政区域内直接延期的安全生产标准化管理体系一级煤矿开展重点抽查。对达不到一级等级要求的煤矿，应降低或撤销其安全生产标准化管理体系等级，并将有关情况通过“信息系统”上传国家矿山安全监察局。

【说明】 本款规定了安全生产标准化管理体系达标煤矿监管的具体要求。

（1）各级煤矿安全生产标准化工作主管部门每年组织对本行政区域内直接延期的一级煤矿开展重点抽查。

（2）达不到一级等级要求的，予以降级或撤销等级。

第十二条　安全生产标准化管理体系一级煤矿在有效期内享受以下激励政策：

（一）在全国性或区域性调整、实施减量化生产措施时，原则上不纳入减量化生产煤矿范围；

（二）在地方政府因其他煤矿发生事故采取区域政策性停产措施时，原则上不纳入停产范围；

（三）申请生产能力核增时，在同等条件下，可优先开展审查确认工作；新投产的煤矿和已核定生产能力的煤矿，通过生产能力核定提高产能规模的间隔时间，可按规定缩短；

（四）生产能力核增时，产能置换比例不小于核增产能的100%，通过改扩建、技术改造增加优质产能超过120万吨/年以上的，所需产能置换指标折算比例可提高为200%；

（五）生产能力核增时，核增幅度可在“不超过煤炭工业设计规范标准设计井型规模2级级差”规定的基础上，上浮1级级差；实现“一井一面”或智能化开采的，核增幅度可上浮2级级差；

（六）在安全生产许可证有效期届满时，符合相关条件的，可以直接办理延期手续；

（七）银行保险、证券、担保等主管部门作为对煤矿企业信用评级重要参考依据；

（八）各级煤矿安全监管监察部门适当减少检查频次；煤矿停产后复产验收时，优先进行复产验收。

鼓励各省级煤矿安全生产标准化工作主管部门结合本地区实际，细化完善有关激励政策，提高安全生产标准化创建积极性。

【说明】　本条是关于一级标准化煤矿激励政策的规定。

(1) 安全生产标准化管理体系一级煤矿在有效期内享受8种激励政策。

(2) 煤矿核定生产能力档次划分标准为：

① 30万t/a至60万t/a矿井，以5万t/a为一档次。

② 60万t/a至300万t/a矿井，以10万t/a为一档次。

③ 300万t/a至600万t/a矿井，以20万t/a为一档次。

④ 600万t/a至1000万t/a矿井，以50万t/a为一档次。

⑤ 1000万t/a以上矿井，以100万t/a为一档次。

⑥ 400万t/a以下的露天煤矿，以50万t/a为一档次。

⑦ 400万t/a以上的露天煤矿，以100万t/a为一档次。

生产能力核定结果不在标准档次的，按就近下靠的原则确定。

(3) 生产能力核增幅度原则上不超过煤炭工业设计规范标准设计井型规模2级级差。400万t/a以下的露天煤矿以50万t/a为1级级差，400万t/a及以上的露天煤矿和1000万t/a及以上井工煤矿以100万t/a为1级级差。

一级安全生产标准化煤矿核增幅度可上浮1级级差，“一井一面”或实现智能化开采的一级安全生产标准化煤矿核增幅度可上浮2级级差。

新投产煤矿和已核定生产能力煤矿原则上3年内不得通过生产能力核定方式提高产能规模，“一井一面”、实现智能化开采的一级安全生产标准化煤矿间隔时间可放宽至2年。

第十三条　省级煤矿安全生产标准化工作主管部门可根据本办法和本地区工作实际制

定实施细则，并及时报送国家矿山安全监察局备案。

【说明】 本条规定了省级煤矿安全生产标准化制定实施细则的基本要求。

我国煤矿分布范围广，各省煤矿煤层赋存状况差异较大，生产技术水平不一，省级煤矿安全生产标准化工作主管部门根据本办法和本地区工作实际制定实施细则，有利于各省煤矿安全生产标准化管理体系建设的推进。

但省级煤矿安全生产标准化工作主管部门制定的实施细则不能低于国家标准，且须及时报送国家矿山安全监察局审查、备案。

第十四条 本办法由国家矿山安全监察局负责解释。

【说明】 本条是关于本办法解释权的规定。

本办法于 2024 年 11 月 1 日起施行，2020 年颁布的《煤矿安全生产标准化管理体系考核定级办法（试行）》同时废止。本办法的解释权归属国家矿山安全监察局。

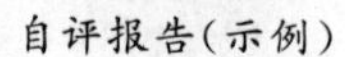

自评报告（示例）

运行体系分析报告（示例）